李宗璋 • 著

# 精通 Excel
## 数据统计与分析

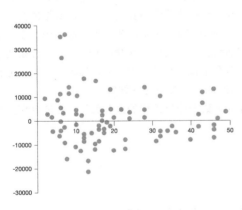
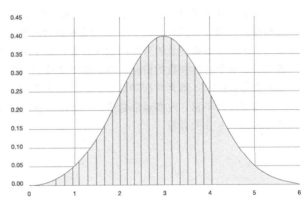

人民邮电出版社
北京

图书在版编目（CIP）数据

精通Excel数据统计与分析 / 李宗璋著. -- 北京：
人民邮电出版社，2024.4
ISBN 978-7-115-62443-7

Ⅰ．①精… Ⅱ．①李… Ⅲ．①表处理软件 Ⅳ．
①TP391.13

中国国家版本馆CIP数据核字(2023)第146232号

## 内 容 提 要

本书介绍常用的统计方法，以及如何以Excel为工具实现这些统计方法并对结果进行解读。本书通过对统计学理论与操作实例进行讲解，帮助读者在掌握统计学原理的基础上，熟练运用Excel进行统计分析。

本书有5篇，共16章。第1篇为开篇，包含第1章，即统计分析与Excel概述；第2篇为描述统计分析，包含第2~5章，分别为定性数据的图表展示、定量数据的图表展示、二维数据的图表展示和描述性统计量的计算；第3篇为推断统计分析基础，包含第6~8章，分别为离散型随机变量的分布、连续型随机变量的分布和抽样分布；第4篇为推断统计分析方法，包含第9~15章，分别为参数估计、单个总体参数的检验、两个总体参数的检验、多个总体参数的检验、非参数检验、相关分析和回归分析；第5篇为时间序列分析，包含第16章，即时间序列分析方法详解。

本书实例丰富，内容通俗易懂，可操作性强，适合从事数据分析工作的人员阅读，也适合作为高等院校相关专业的教材。

◆ 著　　李宗璋
责任编辑　贾鸿飞
责任印制　王郁　胡南

◆ 人民邮电出版社出版发行　北京市丰台区成寿寺路11号
邮编　100164　电子邮件　315@ptpress.com.cn
网址　https://www.ptpress.com.cn
北京七彩京通数码快印有限公司印刷

◆ 开本：787×1092　1/16
印张：20　　　　　　2024年4月第1版
字数：441千字　　　　2024年11月北京第3次印刷

定价：89.90元
读者服务热线：(010)81055410　印装质量热线：(010)81055316
反盗版热线：(010)81055315
广告经营许可证：京东市监广登字20170147号

# 作者介绍

李宗璋，暨南大学统计学硕士和华南理工大学管理学博士，现任教于华南农业大学经济管理学院。精通 Excel、SPSS、R、EViews 等数据分析工具，具有深厚的学术功底和丰富的教学经验，尤其擅长开展数据分析类课程的教学。主讲课程有统计学、多元统计、计量经济学、SPSS 与统计实验、R 语言与统计应用。她在长期的教学中形成了循循善诱、深入浅出的教学风格，深受学生好评，当选华南农业大学 2018 年度本科教学"十佳教师"。主持建设广东省 2021 年度省级一流本科课程"计量经济学"（线上线下混合式）。哔哩哔哩网站个人账号名称"Lizongzhang"，已发布 Excel、SPSS、R、EViews、统计学、多元统计等方面的教学视频共计 400 余个，视频具有简洁明快、细致深入的风格，受到网友广泛赞誉。

# 前　言

随着移动互联网的快速发展和智能终端的进一步普及，数字经济日新月异，数据资源愈加丰富，我们可以使用各种功能强大的数据分析工具对数据资源进行挖掘与分析。数据成为继土地、劳动力、资本和技术之后的第五大生产要素，正在被越来越多的人认可。与此对应的是，如何利用数据，更好地让数据发挥其应有的作用，这是我们在未来很长一段时间里面临的重要课题。

## 为什么要学习统计分析

学习统计分析可以帮助我们概括数据特征，探索数据之间的关联，深入理解数据，预测未来。在公共管理、企业决策、健康管理、个人财务规划等方面，通过统计分析，我们可以实现数据赋能，让数据驱动业务创新和增长，提高组织竞争力，改善身体状况、财务状况。

## 为什么要学习 Excel

Excel 相比于其他数据分析工具有以下优势。

第一，Excel 易学易用。Excel 的操作简便，用户可以快速掌握。而其他数据分析工具，用户一般难以入门，学习曲线陡峭。

第二，Excel 功能强大。Excel 可以实现大多数常用的统计分析方法，包括可视化图表、描述统计、假设检验、回归分析、时间序列分析等。对于一般的数据分析用户，Excel 已经足够满足需求。

第三，Excel 可以帮助用户更深入地理解统计方法。使用 Excel 函数可以逐步实现统计分析，让用户了解 Excel 输出结果背后的步骤。在其他的数据分析工具中，用户输入数据，工具输出结果，整个过程如同黑箱操作，难以使用户理解统计方法的实现过程。

第四，Excel 与其他应用程序的兼容性高。Excel 中的数据、图形、表格、输出结果可以无缝用于 Word、PowerPoint、WPS Office 及一些 ERP 软件。用户可以轻松地在 Excel 与其他应用程序之间切换。

第五，Excel 普及率高。Excel 可以在安装了 Windows 或 macOS 的计算机上运行，也可以在移动终端运行。用户通过 Excel 可以轻松完成文件的分享、协作，实现移动办公。

## 写作初衷

作为一名拥有 20 多年大学教学经验的统计学专业的教师，我在日常的教学、培训和咨询服务中接触了大量缺乏统计知识和 Excel 操作经验的人。通过与他们互动，我深刻了解到他们的认知盲区和学习需求。

目前市面上的统计学图书主要介绍统计方法的实现步骤，而对统计方法的适用场景、统计结果的解读，以及结论提炼等方面的介绍不够深入。读者学习完某种统计方法后，在实践中往往还是感到茫然，不知道什么时候应该采用哪种统计方法，不知道如何从统计结果中提取有价值的结论。

另外，市面上虽然有很多介绍 Excel 操作的图书，但大多数将操作步骤作为写作重点，只介绍如何单击菜单、选择选项去实现某种统计方法。这类图书缺乏对 Excel 所涉及的统计方法原理、输出结果的介绍。实际上，"小白"在使用 Excel 时很容易记住操作步骤，经过几次练习就可以掌握使用方法，而最让"小白"感到困惑的往往是应该选择哪种统计分析工具，以及如何解读输出结果。

因此，我写作本书的初衷是为缺乏统计知识的"小白"提供参考，旨在让他们更轻松地学习统计方法及其在 Excel 中的实现。本书在介绍统计方法时，会首先介绍该方法的应用场景、核心思想，然后介绍该方法在 Excel 中的实现工具，并总结操作要点，解读输出结果中的关键信息，帮助读者领会和掌握从数据中提取有价值的信息的方法。

## 本书特色

- **实操性强**：在介绍统计方法时，本书使用 Excel 函数解释计算的详细步骤，让计算变得生动直观，以加深读者对统计方法的理解。
- **技术总结**：本书归纳和整理使用 Excel 进行统计分析的经验和技巧，这些是我使用经验和教学经验的结晶。
- **内容全面**：本书涵盖常用的统计方法，包括数据清洗、描述统计分析、推断统计分析，以及时间序列分析。
- **归纳性强**：在每一章最后提供本章知识点的思维导图，以帮助读者整理学习思路，也方便日后查阅。
- **实战案例**：本书结合大量基于现实问题、真实数据的案例进行讲解，为读者提供真实的应用场景。同时在每一章都编排习题，并按章整理例题和习题文件供读者下载练习（在哔哩哔哩网站/App 搜索 Lizongzhang，从 UP 主个人主页获取）。
- **内容新颖**：本书采用 Microsoft 365 for Mac 订阅版进行讲解。此外，Excel 整体风格稳健，本书介绍的操作对 Excel 2016 及以上版本都适用。

## 本书读者对象

- 零基础或入门级的统计分析学习者；
- 零基础或入门级的 Excel 学习者；
- Excel 进阶学习者；
- 从事商业分析、数据分析工作的人员；
- 各类院校统计学专业的学生。

我在写作过程中力求书中内容准确，但难免存在疏漏，欢迎广大读者反馈发现的问题，发送电子邮件到 jiahongfei@ptpress.com.cn。

李宗璋

2023 年 8 月

# 目 录

## 第1篇 开篇

| | | |
|---|---|---|
| 003 | 第1章 | 统计分析与 Excel 概述 |
| 003 | 1.1 | **统计分析的步骤** |
| 003 | 1.1.1 | 收集数据 |
| 004 | 1.1.2 | 整理数据 |
| 004 | 1.1.3 | 分析数据 |
| 004 | 1.1.4 | 提炼结论 |
| 005 | 1.2 | **Excel 的统计分析工具** |
| 005 | 1.2.1 | 图表工具 |
| 005 | 1.2.2 | 函数工具 |
| 006 | 1.2.3 | 数据分析工具 |
| 007 | 1.3 | **Excel 常用技巧** |
| 007 | 1.3.1 | Excel 的快捷键 |
| 008 | 1.3.2 | 单元格填充柄 |
| 010 | 1.4 | **Excel 的数据清洗方法** |
| 011 | 1.4.1 | 剔除重复值 |
| 012 | 1.4.2 | 剔除缺失值 |
| 013 | 1.4.3 | 英文字母的大小写转换 |
| 014 | 1.4.4 | 删除多余的空格 |
| 014 | 1.4.5 | 观测值的批量替换 |
| 015 | 1.4.6 | 文本分列 |

| 017 | 1.4.7 | 以文本形式存储的数据的转换 |
| 019 | 1.4.8 | 快速填充 |
| 020 | 1.4.9 | 异常值和缺失值的识别 |
| 021 | 1.4.10 | 数值代码转换为文本 |
| 022 | 1.5 | **本书涉及的统计方法** |
| 023 | 1.6 | **本章总结** |
| 023 | 1.7 | **本章习题** |

## 第 2 篇　描述统计分析

| 027 | **第 2 章** | **定性数据的图表展示** |
| 027 | 2.1 | **数据透视表** |
| 028 | 2.1.1 | 创建数据透视表 |
| 030 | 2.1.2 | 计算各组百分比 |
| 030 | 2.1.3 | 顺序数据的排序 |
| 031 | 2.1.4 | 计算累积百分比 |
| 032 | 2.2 | **饼图** |
| 033 | 2.3 | **柱形图** |
| 033 | 2.3.1 | 普通柱形图 |
| 034 | 2.3.2 | 帕累托图 |
| 034 | 2.4 | **树状图** |
| 036 | 2.5 | **瀑布图** |
| 037 | 2.6 | **本章总结** |
| 037 | 2.7 | **本章习题** |
| 039 | **第 3 章** | **定量数据的图表展示** |
| 039 | 3.1 | **直方图** |
| 039 | 3.1.1 | 基于原始数据绘制直方图 |
| 041 | 3.1.2 | 基于频数分布表绘制直方图 |
| 043 | 3.2 | **分布折线图** |
| 043 | 3.2.1 | 频数折线图 |
| 044 | 3.2.2 | 累积频数折线图 |
| 045 | 3.2.3 | 累积百分比折线图 |
| 046 | 3.3 | **箱形图** |
| 046 | 3.3.1 | 箱形图的形式 |

| 047 | 3.3.2 | 绘制箱形图 |
|---|---|---|
| 049 | 3.4 | **茎叶图** |
| 051 | 3.5 | **本章总结** |
| 051 | 3.6 | **本章习题** |

| 053 | **第 4 章** | **二维数据的图表展示** |
|---|---|---|
| 053 | 4.1 | **列联表** |
| 054 | 4.1.1 | 两个定性变量的列联表 |
| 055 | 4.1.2 | 含有定量变量的列联表 |
| 056 | 4.2 | **堆积条形图** |
| 056 | 4.2.1 | 普通堆积条形图 |
| 056 | 4.2.2 | 百分比堆积条形图 |
| 058 | 4.3 | **分组直方图** |
| 059 | 4.4 | **分组折线图** |
| 059 | 4.4.1 | 分组频数折线图 |
| 060 | 4.4.2 | 分组百分比折线图 |
| 061 | 4.4.3 | 分组累积百分比折线图 |
| 061 | 4.5 | **分组箱形图** |
| 062 | 4.6 | **散点图** |
| 063 | 4.7 | **本章总结** |
| 064 | 4.8 | **本章习题** |

| 066 | **第 5 章** | **描述性统计量的计算** |
|---|---|---|
| 066 | 5.1 | **集中趋势** |
| 066 | 5.1.1 | 众数 |
| 068 | 5.1.2 | 中位数 |
| 069 | 5.1.3 | 均值 |
| 071 | 5.1.4 | 众数、中位数和均值的适用场景 |
| 073 | 5.2 | **离散程度** |
| 073 | 5.2.1 | 全距 |
| 073 | 5.2.2 | 四分位距 |
| 074 | 5.2.3 | 方差 |
| 075 | 5.2.4 | 标准差 |
| 075 | 5.2.5 | 均值绝对离差 |
| 075 | 5.2.6 | 中位数绝对离差 |
| 076 | 5.2.7 | 离散系数 |

| | | |
|---|---|---|
| 077 | 5.3 | **分布形状** |
| 077 | 5.3.1 | 偏度 |
| 079 | 5.3.2 | 峰度 |
| 081 | 5.4 | **批量展示描述性统计量** |
| 082 | 5.4.1 | 数据分析/描述统计 |
| 083 | 5.4.2 | 生成数据透视表 |
| 084 | 5.5 | **本章总结** |
| 084 | 5.6 | **本章习题** |

## 第 3 篇　推断统计分析基础

| | | |
|---|---|---|
| 089 | **第 6 章** | **离散型随机变量的分布** |
| 089 | 6.1 | **关键概念** |
| 089 | 6.1.1 | 离散型随机变量 |
| 089 | 6.1.2 | 概率质量函数 |
| 090 | 6.1.3 | 累积分布函数 |
| 090 | 6.1.4 | 离散型随机变量的期望和方差 |
| 092 | 6.2 | **二项分布** |
| 092 | 6.2.1 | 二项分布的性质 |
| 093 | 6.2.2 | 利用 Excel 计算二项分布的概率 |
| 093 | 6.2.3 | 利用 Excel 绘制二项分布的图像 |
| 095 | 6.3 | **泊松分布** |
| 095 | 6.3.1 | 泊松分布的性质 |
| 096 | 6.3.2 | 泊松分布与二项分布的关系 |
| 096 | 6.3.3 | 利用 Excel 计算泊松分布的取值概率 |
| 098 | 6.3.4 | 利用 Excel 绘制泊松分布的图像 |
| 099 | 6.4 | **本章总结** |
| 099 | 6.5 | **本章习题** |
| 101 | **第 7 章** | **连续型随机变量的分布** |
| 101 | 7.1 | **关键概念** |
| 101 | 7.1.1 | 连续型随机变量 |
| 101 | 7.1.2 | 概率密度函数 |
| 102 | 7.1.3 | 累积分布函数 |
| 103 | 7.1.4 | 连续型随机变量的期望和方差 |

| | | |
|---|---|---|
| 103 | 7.2 | **均匀分布** |
| 105 | 7.3 | **正态分布** |
| 105 | 7.3.1 | 正态分布的性质 |
| 110 | 7.3.2 | 利用 Excel 绘制正态分布的概率密度函数曲线和累积分布函数曲线 |
| 111 | 7.3.3 | 正态分布的应用 |
| 114 | 7.4 | **卡方分布** |
| 114 | 7.4.1 | 卡方分布的性质 |
| 116 | 7.4.2 | 利用 Excel 绘制卡方分布的概率密度函数曲线 |
| 117 | 7.4.3 | 卡方分布的应用 |
| 117 | 7.5 | *t* **分布** |
| 118 | 7.5.1 | $t$ 分布的性质 |
| 119 | 7.5.2 | 利用 Excel 绘制 $t$ 分布的概率密度函数曲线 |
| 120 | 7.5.3 | $t$ 分布的应用 |
| 120 | 7.6 | *F* **分布** |
| 121 | 7.6.1 | $F$ 分布的性质 |
| 122 | 7.6.2 | 利用 Excel 绘制 $F$ 分布的概率密度函数曲线 |
| 123 | 7.6.3 | $F$ 分布的应用 |
| 123 | 7.7 | **本章总结** |
| 124 | 7.8 | **本章习题** |
| 126 | 第 8 章 | **抽样分布** |
| 126 | 8.1 | **抽样分布基础** |
| 126 | 8.1.1 | 参数和统计量 |
| 127 | 8.1.2 | 抽样分布的定义 |
| 127 | 8.2 | **样本均值的抽样分布** |
| 127 | 8.2.1 | 样本均值的期望和方差 |
| 128 | 8.2.2 | 样本均值的分布形状 |
| 132 | 8.2.3 | 实践应用 |
| 133 | 8.3 | **样本比例的抽样分布** |
| 133 | 8.3.1 | 样本比例的期望和方差 |
| 133 | 8.3.2 | 样本比例的分布形状 |
| 135 | 8.3.3 | 实践应用 |
| 136 | 8.4 | **本章总结** |
| 136 | 8.5 | **本章习题** |

# 第4篇 推断统计分析方法

| 页码 | 章节 | 标题 |
|---|---|---|
| 141 | 第9章 | **参数估计** |
| 141 | 9.1 | **点估计和区间估计** |
| 141 | 9.2 | **总体均值的区间估计** |
| 142 | 9.2.1 | 基本思想 |
| 143 | 9.2.2 | 置信水平的解释 |
| 146 | 9.2.3 | 总体均值的置信区间的计算 |
| 150 | 9.3 | **总体方差的区间估计** |
| 150 | 9.3.1 | 总体方差的置信区间的构造 |
| 153 | 9.3.2 | 实践应用 |
| 153 | 9.4 | **总体比例的区间估计** |
| 154 | 9.4.1 | 总体比例的置信区间的构造 |
| 156 | 9.4.2 | 实践应用 |
| 156 | 9.5 | **本章总结** |
| 157 | 9.6 | **本章习题** |
| 159 | 第10章 | **单个总体参数的检验** |
| 159 | 10.1 | **开展假设检验的步骤** |
| 159 | 10.1.1 | 提出原假设和备择假设 |
| 160 | 10.1.2 | 约定显著性水平 |
| 161 | 10.1.3 | 构造检验统计量 |
| 161 | 10.1.4 | 建立决策规则 |
| 161 | 10.1.5 | 基于样本做出判断 |
| 162 | 10.2 | **总体均值的假设检验** |
| 162 | 10.2.1 | 总体均值的 $z$ 检验在 Excel 中的实现 |
| 166 | 10.2.2 | 总体均值的 $t$ 检验在 Excel 中的实现 |
| 170 | 10.3 | **总体方差的假设检验** |
| 171 | 10.3.1 | 卡方检验统计量的构造 |
| 171 | 10.3.2 | 总体方差的卡方检验在 Excel 中的实现 |
| 172 | 10.4 | **总体比例的假设检验** |
| 172 | 10.4.1 | $z$ 检验统计量的构造 |
| 173 | 10.4.2 | 总体比例的 $z$ 检验在 Excel 中的实现 |
| 173 | 10.5 | **本章总结** |

| 174 | 10.6 | 本章习题 |
|---|---|---|
| 176 | **第 11 章** | **两个总体参数的检验** |
| 176 | **11.1** | **两个总体均值的比较：独立样本** |
| 176 | 11.1.1 | 两个总体方差已知：$z$ 检验 |
| 181 | 11.1.2 | 两个总体方差相等：$t$ 检验 |
| 182 | 11.1.3 | 两个总体方差不等：$t$ 检验 |
| 184 | **11.2** | **两个总体均值的比较：配对样本** |
| 187 | **11.3** | **两个总体方差的比较** |
| 188 | **11.4** | **两个总体比例的比较** |
| 190 | 11.5 | 本章总结 |
| 191 | 11.6 | 本章习题 |
| 193 | **第 12 章** | **多个总体参数的检验** |
| 193 | **12.1** | **多个总体均值是否相等的检验：方差分析** |
| 196 | **12.2** | **单因素方差分析在 Excel 中的实现** |
| 198 | **12.3** | **无重复双因素方差分析在 Excel 中的实现** |
| 200 | **12.4** | **可重复双因素方差分析在 Excel 中的实现** |
| 203 | **12.5** | **多个总体的方差齐性检验** |
| 203 | 12.5.1 | Levene 检验的思想 |
| 204 | 12.5.2 | Levene 检验在 Excel 中的实现 |
| 206 | 12.6 | 本章总结 |
| 206 | 12.7 | 本章习题 |
| 208 | **第 13 章** | **非参数检验** |
| 208 | **13.1** | **单个总体的非参数检验** |
| 208 | 13.1.1 | 中位数检验 |
| 210 | 13.1.2 | 定性数据分布的检验：拟合优度检验 |
| 212 | 13.1.3 | 定量数据分布的检验：Kolmogorov-Smirnov 检验 |
| 214 | 13.1.4 | 正态分布检验 |
| 219 | **13.2** | **多个总体分布的比较** |
| 219 | 13.2.1 | 两个独立样本：Mann-Whitney U 检验 |
| 222 | 13.2.2 | 两个配对样本：Wilcoxon 符号秩检验 |
| 224 | 13.2.3 | 多个独立样本：Kruskal-Wallis 检验 |
| 227 | 13.3 | 本章总结 |
| 227 | 13.4 | 本章习题 |

| | | |
|---|---|---|
| 229 | 第 14 章 | **相关分析** |
| 229 | 14.1 | **两个定性变量的关系** |
| 229 | 14.1.1 | 独立性检验 |
| 232 | 14.1.2 | Cramer's V 系数 |
| 233 | 14.1.3 | Kendall's W 系数 |
| 234 | 14.2 | **两个定量变量的关系** |
| 234 | 14.2.1 | 协方差 |
| 238 | 14.2.2 | 皮尔逊相关系数 |
| 241 | 14.2.3 | 斯皮尔曼秩相关系数 |
| 242 | 14.3 | **本章总结** |
| 243 | 14.4 | **本章习题** |
| 246 | 第 15 章 | **回归分析** |
| 246 | 15.1 | **开展回归分析的工作流程** |
| 246 | 15.1.1 | 建立回归模型 |
| 247 | 15.1.2 | 估计模型参数 |
| 250 | 15.1.3 | 检验模型参数 |
| 250 | 15.1.4 | 评估模型效果 |
| 251 | 15.1.5 | 提炼研究结论 |
| 251 | 15.2 | **一元回归分析** |
| 252 | 15.2.1 | 在散点图中添加趋势线 |
| 253 | 15.2.2 | 利用函数进行一元回归分析 |
| 256 | 15.2.3 | 利用回归分析工具进行一元回归分析 |
| 260 | 15.3 | **多元回归分析** |
| 260 | 15.3.1 | 多元回归方程的估计和检验 |
| 262 | 15.3.2 | 多元回归分析在 Excel 中的实现 |
| 264 | 15.4 | **本章总结** |
| 265 | 15.5 | **本章习题** |

## 第 5 篇　时间序列分析

| | | |
|---|---|---|
| 269 | 第 16 章 | **时间序列分析方法详解** |
| 269 | 16.1 | **描述性分析** |
| 269 | 16.1.1 | 长期趋势 |

| | | |
|---|---|---|
| 270 | 16.1.2 | 季节变动 |
| 271 | 16.1.3 | 循环变动 |
| 272 | 16.1.4 | 不规则变动 |
| 272 | **16.2** | **平稳序列** |
| 272 | 16.2.1 | 平稳序列的识别 |
| 273 | 16.2.2 | 移动平均法 |
| 276 | 16.2.3 | 指数平滑法 |
| 279 | **16.3** | **非平稳序列** |
| 279 | 16.3.1 | 线性趋势分析 |
| 280 | 16.3.2 | 非线性趋势分析 |
| 283 | 16.3.3 | 阶段性分析 |
| 286 | **16.4** | **复合型时间序列** |
| 287 | 16.4.1 | 因素分解法 |
| 287 | 16.4.2 | 乘法模型 |
| 293 | **16.5** | **三段式指数平滑法** |
| 293 | 16.5.1 | 模型设定 |
| 294 | 16.5.2 | FORECAST.ETS 函数 |
| 297 | 16.5.3 | 预测工作表工具 |
| 299 | **16.6** | **本章总结** |
| 299 | **16.7** | **本章习题** |
| 302 | | **参考文献** |
| 303 | | **后记** |

# 第 1 篇

# 开篇

本篇介绍统计分析与 Excel 基本的数据处理功能。首先介绍统计分析的步骤，包括数据收集、整理、分析和结论提炼；然后介绍 Excel 的统计分析工具（图表工具、函数工具和数据分析工具）、Excel 常用技巧，以及 Excel 的数据清洗方法；最后介绍本书涉及的统计方法。

本篇包括第 1 章。

# 第 1 章

# 统计分析与 Excel 概述

本章首先介绍开展统计分析的基本步骤，包括数据收集、整理、分析和结论提炼，然后介绍 Excel 的统计分析工具、Excel 常用技巧，并通过一个实例介绍数据清洗方法，最后介绍本书涉及的统计方法。

【本章主要内容】
- 统计分析的步骤
- Excel 的统计分析工具
- Excel 常用技巧
- Excel 的数据清洗方法
- 本书涉及的统计方法

## 1.1 统计分析的步骤

开展统计分析时，首先需要收集数据，然后对数据进行整理，运用统计方法分析研究对象的数量特征和变动规律，最终提炼出结论。

### 1.1.1 收集数据

收集数据是开展统计分析的第一步。在明确研究目标、研究对象和研究范围后，研究者需要判断所需数据的类型，以便选用适宜的数据收集方式。

首先，研究者需要判断数据是宏观数据还是微观数据。宏观数据通常是基于行政区域层面的，例如国家、省/直辖市/自治区、市、县（区）等层面的数据，这类数据是行政区域内所有微观数据的汇总。例如广州市高校在校生人数，是广州市所有高校的在校生人数的总和；再如深圳市南山区本地生产总值，是深圳市南山区所有经济活动单位生产总值的总和。宏观数据通常由政府部门、官方机构发布。

微观数据的观测单元是个体，例如个人、企业，反映的是个体层面的信息。微观数据通常通过数据库、调查问卷、观测或实验的方法收集。例如 CSMAR（China Stock Market & Accounting Research）数据库中的上市公司的数据，中国家庭追踪调查（China Family Panel Studies，CFPS）中家庭成员、家庭、社区的数据都是微观数据。

其次，研究者要确定数据是截面数据（Cross Sectional Data）还是时间序列数据（Time Series Data）。若研究关注观测单元在个体上的差异，那么需要收集截面数据；若研究关注观测单元的动态变化，则需要收集时间序列数据。若要同时研究观测单元的个体差异和动态变化，则需要收集面板数据（Panel Data）。

最后，研究者还要确定数据是定性数据（Qualitative Data）还是定量数据（Quantitative Data）。定性数据反映的是研究对象属性方面的特征，这类属性是无法量化的，例如性别、地区、行业、学历等，通常以文本的形式表示。定性数据可以细分为称名数据（Nominal Data）和顺序数据（Ordinal Data）。称名数据反映的属性是并列的，例如性别，男、女是并列的分类。顺序数据反映的属性是可以排序的，例如学历、满意度，可以按一定顺序排列。定量数据反映的是研究对象可以量化的特征，例如年龄、身高、体重等，通常以数字的形式表示。定量数据包含的信息最丰富，可以进行的统计运算也最多，其次是顺序数据，称名数据包含的信息最少，能进行的统计运算也最少。

### 1.1.2 整理数据

统计分析的第二步是整理数据。首先，将数据转化为结构化表格的格式，其中每一行代表一个观测单元，每一列代表一个变量，这是大多数统计软件能够识别的格式。随后需检查数据的完整性和合理性，包括查看是否存在重复值、缺失值、异常值，以及将文本转化为数值代码。这一步通常也称为数据清洗。1.4 节将介绍 Excel 中的数据清洗方法。

### 1.1.3 分析数据

统计分析的第三步是分析数据。在这一步要根据研究目的、数据类型选择恰当的统计分析方法。统计分析方法分为描述统计分析和推断统计分析两类。描述统计分析是指对零散数据进行概括，包括利用表格和图形对数据进行呈现，计算均值、中位数、标准差等描述性统计量。本书第 2～5 章将介绍描述统计分析方法。推断统计分析是指根据样本数据对总体特征进行推断，本书第 9～15 章将介绍推断统计分析方法。第 16 章将介绍时间序列分析方法。

### 1.1.4 提炼结论

统计分析的第四步是提炼结论。在这一步要对运用统计分析方法得到的数据进行梳理和归纳，从中提炼出有价值的结论。这些结论能够概括数据的内在规律，以及变量之间的关系，进一步体现统计分析的价值。

## 1.2 Excel 的统计分析工具

Excel 的统计分析工具主要有三大类，一是图表工具，二是函数工具，三是数据分析工具。

### 1.2.1 图表工具

启动 Excel，单击"插入"，如图 1.1 所示，两个方框所示的区域中分别是表格工具和图形工具，将在第 2 篇进行详细介绍。

图 1.1 "插入"卡片下的表格工具和图形工具

### 1.2.2 函数工具

Excel 中有功能丰富的函数，分为统计、财务、日期与时间、数学与三角函数、查找与引用、文本、逻辑、工程等门类，共计 400 多个。如图 1.2 所示，单击"$f_x$"，在弹出的对话框中可以按门类查找函数，也可在搜索框中搜索函数。

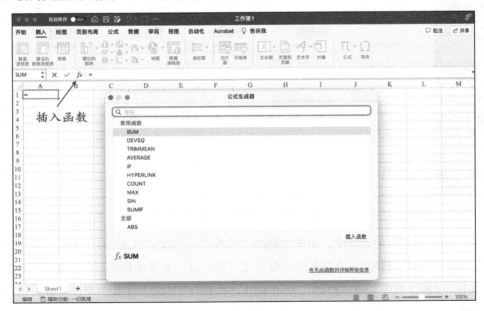

图 1.2 函数工具

如图 1.3 所示，单击"公式"→"其他函数"→"统计"，弹出"统计"下的函数列表，单击函数名即可调用函数。

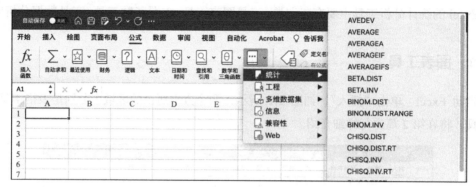

图 1.3 "公式"卡片中的函数分类

### 1.2.3 数据分析工具

数据分析工具是 Excel 的加载项，其中包括描述统计、假设检验、回归分析等统计模块。

在 Windows 系统下第一次使用数据分析工具时，需要加载该工具。macOS 的 Excel 无须执行加载的操作，在"数据"卡片中可直接调用"数据分析"加载项。下面介绍如何在 Windows 系统下加载数据分析工具。

在 Excel 主界面，单击"文件"→"更多"→"选项"（见图 1.4），打开"Excel 选项"对话框。

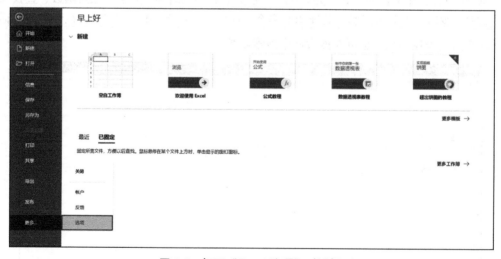

图 1.4 打开"Excel 选项"对话框

在"Excel 选项"对话框中，单击左侧的"加载项"，如图 1.5 所示，"非活动应用程序加载项"中有"分析工具库"，表明此时"分析工具库"处于非活动状态，也就是不可用状态。

单击"分析工具库"→"转到"，弹出图 1.6 所示的对话框，在其中勾选"分析工具库"，单击"确定"。

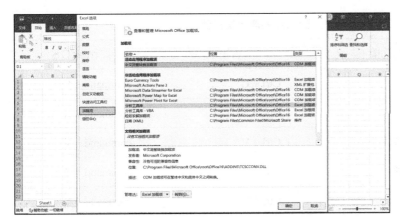 

图 1.5　"Excel 选项"对话框　　　　图 1.6　"加载项"对话框

此时,"分析工具库"已处于活动状态。在 Excel 主界面的"数据"卡片下单击"数据分析",弹出的对话框如图 1.7 所示。

下一次启动 Excel 后,无须重复前述步骤,可以在"数据"卡片下直接调用数据分析工具。

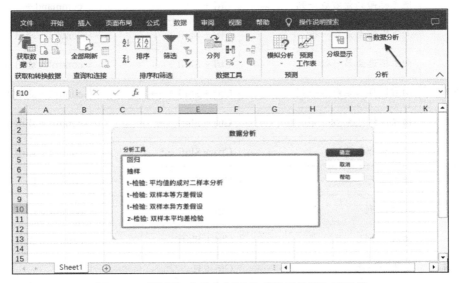

图 1.7　"数据"卡片中打开的"数据分析"对话框

## 1.3　Excel 常用技巧

本节将介绍 Excel 的快捷键、单元格填充柄的使用。

### 1.3.1　Excel 的快捷键

Excel 的快捷键可以分为基础操作、光标定位、范围框选、编辑计算等类型,表 1.1 列出了常用快捷键及其功能说明。

表 1.1　Excel 的常用快捷键

| 类型 | 功能 | Windows | macOS |
| --- | --- | --- | --- |
| 基础操作 | 复制单元格 | Ctrl + C | command + C |
| | 剪切单元格 | Ctrl + X | command + X |
| | 粘贴剪贴板内容 | Ctrl + V | command + V |
| | 撤销上一步操作 | Ctrl + Z | command + Z |
| | 重做 | Ctrl + Y | command + Y |
| 光标定位 | 使光标回到左上角单元格 | Ctrl + Home | control + fn + ← |
| | 使光标回到第一行 | Ctrl + ↑ | command + ↑ |
| | 使光标回到最后一行 | Ctrl + ↓ | command + ↓ |
| | 使光标回到最左边一列 | Ctrl + ← | command + ← |
| | 使光标回到最右边一列 | Ctrl + → | command + → |
| 范围框选 | 向下框选至最后一行 | Ctrl + Shift + ↓ | control + shift + ↓ |
| | 向上框选至第一行 | Ctrl + Shift + ↑ | control + shift + ↑ |
| | 向右边框选至最后一列 | Ctrl + Shift + → | control + shift + → |
| | 向左边框选至第一列 | Ctrl + Shift + ← | control + shift + ← |
| | 框选整个表单 | Ctrl + Shift + * | control + shift + * |
| 编辑计算 | 快速填充 | Ctrl + E | control + E |
| | 删除行/列 | Ctrl + - | control + - |
| | 插入行/列 | Ctrl + Shift + = | control + shift + = |
| | 查找和替换 | Ctrl + H | |
| | 启动筛选 | Ctrl + Shift + L | control + shift + L |
| | 设置格式 | Ctrl + 1 | control + 1 |
| | 创建表 | Ctrl + T | control + T |

## 1.3.2　单元格填充柄

拖曳单元格填充柄，可以实现内容、公式的自动填充。框选单元格区域"A2:F3"，如图 1.8 所示，将鼠标指针移动到单元格 F3 的右下角，待其变为"十"字形的单元格填充柄后，往下拖曳即可得到图 1.9 所示的内容。

|   | A | B | C | D | E | F | G |
|---|---|---|---|---|---|---|---|
| 1 | Number | Month | Year | 星期 | Weekday | 名次 | |
| 2 | 1 | Jan | 2000 | 一 | Mon | 第1名 | |
| 3 | 2 | Feb | 2001 | 二 | Tue | 第2名 | |
| 4 | | | | | | | |
| 5 | | | | | | | |

图 1.8　框选单元格区域

Excel 按照每列单元格内容的规律进行了自动填充，如图 1.9 所示。

|   | A | B | C | D | E | F | G |
|---|---|---|---|---|---|---|---|
| 1 | Number | Month | Year | 星期 | Weekday | 名次 | |
| 2 | 1 | Jan | 2000 | 一 | Mon | 第1名 | |
| 3 | 2 | Feb | 2001 | 二 | Tue | 第2名 | |
| 4 | 3 | Mar | 2002 | 三 | Wed | 第3名 | |
| 5 | 4 | Apr | 2003 | 四 | Thu | 第4名 | |
| 6 | 5 | May | 2004 | 五 | Fri | 第5名 | |
| 7 | 6 | Jun | 2005 | 六 | Sat | 第6名 | |
| 8 | 7 | Jul | 2006 | 日 | Sun | 第7名 | |
| 9 | 8 | Aug | 2007 | 一 | Mon | 第8名 | |
| 10 | 9 | Sep | 2008 | 二 | Tue | 第9名 | |
| 11 | 10 | Oct | 2009 | 三 | Wed | 第10名 | |
| 12 | 11 | Nov | 2010 | 四 | Thu | 第11名 | |
| 13 | 12 | Dec | 2011 | 五 | Fri | 第12名 | |
| 14 | | | | | | | |

图 1.9　拖曳单元格填充柄填充内容

拖曳单元格填充柄，还可以实现公式的自动填充。如图 1.10 所示，在单元格 H17 中录入公式 "=AVERAGE(H2:H15)"（见单元格 H18）计算年龄的均值，选中单元格 H17，往右拖曳单元格填充柄即可自动填充计算身高和体重的均值的公式。单元格 I17 中的公式为 "=AVERAGE(I2:I15)"（见单元格 I18），计算均值的数据范围从 "H2:H15" 变成 "I2:I15"。

|   | A | H | I | J |
|---|---|---|---|---|
| 1 | ID | Age | Height | Weight |
| 2 | 1630563 | 21 | 198.1 | 189 |
| 3 | 1630639 | 23 | 198.1 | 179 |
| 4 | 1631097 | 21 | 195.6 | 210 |
| 5 | 1629627 | 23 | 198.1 | 284 |
| 6 | 1629645 | 23 | 193.0 | 203 |
| 7 | 1630168 | 23 | 205.7 | 240 |
| 8 | 1630179 | 23 | 188.0 | 160 |
| 9 | 1630199 | 24 | 195.6 | 190 |
| 10 | 1630548 | 22 | 198.1 | 209 |
| 11 | 1630565 | 24 | 195.6 | 210 |
| 12 | 1631100 | 20 | 198.1 | 220 |
| 13 | 1631109 | 22 | 213.4 | 240 |
| 14 | 1631211 | 20 | 193.0 | 221 |
| 15 | 1631212 | 21 | 200.7 | 200 |
| 16 | | | | |
| 17 | | 22.14285714 | 197.9357143 | 211.0714286 |
| 18 | | =AVERAGE(H2:H15) | =AVERAGE(I2:I15) | =AVERAGE(J2:J15) |

图 1.10　拖曳单元格填充柄填充公式

接下来，在列 K 中计算体重由大到小的排序。在单元格 K2 中录入公式 "=RANK.EQ(J2,J2:J15,0)"。RANK.EQ 函数的第 1 项参数是观测值所在单元格，第 2 项参数是观测值所在的单元格区域，第 3 项参数是 0 或 1（0 代表降序排列，1 代表升序排列）。单击单元格 K2，往下拖曳单元格填充柄填充公式，在列 L 中可以看到列 K 单元格中对应的公式。单元格 K3

中填充的公式是"=RANK.EQ(J3,J3:J16,0)",此时,第 1 项参数 J3 是待排序的观测值 179 所在单元格,第 2 项参数"J3:J16"与原本的单元格区域"J2:J15"不再一致。因此,为了避免向下拖曳单元格填充柄时"J2:J15"变为"J3:J16",需要使用绝对引用符$。

在单元格 M2 中录入公式"=RANK.EQ(J2,J$2:J$15,0)",往下拖曳单元格填充柄填充公式,从列 N 中观察列 M 单元格中的公式,可以发现 RANK.EQ 函数的第 1 项参数从 J2 变成了 J3、J4……J15,但是第 2 项参数始终是"J$2:J$15",固定在体重的观测值所在的单元格区域,如图 1.11 所示。

| | A | J | K | L | M | N |
|---|---|---|---|---|---|---|
| 1 | ID | Weight | Weight Rank | 单元格的相对引用 | Weight Rank | 单元格的绝对引用 |
| 2 | 1630563 | 189 | 12 | =RANK.EQ(J2,J2:J15,0) | 12 | =RANK.EQ(J2,J$2:J$15,0) |
| 3 | 1630639 | 179 | 12 | =RANK.EQ(J3,J3:J16,0) | 13 | =RANK.EQ(J3,J$2:J$15,0) |
| 4 | 1631097 | 210 | 6 | =RANK.EQ(J4,J4:J17,0) | 6 | =RANK.EQ(J4,J$2:J$15,0) |
| 5 | 1629627 | 284 | 1 | =RANK.EQ(J5,J5:J18,0) | 1 | =RANK.EQ(J5,J$2:J$15,0) |
| 6 | 1629645 | 203 | 7 | =RANK.EQ(J6,J6:J19,0) | 9 | =RANK.EQ(J6,J$2:J$15,0) |
| 7 | 1630168 | 240 | 1 | =RANK.EQ(J7,J7:J20,0) | 2 | =RANK.EQ(J7,J$2:J$15,0) |
| 8 | 1630179 | 160 | 8 | =RANK.EQ(J8,J8:J21,0) | 14 | =RANK.EQ(J8,J$2:J$15,0) |
| 9 | 1630199 | 190 | 7 | =RANK.EQ(J9,J9:J22,0) | 11 | =RANK.EQ(J9,J$2:J$15,0) |
| 10 | 1630548 | 209 | 5 | =RANK.EQ(J10,J10:J23,0) | 8 | =RANK.EQ(J10,J$2:J$15,0) |
| 11 | 1630565 | 210 | 4 | =RANK.EQ(J11,J11:J24,0) | 6 | =RANK.EQ(J11,J$2:J$15,0) |
| 12 | 1631100 | 220 | 3 | =RANK.EQ(J12,J12:J25,0) | 5 | =RANK.EQ(J12,J$2:J$15,0) |
| 13 | 1631109 | 240 | 1 | =RANK.EQ(J13,J13:J26,0) | 2 | =RANK.EQ(J13,J$2:J$15,0) |
| 14 | 1631211 | 221 | 1 | =RANK.EQ(J14,J14:J27,0) | 4 | =RANK.EQ(J14,J$2:J$15,0) |
| 15 | 1631212 | 200 | 1 | =RANK.EQ(J15,J15:J28,0) | 10 | =RANK.EQ(J15,J$2:J$15,0) |

图 1.11 单元格的绝对引用

使用单元格填充柄可以提高录入公式的效率,但要注意单元格的绝对引用和相对引用。若往右拖曳单元格填充柄,要使单元格引用不发生变化,需在列号前加上绝对引用符$;若往下拖曳单元格填充柄,要使单元格引用不发生变化,则需在行号前加上绝对引用符$。

> **实操技巧**
> - 使用 Excel 快捷键,可以提高操作效率。
> - 使用单元格填充柄,可以实现内容、公式的自动填充。

## 1.4 Excel 的数据清洗方法

在实践中,从调查问卷、数据库或者网页获取的数据可能并不规范,例如包含重复值、缺失值,数字因以文本的格式存储而无法进行计算等。将数据整理成规范的格式,可以提高分析数据的效率,达到事半功倍的效果。本节通过例 1.1 介绍 Excel 中常用的数据清洗方法。

**例 1.1**

图 1.12 所示是某年 NBA 全明星赛中的球员数据。

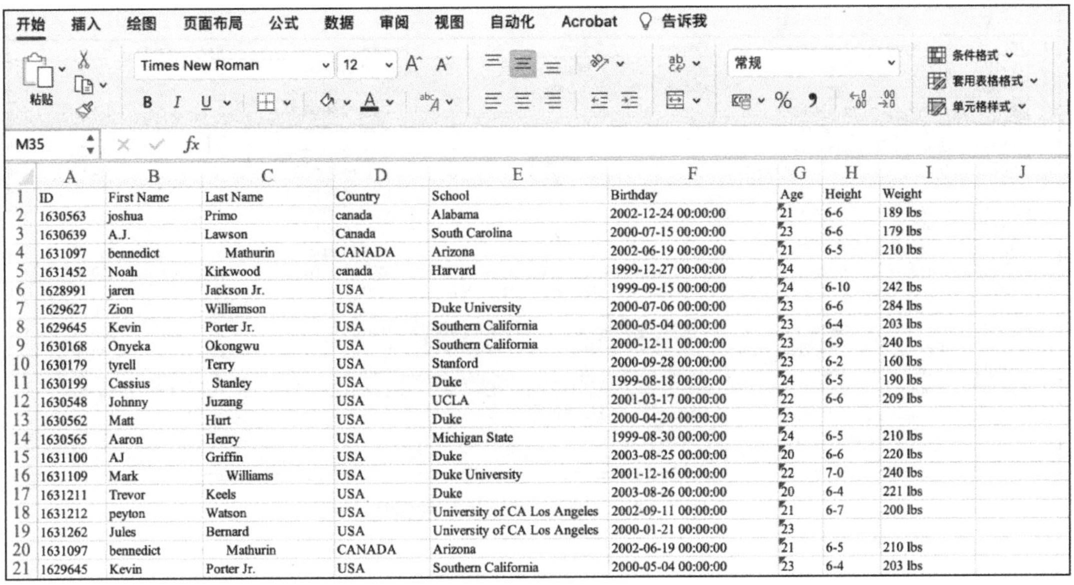

图 1.12　某年 NBA 全明星赛中的球员数据

## 1.4.1　剔除重复值

单击单元格 A1，单击"数据"→"删除重复项"，在弹出的对话框中勾选"ID""First Name"和"Last Name"，如图 1.13 所示，若存在这 3 个变量的观测值相同的记录，则认为它们是重复记录。

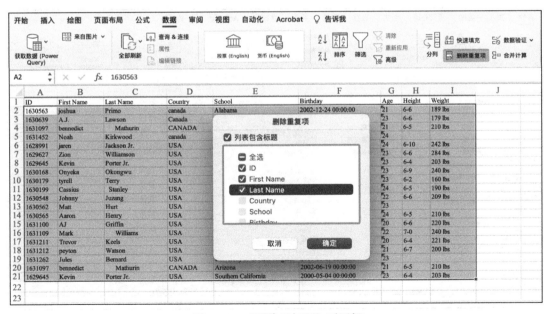

图 1.13　"删除重复项"对话框

单击"删除重复项"对话框中的"确定"，弹出图 1.14 所示的警告，提示"2 找到并删除重复值；保留 18 唯一值"等，表示表中原本有 20 条记录，删除了其中 2 条重复记录。

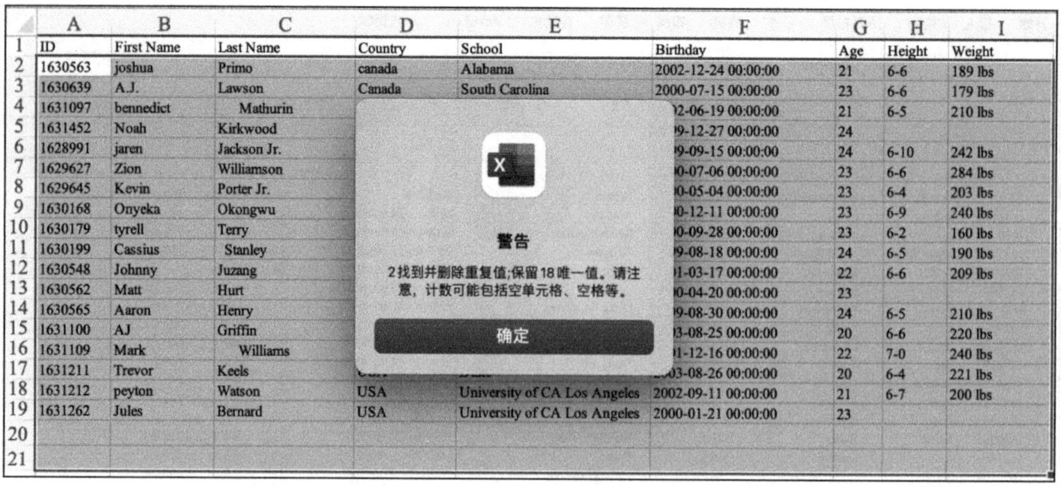

图 1.14 "删除重复项"的警告

## 1.4.2 剔除缺失值

图 1.12 所示的表中有空白单元格，存在数据缺失的记录（缺失值）。通常，需要将缺失值剔除，以保证在整个研究中样本容量的一致性。若不剔除缺失值，会面临在分析不同的变量时样本容量不一致的情况，也可能导致某些统计分析无法实现。

首先框选单元格区域"A1:I19"，然后单击"开始"→"编辑"→"查找和选择"→"定位条件"，弹出"定位条件"对话框，选择"空值"，如图 1.15 所示，单击"确定"。

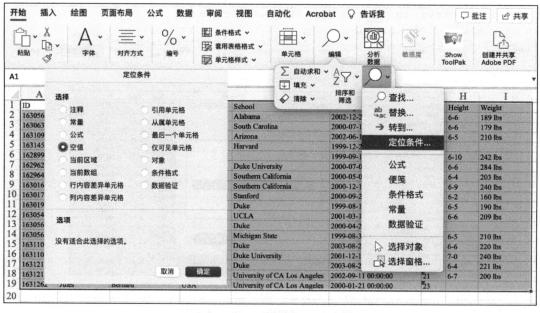

图 1.15 打开"定位条件"对话框

空白单元格被选中，单击鼠标右键并在弹出的快捷菜单中选择"删除"（或者按 Ctrl＋-），弹出"删除"对话框，选择"整行"，如图 1.16 所示，单击"确定"，即可将缺失值所在行剔除。

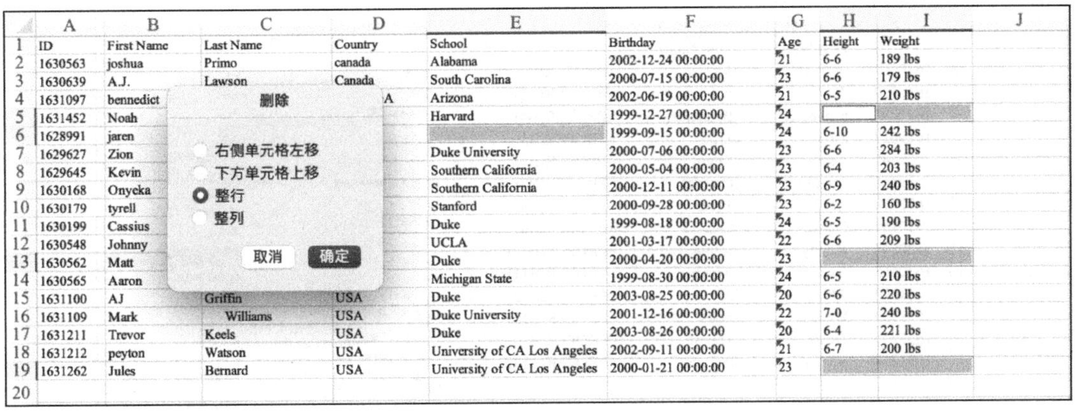

图 1.16　剔除缺失值

删除了存在缺失值的 4 行，保留了 14 条记录。

## 1.4.3　英文字母的大小写转换

使用 UPPER 函数或 LOWER 函数可以分别将英文字母全部转换成大写或者全部转换成小写，使用 PROPER 函数可以将首字母转换为大写。如图 1.17 所示，列 B 中有的球员名字的首字母没有大写，在其右侧插入 3 个空白列，在单元格 C2 中录入公式"=PROPER(B2)"，然后框选单元格区域"C2:C15"，单击"开始"→"编辑"→"填充"→"向下"，即可自动完成公式填充。

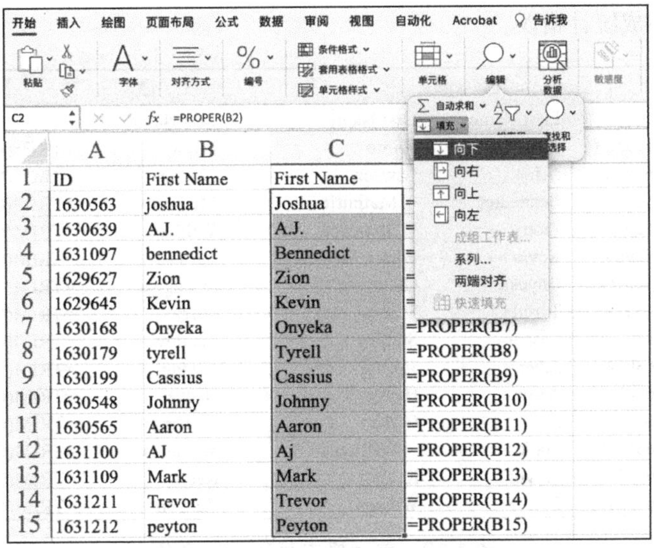

图 1.17　"开始"卡片中的"填充"工具

由于列 C 中的值根据列 B 中的值计算而得，若删除列 B，会导致列 C 中的计算无法实现。如图 1.18 所示，复制单元格区域"C1:C15"，然后单击单元格 E1，再单击鼠标右键，在弹出的快捷菜单中选择"选择性粘贴"→"值"，即可复制列 C 中的值到列 E 中。此时将列 B 删除，列 E 中的值不会受到影响。

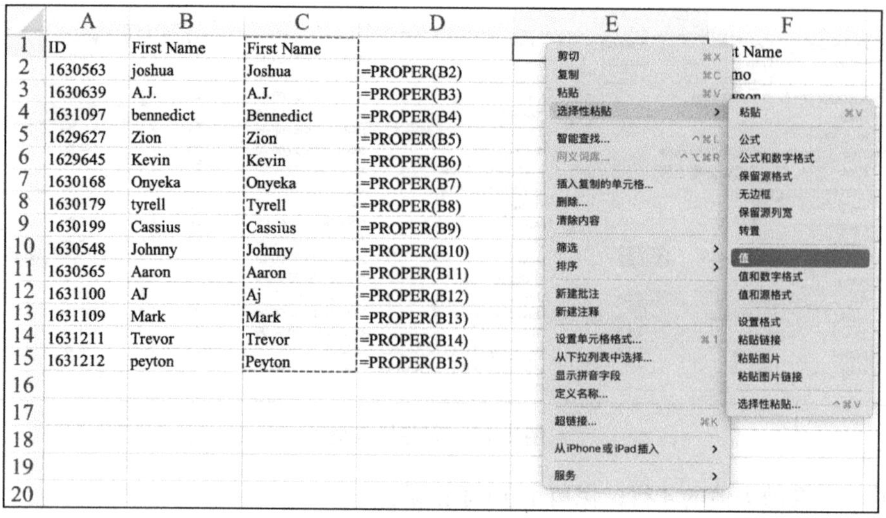


| | A | B | C | D |
|---|---|---|---|---|
| 1 | ID | First Name | First Name | |
| 2 | 1630563 | joshua | Joshua | =PROPER(B2) |
| 3 | 1630639 | A.J. | A.J. | =PROPER(B3) |
| 4 | 1631097 | bennedict | Bennedict | =PROPER(B4) |
| 5 | 1629627 | Zion | Zion | =PROPER(B5) |
| 6 | 1629645 | Kevin | Kevin | =PROPER(B6) |
| 7 | 1630168 | Onyeka | Onyeka | =PROPER(B7) |
| 8 | 1630179 | tyrell | Tyrell | =PROPER(B8) |
| 9 | 1630199 | Cassius | Cassius | =PROPER(B9) |
| 10 | 1630548 | Johnny | Johnny | =PROPER(B10) |
| 11 | 1630565 | Aaron | Aaron | =PROPER(B11) |
| 12 | 1631100 | AJ | Aj | =PROPER(B12) |
| 13 | 1631109 | Mark | Mark | =PROPER(B13) |
| 14 | 1631211 | Trevor | Trevor | =PROPER(B14) |
| 15 | 1631212 | peyton | Peyton | =PROPER(B15) |

图 1.18 选择性粘贴

图 1.12 所示表格中列 D 中的国家名称，也存在大小写不一致的问题，使用 UPPER 函数可以将国家名称的所有字母都设置为大写。

## 1.4.4 删除多余的空格

如图 1.19 所示，单元格 C4 和 C13 中有几个多余的空格，使用 TRIM 函数可以删除单元格中多余的空格。若不删除多余的空格，Excel 会认为“ Mathurin”和“ Mathurin”是两个不同的观测值，会造成统计错误。

| | A | B | C | D | E |
|---|---|---|---|---|---|
| 1 | ID | First Name | Last Name | Last Name | |
| 2 | 1630563 | Joshua | Primo | Primo | =TRIM(C2) |
| 3 | 1630639 | A.J. | Lawson | Lawson | =TRIM(C3) |
| 4 | 1631097 | Bennedict | Mathurin | Mathurin | =TRIM(C4) |
| 5 | 1629627 | Zion | Williamson | Williamson | =TRIM(C5) |
| 6 | 1629645 | Kevin | Porter Jr. | Porter Jr. | =TRIM(C6) |
| 7 | 1630168 | Onyeka | Okongwu | Okongwu | =TRIM(C7) |
| 8 | 1630179 | Tyrell | Terry | Terry | =TRIM(C8) |
| 9 | 1630199 | Cassius | Stanley | Stanley | =TRIM(C9) |
| 10 | 1630548 | Johnny | Juzang | Juzang | =TRIM(C10) |
| 11 | 1630565 | Aaron | Henry | Henry | =TRIM(C11) |
| 12 | 1631100 | Aj | Griffin | Griffin | =TRIM(C12) |
| 13 | 1631109 | Mark | Williams | Williams | =TRIM(C13) |
| 14 | 1631211 | Trevor | Keels | Keels | =TRIM(C14) |
| 15 | 1631212 | Peyton | Watson | Watson | =TRIM(C15) |

图 1.19 单元格中存在多余空格

## 1.4.5 观测值的批量替换

图 1.20 中的列 F 是球员所在的学校的名称，Duke University 和 Duke 都表示杜克大学，University of CA Los Angeles 和 UCLA 都表示加州大学洛杉矶分校。在录入学校名称数据时，

有的用简称，有的用全称，我们需要将形式上不同但实质内容相同的观测值统一。

首先，在单元格 G2 中录入公式"=UNIQUE(F2:F15)"（见单元格 H2），用 UNIQUE 函数查看学校名称的取值情况。

然后，如图 1.20 所示，框选单元格区域"F2:F15"，单击"开始"→"查找和选择"→"替换"，在"查找和替换"对话框的"查找内容"文本框中输入 Duke University，在"替换为"文本框中输入 Duke。单击"全部替换"，提示"完成 2 处替换"，如图 1.21 所示。再用同样的操作将 University of CA Los Angeles 替换为 UCLA。

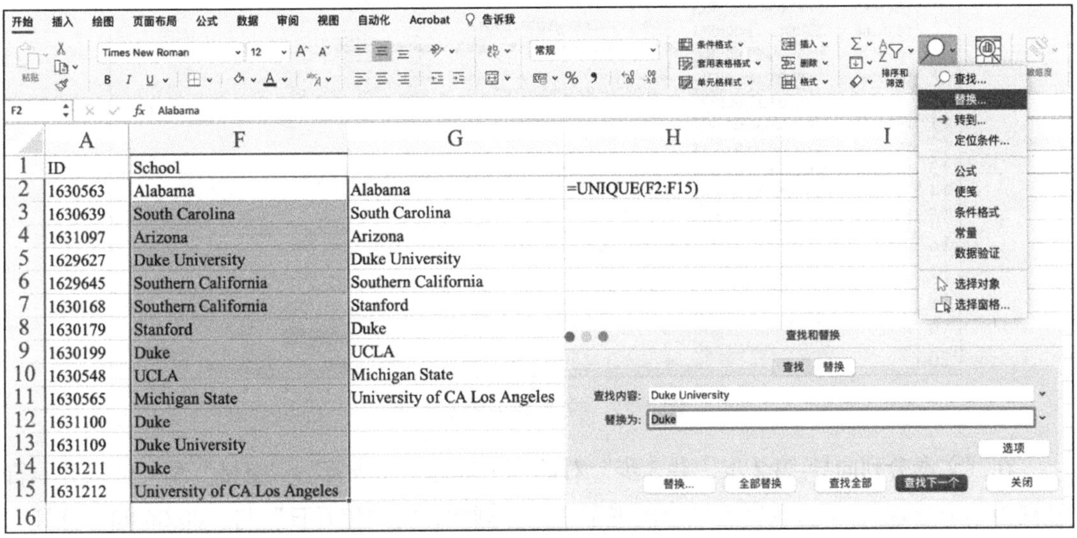

图 1.20　使用 UNIQUE 函数并进行查找和替换

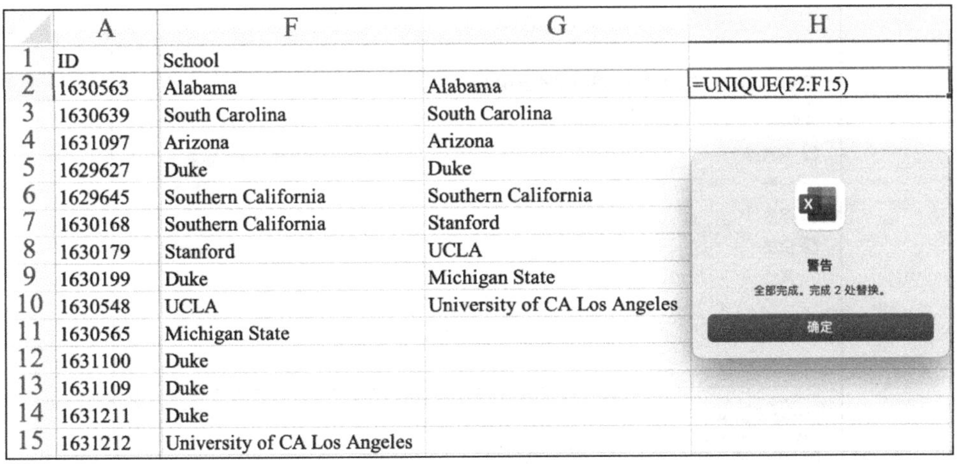

图 1.21　查找和替换的结果

## 1.4.6　文本分列

列 G 中的出生日期中的时间是无用数据，需要删除。首先，在列 G 右侧插入一列，用来存放分列后的内容。然后，选中列 G，即需要分列的内容。单击"数据"→"分列"，在弹出的"文本分列向导-第1步，共3步"对话框中选择"分隔符号"，如图1.22所示，单击"下一步"。

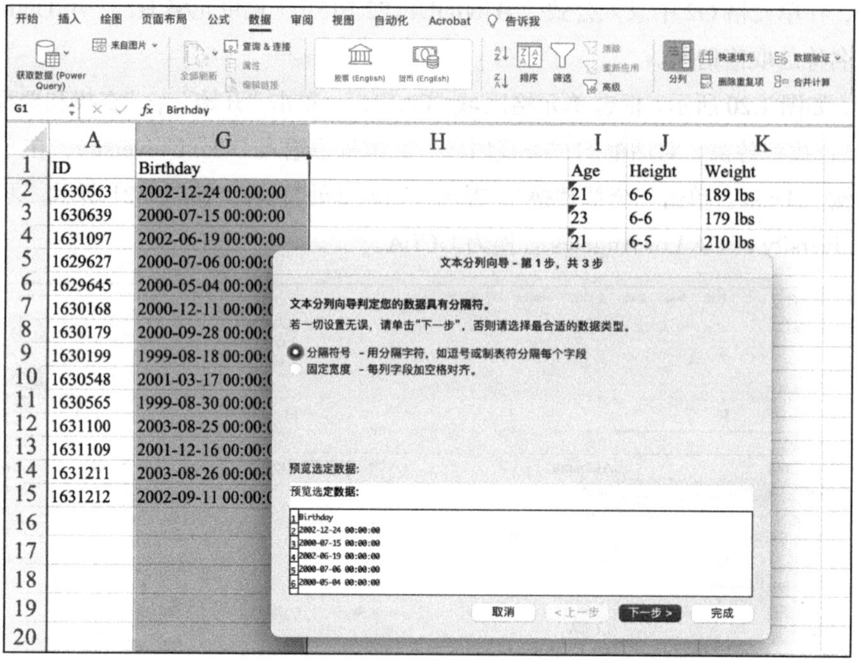

图 1.22　文本分列的第 1 步

在"文本分列向导-第2步，共3步"对话框中勾选"制表符"、"空格"和"连续分隔符号视为单个处理"，下方预览区域中出现了一条分列线，将"年月日"与"00:00:00"分开，如图1.23所示，单击"下一步"。

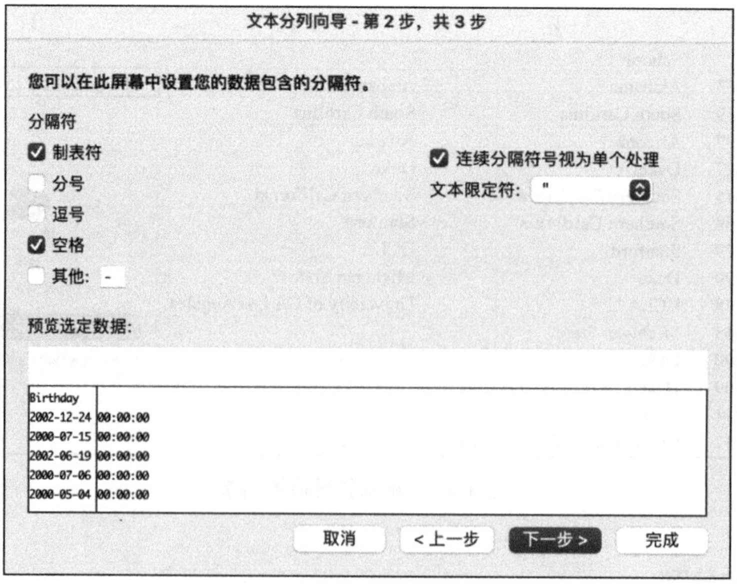

图 1.23　文本分列的第 2 步

根据图1.24进行设置，"目标"是指定分列以后的数据的输出位置。本例使用默认设置，分列后的数据放置于以单元格G1为左上角的单元格区域，并将替换列G中原有的数据。

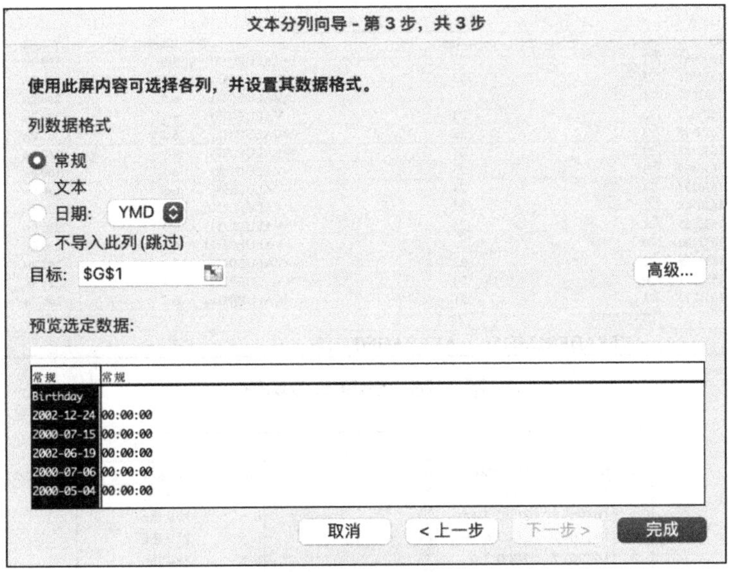


图 1.24　文本分列的第 3 步

单击图 1.24 所示对话框中的“完成”，得到图 1.25 所示的结果，再删除列 H 即可。

| | A | B | C | D | E | F | G | H |
|---|---|---|---|---|---|---|---|---|
| 1 | ID | First Name | Last Name | Last Name | Country | School | Birthday | |
| 2 | 1630563 | Joshua | Primo | Primo | CANADA | Alabama | 2002/12/24 | 00:00:00 |
| 3 | 1630639 | A.J. | Lawson | Lawson | CANADA | South Carolina | 2000/7/15 | 00:00:00 |
| 4 | 1631097 | Bennedict | Mathurin | Mathurin | CANADA | Arizona | 2002/6/19 | 00:00:00 |
| 5 | 1629627 | Zion | Williamson | Williamson | USA | Duke | 2000/7/6 | 00:00:00 |
| 6 | 1629645 | Kevin | Porter Jr. | Porter Jr. | USA | Southern California | 2000/5/4 | 00:00:00 |
| 7 | 1630168 | Onyeka | Okongwu | Okongwu | USA | Southern California | 2000/12/11 | 00:00:00 |
| 8 | 1630179 | Tyrell | Terry | Terry | USA | Stanford | 2000/9/28 | 00:00:00 |
| 9 | 1630199 | Cassius | Stanley | Stanley | USA | Duke | 1999/8/18 | 00:00:00 |
| 10 | 1630548 | Johnny | Juzang | Juzang | USA | UCLA | 2001/3/17 | 00:00:00 |
| 11 | 1630565 | Aaron | Henry | Henry | USA | Michigan State | 1999/8/30 | 00:00:00 |
| 12 | 1631100 | Aj | Griffin | Griffin | USA | Duke | 2003/8/25 | 00:00:00 |
| 13 | 1631109 | Mark | Williams | Williams | USA | Duke | 2001/12/16 | 00:00:00 |
| 14 | 1631211 | Trevor | Keels | Keels | USA | Duke | 2003/8/26 | 00:00:00 |
| 15 | 1631212 | Peyton | Watson | Watson | USA | UCLA | 2002/9/11 | 00:00:00 |

图 1.25　文本分列的结果

## 1.4.7　以文本形式存储的数据的转换

以文本形式存储的数据无法进行数值运算，需将其转换成数值，如图 1.26 所示。在列 H 右侧插入 2 个空白列，在单元格 H16 中录入公式“=AVERAGE(H2:H15)”（见单元格 H17）计算年龄均值，返回“#DIV/0!”（见单元格 H16）。列 H 中的年龄观测值的左上角有绿色的标记，代表这些单元格中的数据都是以文本形式存储的。这时需要调用 VALUE 函数，将文本数据转换成数值。

在单元格 I2 中录入公式“=VALUE(H2)”（见单元格 J2），将其中文本转换为数值后方可对其进行计算。用同样的方式转换单元格区域 H3:H15 中的数据，然后再计算年龄均值。

框选单元格区域“H2:H15”，单击三角形惊叹号，选择“转换为数字”，如图 1.27 所示，也可以将以文本形式存储的数据转换为数值。

| | A | H | I | J | K | L | M |
|---|---|---|---|---|---|---|---|
| 1 | ID | Age | Age | | Height | | Weight |
| 2 | 1630563 | 21 | 21 | =VALUE(H2) | 6-6 | | 189 lbs |
| 3 | 1630639 | 23 | 23 | =VALUE(H3) | 6-6 | | 179 lbs |
| 4 | 1631097 | 21 | 21 | =VALUE(H4) | 6-5 | | 210 lbs |
| 5 | 1629627 | 23 | 23 | =VALUE(H5) | 6-6 | | 284 lbs |
| 6 | 1629645 | 23 | 23 | =VALUE(H6) | 6-4 | | 203 lbs |
| 7 | 1630168 | 23 | 23 | =VALUE(H7) | 6-9 | | 240 lbs |
| 8 | 1630179 | 23 | 23 | =VALUE(H8) | 6-2 | | 160 lbs |
| 9 | 1630199 | 24 | 24 | =VALUE(H9) | 6-5 | | 190 lbs |
| 10 | 1630548 | 22 | 22 | =VALUE(H10) | 6-6 | | 209 lbs |
| 11 | 1630565 | 24 | 24 | =VALUE(H11) | 6-5 | | 210 lbs |
| 12 | 1631100 | 20 | 20 | =VALUE(H12) | 6-6 | | 220 lbs |
| 13 | 1631109 | 22 | 22 | =VALUE(H13) | 7-0 | | 240 lbs |
| 14 | 1631211 | 20 | 20 | =VALUE(H14) | 6-4 | | 221 lbs |
| 15 | 1631212 | 21 | 21 | =VALUE(H15) | 6-7 | | 200 lbs |
| 16 | | #DIV/0! | 22.1 | | | | |
| 17 | | =AVERAGE(H2:H15) | =AVERAGE(I2:I15) | | | | |

图 1.26 计算年龄均值

| | A | G | H | I | J |
|---|---|---|---|---|---|
| 1 | ID | Birthday | Age | Height | Weight |
| 2 | 1630563 | 2002/12/24 | 21 | 6-6 | 189 lbs |
| 3 | 1630639 | 2000/7/15 | 23 | 6-6 | 179 lbs |
| 4 | 1631097 | 2002/6/19 | 21 | 6-5 | 210 lbs |
| 5 | 1629627 | 2000/7/6 | 23 | 6-6 | 284 lbs |
| 6 | 1629645 | 2000/5/4 | 23 | 6-4 | 203 lbs |
| 7 | 1630168 | 2000/12/11 | 23 | 6-9 | 240 lbs |
| 8 | 1630179 | 2000/9/28 | 23 | 6-2 | 160 lbs |
| 9 | 1630199 | 1999/8/18 | 24 | 6-5 | 190 lbs |
| 10 | 1630548 | 2001/3/17 | 22 | 6-6 | 209 lbs |
| 11 | 1630565 | 1999/8/30 | 24 | 6-5 | 210 lbs |
| 12 | 1631100 | 2003/8/25 | 20 | 6-6 | 220 lbs |
| 13 | 1631109 | 2001/12/16 | 22 | 7-0 | 240 lbs |
| 14 | 1631211 | 2003/8/26 | 20 | 6-4 | 221 lbs |
| 15 | 1631212 | 2002/9/11 | 21 | | 200 lbs |
| 16 | | | | | |
| 17 | | | | | |
| 18 | | | | | |
| 19 | | | | | |
| 20 | | | | | |
| 21 | | | | | |
| 22 | | | | | |



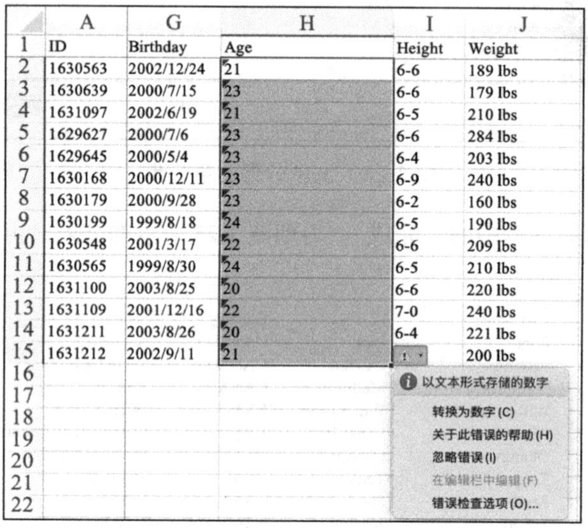

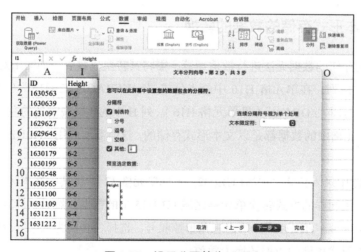

图 1.27 将以文本形式存储的数字转换为数值

列 I 中的身高观测值如“6-6”的实际含义是 6ft（英尺）6in（英寸），需要将其转换为数值。首先利用 1.4.6 节中介绍的分列，将列 I 中的数据进行分割，分隔符设置为“–”，如图 1.28 所示。

| | A | I |
|---|---|---|
| 1 | ID | Height |
| 2 | 1630563 | 6-6 |
| 3 | 1630639 | 6-6 |
| 4 | 1631097 | 6-5 |
| 5 | 1629627 | 6-6 |
| 6 | 1629645 | 6-4 |
| 7 | 1630168 | 6-9 |
| 8 | 1630179 | 6-2 |
| 9 | 1630199 | 6-5 |
| 10 | 1630548 | 6-6 |
| 11 | 1630565 | 6-5 |
| 12 | 1631100 | 6-6 |
| 13 | 1631109 | 7-0 |
| 14 | 1631211 | 6-4 |
| 15 | 1631212 | 6-7 |
| 16 | | |



图 1.28 设置分隔符为“–”

如图 1.29 所示，在单元格 K2 中录入公式=I2*30.48+J2*2.54（见单元格 L2），将身高调整为以厘米为单位的数据。（1ft≈30.48cm，1in≈2.54cm。）

| | A | I | J | K | L | M |
|---|---|---|---|---|---|---|
| 1 | ID | Height | | Height | | Weight |
| 2 | 1630563 | 6 | 6 | 198.1 | =I2*30.48+J2*2.54 | 189 lbs |
| 3 | 1630639 | 6 | 6 | 198.1 | =I3*30.48+J3*2.54 | 179 lbs |
| 4 | 1631097 | 6 | 5 | 195.6 | =I4*30.48+J4*2.54 | 210 lbs |
| 5 | 1629627 | 6 | 6 | 198.1 | =I5*30.48+J5*2.54 | 284 lbs |
| 6 | 1629645 | 6 | 4 | 193.0 | =I6*30.48+J6*2.54 | 203 lbs |
| 7 | 1630168 | 6 | 9 | 205.7 | =I7*30.48+J7*2.54 | 240 lbs |
| 8 | 1630179 | 6 | 2 | 188.0 | =I8*30.48+J8*2.54 | 160 lbs |
| 9 | 1630199 | 6 | 5 | 195.6 | =I9*30.48+J9*2.54 | 190 lbs |
| 10 | 1630548 | 6 | 6 | 198.1 | =I10*30.48+J10*2.54 | 209 lbs |
| 11 | 1630565 | 6 | 5 | 195.6 | =I11*30.48+J11*2.54 | 210 lbs |
| 12 | 1631100 | 6 | 6 | 198.1 | =I12*30.48+J12*2.54 | 220 lbs |
| 13 | 1631109 | 7 | 0 | 213.4 | =I13*30.48+J13*2.54 | 240 lbs |
| 14 | 1631211 | 6 | 4 | 193.0 | =I14*30.48+J14*2.54 | 221 lbs |
| 15 | 1631212 | 6 | 7 | 200.7 | =I15*30.48+J15*2.54 | 200 lbs |

图 1.29 计算以厘米为单位的身高

## 1.4.8 快速填充

列 J 中的体重观测值都含有单位"lbs"（磅），在单元格 K2 中录入 189，单击"数据"→"快速填充"，即可进行批量转换，如图 1.30 所示。

| | A | H | I | J | K | L | M | N | O |
|---|---|---|---|---|---|---|---|---|---|
| 1 | ID | Age | Height | Weight | | | | | |
| 2 | 1630563 | 21 | 198.1 | 189 lbs | 189 | | | | |
| 3 | 1630639 | 23 | 198.1 | 179 lbs | 179 | | | | |
| 4 | 1631097 | 21 | 195.6 | 210 lbs | 210 | | | | |
| 5 | 1629627 | 23 | 198.1 | 284 lbs | 284 | | | | |
| 6 | 1629645 | 23 | 193.0 | 203 lbs | 203 | | | | |
| 7 | 1630168 | 23 | 205.7 | 240 lbs | 240 | | | | |
| 8 | 1630179 | 23 | 188.0 | 160 lbs | 160 | | | | |
| 9 | 1630199 | 24 | 195.6 | 190 lbs | 190 | | | | |
| 10 | 1630548 | 22 | 198.1 | 209 lbs | 209 | | | | |
| 11 | 1630565 | 24 | 195.6 | 210 lbs | 210 | | | | |
| 12 | 1631100 | 20 | 198.1 | 220 lbs | 220 | | | | |
| 13 | 1631109 | 22 | 213.4 | 240 lbs | 240 | | | | |
| 14 | 1631211 | 20 | 193.0 | 221 lbs | 221 | | | | |
| 15 | 1631212 | 21 | 200.7 | 200 lbs | 200 | | | | |
| 16 | | | | | | | | | |

图 1.30 "数据"卡片上的"快速填充"

在列 C 右侧插入一列，然后在单元格 D2 中录入 Joshua Primo，单击"数据"→"快速填充"，即可将 First Name 和 Last Name 合并成全名，如图 1.31 所示。

| | A | B | C | D | E | F | G | H |
|---|---|---|---|---|---|---|---|---|
| 1 | ID | First Name | Last Name | Name | Country | School | Birthday | Age |
| 2 | 1630563 | Joshua | Primo | Joshua Primo | CANADA | Alabama | 2002/12/24 | 21 |
| 3 | 1630639 | A.J. | Lawson | A.J. Lawson | CANADA | South Carolina | 2000/7/15 | 23 |
| 4 | 1631097 | Bennedict | Mathurin | Bennedict Mathurin | CANADA | Arizona | 2002/6/19 | 21 |
| 5 | 1629627 | Zion | Williamson | Zion Williamson | USA | Duke | 2000/7/6 | 23 |
| 6 | 1629645 | Kevin | Porter Jr. | Kevin Porter Jr. | USA | Southern California | 2000/5/4 | 23 |
| 7 | 1630168 | Onyeka | Okongwu | Onyeka Okongwu | USA | Southern California | 2000/12/11 | 23 |
| 8 | 1630179 | Tyrell | Terry | Tyrell Terry | USA | Stanford | 2000/9/28 | 23 |
| 9 | 1630199 | Cassius | Stanley | Cassius Stanley | USA | Duke | 1999/8/18 | 24 |
| 10 | 1630548 | Johnny | Juzang | Johnny Juzang | USA | UCLA | 2001/3/17 | 22 |
| 11 | 1630565 | Aaron | Henry | Aaron Henry | USA | Michigan State | 1999/8/30 | 24 |
| 12 | 1631100 | Aj | Griffin | Aj Griffin | USA | Duke | 2003/8/25 | 20 |
| 13 | 1631109 | Mark | Williams | Mark Williams | USA | Duke | 2001/12/16 | 22 |
| 14 | 1631211 | Trevor | Keels | Trevor Keels | USA | Duke | 2003/8/26 | 20 |
| 15 | 1631212 | Peyton | Watson | Peyton Watson | USA | UCLA | 2002/9/11 | 21 |

图 1.31 将 First Name 和 Last Name 合并成全名

## 1.4.9 异常值和缺失值的识别

如图 1.32 所示，在数据区域下方计算每个变量的最大值、最小值，考查观测值的分布是否在一个合理的区间中（以列 J 为例在列 K 中给出函数示例）。对于文本形式的变量，其最大值和最小值都等于 0。

对于数值型数据，利用 COUNT 函数统计包含数值的单元格个数。对于文本数据，利用 COUNTA 函数统计包含非空单元格的个数。使用 COUNTBLANK 函数可以统计空白单元格的个数。对每个变量，检查上述统计结果的一致性。

| | A | B | H | I | J | K |
|---|---|---|---|---|---|---|
| 1 | ID | First Name | Age | Height | Weight | |
| 2 | 1630563 | Joshua | 21 | 198.1 | 189 | |
| 3 | 1630639 | A.J. | 23 | 198.1 | 179 | |
| 4 | 1631097 | Bennedict | 21 | 195.6 | 210 | |
| 5 | 1629627 | Zion | 23 | 198.1 | 284 | |
| 6 | 1629645 | Kevin | 23 | 193.0 | 203 | |
| 7 | 1630168 | Onyeka | 23 | 205.7 | 240 | |
| 8 | 1630179 | Tyrell | 23 | 188.0 | 160 | |
| 9 | 1630199 | Cassius | 24 | 195.6 | 190 | |
| 10 | 1630548 | Johnny | 22 | 198.1 | 209 | |
| 11 | 1630565 | Aaron | 24 | 195.6 | 210 | |
| 12 | 1631100 | Aj | 20 | 198.1 | 220 | |
| 13 | 1631109 | Mark | 22 | 213.4 | 240 | |
| 14 | 1631211 | Trevor | 20 | 193.0 | 221 | |
| 15 | 1631212 | Peyton | 21 | 200.7 | 200 | |
| 16 | | | | | | |
| 17 | 最大值 | 0 | 24 | 213.4 | 284 | =MAX(J2:J15) |
| 18 | 最小值 | 0 | 20 | 188.0 | 160 | =MIN(J2:J15) |
| 19 | 包含数字的单元格个数 | 0 | 14 | 14 | 14 | =COUNT(J2:J15) |
| 20 | 非空单元格的个数 | 14 | 14 | 14 | 14 | =COUNTA(J2:J15) |
| 21 | 空白单元格的个数 | 0 | 0 | 0 | 0 | =COUNTBLANK(J2:J15) |

图 1.32 异常值和缺失值的识别

## 1.4.10 数值代码转换为文本

如图 1.33 中的列 B 所示,性别和专业的观测值都是数值代码,若直接以数值代码绘制图形,则图形中的标注也是数值代码,这不利于理解。利用 IF 函数将数值代码转换为文本,这样生成的图就能让人一目了然。IF 函数的第 1 项参数是条件表达式,若条件成立,则返回第 2 项参数值,若条件不成立,则返回第 3 项参数值详见图 1.33 中的列 D,其返回结果见图 1.33 中的列 C。

| | A | B | C | D |
|---|---|---|---|---|
| 1 | ID | 性别 | 性别 | |
| 2 | 1 | 1 | 男 | =IF(B2=1,"男","女") |
| 3 | 2 | 0 | 女 | =IF(B3=1,"男","女") |
| 4 | 3 | 1 | 男 | =IF(B4=1,"男","女") |
| 5 | 4 | 0 | 女 | =IF(B5=1,"男","女") |
| 6 | 5 | 0 | 女 | =IF(B6=1,"男","女") |
| 7 | | | | |
| 8 | ID | 专业 | 专业 | |
| 9 | 1 | 1 | 文科 | =IF(B9=1,"文科",IF(B9=2,"理科","工科")) |
| 10 | 2 | 2 | 理科 | =IF(B10=1,"文科",IF(B10=2,"理科","工科")) |
| 11 | 3 | 3 | 工科 | =IF(B11=1,"文科",IF(B11=2,"理科","工科")) |
| 12 | 4 | 2 | 理科 | =IF(B12=1,"文科",IF(B12=2,"理科","工科")) |
| 13 | 5 | 1 | 文科 | =IF(B13=1,"文科",IF(B13=2,"理科","工科")) |

图 1.33 利用 IF 函数将数值代码转换为文本

**注意**:IF 函数中的第 2 项和第 3 项参数值若是文本,需要用半角双引号引起来。

**实操技巧**

- 框选数据区域,单击"数据"→"删除重复项",剔除重复值。
- 框选数据区域,单击"开始"→"编辑"→"查找和选择"→"定位条件",弹出"定位条件"对话框,选择"空值",单击"确定",剔除缺失值。
- 使用 UPPER 函数可以将英文字母转换成大写,使用 LOWER 函数可以将英文字母转换成小写,使用 PROPER 函数可以将首字母转换为大写。
- 使用 TRIM 函数可以删除单元格中多余的空格。
- 单击"数据"→"分列",将单元格中的内容按指定形式分隔,或者添加分列线,对文本进行分列。
- 使用 VALUE 函数可以将以文本形式存储的数据转换为数值。
- 使用"数据"卡片下的"快速填充",可以执行批量转换。
- 计算定量变量的最大值、最小值,可以考查观测值是否分布在一个合理的区间中。
- 使用 COUNT 函数可以统计包含数值的单元格个数,使用 COUNTA 函数可以统计包含非空单元格的个数,使用 COUNTBLANK 函数可以统计空白单元格的个数。
- 使用 IF 函数可以将数值代码转换为文本,它的第 1 项参数是条件表达式,若条件成立,则返回第 2 项参数值,若条件不成立,则返回第 3 项参数值。
- 使用"选择性粘贴"可以只粘贴单元格的值,去掉公式信息。

## 1.5 本书涉及的统计方法

本书根据变量的个数和类型，对统计方法进行分类梳理，旨在为读者在选择统计方法时提供指引。首先，读者要判断数据是截面数据还是时间序列数据。然后，根据研究目标判断要研究的是单个变量的特征还是两个或多个变量之间的关系等。接下来，根据数据是定性的还是定量的，以及需要采用描述统计还是推断统计，按图索骥，选择合适的统计方法。本书涉及的统计方法如图 1.34 所示，具体细节将在各章详细介绍。

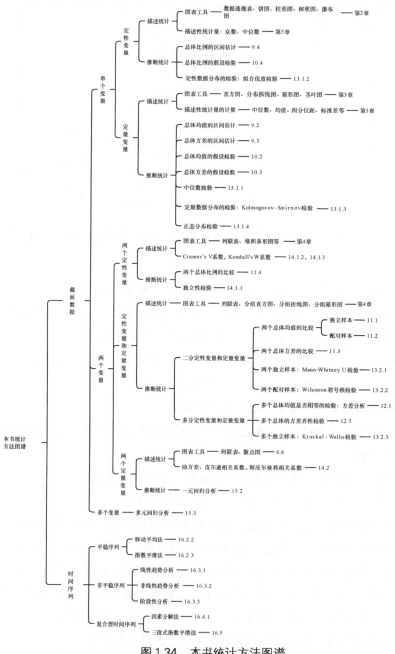

图 1.34　本书统计方法图谱

## 1.6 本章总结

图 1.35 概括了本章介绍的主要知识点。

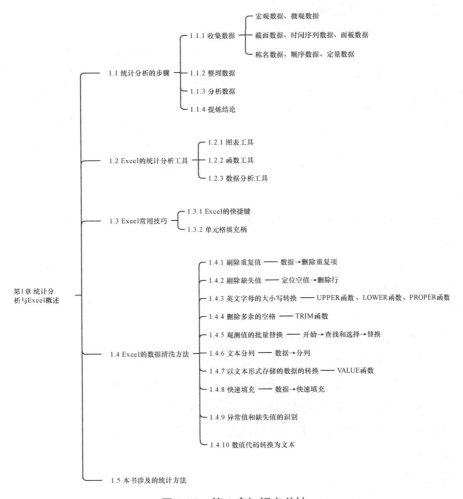

图 1.35　第 1 章知识点总结

## 1.7 本章习题

【习题 1.1】

图 1.36 所示是奶茶店的部分数据截图,包括店铺名称、评论数、客单价、所在区域、店铺类型和团购一共 6 个变量(数据文件:习题 1.1.xlsx)。请对该数据进行清洗,完成以下任务。

1. 将店铺名称分为品牌名称和分店地址两个变量。
2. 将以文本形式存储的评论数和客单价转换为数值。
3. 所在区域中有的含有"/",删除该符号。
4. 将团购中的价格信息提取为定量变量。

5. 剔除重复值。

6. 剔除缺失值。

7. 检查数据中是否存在异常值。

8. 统计每个变量的观测值个数。

| | A | B | C | D | E | F |
|---|---|---|---|---|---|---|
| 1 | 店铺名称 | 评论数 | 客单价 | 所在区域 | 店铺类型 | 团购 |
| 2 | 28楼茶餐厅(万达店) | 1029 | 50 | 金州商业区 | 茶餐厅 | 25元 招牌蛋包饭单人套餐 |
| 3 | And Coffee精品咖啡烘焙店(米吉 | 1235 | 31 | 五羊新城 | 咖啡厅 | 20元 椰椰奶茶1份 |
| 4 | CoCo都可(百信广场店) | 1757 | 13 | 机场路沿线 | 茶饮果汁 | 21元 2份B-经典奶茶系列3选1 |
| 5 | CoCo都可(北京路天河城店) | 1093 | 16 | 北京路商业区 | 茶饮果汁 | 21元 2份B-经典奶茶系列3选1 |
| 6 | CoCo都可(东方汇店) | 1390 | 13 | 上下九商业区 | 茶饮果汁 | 21元 2份B-经典奶茶系列3选1 |
| 7 | CoCo都可(东圃雅怡店) | 1342 | 14 | 车陂/东圃 | 茶饮果汁 | 21元 2份B-经典奶茶系列3选1 |
| 8 | CoCo都可(东圃雅怡店) | 1342 | 14 | 车陂/东圃 | 茶饮果汁 | 21元 2份B-经典奶茶系列3选1 |

图 1.36　习题 1.1 的部分数据

【习题 1.2】

图 1.37 所示是一份关于在线教学的调查问卷部分数据（数据文件：习题 1.2.xlsx）。该数据中数值代码的含义如下。

性别：1=男性，2=女性。

你是否使用纸质版的教材：1=用，2=不用。

你最常用的上网方式：1=手机流量，2=Wi-Fi。

请对该数据进行清洗，完成以下任务。

1. 将性别的观测值转换为"男"和"女"。

2. 将你是否使用纸质版的教材的观测值转换为"用"和"不用"。

3. 将你使用的电子设备的观测值转换为适合处理的形式。

4. 将你最常用的上网方式的观测值转换为"手机流量"和"Wi-Fi"。

5. 剔除缺失值。

6. 检查数据中是否存在异常值。

7. 统计每个变量的观测值个数。

| | A | B | C | D | E |
|---|---|---|---|---|---|
| 1 | 性别 | 你是否使用纸质版的教材 | 你使用的电子设备 | 你最常用的上网方式 | 每周完成本课程的作业花的小时数 |
| 2 | 1 | 1 | 手机，笔记本电脑 | 1 | 6 |
| 3 | 2 | 1 | 手机，笔记本电脑 | 2 | 3 |
| 4 | 2 | 2 | 手机，平板，笔记本电脑，电子笔 | 2 | 3 |
| 5 | 2 | 1 | 手机，平板 | 2 | 5 |
| 6 | 2 | 1 | 手机，笔记本电脑 | 2 | 5 |
| 7 | 2 | 1 | 手机，笔记本电脑 | 2 | 5 |
| 8 | 1 | 1 | 手机，笔记本电脑 | 2 | 4 |

图 1.37　习题 1.2 的部分数据

# 第 2 篇

# 描述统计分析

本篇介绍描述统计分析的概念。通过描述统计分析,可以了解数据的全貌,归纳数据的分布特征,考查数据中是否存在异常值,这些是开展推断统计分析的基础。本篇包括第 2~5 章。第 2 章介绍定性数据的图表展示,第 3 章介绍定量数据的图表展示,第 4 章介绍二维数据的图表展示,第 5 章介绍描述性统计量的计算。

# 第 2 章

# 定性数据的图表展示

图形和表格可以直观展示数据的分布特征，让研究者了解数据的全貌。数据可视化是统计分析的重要环节，是运用复杂统计分析方法的基础。本章介绍如何利用 Excel 的图表工具来展示定性数据的分布特征。

【本章主要内容】
- 数据透视表
- 饼图
- 柱形图
- 树状图
- 瀑布图

## 2.1 数据透视表

定性数据反映的是研究对象的属性。定性数据根据属性是否能够排序，分为称名数据和顺序数据。定性数据通常表现为文本，或者被赋予文本含义的数值代码。频数分布（Frequency Distribution）表可以展示定性数据的分布。频数分布表中一列代表组别，另一列代表属于该组的观测值的个数。下面介绍如何利用 Excel 的数据透视表创建频数分布表，报告各组的频数、百分比和累积百分比。

**例 2.1**

数据简介：从 CSMAR 数据库中提取了 2021 年度上市公司 466 位 CEO 的数据，包括 CEO 的性别、年龄、学历/学位、年薪、专业背景、兼任职务。

数据文件：CEO.xlsx。

要求：绘制上市公司 CEO 的性别、学历/学位频数分布表，报告各个组的频数、百分比、累积百分比。

## 2.1.1 创建数据透视表

在 Excel 中打开数据文件 CEO.xlsx，首先单击单元格 A1，然后单击"插入"→"数据透视表"，如图 2.1 所示，弹出"创建数据透视表"对话框。

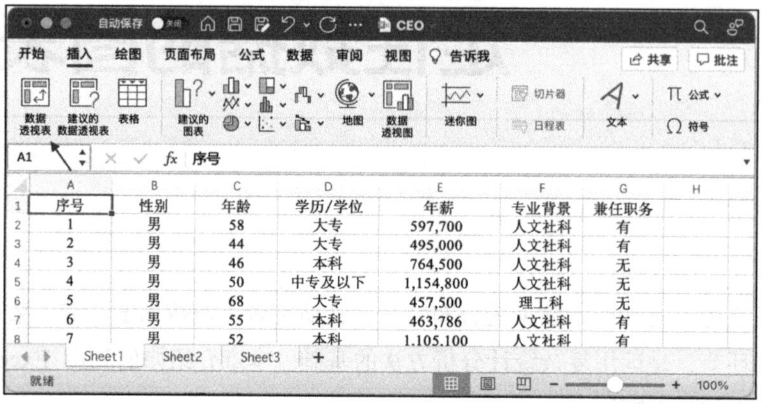

图 2.1 插入数据透视表

首先选择数据源，因单元格 A1 处于激活状态（见图 2.1），Excel 自动识别单元格 A1 所在的连贯区域"Sheet1!$A$1:$G$467"为数据源，然后指定数据透视表存放的位置，默认选项是"新工作表"，如图 2.2 所示。建议使用该默认选项，若选择存放在现有工作表，则需要指定单元格，但有覆盖原始数据的风险。

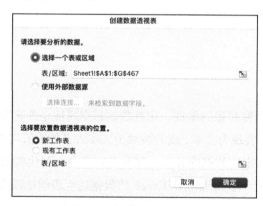

图 2.2 创建数据透视表

因此，建议在单击"插入"→"数据透视表"之前，先单击数据区域中的某个单元格，这样就可全部使用默认选项。直接单击"确定"，即可跳转到 Sheet2[1]。

此时，界面菜单栏中增加了"数据透视表分析"卡片，右侧窗格中罗列了 Sheet1 中原始数据的所有字段（变量名称）。拖曳字段到该窗格右下角的"行"框、"列"框、"Σ值"框中，对数据透视表进行布局。"行"或"列"代表数据透视表中的行变量或者列变量。"Σ值"代表数据透视表中间的单元格的属性。

---

1 Excel 文件称为工作簿（Book），工作簿中可包括多个工作表（Sheet）。

将字段"性别"拖曳至"行"框中，将字段"序号"拖曳至"Σ值"框中。此时，"Σ值"框中显示"：求和项:序号"，意思是对满足"性别"条件的值对应的"序号"求和。因为在原始数据中"序号"是数值型字段，Excel 对"Σ值"框中字段默认的汇总方式是"求和"。但是，性别的频数分布表中需要罗列的是男性和女性的人数，所以需要修改默认的汇总方式。单击单元格 B3，单击"字段设置"，弹出"数据透视表字段"对话框，在"汇总方式"下选择"计数"，如图 2.3 所示，单击"确定"。

图 2.3　数据透视表布局

此时的数据透视表中，"男""女"的上方显示为"行标签"，没有显示"性别"二字。单击菜单栏中的"数据透视表分析"，单击"选项"，弹出"数据透视表选项"对话框，在其中勾选"经典数据透视表布局"，如图 2.4 所示，单击"确定"即可将字段"性别"在表中显示出来。

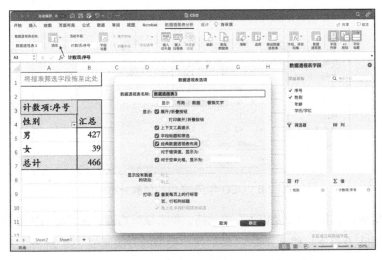

图 2.4　"数据透视表选项"对话框

## 2.1.2 计算各组百分比

将字段"序号"再次拖曳至"Σ值"框中,先将汇总方式修改为"计数"。单击数据透视表中的"计数项:序号2",然后单击"字段设置",弹出"数据透视表字段"对话框。单击"数据显示方式",单击下拉按钮,在列表中选择"总计的百分比",如图2.5所示,单击"确定"。这样"计数项:序号2"下方即可显示出男性和女性占总人数的百分比。

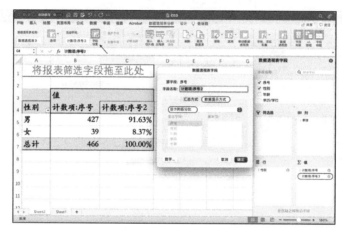

图 2.5　计算各组百分比

## 2.1.3 顺序数据的排序

CEO 的学历/学位是顺序数据,可以排序。如图2.6所示,将字段"学历/学位"拖曳到"行"框,生成学历/学位的频数分布表。在该表中,学历/学位按照汉语拼音排序,并没有按高低排序。

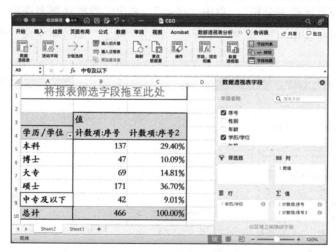

图 2.6　CEO 学历/学位的频数分布表

如图2.7所示,单击"中专及以下"单元格,单击鼠标右键,在弹出的快捷菜单中选择"移动"→"将'中专及以下'移至开头"。然后按照类似的方法调整"博士""大专"的位置,使学历/学位在表中由低至高排列。

图 2.7 调整学历/学位的排列顺序

## 2.1.4 计算累积百分比

为了反映 CEO 中学历/学位低于某种层次的人数占比，可计算累积百分比。表中学历/学位排列已符合逻辑顺序，再次将字段"序号"拖曳至"Σ值"框中。单击单元格 D4，单击"字段设置"，在"数据透视表字段"对话框中将"数据显示方式"设置为"按某一字段汇总的百分比"，在"基本字段"下选择"学历/学位"，如图 2.8 所示，单击"确定"。

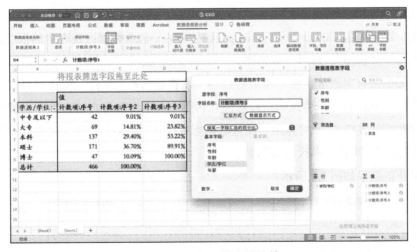

图 2.8 累积百分比的计算

从图 2.8 中可以看出，CEO 中学历/学位低于本科的占 23.82%。中专及以下的有 42 人，大专的有 69 人，这两个学历/学位水平的 CEO 合计 111 人，111 除以样本容量 466，即得约 23.82%。

综合前文分析，基于 2021 年上市公司 466 名 CEO 的数据，可以发现：男性占 91.63%，女性占 8.37%；博士占 10.09%，硕士占 36.70%，本科占 29.40%，大专占 14.81%，中专及以下占 9.01%。

**实操技巧**

- 将定性变量拖曳到"行"框中或者"列"框中,将"序号"字段拖曳到"Σ值"框中,即可生成频数分布表。
- 若拖曳到"Σ值"框中的字段是数值型字段,如"序号""编号",需要将"汇总方式"设置为"计数",这样才能生成频数分布表。
- 单击"计数项:序号",单击"字段设置",在弹出对话框的"数据显示方式"中可选择报告百分比、累积百分比等。
- 对于顺序数据,要注意数据透视表中各组排列顺序是否符合逻辑。若不符合,可移动某个组的位置。
- 若定性数据在某些组观测值的个数极少,可以将这些小类合并为一个大类,让频数分布表的形式更加简洁。

## 2.2 饼图

饼图通过扇形区的大小展示定性数据的分布。Excel 中的饼图是基于频数分布表绘制的。

**例 2.2**

数据文件:CEO.xlsx。

要求:绘制上市公司 CEO 的学历/学位分布饼图,在各个扇形区标注各个学历/学位组所占的百分比。

利用 2.1 节中创建的 CEO 学历/学位的频数分布表,选取数据透视表中的框线区域,然后单击"插入"→"饼图",即可生成饼图。

选中饼图的所有扇形区,在界面最右边的"设置数据系列格式"窗格中可以设置扇形区的填充样式、边框样式等。将鼠标指针悬停在饼图上并单击鼠标右键,在弹出的快捷菜单中选择"设置数据标签格式",将弹出"设置数据标签格式"窗格,勾选"类别名称""百分比"和"显示引导线",可在扇形区添加标签。

上述操作的结果如图 2.9 所示。

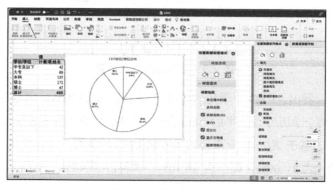

图 2.9 饼图的绘制

注意：选择 CEO.xlsx 文件 Sheet1 上的"学历/学位"列，然后单击"插入"→"饼图"，这将无法绘制出饼图。Excel 不能根据原始数据直接绘制统计频数饼图。

此外，若定性数据是顺序数据，需要先在频数分布表中按顺序排列各个组，基于该表创建的饼图才会按顺序来依次排列扇形区。否则，饼图的扇形区排列可能会毫无规律，不易阅读。

**实操技巧**

- 饼图是根据频数分布表绘制的，不能根据原始数据绘制。
- 对于根据顺序数据绘制的饼图，扇形区的排列需要反映不同组的逻辑顺序，不要将扇形区无序排列。
- 右击饼图的扇形区、背景等区域，在弹出的快捷菜单中选择相应的选项可对饼图进行个性化设置。

## 2.3 柱形图

柱形图可以展示定性数据的分布。柱形图中的分类轴代表组，柱形的高度代表各组观测值的个数。本节将介绍如何绘制普通柱形图和帕累托图（Pareto Chart）。

**例 2.3**

数据文件：CEO.xlsx。

要求：绘制上市公司 CEO 的学历/学位分布柱形图和帕累托图，在图中标注各个学历/学位组的人数。

### 2.3.1 普通柱形图

选择单元格区域"A15:B19"，单击"插入"→"柱形图"，单击"二维柱形图"，生成学历/学位分布柱形图。柱形图的横轴代表学历/学位，柱形的高度代表频数，如图 2.10 所示。若选择"二维条形图"，图中的柱形将水平放置。

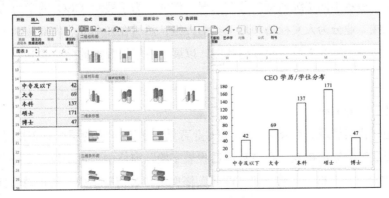

图 2.10　柱形图的绘制

## 2.3.2 帕累托图

将柱形图中的柱形由高到低排列,生成帕累托图。帕累托图可以展示定性数据在哪几个组的分布最多,在哪几个组的分布最少,比普通柱形图更加直观。

选择单元格区域"A15:B19",单击"数据"→"降序",柱形将由高到低排列。从图 2.11 所示的帕累托图可以看出,CEO 中硕士最多,其次是本科人数,中专及以下的人数最少。

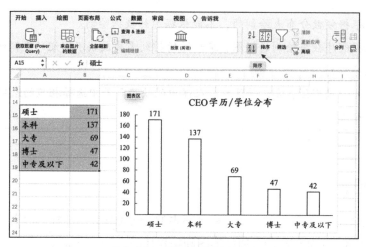

图 2.11 帕累托图的绘制

**实操技巧**

- 柱形图是基于定性数据的频数分布表绘制的,不能根据原始数据绘制柱形图。
- 若数据透视表中有频数、百分比等多列数值,需将定性数据的组和频数复制到数据透视表外后,再绘制柱形图。不要根据数据透视表直接绘制柱形图。
- 将频数按降序排列后,可以绘制帕累托图。

## 2.4 树状图

树状图用于展示不同层级数据的分布情况。例如,为了展示 CEO 的学历/学位和专业的分布情况,先按专业分为人文社科和理工类两大组,然后在各个专业内部按学历/学位分组,统计两个层级中各个组的人数。绘制树状图,以展示各层级数据的分布差异。

**例 2.4**

数据文件:CEO.xlsx。

要求:用树状图呈现上市公司 CEO 的专业背景、学历/学位的层级分布情况。

创建一张层级数据透视表。在"数据透视表字段"窗格中,将字段"专业背景"和"学历/学位"拖曳至"行"框中,将字段"序号"拖曳至"Σ值"框中,将汇总方式设置为"计数",如图 2.12 所示。

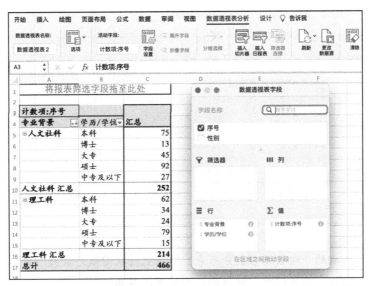

图 2.12  层级数据透视表

将图 2.12 中的数据透视表的内容复制、粘贴、排序后，得到图 2.13 中单元格区域 "A21:C30" 中的 3 列数据。单击 "插入" → "层次结构"，选择 "树状图"，生成树状图。单击图中矩形区域设置图形色调，添加数据标签。如图 2.13 所示，树状图中矩形的面积大小代表各个组的人数。小矩形面积占对应大矩形的面积的比重，可以反映一个组数据在上一层级数据中的比重。

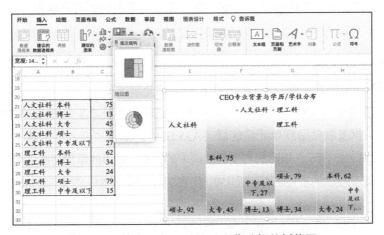

图 2.13  按专业背景、学历/学位分组的树状图

可以根据树状图比较人文社科组和理工科组中 CEO 的学历/学位分布差异。在这两个组中，硕士的人数最多，但是人文社科组中大专的比重高于理工科组中大专的比重，博士的比重低于理工科组中博士的比重。

若将 CEO 先按学历/学位分组，再按专业背景分组，可生成层级结构数据。按照前述步骤，创建树状图。此时，树状图中矩形的排列与图 2.13 中树状图中矩形的排列不同，展示了不同学历/学位组中的 CEO 专业背景分布的差异。从图 2.14 可以发现，硕士、本科、大专、中专及以下这 4 个组中，人文社科的比重大于理工科的比重，博士组中理工科的比重大于人文社科的比重。

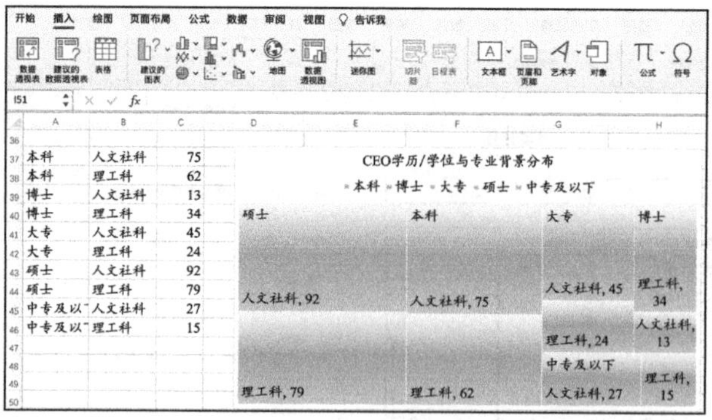

图 2.14 按学历/学位、专业层级分组的树状图

**实操技巧**

- 创建层级结构的分组数据频数分布表，为绘制树状图做好数据准备。
- 改变层级数据的层级顺序，可以调整树状图的布局。

## 2.5 瀑布图

瀑布图可以反映数据分布的累积效应。瀑布图中的矩形形似悬浮在空中的砖块，因此瀑布图又称作飞砖图。对于顺序数据，可以用瀑布图展示累积频数或者累积百分比频数。

**例 2.5**

数据文件：CEO.xlsx。

要求：用瀑布图呈现上市公司 CEO 的学历/学位分布情况。

利用 2.1 节创建的 CEO 学历/学位的数据透视表，将图 2.8 所示表格中的单元格区域 "A5:B9" 中的数据复制粘贴到单元格区域 "A35:B39"。单击"插入"卡片下的"瀑布图"，生成瀑布图，如图 2.15 所示。矩形的高度代表组中的人数，矩形的累加高度该组的累积频数。例如，本科组的矩形到横轴的垂直距离接近 250，代表学历/学位为本科及以下的 CEO 共计约 250 人。

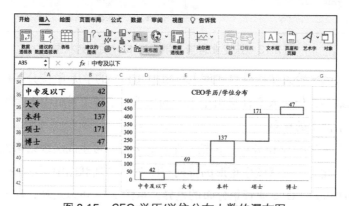

图 2.15 CEO 学历/学位分布人数的瀑布图

如图 2.16 所示，基于各个组的百分比（此处保留整数）创建瀑布图，纵轴代表累积百分比。

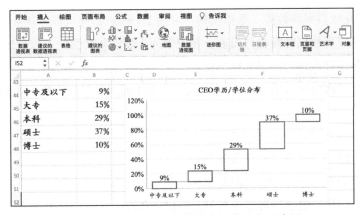

图 2.16　CEO 学历/学位分布百分比的瀑布图

**实操技巧**
- 创建顺序数据的频数、百分比分布表，为绘制瀑布图做好数据准备。
- 瀑布图适用于展示顺序数据的累积分布。

## 2.6　本章总结

本章介绍了如何利用图形和表格展示定性数据的分布。首先，利用 Excel 的数据透视表创建定性数据的频数分布表。在数据透视表中，可将汇总字段的显示方式设置为百分比、累积频数、累积百分比等。然后，基于频数分布表，创建饼图、柱形图、树状图和瀑布图。

对于顺序数据，要注意表格中各个组的排序是否符合逻辑。Excel 默认按照字母或者拼音顺序对各个组进行排序。若默认的排序方式不合逻辑，可在数据透视表中进行手动调整。

将频数分布表按照频数降序排列后，可以绘制帕累托图。帕累托图可以展示定性数据在哪些组分布最多，在哪些组分布最少，传递的信息非常直观。

图 2.17 概括了本章介绍的主要知识点。

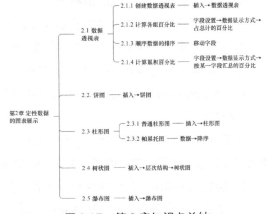

图 2.17　第 2 章知识点总结

## 2.7　本章习题

【习题 2.1】
基于 505 位基金经理的性别、学历/学位、从业年限、专业背景、毕业院校类型、管理的基金的类型和年化收益率的数据（数据文件：习题 2.1.xlsx），完成以下任务。

 1. 绘制基金经理性别的频数分布表，在表中列出男性和女性的人数及比重。

 2. 绘制基金经理性别的饼图和柱形图。

 3. 绘制基金经理学历/学位的频数分布表，在表中列出各组的人数、累积频数、百分比、累积百分比。

 4. 绘制基金经理学历/学位的瀑布图。

 5. 绘制基金经理专业背景的频数分布表。

 6. 绘制基金经理专业背景的饼图和帕累托图。

 7. 对基金经理先按性别再按专业背景进行层级分组，绘制树状图。

 8. 对基金经理先按学历/学位再按性别进行层级分组，绘制树状图。

 9. 根据绘制的表格和图形，可以得出哪些结论？

【习题 2.2】

基于 870 位毕业生的性别、专业、政治面貌、就业单位类型、月薪、就业地、生源地的数据（数据文件：习题 2.2.xlsx），完成以下任务。

 1. 绘制毕业生性别的频数分布表，在表中列出男性和女性的人数及比重。

 2. 绘制毕业生性别的饼图和柱形图。

 3. 绘制毕业生专业的频数分布表，在表中列出各个专业的人数和比重。

 4. 绘制毕业生专业的帕累托图。

 5. 绘制毕业生政治面貌的频数分布表。

 6. 绘制毕业生政治面貌的瀑布图。

 7. 绘制毕业生就业单位类型的频数分布表。

 8. 对毕业生先按性别再按就业单位类型进行层级分组，绘制树状图。

 9. 对毕业生先按性别再按政治面貌进行层级分组，绘制树状图。

 10. 根据绘制的表格和图形，可以得出哪些结论？

【习题 2.3】

基于 638 套二手房的总价、单价、面积、房龄、建筑类型、建筑年份、所在区域、户型和朝向的数据（数据文件：习题 2.3.xlsx），完成以下任务。

 1. 绘制二手房所在区域的频数分布表，在表中列出各区域房屋套数和比重。

 2. 绘制二手房所在区域的饼图和柱形图。

 3. 绘制二手房所在区域的帕累托图。

 4. 绘制二手房建筑类型的频数分布表，在表中列出不同建筑类型的房屋套数和比重。

 5. 绘制二手房户型的帕累托图。

 6. 对二手房先按所在区域再按建筑类型进行层级分组，绘制树状图。

 7. 对二手房先按所在区域再按建筑年份进行层级分组，绘制树状图。

 8. 根据绘制的表格和图形，可以得出哪些结论？

# 第 3 章

# 定量数据的图表展示

定量数据反映的是研究对象可以量化的特征，定量数据比定性数据包含的信息更加丰富。可利用图表工具考查定量数据的分布特征，了解数据的全貌，为运用复杂统计分析方法做好准备。本章将介绍直方图、分布折线图、箱形图和茎叶图。

【本章主要内容】
- 直方图
- 分布折线图
- 箱形图
- 茎叶图

## 3.1 直方图

直方图（Histogram）用于展示定量数据的分布，横轴代表数值大小，纵轴代表落在某个组的观测值的个数。在绘制直方图时，需要考虑组距。需选取合适的组距，展示数据在哪些区间比较密集，在哪些区间比较稀疏。

在 Excel 中绘制直方图有两种方法，一种是基于原始数据直接绘制直方图，另一种是基于频数分布表绘制直方图。

**例 3.1**

数据文件：CEO.xlsx。

要求：绘制 CEO 年龄的直方图，概括 CEO 年龄的分布特征。

### 3.1.1 基于原始数据绘制直方图

首先打开数据文件 CEO.xlsx，选中 Sheet1 中的列 C，然后单击"插入"卡片下的"统计"，选择"直方图"，即得图 3.1 所示的 CEO 年龄的直方图。在该图中，横轴代表年龄组，纵轴代表落在某个年龄组的人数。

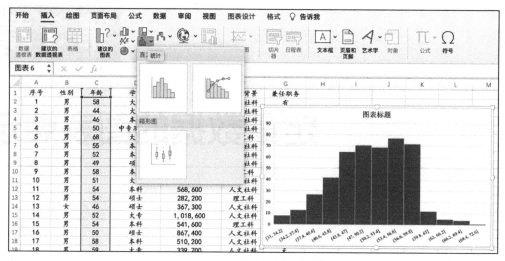

图 3.1　CEO 年龄的直方图

Excel 根据年龄的数值分布,自动将组距设置为 3.2,将 CEO 根据年龄分为 13 组。按年龄分组时,习惯上以 5 岁或者 10 岁为组距。因此,需要对图 3.1 中的组距进行修改。

双击直方图中间区域,弹出"设置数据系列格式"窗格。Excel 将组称作"箱"(Box),"箱宽度"也称作组距(Class Width),等于组的上限(Upper Limit)减去下限(Lower Limit)。如图 3.2 所示,设置箱宽度为 5.0。

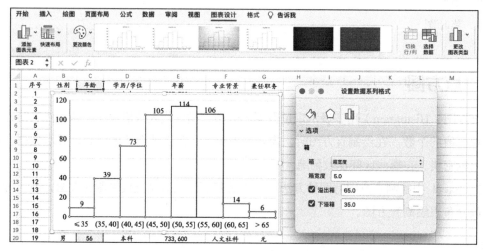

图 3.2　设置直方图的组距

从图 3.1 可以发现 CEO 中超过 63 岁的和小于 34 岁的人数都较少。因此,第一组和最后一组可采取开口组的形式,将小于 35 岁的归为第一组,将大于 65 岁的归为最后一组。在"溢出箱"文本框中输入 65.0,在"下溢箱"文本框中输入 35.0。此时,直方图将依设置调整。

在实践中,可对"箱宽度""溢出箱"和"下溢箱"进行调整,观察生成的直方图是否能展示数据的分布特征,即呈现出数据在哪些区间密集,在哪些区间稀疏,根据直方图的实际效果选择恰当的组距。此外,在选择组距时,也要考虑阅读和理解上的习惯,例如考试成绩通常以 10 为组距,收入、支出通常以 100、1000 或它们的倍数值为组距。

单击直方图中间区域，再单击鼠标右键，在弹出的快捷菜单中选择"添加数据标签"，图中即会显示各组的频数。双击直方图的背景、坐标轴、矩形区域可对直方图进行细节设置。读者可以自行尝试，在此不赘述。

从图 3.2 中可以看出，CEO 的年龄在(50,55]这个组的人数最多，其次是(55,60]、(45,50]这两个组，这 3 个组集中了样本中大约 70%的人。CEO 中年龄低于 40 岁的约占 10%，年龄高于 60 岁的不足 5%。

### 3.1.2　基于频数分布表绘制直方图

利用 2.1 节介绍的数据透视表，创建年龄的频数分布表。将字段"年龄"拖曳至"行"框中，将字段"序号"拖曳至"Σ值"框中，并将其汇总方式设置为"计数"，如图 3.3 所示。图 3.3 所示表格展示了每一个年龄的人数。这种分组方式称作单项式分组，即每一个组只包含一种年龄的取值。

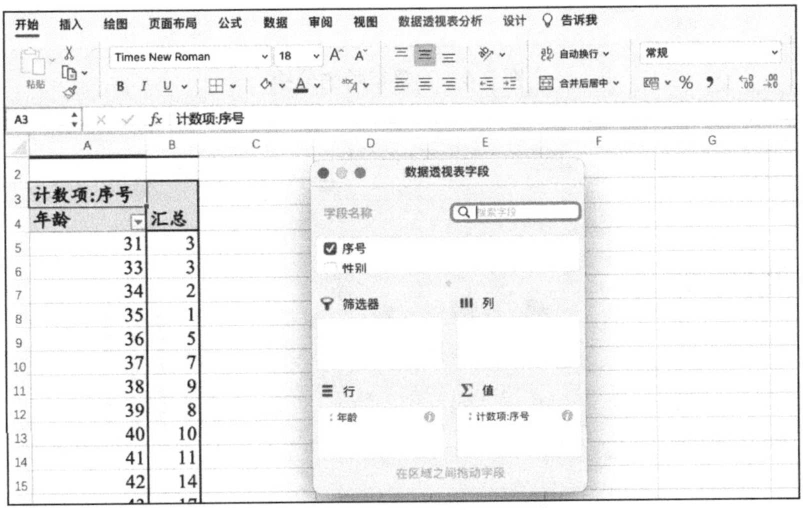

图 3.3　创建年龄的频数分布表

单项式分组适合定量变量只能取少数几种观测值的情形，例如大一新生的年龄通常只有 16、17、18、19、20 这 5 种情形，可将每一个年龄单独分为一组。然而在本例中，CEO 年龄的跨度较大，年龄的取值有数十种情形，若采用单项式分组，会造成组数过多，难以归纳年龄的分布特征。因此，需要采取组距式分组。

单击"年龄"，再单击鼠标右键，在弹出的快捷菜单中选择"组合"，弹出"分组"对话框，在"起始于"文本框中输入 36，在"终止于"文本框中输入 65，在"方式"文本框中输入 5，如图 3.4 所示。Excel 会将 36 岁以下的归为第一组，将 66 岁以上的归为最后一组，组距为 5，单击"确定"将得到图 3.5 所示的频数分布表。

单击数据透视表，单击"插入"卡片下的"柱形图"，选择"簇状柱形图"，生成柱形图，该图不能称作直方图。直方图适用于定量数据，定量数据在一定范围内连续取值，相邻的两个组之间没有观测值分布，因此直方图的柱形是连续排列、没有间隙的。柱形图适用于定性数据，柱形图中柱形的间隙代表不同组别属性差异。因此，需要调整图3.5所示图形中的柱形间隙宽度。

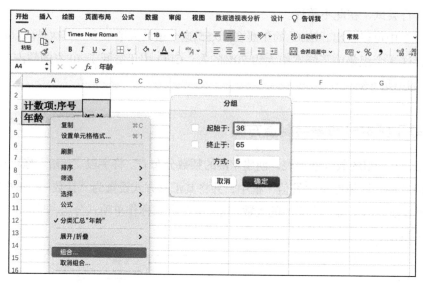

图3.4　设置年龄的分组

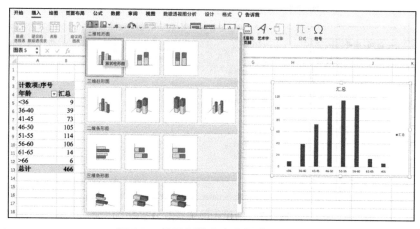

图3.5　基于频数分布表创建直方图

单击图中的柱形，弹出"设置数据点格式"窗格，将"间隙宽度"设置为0%，如图3.6所示，可消除柱形之间的空隙。

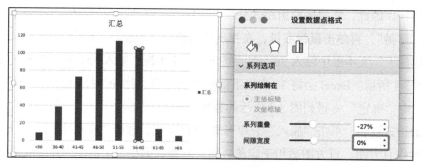

图3.6　调整柱形间隙宽度

单击柱形图中的背景、坐标轴、柱形等区域进行细节设置,得到图 3.7 所示的直方图。

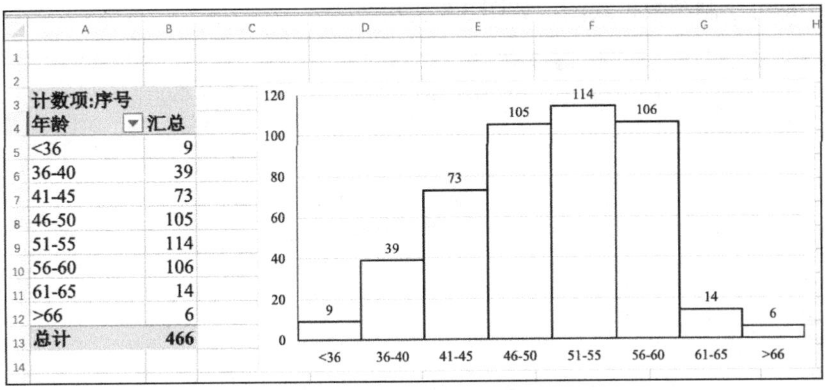

图 3.7 年龄的直方图

本节介绍了两种绘制直方图的方法。基于原始数据绘制直方图,简便快捷;基于频数分布表绘制直方图,虽然步骤较多,但可以同时展示频数分布表和直方图,在调整组距时,可以更直观地观察不同分组方式下分组效果的差异。

**实操技巧**
- 选中定量数据所在的列,单击"插入"→"统计"→"直方图",绘制直方图。
- 利用数据透视表创建频数分布表,单击"插入"→"柱形图"→"簇状柱形图",将柱形间隙宽度调整为 0%,绘制直方图。
- 绘制直方图时,需要对组距进行多次尝试,选择适宜的组距,以展示定量数据的分布特征。

## 3.2 分布折线图

分布折线图与直方图有一定联系,也用于展示定量数据的分布。本节将介绍 3 种常用的分布折线图,包括频数折线图、累积频数折线图和累积百分比折线图。

**例 3.2**

数据文件:CEO.xlsx。

要求:绘制 CEO 年龄的频数折线图、累积频数折线图和累积百分比折线图,概括 CEO 年龄的分布特征。

### 3.2.1 频数折线图

将直方图中各个柱形上边的中点用直线连接起来并消除柱形,所得到的图就是频数折线图(Frequency Polygon)。频数折线图中各点的横坐标是每一组的区间值,纵坐标是各组频数。

首先选中年龄的数据透视表，然后单击"插入"卡片下的"折线图"，选择"带数据标记的折线图"，即可绘制频数折线图。如图 3.8 所示。

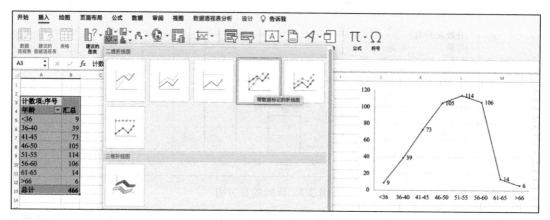

图 3.8　年龄的频数折线图

## 3.2.2　累积频数折线图

累积频数折线图（Cumulative Frequency Polygon）的横轴代表定量变量的分组区间，纵轴代表累积频数，也就是小于或等于某个区间上限的观测值的总个数。

单击数据透视表中的"计数项:序号"，单击"字段设置"，弹出"数据透视表字段"对话框。单击"数据显示方式"，在下拉框中选择"按某一字段汇总"，在"基本字段"下选择"年龄"，单击"确定"，如图 3.9 所示。此时，"汇总"下方的数值代表累积频数。例如，"36-40"对应的累积频数为 48，意思是年龄小于或等于 40 岁的共有 48 人，相当于图 3.8 所示表格中，第 1 组和第 2 组的频数之和。

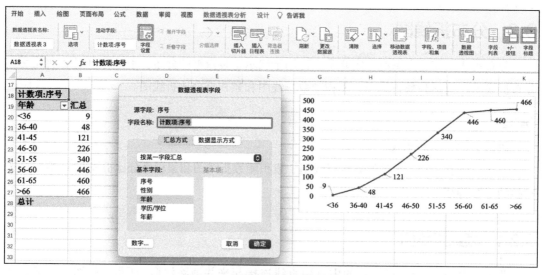

图 3.9　年龄的累积频数折线图

框选图 3.9 中的数据透视表，插入折线图，即得累积频数折线图。从图中可以看出，CEO

中年龄小于或等于 45 岁的共有 121 人，年龄小于或等于 50 岁的共有 226 人，年龄小于或等于 55 岁的共有 340 人。

### 3.2.3 累积百分比折线图

累积百分比折线图（Cumulative Percentage Polygon）的纵轴代表累积百分比，横轴代表分组区间，与累积频数折线图形式相似。绘制累积百分比折线图有两种方法：一种是根据原始数据绘制，计算每个观测值对应的累积百分比，然后绘制观测值与累积百分比之间的折线图；另一种是对原始数据进行组距式分组，然后计算各组的累积频数，再计算累积百分比，利用各组上限和累积百分比绘制折线图。

**1. 利用原始数据绘制累积百分比折线图**

首先，将年龄按升序排列。然后，在单元格 D2 中录入公式=PERCENTRANK.INC(C$2:C$467,C2)（见单元格 E2），计算年龄小于 31 的观测值的比重。使用单元格填充柄实现单元格 D2 下方单元格中公式的自动填充。最后，框选单元格区域 C1:D467，单击"插入"→"折线图"→"带数据标记的折线图"，即得图 3.10 所示的图。

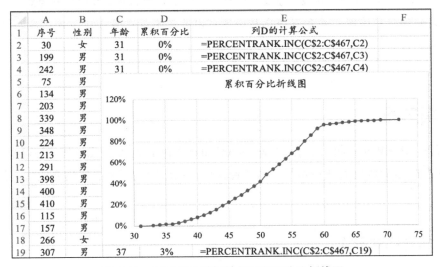

图 3.10 基于原始数据绘制累积百分比折线图

**注意**：PERCENTRANK.INC 函数利用所有数据计算百分数；PERCENTRANK.EXC 函数排除数据集中的最小值和最大值来计算百分数。因此，若要利用数据集中的所有值来计算百分数，需要使用 PERCENTRANK.INC 函数。

**2. 利用分组数据绘制累积百分比折线图**

如图 3.11 所示，在"数据显示方式"下拉框中选择"按某一字段汇总的百分比"，数据透视表将报告累积百分比。单击单元格 A18 选择数据透视表，然后单击"插入"→"折线图"→"带数据标记的折线图"，即可绘制累积百分比折线图。

从图 3.11 中可以发现 CEO 中年龄小于或等于 40 岁的只占 10%，年龄小于或等于 50 岁的占 48%，年龄小于或等于 60 岁的占 96%。

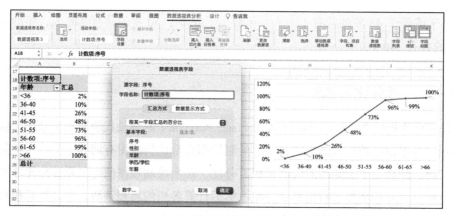

图 3.11　基于分组数据绘制累积百分比折线图

**实操技巧**

- 利用数据透视表创建定量变量的频数分布表，单击"插入"→"折线图"，再根据需要选择，即可创建频数折线图。
- 在数据透视表中，对汇总字段进行字段设置，在"数据显示方式"下拉框中选择"按某一字段汇总"或者"按某一字段汇总的百分比"，即可报告累积频数或者累积百分比。
- 累积频数折线图、累积百分比折线图可以展示定量变量小于或等于某个值的数目或者占比。

## 3.3　箱形图

箱形图（Box Plot）是由约翰·图基（John Tukey）在 1970 年提出的探索性可视化分析工具，用于反映定量数据的分布特征。本节首先介绍箱形图的形式，然后介绍如何绘制箱形图。

### 3.3.1　箱形图的形式

箱形图根据数据的最小值、第 1 个四分位数、中位数、第 3 个四分位数和最大值绘制而成。在统计学中，将这 5 个数值统称为五数摘要（Five Number Summary）。

第 1 个四分位数（the 1st Quartile）又称作第 25 个百分位数（the 25th Percentile）或者下四分位数（the Lower Quartile），记作 $Q_1$。在数据中，比第 1 个四分位数小的数占 1/4，比第 1 个四分位数大的数占 3/4。

中位数（Median）又称作第 50 个百分位数（the 50th Percentile）或者第 2 个四分位数（the 2nd Quartile）。在一组数据中，比中位数小的数占 1/2，比中位数大的数也占 1/2。

第 3 个四分位数（the 3rd Quartile）又称作第 75 个百分位数（the 75th Percentile）或者上四分位数（the Upper Quartile），记作 $Q_3$。在一组数据中，比第 3 个四分位数小的数占 3/4，比第 3 个四分位数大的数占 1/4。

第 3 个四分位数与第 1 个四分位数的差，称作四分位距（Interquartile Range，IQR）。

箱形图由箱体和须两部分构成。箱形图可以垂直或水平放置。根据第 1 个四分位数和第 3 个四分位数绘制箱体，箱体中间的竖线代表中位数，箱体的长度等于四分位距。

箱体两端的延长线称作须，须的画法有两种。一种是简易画法，如图 3.12 所示，箱体左侧的须延伸至最小值，箱体右侧的须延伸至最大值。

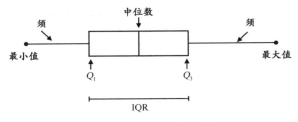

图 3.12　简易箱形图

另一种是标注异常值画法。如图 3.13 所示，落在距离箱体两侧 1.5 倍四分位距之外的观测值被视作异常值。比 $Q_1-1.5\times\text{IQR}$ 更小的，或者比 $Q_3+1.5\times\text{IQR}$ 更大的观测值用小圆圈标识。箱体两侧的须分别连接的是除异常值之外剩余的观测值中的最小值或者最大值。

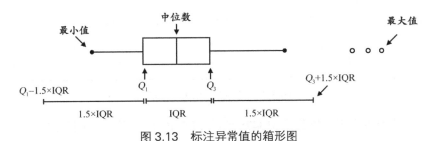

图 3.13　标注异常值的箱形图

在图 3.13 中，最小值比 $Q_1-1.5\times\text{IQR}$ 大，在正常的取值范围内，因此箱体左侧的须延伸至最小值。最大值比 $Q_3+1.5\times\text{IQR}$ 大，是异常值，用圆圈标识。该组数据中一共有 3 个异常值。箱体右侧的须延伸至除了 3 个异常值之外的数据中的最大值。

在实践中，若手动绘制箱形图，通常采用简易画法；利用软件绘制箱形图，软件通常会输出标注异常值的箱形图。

箱形图中箱体的长度代表序列中处于正中间的 50% 的数据的跨度，即四分位距。若箱体两端的须的长度相当，数据接近对称分布；若右侧的须比左侧的长，数据接近右偏分布；若左侧的须比右侧的长，数据接近左偏分布。研究者利用箱形图可以了解数据分布的典型特征、中位数、数据的波动程度以及对称性。

### 3.3.2　绘制箱形图

**例 3.3**

数据文件：CEO.xlsx。

要求：绘制 CEO 年薪（单位：元）的箱形图，在箱形图中标注年薪的异常值，概括年薪的分布特征。

首先打开数据文件"CEO.xlsx",选中 Sheet1 中的列 E,然后单击"插入"卡片下的"统计",选择"箱形图",生成 CEO 年薪的箱形图,如图 3.14 所示。Excel 中的箱形图是垂直放置的。单击箱体,再单击鼠标右键,可以添加数字标签、设置箱体的边框和填充色等。

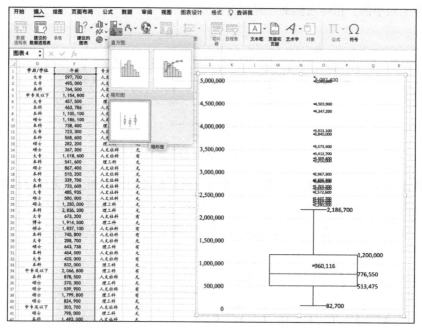

图 3.14　CEO 年薪的箱形图

从图 3.14 中可以发现,年薪比 513475 低的 CEO 占 1/4,第 1 个四分位数为 513475。年薪的中位数是 776550。箱体中间的小叉代表均值 960116。第 3 个四分位数为 1200000,表明年薪比 1200000 元高的 CEO 占 1/4。年薪的四分位距约为 690000,代表正中间的 50% 的 CEO 的年薪的差距。此外,年薪存在较多的极大异常值,少数 CEO 的年薪高达 2180000 元以上,远远高于样本中的大部分人。

图 3.15 展示了在箱形图中识别异常值需要的 $Q_1-1.5\times IQR$ 和 $Q_3+1.5\times IQR$ 的计算过程。

| | H | I | J | K |
|---|---|---|---|---|
| 1 | | $Q_1$ | 513475 | |
| 2 | | $Q_3$ | 1200000 | |
| 3 | | IQR | 686525 | =J2-J1 |
| 4 | | $Q_1-1.5IQR$ | -516313 | =J1-1.5*J3 |
| 5 | | $Q_3+1.5IQR$ | 2229788 | =J2+1.5*J3 |

图 3.15　$Q_1-1.5\times IQR$ 和 $Q_3+1.5\times IQR$ 的计算过程

$Q_1-1.5\times IQR$ 为负数,因此年薪的最小值不是异常值,箱体下方的须延伸至最小值 82700。$Q_3+1.5\times IQR$ 等于 2229788,大于 2229788 的年薪都用圆圈标识出来,箱体上方的须延伸至 2186700,这是除异常值之外的,剩下的观测值中的最大值。

双击箱体,弹出"设置数据系列格式"窗格,不勾选"显示离群值点",箱形图将如图 3.16 所示。

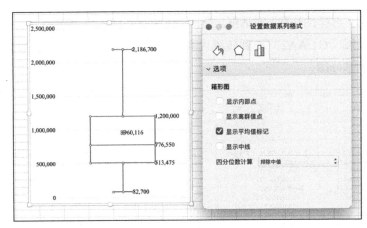

图 3.16　箱形图的设置

**实操技巧**

- 选中定量数据所在的列，单击 "插入" → "统计" → "箱形图"，绘制箱形图。
- 双击箱形图的箱体，在弹出的窗格中可以设置是否在图中显示异常值（离群点）。
- 需要注意箱形图中标记的异常值（离群点）。

## 3.4　茎叶图

茎叶图（Stem and Leaf Plot）与直方图的功能相似，都可用于展示定量数据的分布。茎叶图比直方图保留了更多的原始数据信息，适用于小批量的数据。

在茎叶图中，茎代表原始数据高位上的数字，叶代表原始数据低位上的数字。例如对于两位数，将十位上的数字作为茎，将个位上的数字作为叶。若是三位数，则将百位上的数字作为茎，将十位上的数字作为叶。下面将介绍如何在 Excel 中绘制茎叶图。

**例 3.4**

数据简介：20 个人的年龄（Age）和月薪（Salary）数据。

数据文件：stem and leaf.xlsx。

要求：绘制这 20 个人的年龄的茎叶图、月薪的茎叶图。

年龄介于 20 岁至 60 岁之间，是两位数，因此将十位上的数字作为茎，将个位上的数字作为叶。Excel 中没有直接绘制茎叶图的工具。下面介绍如何利用 Excel 的函数、复制、粘贴等工具绘制茎叶图。

首先，打开数据文件 stem and leaf.xlsx，将工作表 data 中的年龄复制到新工作表的单元格区域 "A1:A21"，并按升序排列。如图 3.17 所示，利用 LEFT 函数或者 RIGHT 函数可以从左边或者右边提取单元格中的字符。列 B 和列 C 用于存放茎和叶。在茎叶图中，同一个茎对应的叶是水平方向排列的。因此，需要将列 B 和列 C 中的内容转置。如图 3.17 所示，复制单元格区域 "B1:C21"，单击单元格 G1，再单击 "开始" 卡片中 "粘贴" 的下拉箭头，单击 "选择性粘贴",弹出"选择性粘贴"对话框。选择"值和数字格式",勾选"转置",单击"确定",即可在单元格区域"G1:AA2"得到转置内容。最后,通过复制粘贴,整理茎和叶,即可得图 3.17 所示的茎叶图。

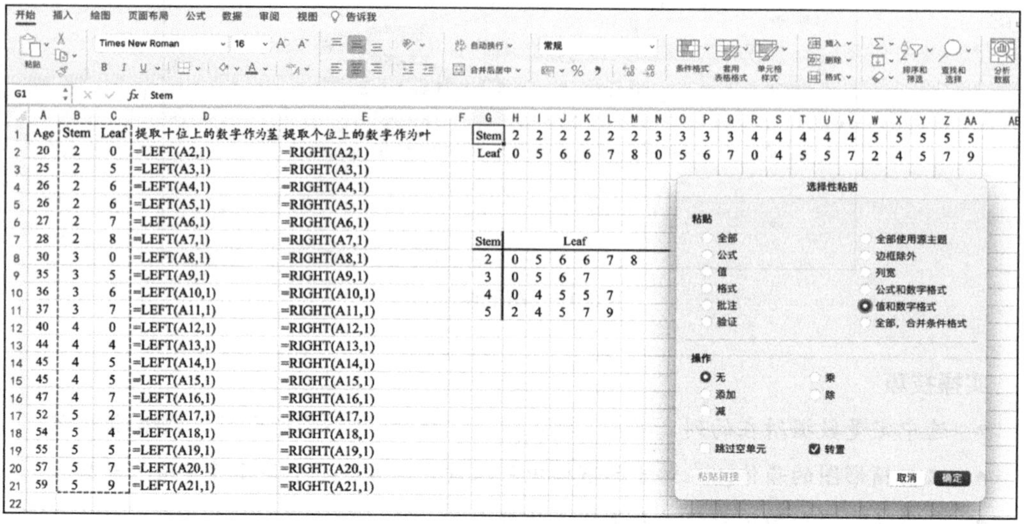

图 3.17　绘制茎叶图

茎叶图的茎代表分组区间,第 1 行的茎为 2,叶为 0,代表数值 20;6 在该行出现了两次,表明原始数据中有两个 26。介于 20 至 29 之间的观测值,都排列在这一行。叶的长度越长,代表这个区间的观测值越密集。茎叶图对数据实现了分组整理,同时保留了原始数据的信息。

若观测值太多,会导致茎叶图的叶中罗列的数字过多,不易阅读。因此,茎叶图只适用于观测值少的数据,观测值不超过 50 个为宜。

例 3.4 中月薪的数据介于 3000 至 8000 之间。月薪是四位数,千位上的数字为茎,百位上的数字为叶,忽略十位和个位上的数字。图 3.18 展示了绘制茎叶图要用到的函数,读者可以模仿练习,具体步骤在此不赘述。

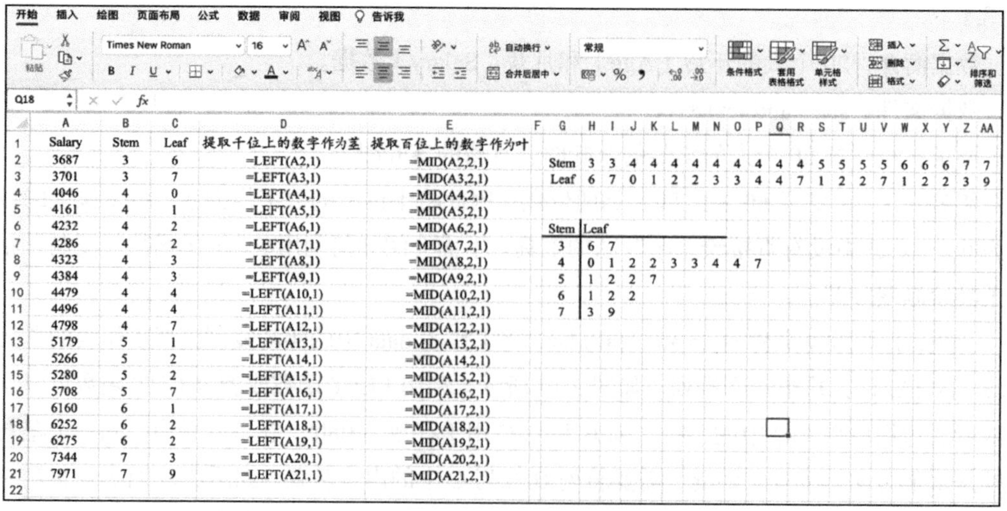

图 3.18　绘制茎叶图要用到的函数

**实操技巧**

首先对定量数据进行排序，然后利用 LEFT 函数、RIGHT 函数或 MID 函数提取出作为茎和叶的数字，再排版成茎叶图的形式。

## 3.5 本章总结

本章介绍了定量数据的图表展示工具，包括直方图、分布折线图、箱形图和茎叶图。

绘制直方图时需要选择适宜的组距，分组区间应该简洁、易读，组数不宜过多或者过少。第一组和最后一组可以采取开口组的形式，将小于某个数的数归入第一组，将大于某个数的数归入最后一组，避免出现频数为 0 的组。

频数折线图与直方图的功能类似。累积频数折线图、累积百分比折线图适用于展示定量数据的累积分布，反映的是定量数据小于或等于某个值的个数或者占比。

箱形图展示了数据的最小值、第 1 个四分位数、中位数、第 3 个四分位数、最大值，以及异常值。箱形图的箱体长度反映了四分位距，是序列正中间的 50% 的数据跨度。通过箱形图，可以判断数据分布是否对称和数据的离散程度。

茎叶图适用于展示小批量的定量数据的分布，既对数据进行了分组整理，又保留了原始数据的信息。

图 3.19 概括了本章介绍的主要知识点。

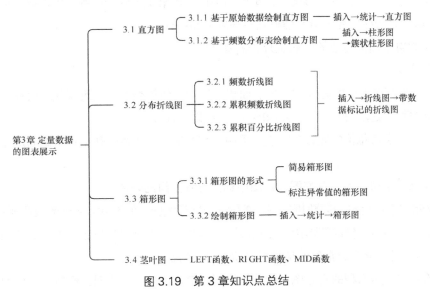

图 3.19　第 3 章知识点总结

## 3.6 本章习题

【习题 3.1】

基于 505 位基金经理的性别、学历/学位、从业年限、专业背景、毕业院校类型、管理的基金的类型和年化收益率的数据（数据文件：习题3.1.xlsx），完成以下任务。

1. 绘制基金经理年龄的直方图，在图中标注各个组的人数。将年龄分组的组距设置为5或10，对比两种组距下的直方图，你更倾向采用多大的组距？为什么？

2. 绘制基金经理年龄的频数折线图、累积百分比折线图，在图中标注出频数或累积百分比。505位基金经理中，年龄小于或等于35岁、小于或等于40岁的各占比多少？

3. 绘制基金经理的从业年限箱形图，在箱形图中标注出第1个四分位数、中位数和第3个四分位数。该数据中是否存在异常值？请概括从业年限的分布特征。

4. 绘制基金经理管理的基金的年化收益率的箱形图，在箱形图中标注出第1个四分位数、中位数和第3个四分位数。数据中是否存在异常值？请概括年化收益率的分布特征。

5. 绘制专业背景是管理的基金经理的年龄的茎叶图。

【习题3.2】

基于870位毕业生的性别、专业、政治面貌、就业单位类型、月薪、就业地、生源地的数据（数据文件：习题3.2.xlsx），完成以下任务。

1. 绘制毕业生月薪的频数分布表，采用适宜的组距，在表中列出各个组的人数和所占百分比。

2. 绘制毕业生月薪的直方图，概括月薪的分布特征。

3. 绘制毕业生月薪的频数折线图、累积百分比折线图，在图中标注出频数或累积百分比。870位毕业生中，月薪小于或等于4000、小于或等于6000的各占比多少？

4. 绘制毕业生月薪的箱形图，在箱形图中标注出第1个四分位数、中位数和第3个四分位数。数据中是否存在异常值？请概括月薪的分布特征。

5. 绘制电子商务专业的毕业生月薪的茎叶图。

【习题3.3】

基于638套二手房的总价、单价、面积、房龄、建筑类型、建筑年代、所在区域、户型和朝向的数据（数据文件：习题3.3.xlsx），完成以下任务。

1. 绘制二手房总价的频数分布表，采用适宜的组距，在表中列出各个组的房屋套数和百分比。

2. 绘制二手房房龄的直方图，在图中标注出各个组的频数。

3. 绘制二手房房龄的频数折线图、累积百分比折线图，在图中标注出频数或累积百分比。

4. 绘制二手房单价的箱形图，在箱形图中标注出第1个四分位数、中位数和第3个四分位数。数据中是否存在异常值？请概括单价的分布特征。

5. 绘制二手房面积的直方图、频数折线图、累积百分比折线图，概括二手房面积的分布特征。

# 第 4 章

# 二维数据的图表展示

第 2 章和第 3 章介绍了单个的定性数据或定量数据的图表展示，这些图表都是以一维数据为研究对象。本章将介绍二维数据的图表展示，包括对两个定性变量之间的关系、一个定性变量和一个定量变量之间的关系、两个定量变量之间关系的探究。

【本章主要内容】
- 列联表
- 堆积条形图
- 分组直方图
- 分组折线图
- 分组箱形图
- 散点图

## 4.1 列联表

列联表（Cross Tabulation，Contingency Table）呈现的是二维数据的分布，列联表适用于定性变量，也适用于定量变量。

利用 Excel 的数据透视表为二维数据绘制列联表，大部分步骤与一维数据相似，下面将通过例 4.1 说明二者操作上的不同之处。

**例 4.1**

数据简介：从 CSMAR 数据库中提取的 2021 年度上市公司 466 位 CEO 的信息，包括 CEO 的性别、学历/学位、专业背景、年龄、年薪，部分数据如图 2.1 所示。

数据文件：CEO.xlsx。

要求：绘制上市公司 CEO 的专业背景和学历/学位的列联表，在列联表中报告频数、行的百分比和列的百分比。

## 4.1.1 两个定性变量的列联表

打开数据文件 CEO.xlsx，首先，单击"插入"→"数据透视表"。然后，将"学历/学位"、"专业背景"和"序号"字段分别拖曳到"列"框、"行"框和"Σ值"框中，如图 4.1 所示。注意：将"序号"字段中的汇总方式设置为"计数"。

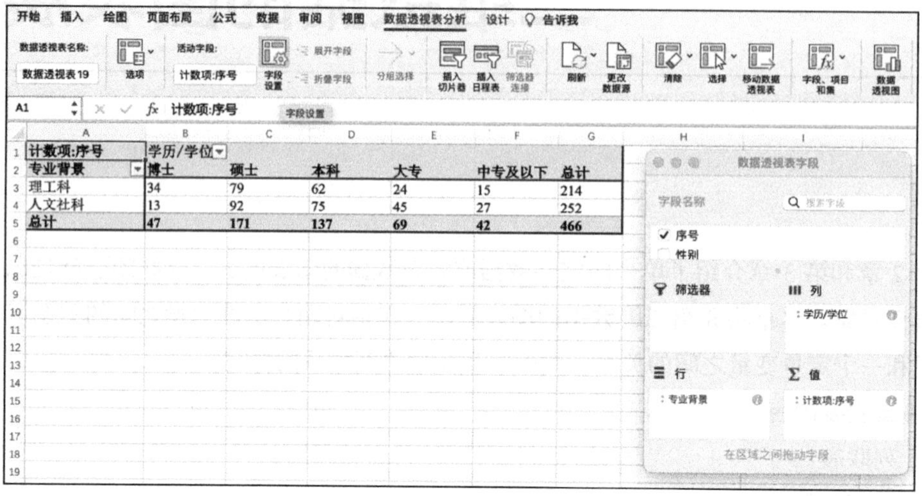

图 4.1　专业背景和学历/学位的列联表

图 4.1 中的列联表，按专业背景、学历/学位将 CEO 分为 10 个组，显示了各组人数。人数是绝对数，从该表中不容易发现专业背景和学历/学位之间的关联。单击"字段设置"，将"计数项:序号"的显示方式设置为"行的百分比"或者"列的百分比"，效果如图 4.2 所示。

图 4.2　列联表中的行/列百分比

图 4.2 中第 1 张列联表显示了行的百分比，可以发现，理工科与人文社科这两个组中，硕士、本科的比重非常接近，但是理工科中博士的比重为 16%，显著高于人文社科的。人文社科中大专、中专及以下的比重都高于理工科的。整体而言，理工科的 CEO 学历/学位比人文社科的高。

图 4.2 中第 2 张列联表显示了列的百分比，可以发现，博士 CEO 中，理工科的约占 7 成，人文社科的约占 3 成；硕士、本科这两个组中，人文社科和理工科 CEO 各占 54%和 46%、55%和 45%，大专和中专及以下这两个组中，人文社科和理工科 CEO 约分别占 65%和 35%、64%

和 36%。

**注意**：在列联表中显示百分比时，建议百分比保留整数。因为，当百分比保留整数时，实际上已保留了两位小数。若在百分数中保留 1~3 位小数，传达的增量信息并不多，反而会让表格显得复杂。

### 4.1.2 含有定量变量的列联表

**例 4.2**

数据文件：CEO.xlsx。

要求：绘制上市公司 CEO 的学历/学位和年薪的列联表，在列联表中报告频数、行的百分比和列的百分比。

如图 4.3 所示设置数据透视表字段。由于年薪是数值型数据，需要通过"组合"为其设置分组边界和组距，详细步骤可参考 3.1.2 小节，在此不赘述。

| 计数项:序号 | 学历/学位 | | | | | |
|---|---|---|---|---|---|---|
| 年薪 | 博士 | 硕士 | 本科 | 大专 | 中专及以下 | 总计 |
| <500000 | 11% | 28% | 32% | 19% | 9% | 100% |
| 500000-1000000 | 7% | 36% | 33% | 16% | 9% | 100% |
| 1000000-1500000 | 8% | 40% | 28% | 15% | 9% | 100% |
| 1500000-2000000 | 22% | 50% | 13% | 6% | 9% | 100% |
| >2000000 | 21% | 45% | 21% | 3% | 9% | 100% |
| 总计 | 10.09% | 36.70% | 29.40% | 14.81% | 9.01% | 100.00% |

| 计数项:序号 | 学历/学位 | | | | | |
|---|---|---|---|---|---|---|
| 年薪 | 博士 | 硕士 | 本科 | 大专 | 中专及以下 | 总计 |
| <500000 | 26% | 18% | 26% | 30% | 24% | 23% |
| 500000-1000000 | 28% | 42% | 47% | 45% | 40% | 42% |
| 1000000-1500000 | 17% | 22% | 20% | 20% | 21% | 21% |
| 1500000-2000000 | 15% | 9% | 3% | 3% | 7% | 7% |
| >2000000 | 15% | 9% | 5% | 1% | 7% | 7% |
| 总计 | 100.00% | 100.00% | 100.00% | 100.00% | 100.00% | 100.00% |

图 4.3 年薪和学历/学位的分布

图 4.3 中的第 1 张表显示了行的百分比，可以发现高收入组中，博士、硕士的比重高；低收入组中，低学历/学位的比重更高。

第 2 张表显示了列的百分比，可以发现硕士、本科、大专和中专及以下这 4 个组中，500000~1000000 收入组的比重最高，约为 42%，1000000~1500000 组约占 21%。博士 CEO 的收入在 5 个收入组中分布得较为均匀，表明其收入差距不大。

**注意**：在实践中要注意列联表中数据的解读，而不是仅仅将列联表展示出来。研究者在报告列联表的同时，应该注意归纳表中数据分布的特征，探究两个变量之间的关系。此外，初学者容易面临选择困难，不知道该报告哪一种百分比。建议在 Excel 中将行的百分比、列的百分比、总计的百分比都计算出来。运用哪一种形式的百分比更能提炼出有价值的结论，就在研究报告中采用那一种。

**实操技巧**

将行变量和列变量分别拖曳至"行"框和"列"框中,将"序号"字段拖曳到"∑值"框中,即可生成列联表。

## 4.2 堆积条形图

堆积条形图(Stacked Bar Graph)是基于普通条形图演化而来的。普通条形图反映的是单个定性变量的分布。堆积条形图首先按照一个定性变量绘制条形图,然后将每个条形分割成几段,以反映另一个定性变量的分布。普通堆积条形图展示的是各个组的频数,百分比堆积条形图则可以展示各个组构成的差异。

**例 4.3**

数据文件:CEO.xlsx。

要求:绘制上市公司 CEO 的专业背景和学历/学位的普通堆积条形图、百分比堆积条形图。

### 4.2.1 普通堆积条形图

利用 4.1 节创建的 CEO 的专业背景和学历/学位的列联表(见图 4.1),单击单元格 A1,单击"插入"卡片下的"柱形图",选择"堆积条形图",生成堆积条形图,如图 4.4 所示。单击图形,在"设计"卡片下,可设置图形的色系、布局等。

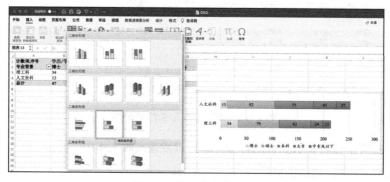

图 4.4 普通堆积条形图

从图 4.4 中可以看出,人文社科组中的博士人数明显少于理工科组的博士人数,其余 4 个学历/学位等级对应的人数,都是人文社科组的更多。但是该图不能直观反映两类专业中各种学历/学位人数的比重差异,因为人文社科组的人数多于理工科组的,需要用比重来反映两个组中学历/学位的差异。

### 4.2.2 百分比堆积条形图

创建行的百分比列联表,单击"插入"卡片下的"柱形图",选择"百分比堆积条形图"。

图 4.5 显示了在两个专业分组下，5 个学历/学位等级的人数占比。理工科组中博士比重显著高于人文社科组的，大专、中专及以下的比重低于人文社科组的，硕士和本科的比重与人文社科组的非常接近。整体而言，理工科背景的 CEO 学历/学位更高。

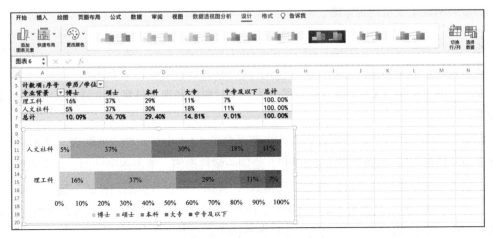

图 4.5　百分比堆积条形图

单击图 4.5 所示界面中"设计"卡片下的"切换行/列"，列联表的行和列会交换位置，生成的百分比堆积条形图展示的是不同学历/学位组中人文社科和理工科的人数比重，如图 4.6 所示。

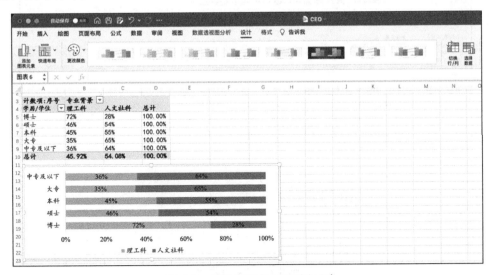

图 4.6　切换堆积条形图的行/列

**实操技巧**

- 首先利用数据透视表创建两个定性变量的列联表，然后单击"插入"→"柱形图"→"堆积条形图"，绘制普通堆积条形图。
- 将数据透视表中"计数项:序号"字段的显示方式设置为"行的百分比"，然后单击"插入"→"柱形图"→"百分比堆积条形图"，绘制百分比堆积条形图。
- 单击"设计"卡片下的"切换行/列"，可以改变堆积条形图中的分组顺序。

## 4.3 分组直方图

分组直方图可用于对比分组数据的分布差异。先按定性变量将研究对象划分为不同的组，然后分组绘制定量变量的直方图。

**例 4.4**

数据文件：CEO.xlsx。

要求：将上市公司 CEO 按专业背景分为人文社科组和理工科组，绘制 CEO 年薪的分组直方图。

创建年薪和专业背景的列联表，具体步骤可参考 4.1.1 小节。单击列联表，单击"插入"卡片下的"柱形图"，选择"簇状柱形图"，绘制一幅柱形图。单击图中柱形，单击鼠标右键，在弹出的快捷菜单中选择"设置数据系列格式"，弹出"设置数据系列格式"窗格。如图 4.7 所示，将"系列重叠"设置为 100%，意思是将人文社科和理工科两个组的直方图中的柱形完全重叠。将"间隙宽度"设置为 0%，使柱形之间没有间隙。

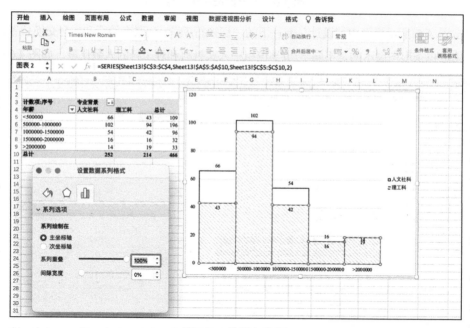

图 4.7 分组直方图

从图 4.7 中可以发现，在年薪的前 3 个组中，即小于 500000、500000～1000000、1000000～1500000 的组中，人文社科组的人数都多于理工科组的人数。在分组直方图中，将理工科组的柱形绘制在人文社科组的柱形的上层，使分组直方图可以清楚地展示出这两个组频数的差异。在 2000000 以上年薪的组中，人文社科组有 14 人，理工科组有 19 人，理工科组的柱形完全遮挡了人文社科组的。采用分组折线图可以解决此问题。

**实操技巧**

首先利用数据透视表创建定性变量和定量变量的列联表，然后单击"插入"→"柱形图"→

"簇状柱形图"，调出"设置数据系列格式"窗格，将"系列重叠"设置为100%，将"间隙宽度"设置为0%，绘制分组直方图。

# 4.4 分组折线图

分组折线图与分组直方图类似，也可以对比分组数据的分布差异。分组折线图可以分为分组频数折线图、分组百分比折线图和分组累积百分比折线图。

**例 4.5**

数据文件：CEO.xlsx。

要求：绘制学历/学位为本科、硕士和博士的 CEO 年薪的分组频数折线图、分组百分比折线图和分组累积百分比折线图。

## 4.4.1 分组频数折线图

创建年薪和学历/学位的列联表。单击单元格 B2"学历/学位"字段旁的漏斗形按钮，在弹出的"学历/学位"窗格中，在"筛选器"栏中勾选"本科""硕士"和"博士"，数据透视表将只显示这3个，如图4.8所示。

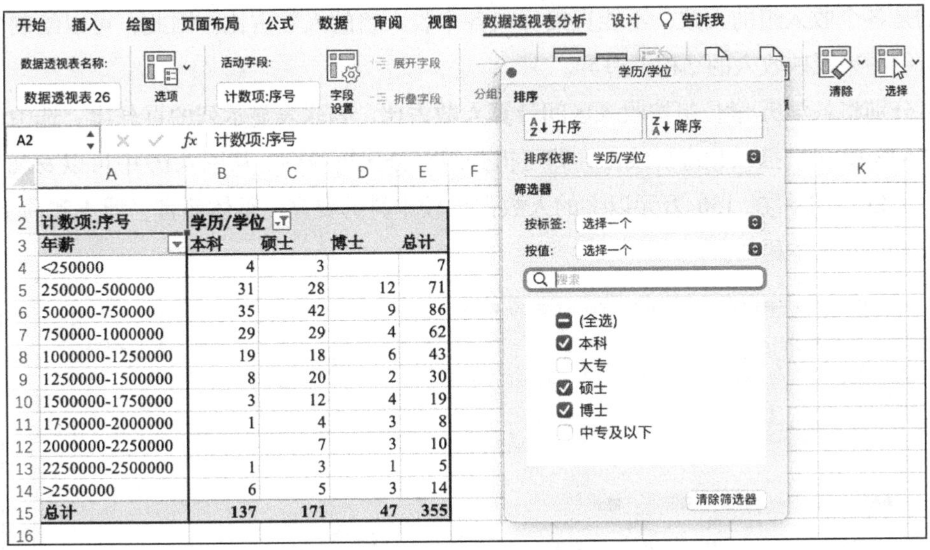

| 计数项:序号 | 学历/学位 | | | |
|---|---|---|---|---|
| 年薪 | 本科 | 硕士 | 博士 | 总计 |
| <250000 | 4 | 3 | | 7 |
| 250000-500000 | 31 | 28 | 12 | 71 |
| 500000-750000 | 35 | 42 | 9 | 86 |
| 750000-1000000 | 29 | 29 | 4 | 62 |
| 1000000-1250000 | 19 | 18 | 6 | 43 |
| 1250000-1500000 | 8 | 20 | 2 | 30 |
| 1500000-1750000 | 3 | 12 | 4 | 19 |
| 1750000-2000000 | 1 | 4 | 3 | 8 |
| 2000000-2250000 | | 7 | 3 | 10 |
| 2250000-2500000 | 1 | 3 | 1 | 5 |
| >2500000 | 6 | 5 | 3 | 14 |
| 总计 | 137 | 171 | 47 | 355 |

图 4.8　年薪和学历/学位的列联表

将图4.8中的单元格区域"A3:D14"中的内容复制粘贴到空白区域。如图4.9所示，为了让分组折线图更易阅读，使年薪的分组区间以万元为单位，这能让分组折线图的横轴更加简洁。在图4.8中，单元格D4和B12为空，代表满足行或列条件的数为0。在图4.9表示的表格中，在列联表的空白单元格中填入数字0。选中单元格区域"A18:D29"，单击"插入"卡片下的"折线图"，选择"带数据标记的折线图"，生成分组频数折线图。

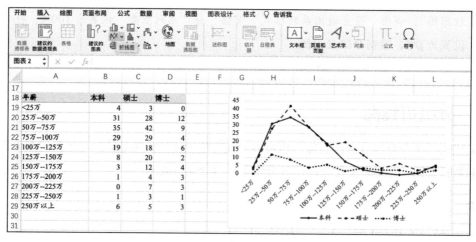

图 4.9　分组频数折线图

分组频数折线图展示了 3 个组的 CEO 年薪分布情况，与分组直方图相比，分组频数折线图用线段代表各组频数的差异，各组之间不会出现遮挡，数据表达更加直观。如果定性变量有两种以上的分类，建议用分组频数折线图。

### 4.4.2　分组百分比折线图

例 4.5 中，本科、硕士、博士分别为 137 人、171 人和 47 人。图 4.9 中的分组频数折线图反映的是各个收入组的人数，不能直接反映各个收入组的人数占比。因此，可以绘制分组百分比折线图来反映收入的结构性差异。

可分别将各学历/学位组按收入区间计算人数占比，列联表显示列的百分比。选中单元格区域"A18:D29"，插入相应折线图，即可得分组百分比折线图。从图 4.10 中可以发现，博士和硕士 CEO，年薪在 150 万元以上的人数占比较本科的要高。整体而言，博士和硕士 CEO 的收入水平高于本科的。

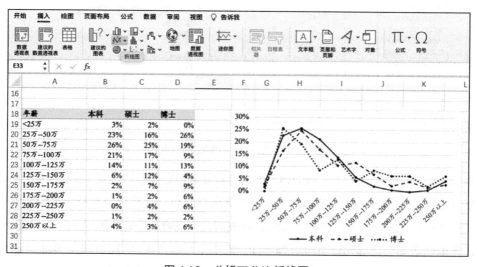

图 4.10　分组百分比折线图

### 4.4.3 分组累积百分比折线图

分组累积百分比折线图可以反映不同组中定量变量的累积分布的差异。单击"计数项:序号"所在的单元格,单击鼠标右键,在弹出的快捷菜单中选择"字段设置",打开"数据透视表字段"对话框,在"数据显示方式"中选择"按某一字段汇总的百分比",单击"确定",即可显示累积百分比。将数据透视表中的内容,编辑成单元格区域"A54:D65"的内容,插入相应折线图,即可得本科、硕士、博士 3 个组 CEO 年薪的分组累积百分比折线图,如图 4.11 所示。

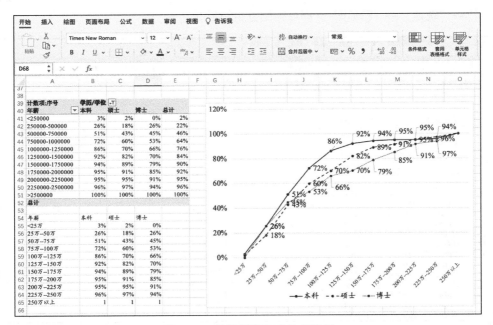

图 4.11 分组累积百分比折线图

从分组累积百分比折线图中可以看出,本科组的折线在最上方,硕士组的居中,博士组的在最下方,说明本科组低于某个年薪水平的人数比重高于硕士组和博士组的。整体而言,博士 CEO 的年薪高于硕士 CEO 的,硕士 CEO 的年薪高于本科 CEO 的。

---

**实操技巧**

首先利用数据透视表创建定性变量和定量变量的列联表,然后单击"插入"→"折线图",根据需求选择对应的折线图。需要注意的是,列联表中的空白单元格要填入数值 0;更改数据透视表的数据显示方式可以得到形式不同的折线图。

---

## 4.5 分组箱形图

分组箱形图可用于比较分组数据的分布,呈现不同组的数据的中位数、四分位数、四分位距的差异。

**例 4.6**

数据文件：CEO.xlsx。

要求：绘制本科、硕士和博士 CEO 年薪的分组箱形图。

绘制按学历/学位分组的 CEO 年薪的分组箱形图，需要先将数据整理成图 4.12 所示的形式。在 4.4.1 节中创建了年薪和学历/学位的列联表，双击图 4.8 所示的单元格 B15，也就是本科学历总计人数 137 所在的单元格，将弹出一张新的工作表，该工作表罗列了 137 位本科学历的 CEO 的数据，将其中年薪这一列复制粘贴到一张新的工作表。按照此法，复制粘贴 171 位硕士和 47 位博士 CEO 的年薪数据，得到图 4.12 中的数据。选中这 3 列年薪数据，单击"插入"→"统计"→"箱形图"，即可得到分组箱形图。

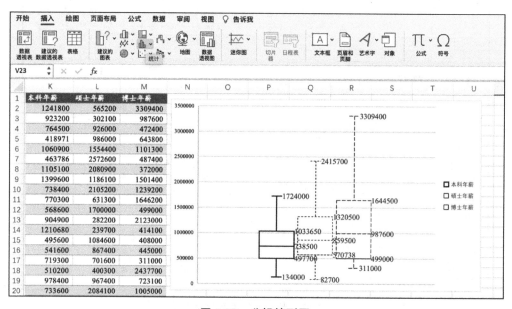

图 4.12　分组箱形图

从图 4.12 中可以发现，整体而言，本科学历 CEO 的年薪最低，第 1 个四分位数为 497700，中位数约为 738500，第 3 个四分位数约为 1033650。硕士组的 3 个四分位数分别为 570738、859500、1320500。博士组的 3 个四分位数分别为 499000、987600、1644500。整体而言，博士 CEO 的年薪高于硕士 CEO 的，硕士 CEO 的年薪高于本科 CEO 的；从收入差距来看，博士组的年薪差距最大，其次是硕士组，本科组的年薪差距最小。

**实操技巧**

首先利用数据透视表整理出分组数据，然后单击"插入"→"统计"→"箱形图"，绘制分组箱形图。

## 4.6　散点图

散点图（Scatter Plot）用于展示两个定量变量之间的关系。在平面图中用点的横坐标和纵坐标分表代表两个定量变量的取值。从散点的分布可以考查两个变量之间的相关关系。

**例 4.7**

数据文件：CEO.xlsx。

要求：绘制 CEO 的年龄和年薪的散点图。

打开数据文件 CEO.xlsx，选中列 C，然后按住 Ctrl 键选中列 E（注：按住 Ctrl 键选择单元格区域，可以选中不相邻的数据区域。单击"插入"卡片，单击"散点图"，即得年龄和年薪的散点图，如图 4.13 所示。

**注意**：当选中两列数据作散点图时，Excel 将位于左侧的数据作为横轴，将位于右侧的数据作为纵轴。如果这两个变量的其中一个可以看成自变量，另一个可以看成因变量，则需要将自变量作为横轴，将因变量作为纵轴。

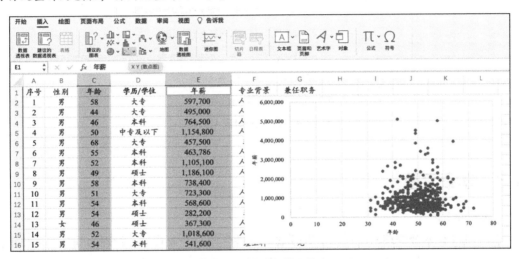

图 4.13 年龄和年薪的散点图

从图 4.13 中可以发现，同样年龄的 CEO，他们的年薪差异很大，CEO 的年龄和年薪之间没有明显的关系。

---

**实操技巧**

- 首先选中两列定量数据，然后单击"插入"→"散点图"，绘制散点图。
- 按住 Ctrl 键，再单击列名，可以选中不相邻的两列数据。

---

## 4.7 本章总结

本章介绍了展示二维数据的图表工具。在实践中，需要根据数据的类型选择合适的图表工具。若要展示两个定性变量的分布情况，可以用列联表、堆积条形图；若要展示一个定性变量和一个定量变量的分布情况，可以用列联表、分组直方图、分组折线图、分组箱形图；若要展示两个定量变量的分布情况，可以用列联表和散点图。

图 4.14 概括了本章介绍的主要知识点。

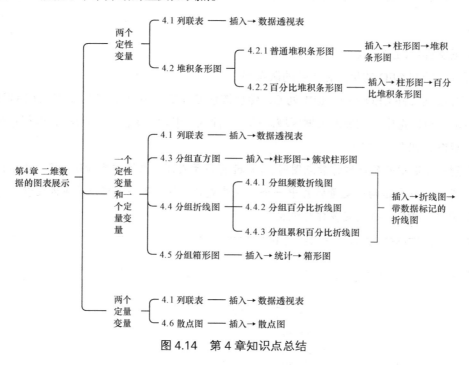

图 4.14　第 4 章知识点总结

## 4.8　本章习题

【习题 4.1】

基于 505 位基金经理的性别、学历/学位、从业年限、专业背景、管理的基金类型和年化收益率等数据（数据文件：习题 4.1.xlsx），完成以下任务。

1. 绘制基金经理学历/学位和专业背景的列联表，概括频数、行的百分比、列的百分比，概括基金经理学历/学位和专业背景分布的特征。

2. 用堆积条形图展示基金经理学历/学位和专业背景的分布情况。

3. 将基金经理按学历/学位分组，绘制分组直方图，展示不同学历/学位的基金经理从业年限的差异。

4. 将基金经理按专业背景分组，绘制分组频数折线图、分组百分比折线图、分组累积百分比折线图，展示不同专业背景基金经理从业年限的差异。

5. 将基金经理按学历/学位分组，绘制分组箱形图，展示不同学历/学位的基金经理从业年限的差异。

【习题 4.2】

基于 870 位毕业生的性别、专业、政治面貌、就业单位类型、月薪、就业地、生源地等数据（数据文件：习题 4.2.xlsx），完成以下任务。

1. 绘制毕业生性别和政治面貌的列联表，概括频数、行的百分比、列的百分比，概括毕业生性别和政治面貌分布的特征。

2. 用堆积条形图展示毕业生性别和政治面貌的分布情况。

3. 将毕业生按就业地分组，绘制分组直方图，展示不同就业地的毕业生月薪分布的差异。

4. 将毕业生按专业分组，绘制分组直方图，比较不同专业的毕业生月薪分布的差异。

5. 将毕业生按就业单位类型分组，绘制分组箱形图，比较不同就业单位类型的毕业生月薪分布的差异。

【习题 4.3】

基于 638 套二手房的总价、单价、面积、房龄、建筑类型、建筑年代、所在区域、户型和朝向的数据（数据文件：习题 4.3.xlsx），完成以下任务。

1. 绘制二手房所在区域和建筑年代的列联表，概括频数、行的百分比、列的百分比，概括所在区位和建筑年代分布的特征。

2. 用堆积条形图展示二手房所在区域和建筑年代的分布情况。

3. 将二手房按所在区域分组，绘制分组直方图，比较不同组别的二手房的总价的分布特征。

4. 将二手房按建筑年代分组，绘制单价的分组频数折线图、分组百分比折线图、分组累积百分比折线图。

5. 将二手房按建筑类型分组，绘制单价的分组箱形图。

# 第 5 章

# 描述性统计量的计算

第 2~4 章介绍了如何利用图表工具实现数据的可视化。图表直观明了，但无法精确反映研究对象的数字特征。为了能够简明扼要地说明数据的集中趋势、离散程度、分布形状，需要计算描述性统计量。描述性统计量就像一种标准的统计语言，可传递数据分布的关键信息。本章将从集中趋势、离散程度、分布形状 3 个方面来介绍如何利用描述性统计量揭示数据的分布特征。

【本章主要内容】
- 集中趋势
- 离散程度
- 分布形状

## 5.1 集中趋势

集中趋势（Central Tendency）反映一组数据分布的中心，是一组数据的代表性、典型性水平。常用的测度集中趋势的统计量有 3 种：众数、中位数和均值。本节将介绍这 3 种统计量的计算及其适用场景。

**例 5.1**

数据简介：从 CSMAR 数据库中提取了 2021 年度上市公司 466 位 CEO 的数据，包括 CEO 的性别、学历/学位、专业背景、年龄、年薪。

数据文件：CEO.xlsx。

要求：报告 CEO 的性别、学历/学位、专业背景、年龄、年薪的集中趋势统计量，概括其集中趋势的特征。

### 5.1.1 众数

众数（Mode）是数据中出现次数最多的观测值。众数适用于描述定性数据的集中趋势。

对定性数据进行分组整理，展示其频数分布表，频数最高的组就对应众数。打开数据文件 CEO.xlsx，利用数据透视表生成性别、专业背景、学历/学位的频数分布表，操作步骤参考 2.1 节。从图 5.1 中可以发现，性别的众数为"男"，专业背景的众数为"人文社科"，学历/学位的众数为"硕士"。

**注意**：众数不是指出现次数最多的观测值的频数。在本例中，性别的众数为"男"，而不是频数 427。

若一组数据中所有的观测值出现的次数同样多，则表明众数不存在；若某几个观测值出现的次数同样多，则表明该组数据有多个众数。

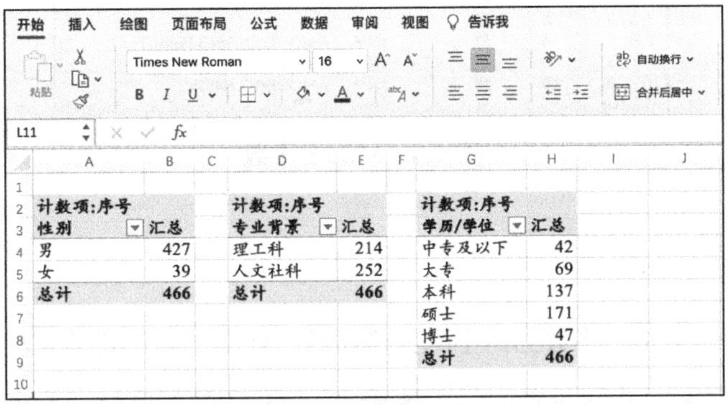

图 5.1　定性数据的众数

绘制图 5.2 所示的 CEO 年龄直方图，采取单项式分组，即将某一个年龄单独划分为一组。年龄中频数最大的是 50 岁和 56 岁，各有 32 人，因此年龄有两个众数。

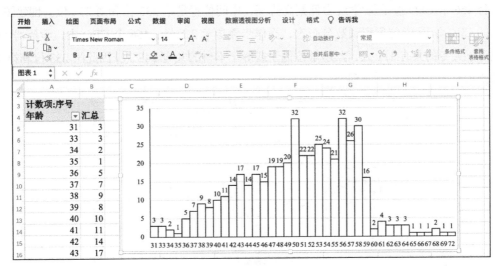

图 5.2　定量数据的众数

在 2010 版本以前的 Excel 中用于计算众数的函数是 MODE。在 2010 及以后版本的 Excel 中，若数据中存在多个观测值出现的次数同样多，MODE.SNGL 函数将返回数据中第一个达到最多出现次数的值，MODE.MULT 函数将返回出现次数最多的所有观测值。

**注意**：Excel 无法计算文本的众数，如图 5.3 所示，若对"性别"计算众数，将返回"#N/A"。

在 Windows 操作系统中，需要先框选单元格区域"E5:E6"，然后在单元格 E5 中录入数组函数的公式（见单元格 F5），再按 Ctrl+Shift+Enter 键，才能显示图 5.3 所示的两个众数。需要先框选数个单元格用于存放多个返回值，然后在选中区域的左上角单元格中录入公式，否则数组函数只会返回一个值。在 macOS 下，数组函数的录入与普通函数一样，直接在单元格 E5 中录入公式，按 Enter 键即可显示数个返回值。

| | A | B | C | D | E | F |
|---|---|---|---|---|---|---|
| 1 | 序号 | 性别 | 年龄 | | | |
| 2 | 1 | 男 | 58 | | 50 | =MODE(C2:C467) |
| 3 | 2 | 男 | 44 | | | |
| 4 | 3 | 男 | 46 | | 50 | =MODE.SNGL(C2:C467) |
| 5 | 4 | 男 | 50 | | 50 | =MODE.MULT(C2:C467) |
| 6 | 5 | 男 | 68 | | 56 | |
| 7 | 6 | 男 | 55 | | | |
| 8 | 7 | 男 | 52 | | #N/A | =MODE.SNGL(B2:B467) |
| 9 | 8 | 男 | 49 | | #N/A | =MODE.MULT(B2:B467) |
| 10 | 9 | 男 | 58 | | #N/A | =MODE(B2:B467) |
| 11 | 10 | 男 | 51 | | | |

图 5.3　MODE 函数

## 5.1.2　中位数

中位数（Median）是指将数据由小到大排序后，处于中间位置的观测值。可以排序的数据，都可以计算中位数。中间位置由 $\frac{n+1}{2}$ 来确定，$n$ 代表数据容量。若 $n$ 为奇数，$\frac{n+1}{2}$ 为整数，中位数就是第 $\frac{n+1}{2}$ 个观测值。若 $n$ 为偶数，$\frac{n+1}{2}$ 不是整数，此时数据的第 $\frac{n}{2}$ 位、第 $\frac{n}{2}+1$ 位处于中间位置，中位数等于这两项的均值。

将 466 个 CEO 按学历/学位由低到高排序，中间位置是第 233 位和第 234 位。创建图 5.4 所示的 CEO 学历/学位累积频数分布表，操作步骤参考 2.1 节。466 个 CEO 中，学历/学位低于或等于大专的共有 111 人，学历/学位低于或等于本科的共有 248 人，因此第 233 位和第 234 位都是本科，中位数就是本科。

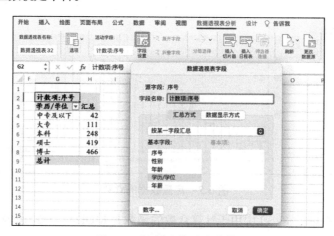

图 5.4　学历/学位的中位数

创建 CEO 年龄的数据透视表，采取单项式分组，然后在"计数项:序号"的字段设置中，将"数据显示方式"设置为"按某一字段汇总"，将"基本字段"设置为"年龄"，如图 5.5

所示，单击“确定”，展示年龄的累积频数。将数据透视表中的内容复制粘贴，整理成单元格区域“D3:I18”的形式。

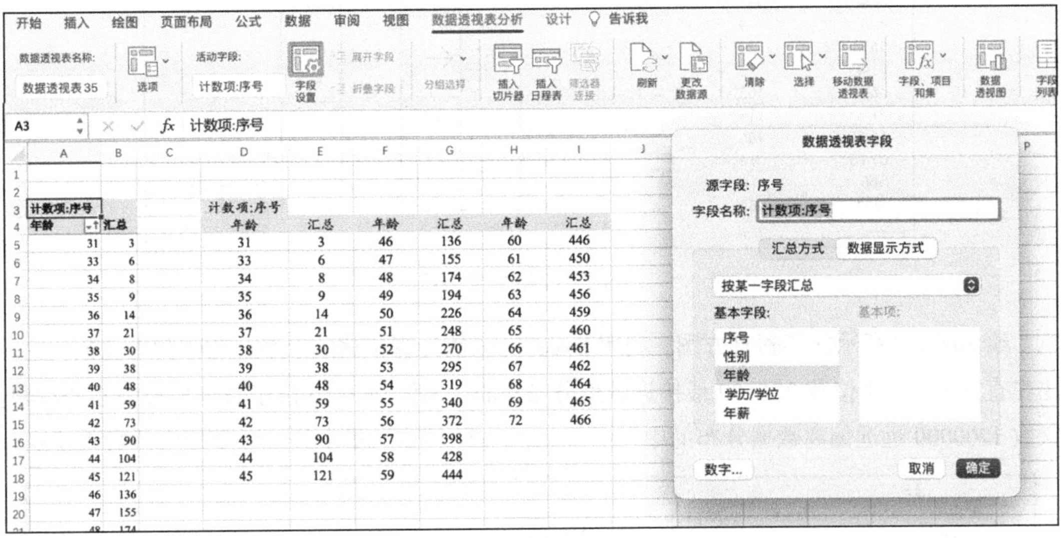


图 5.5 年龄的中位数

从图 5.5 中可以看出，年龄小于或等于 50 岁的有 226 人，小于或等于 51 岁的有 248 人。因此，第 233 位和第 234 位都是 51 岁，中位数等于 51。

如图 5.6 所示，MEDIAN 函数可以用于计算中位数。中位数也称作第 50 个百分位数，PERCENTILE.INC 函数的第 2 项参数设置为 0.5 时也可以用于计算中位数。

| | A | B | C | D | E | F |
|---|---|---|---|---|---|---|
| 1 | 序号 | 性别 | 年龄 | | | |
| 2 | 1 | 男 | 58 | | 51 | =MEDIAN(C2:C467) |
| 3 | 2 | 男 | 44 | | 51 | =PERCENTILE.INC(C2:C467,0.5) |
| 4 | 3 | 男 | 46 | | | |

图 5.6 MEDIAN 函数

## 5.1.3 均值

均值（Mean）等于观测值的总和除以观测值的个数，如式（5.1）所示。

$$\bar{x}=\frac{x_1+x_2+\cdots+x_n}{n} \tag{5.1}$$

$x_1,x_2,\cdots,x_n$ 代表样本数据的观测值，$n$ 代表样本容量。$\bar{x}$ 代表样本均值，读作 $x$ bar。

均值的优点是充分利用了样本数据，每个观测值都参与了均值的计算。但也正因为如此，均值容易受到极端值的影响。当数据中有极端值存在时，会影响到均值，使得均值偏离数据分布的中心，降低均值的代表性。

例 5.1 中，年龄的均值是 50.26，中位数是 51，众数是 50 和 56。如图 5.7 所示，年龄数据的分布近似于对称分布，分布中心在 51 附近。年龄的均值和中位数在数值上非常接近，因此年龄的集中趋势既可以用均值来反映，也可以用中位数来反映。

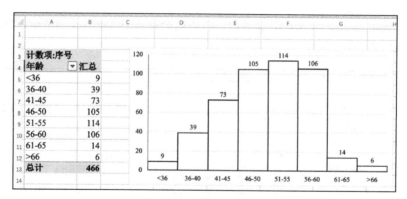

图 5.7　年龄的直方图

绘制图 5.8 所示的年薪直方图，利用 Excel 的函数计算年薪的众数、均值和中位数，并标注在直方图中。中位数 776550 最接近数据分布中心。均值 960116 位于数据分布中心的右侧。众数 1200000 远远偏离数据分布的中心。因此，CEO 年薪的集中趋势需要用中位数来反映。

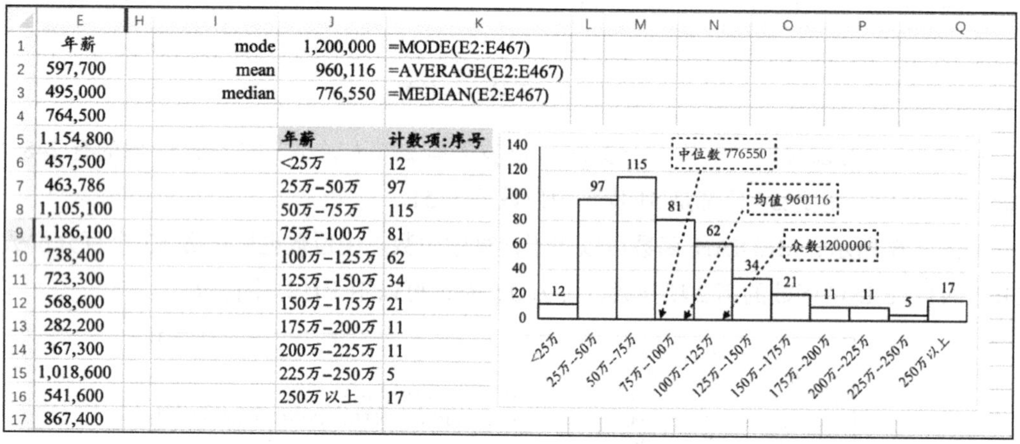

图 5.8　年薪的中位数、均值和众数

截尾均值（Trimmed Mean）是将一组数据两端最大或最小的一部分值去掉后，再计算剩下的观测值所得到的均值。截尾均值受异常值的影响较小。例如，5%截尾均值，就是将最大的 5%的观测值和最小的 5%的观测值剔除后，计算剩下的 90%的观测值所得到的均值。如图 5.9 所示，CEO 年薪的 5%截尾均值为 878131，10%截尾均值为 844735，后者与中位数 776550 的差距更小，越来越接近数据分布的中心。

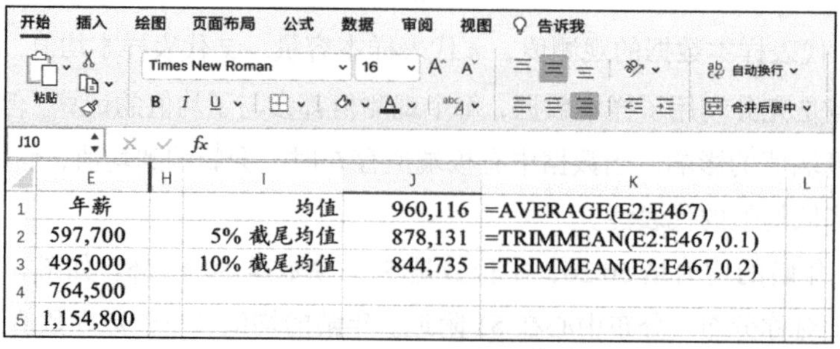

图 5.9　均值和截尾均值

**注意**：TRIMMEAN 函数中的第 2 项参数代表剔除的最大和最小的观测值的比重之和，若需计算 5%截尾均值，需填入 0.1。

Excel 中的 AVERAGEA 函数与 AVERAGE 函数都可以用于求均值，二者对文本数据的处理方式不同。AVERAGEA 函数中将文本数据视作 0。如图 5.10 所示，单元格 B6 中公式“=AVERAGEA(A2:A12)”（见单元格 C6）用于将单元格区域“A2:A12”的数值的和除以 11。AVERAGE 函数只计算数值的均值，单元格 B4 中公式“=AVERAGE(A2:A12)”（见单元格 C4）用于将单元格区域“A2:A12”的数值之和除以 10。

| | A | B | C |
|---|---|---|---|
| 1 | value | | |
| 2 | 3 | 45 | =SUM(A2:A12) |
| 3 | 8 | | |
| 4 | 1 | 4.5 | =AVERAGE(A2:A12) |
| 5 | 5 | | |
| 6 | 3 | 4.1 | =AVERAGEA(A2:A12) |
| 7 | 8 | | |
| 8 | 2 | | |
| 9 | 10 | | |
| 10 | 3 | | |
| 11 | 2 | | |
| 12 | NA | | |

图 5.10 AVERAGE 函数与 AVERAGEA 函数

## 5.1.4 众数、中位数和均值的适用场景

### 1. 众数

众数通常用于反映分类数据和顺序数据的集中趋势。分类数据无法排序，也无法进行数值运算，因此众数是唯一能被用于刻画分类数据分布的统计量。

对于顺序数据，可以计算众数，也可以计算中位数，需要结合数据的分布来选择是用众数或是用中位数反映数据分布的集中趋势。

如图 5.11 所示，A 组中 101 人的满意度分布在 5 个组中比较平均。此时，若用众数“非常满意”作为 A 组满意度的代表性水平是不恰当的。因为“非常满意”有 21 人，只是略微多于其余 4 组。将 101 个人的满意度按由低到高的顺序排列，中间位置在第 51 位。A 组满意度的中位数为“一般”，A 组中有近一半的人满意度低于“一般”，也有近一半的人满意度高于“一般”。中位数“一般”代表 A 组的满意度水平。

| | A | B | C | D | E | F | G |
|---|---|---|---|---|---|---|---|
| 1 | | A组 | | | B组 | | |
| 2 | | 满意度 | 人数 | | 满意度 | 人数 | |
| 3 | | 非常不满意 | 20 | | 非常不满意 | 12 | |
| 4 | | 比较不满意 | 20 | | 比较不满意 | 15 | |
| 5 | | 一般 | 20 | | 一般 | 25 | |
| 6 | | 比较满意 | 20 | | 比较满意 | 32 | |
| 7 | | 非常满意 | 21 | | 非常满意 | 17 | |
| 8 | | 合计 | 101 | | 合计 | 101 | |
| 9 | | | | | | | |
| 10 | | 中位数 | 一般 | | 中位数 | 一般 | |
| 11 | | 众数 | 非常满意 | | 众数 | 比较满意 | |
| 12 | | | | | | | |

图 5.11 满意度的集中趋势

如图 5.11 所示，B 组中 101 人的满意度分布在 5 个组中有明显差异，其众数是"比较满意"，中位数是"一般"。此时，用中位数"一般"来反映 B 组的满意度水平是不恰当的，会给人以一种错觉：A 组和 B 组的满意度水平一样。但是对比 A 组和 B 组的频数分布表，可以发现 B 组在"非常不满意""比较不满意"两个组的人数都显著少于 A 组，B 组的满意度整体水平高于 A 组。因此，对于 B 组，用众数"比较满意"来反映满意度水平是更加恰当的。

众数在某些特定场景，也可用于反映数值型数据（如离散型的数值型数据）的集中趋势。图 5.12 所示表格展示了 101 个人居住房屋中的卧室间数的分布，卧室间数的众数为 3，代表这组人中，典型户型是 3 居室。此时，用众数来反映这组数据的代表性水平是合适的。中位数为 2，从分布的角度来看，2 并不是这组数据分布的中心。均值 2.33 为小数，由于卧室的间数只能取整数，因此在此场景下均值缺乏现实意义。

|  | A | B | C | D | E | F |
|---|---|---|---|---|---|---|
| 9 |  |  |  |  |  |  |
| 10 | 你居住的房屋有几间卧室？ |  |  |  |  |  |
| 11 | 卧室间数 | 人数 |  |  |  |  |
| 12 | 1 | 25 |  | 众数 | 3 |  |
| 13 | 2 | 28 |  | 中位数 | 2 |  |
| 14 | 3 | 40 |  | 均值 | 2.33 |  |
| 15 | 4 | 6 |  |  |  |  |
| 16 | 5 | 2 |  |  |  |  |
| 17 | 合计 | 101 |  |  |  |  |
| 18 |  |  |  |  |  |  |

图 5.12 卧室间数的集中趋势

### 2. 中位数

对于顺序数据，建议根据频数分布表、数据的分布特征来判断用中位数还是众数来代表其集中趋势。

对于数值型数据，若数据分布呈现明显的不对称性，可选用中位数反映其集中趋势。

### 3. 均值

若数值型数据呈对称分布，可采用均值反映其集中趋势。因为均值可以充分利用所有观测值，反映数据的代表性水平。

综上，在描述数据的集中趋势时，需要结合数据类型、数据分布的特征，从众数、中位数、均值中选择恰当的统计量。表 5.1 总结了本节的内容。

表 5.1 数据类型与集中趋势统计量

| 数据类型 | 集中趋势统计量 |
|---|---|
| 分类数据 | 众数 |
| 顺序数据 | 众数、中位数 |
| 对称分布的数值型数据 | 均值、中位数 |
| 不对称分布的数值型数据 | 中位数 |

**实操技巧**

- 对于定性数据，先利用数据透视表创建其频数分布表，频数最大的组别对应众数；根据累积频数计算中位数。
- 对于定量数据，调用 MODE、MEDIAN、AVERAGE、TRIMMEAN 函数计算众数、中位数、均值和截尾均值。

## 5.2 离散程度

离散程度（Measures of Dispersion）反映的是数据的变异程度、分散程度。在研究中不仅要关注数据的集中趋势，还要关注数据的离散程度。数据的离散程度越小，代表观测值紧密地围绕分布中心；数据的离散程度越大，代表观测值距离数据分布中心越远，数据分散。

测度离散程度的常用统计量有：全距、四分位距、方差、标准差、均值绝对离差、中位数绝对离差和离散系数。

**例 5.2**

数据简介：从 CSMAR 数据库中提取 2021 年度上市公司 466 位 CEO 的数据，包括 CEO 的性别、学历/学位、专业背景、年龄、年薪。

数据文件：CEO.xlsx。

要求：计算 CEO 的年龄、年薪的离散程度的统计量。

### 5.2.1 全距

全距（Range）等于数据的最大值减去最小值。全距反映的是数据的跨度。如图 5.5 所示，466 位 CEO 中年龄最大为 72 岁，年龄最小为 31 岁，年龄的全距等于 41。

### 5.2.2 四分位距

四分位距（IQR）等于数据的第 3 个四分位数 $Q_3$ 减去第 1 个四分位数 $Q_1$，如式（5.2）所示。

$$\text{IQR} = Q_3 - Q_1 \tag{5.2}$$

四分位距反映的是处于一组数据正中间的 50% 的数据的跨度。四分位距不受极端值的影响。

第 1 个四分位数又称作第 25 个百分位数。首先，将原始数据由小到大排列。然后，确定第 1 个四分位数在数据中的位置。数据容量记为 $n$，第 1 个四分位数的位置为 $\dfrac{n+1}{4}$，第 3 个四分位数的位置为 $\dfrac{3(n+1)}{4}$。

在例 5.2 中，第 1 个四分位数的位置在 116.75。将年龄排序后，第 116 位和第 117 位的年龄都是 45 岁，因此第 116.75 位的年龄也是 45 岁。若第 116 位和第 117 位的年龄不同，则采用插值法求第 116.75 位的年龄的数值。如图 5.13 所示，可调用 QUARTILE.EXC 函数求四分位数，该函数的第 1 项参数用于指定数据范围，第 2 项参数用于指定是第几个四分位数。

| | C | G | H | I | J | K | L | M | N |
|---|---|---|---|---|---|---|---|---|---|
| 1 | 年龄 | | | | | | 位置 | | |
| 2 | 58 | | $Q_1$ | 45 | =QUARTILE.EXC(C2:C467,1) | | 116.75 | =0.25*467 | |
| 3 | 44 | | $Q_3$ | 56 | =QUARTILE.EXC(C2:C467,3) | | 350.25 | =0.75*467 | |
| 4 | 46 | | IQR | 11 | =I3-I2 | | | | |
| 5 | 50 | | | | | | | | |

图 5.13　年龄的四分位数和四分位距

CEO 年龄的四分位距为 11，代表 CEO 年龄分布正中间的 50% 的人的年龄差距是 11 岁。这组数据的全距是 41，表明 CEO 的年龄跨度很大，但是年龄分布正中的 50% 的人年龄分布比较集中。

**注意**：Excel 中的 QUARTILE.INC 函数也可以用于计算中位数，其内置的算法是先计算出中位数，然后求最小值到中位数这前 50% 数据的中位数，即第 1 个四分位数。如图 5.14 所示，列 A 中有 15 个观测值，中位数是 17。然后求 "4、6、6、7、8、12、15、17" 这 8 个数的中位数，即 7 和 8 的均值 7.5。

QUARTILE.EXC 函数与 QUARTILE.INC 函数内置算法的不同之处在于，QUARTILE.EXC 函数调用的前 50% 数据不含中位数，求 "4、6、6、7、8、12、15" 这 7 个数的中位数，即 7。

通常用这两种方法计算出的四分位数非常接近，任选一种皆可。在不同的软件中内置的四分位数的算法有所不同，计算结果也略有差异，但是对分析结果没有实质影响。

| | A | B | C | D | E | F | G | H | I | J | K | L | M | N |
|---|---|---|---|---|---|---|---|---|---|---|---|---|---|---|
| 1 | value | | | | | | | | | | | | | |
| 2 | 4 | | $Q_1$ | 7.5 | =QUARTILE.INC(A2:A16,1) | | 4 | 6 | 6 | 7 | 8 | 12 | 15 | 17 |
| 3 | 6 | | $Q_2$ | 17 | =QUARTILE.INC(A2:A16,2) | | | | | | | | | |
| 4 | 6 | | $Q_3$ | 22 | =QUARTILE.INC(A2:A16,3) | | 17 | 20 | 21 | 21 | 23 | 24 | 27 | 28 |
| 5 | 7 | | | | | | | | | | | | | |
| 6 | 8 | | | | | | | | | | | | | |
| 7 | 12 | | $Q_1$ | 7 | =QUARTILE.EXC(A2:A16,1) | | 4 | 6 | 6 | 7 | 8 | 12 | 15 | |
| 8 | 15 | | $Q_2$ | 17 | =QUARTILE.EXC(A2:A16,2) | | | | | | | | | |
| 9 | 17 | | $Q_3$ | 23 | =QUARTILE.EXC(A2:A16,3) | | 20 | 21 | 21 | 23 | 24 | 27 | 28 | |
| 10 | 20 | | | | | | | | | | | | | |
| 11 | 21 | | | | | | | | | | | | | |
| 12 | 21 | | | | | | | | | | | | | |
| 13 | 23 | | | | | | | | | | | | | |
| 14 | 24 | | | | | | | | | | | | | |
| 15 | 27 | | | | | | | | | | | | | |
| 16 | 28 | | | | | | | | | | | | | |

图 5.14　QUARTILE.EXC 函数与 QUARTILE.INC 函数

### 5.2.3　方差

方差（Variance）反映的是数据中所有观测值与均值之间的差异。样本数据的方差计算公式如式（5.3）所示。

$$s^2 = \frac{\sum_{i=1}^{n}(x_i - \overline{x})^2}{n-1} \tag{5.3}$$

方差的计算充分利用了所有观测值，缺陷在于其数值单位是原始数据单位的平方，其数值含义与原始数据不匹配。

### 5.2.4 标准差

标准差（Standard Deviation）等于方差的平方根。标准差的单位与原始数据单位一致，也充分利用了原始数据，因此标准差是反映数据离散程度常用的统计量。

### 5.2.5 均值绝对离差

均值绝对离差（Mean Absolute Deviation，MAD）等于所有观测值与均值的距离的均值，其计算公式如式（5.4）所示。

$$\text{MAD} = \frac{\sum_{i=1}^{n}|x_i - \overline{x}|}{n} \tag{5.4}$$

均值绝对离差反映的是所有观测值与均值的平均距离，有明确的几何含义。Excel 中的 AVEDEV 函数可以用于计算均值绝对离差。

### 5.2.6 中位数绝对离差

中位数绝对离差（Median Absolute Deviation，MedAD）等于所有观测值与中位数的距离的均值，其计算公式如式（5.5）所示。

$$\text{MedAD} = \frac{\sum_{i=1}^{n}|x_i - \text{Median}|}{n} \tag{5.5}$$

中位数绝对离差反映的是所有观测值与中位数的平均距离。中位数绝对离差不容易受到数据中异常值的影响。若数据分布呈现明显的不对称，测度数据的离散程度时，建议使用中位数绝对离差。

Excel 中没有用于直接计算中位数绝对离差的函数，图 5.15 展示了其计算步骤。

| | A | B | C |
|---|---|---|---|
| 1 | 观测值 | 观测值与中位数的离差的绝对值 | Excel公式 |
| 2 | 5 | 2 | =ABS(A2-MEDIAN(A$2:A$6)) |
| 3 | 6 | 1 | =ABS(A3-MEDIAN(A$2:A$6)) |
| 4 | 7 | 0 | =ABS(A4-MEDIAN(A$2:A$6)) |
| 5 | 8 | 1 | =ABS(A5-MEDIAN(A$2:A$6)) |
| 6 | 9 | 2 | =ABS(A6-MEDIAN(A$2:A$6)) |
| 7 | | | |
| 8 | MedAD | 1.2 | =AVERAGE(B2:B6) |

图 5.15 中位数绝对离差的计算

注意：在图 5.15 所示的单元格 B2 中录入公式"=ABS(A2-MEDIAN(A$2:A$6))"（见单元格 C2），然后单击单元格 B2，往下拖曳单元格填充柄至单元格 B6，实现下方单元格的自动计算。MEDIAN(A$2:A$6)代表计算中位数的数据区域是"A$2:A$6"。"$"代表绝对引用，即区域是固定的，不随着单元格发生移动。

## 5.2.7 离散系数

离散系数（Coefficient of Variation，CV）等于标准差与均值的比值，也称作变异系数，反映的是标准差相对于均值的大小。离散系数主要用于比较均值差异较大的两组数据离散程度的差异。标准差与原始数据的大小有关，若原始数据较大，标准差也会比较大。

如图 5.16 所示，CEO 的年龄的标准差为 7.11，年薪的标准差为 693623，此时还不能立即判定年薪的离散程度更大。只有比较二者的离散系数，才能得到可靠结论。在本例中，年薪的离散系数为 0.72，意味着年薪的标准差是其均值的 72%，年龄的离散系数是 0.14，年龄的标准差是其均值的 14%，表明 CEO 的年薪的波动程度大于年龄的。

| | C | D | G | H | I | J | K |
|---|---|---|---|---|---|---|---|
| 1 | 年龄 | 年薪 | 统计量 | | 年龄 | 年薪 | Excel公式 |
| 2 | 58 | 597,700 | 最小值 | | 31 | 82,700 | =MIN(D2:D467) |
| 3 | 44 | 495,000 | 第1个四分位数 | | 45 | 513,475 | =QUARTILE.EXC(D2:D467,1) |
| 4 | 46 | 764,500 | 中位数 | | 51 | 776,550 | =MEDIAN(D2:D467) |
| 5 | 50 | 1,154,800 | 第3个四分位数 | | 56 | 1,200,000 | =QUARTILE.EXC(D2:D467,3) |
| 6 | 68 | 457,500 | 最大值 | | 72 | 5,092,400 | =MAX(D2:D467) |
| 7 | 55 | 463,786 | 均值 | | 50.26 | 960,116 | =AVERAGE(D2:D467) |
| 8 | 52 | 1,105,100 | 全距 | | 41 | 5,009,700 | =J6-J2 |
| 9 | 49 | 1,186,100 | 四分位距 | | 11 | 686,525 | =J5-J3 |
| 10 | 58 | 738,400 | 样本方差 | | 50.54 | 481,112,562,581 | =VAR.S(D2:D467) |
| 11 | 51 | 723,300 | 样本标准差 | | 7.11 | 693,623 | =STDEV.S(D2:D467) |
| 12 | 54 | 568,600 | 均值绝对离差 | | 5.77 | 471,989 | =AVEDEV(D2:D467) |
| 13 | 54 | 282,200 | 离散系数 | | 0.14 | 0.72 | =J11/J7 |
| 14 | 46 | 367,300 | | | | | |

图 5.16 统计量的计算

在单元格区域"I2:I13"录入计算年龄统计量的函数公式后，选中单元格区域"I2:I13"，将鼠标指针移动到该区域的右下角，待鼠标指针变成"十"字形的单元格填充柄后，将其往右拖曳至单元格 J13，即可自动填充年薪的统计量的计算公式，无须一一录入公式。

注意：样本方差和样本标准差的计算函数都以".S"结尾，".S"代表样本（Sample）。若要计算总体方差和总体标准差，可用 VAR.P 函数和 STDEV.P 函数，".P"代表总体（Population）。

此外，Excel 中还存在 STDEVA 函数、STDEVPA 函数、VARA 函数、VARPA 函数，这类函数将文本数据视作 0，再进行计算。STDEV.S 函数、STDEV.P 函数、VAR.S 函数、VAR.P 函数则会自动剔除文本数据，只计算数值。它们之间的区别与 5.1.3 节介绍的 AVERAGE 函数和 AVERAGEA 函数的区别类似。

**实操技巧**

- VAR.S 函数、STDEV.S 函数、AVEDEV 函数分别用于计算样本方差、样本标准差和均值绝对离差。
- 拖曳单元格填充柄，可实现自动填充公式。

## 5.3 分布形状

数据的分布形状主要指分布的对称性，是尖峰分布还是平峰分布。偏度和峰度是常用的测度数据分布形状的统计量。

### 5.3.1 偏度

偏度（Skewness）用于测度数据分布的对称程度。费雪、皮尔逊等统计学家提出了不同形式的偏度的计算方案。统计学家皮尔逊利用三阶中心矩定义偏度，如式（5.6）所示。

$$\text{Kurt} = E\left[\left(\frac{X-\mu}{\sigma}\right)^3\right] \tag{5.6}$$

Excel 等主流的软件大多采用"调整的费雪-皮尔逊矩估计"来计算样本数据的偏度，计算公式如式（5.7）所示。

$$\text{skewness} = \frac{n^2}{(n-1)(n-2)} \cdot \frac{\frac{1}{n}\sum_{i=1}^{n}(x_i-\bar{x})^3}{\left[\frac{1}{n-1}\sum_{i=1}^{n}(x_i-\bar{x})^2\right]^{\frac{3}{2}}} \tag{5.7}$$

偏度等于 0，代表数据呈对称分布（Symmetric Distribution）；偏度小于 0，代表数据呈左偏（Left-Skewed）分布或负偏（Negative Skew）分布；偏度大于 0，代表数据呈右偏（Right-Skewed）分布或正偏（Positive Skew）分布。偏度的绝对值越接近 0，表明数据分布越接近对称分布；偏度的绝对值越大，表明数据分布的不对称性越明显。

式（5.7）形式复杂，无须记忆，在实践中能借助软件计算偏度，并解读其数值含义即可。下面通过例 5.3 来说明对称分布、右偏分布和左偏分布的特征。

**例 5.3**

数据简介：有 3 组数据，每组数据有 500 个观测值，这 3 组数据分别服从对称分布、左偏分布和右偏分布。

数据文件：shape.xlsx。

要求：绘制这 3 组数据的箱形图、直方图，计算偏度，概括其分布形状的特点。

打开数据文件 shape.xlsx，Sheet1 中的列 A 至列 C 存放了 3 组数据的观测值。图 5.17 所示的是"对称"序列的箱形图和直方图。箱形图和直方图都呈对称分布。"对称"序列的偏度等于 0.134，接近于 0。在现实中，成年男性或成年女性的身高、体重的分布大多呈对称分布。

图 5.18 所示的是"左偏"序列的箱形图和直方图。箱体下侧的须长于上侧的须，数据中的异常值分布在较小的一侧。直方图向左侧延伸得更远，即存在左侧拖尾。"左偏"序列的偏度等于-0.769，小于 0。在现实中，若研究对象的分布存在上界，通常呈左偏分布。例如一项

考试满分是 100 分，有少数考生的成绩低至 20 分，大多数考生的成绩分布在 70～80 分，则成绩会呈左偏分布。

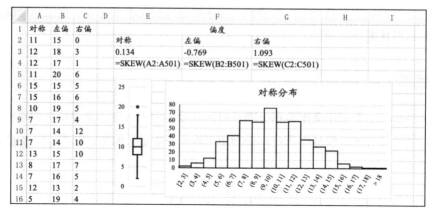

图 5.17　对称分布

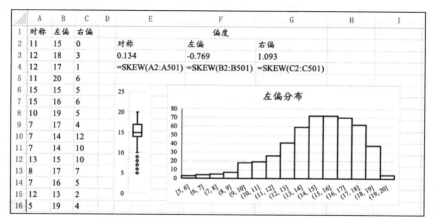

图 5.18　左偏分布

图 5.19 所示的是"右偏"序列的箱形图和直方图。箱体上侧的须长于下侧的须，数据中的异常值分布在较大的一侧，直方图存在右侧拖尾。"右偏"序列的偏度等于 1.093，大于 0。在现实中，典型的右偏分布有家庭收入的分布、家庭支出的分布、家庭住房面积的分布。

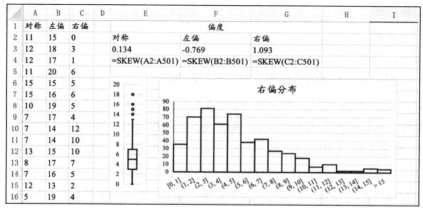

图 5.19　右偏分布

注意：左偏和右偏不是按照直方图主体部分偏向的方向来定义的，而是按直方图拖尾的方向来定义的。若直方图存在左侧拖尾，是左偏分布；若直方图存在右侧拖尾，是右偏分布。表5.2 总结了对称分布、左偏分布和右偏分布的差异。

表 5.2　对称分布、左偏分布和右偏分布的差异

| 分布形状 | 对称分布 | 左偏分布 | 右偏分布 |
| --- | --- | --- | --- |
| 偏度 | 0 | 小于0 | 大于0 |
| 箱形图 | 箱体两侧的须长度相等 | 箱体下（左）侧的须更长 | 箱体上（右）侧的须更长 |
| 异常值 | — | 极小值 | 极大值 |
| 直方图拖尾方向 | 对称 | 左侧 | 右侧 |

### 5.3.2　峰度

峰度（Kurtosis）用于测度数据包含异常值的程度，反映的是数据包含异常值的可能性。统计学家皮尔逊利用四阶中心矩定义峰度，如式（5.8）所示。

$$\mathrm{Kurt} = E\left[\left(\frac{X-\mu}{\sigma}\right)^4\right] \tag{5.8}$$

对原始数据 $X$ 进行标准化变换 $\frac{X-\mu}{\sigma}$，再对 $\frac{X-\mu}{\sigma}$ 取四次方，然后求平均。若 $\frac{X-\mu}{\sigma}$ 的绝对值小于1，那么其四次方的值将更小。若数据包含的异常值越多，异常值的 $\frac{X-\mu}{\sigma}$ 绝对值越大，会导致峰度越大。因此，峰度反映的是数据包含异常值的程度。

对于正态分布，根据式（5.8）计算出的峰度为3。为了方便与正态分布进行对比，将式（5.8）计算出的峰度数值减去3，称作过度峰度（Excess Kurtosis）。Excel等主流的统计软件中采用"调整的费雪-皮尔逊矩估计"计算过度峰度，计算公式如式（5.9）所示。本书下文提及的峰度都是过度峰度。

$$\mathrm{Kurt} = \frac{(n+1)n(n-1)}{(n-2)(n-3)} \frac{\sum_{i=1}^{n}(x_i-\overline{x})^4}{\left(\sum_{i=1}^{n}(x_i-\overline{x})^2\right)^2} - 3\frac{(n-1)^2}{(n-2)(n-3)} \tag{5.9}$$

数据的峰度形态可分为3种：尖峰（Leptokurtic）、平峰（Platykurtic）和中态（Mesokurtic）。尖峰分布的拖尾较长，该分布比正态分布包含异常值的可能性更高，峰度大于0。平峰分布的拖尾较短，该分布比正态分布包含异常值的可能性更低。中态分布与正态分布的峰度接近，峰度接近于0。

式（5.9）形式复杂，无须记忆，在实践中能借助软件计算峰度，并解读其数值含义即可。下面通过例5.4来说明标准正态分布、尖峰分布、平峰分布和中态分布的特征。

## 例 5.4

**数据简介**：有 4 组数据，每组数据有 500 个观测值，这 4 组数据分别服从标准正态分布、尖峰分布、均匀分布和 U 形分布。

**数据文件**：shape.xlsx。

**要求**：绘制这 4 组数据的箱形图、直方图，计算峰度，概括其分布形状的特点。

打开数据文件 shape.xlsx，Sheet2 中的列 A 至列 D 存放了 4 组数据的观测值。图 5.20 所示的是服从标准正态分布（关于正态分布，7.3 节将给出详细解释）的 500 个观测值的箱形图和直方图，箱形图中没有标识出异常值，峰度等于 0.001，接近于 0，说明数据呈标准正态分布。

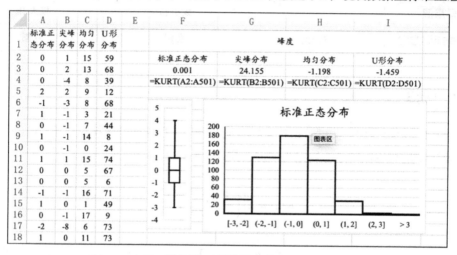

图 5.20　标准正态分布

图 5.21 中显示"尖峰分布"序列的箱形图和直方图。箱形图上标识了异常值，还可以看到峰度等于 24.155，远远大于 0，意味着该组数据中包含异常值的可能性远远高于标准正态分布。

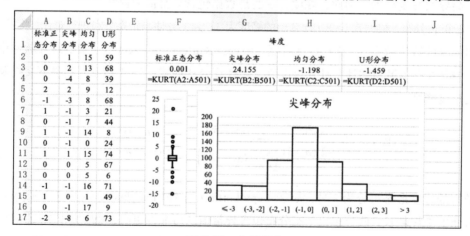

图 5.21　尖峰分布

图 5.22 中显示了"均匀分布"序列的箱形图和直方图。服从均匀分布的数据不包含异常值，峰度等于 –1.198，小于 0，说明数据呈平峰分布，意味着该组数据包含异常值的可能性比标准正态分布的低。

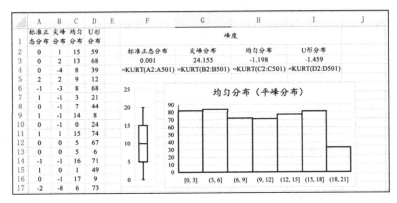

图 5.22 均匀分布

图 5.23 中显示了"U 形分布"序列的箱形图和直方图。服从 U 形分布的数据在两端密集，在中间部分稀疏。箱形图的箱体较长，代表处于正中间 50% 的数据跨度较大，箱体两侧的须比较短，意味着数据在两端分布密集。服从 U 型分布的数据中没有异常值，峰度等于 –1.459，说明数据呈平峰分布。U 形分布的典型例子有死亡年龄的分布，婴幼儿和 70 岁以上的长者的死亡率高，即死亡人数在低龄段和高龄段分布密集，在中间年龄段分布稀疏。

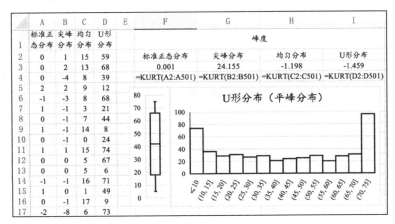

图 5.23 U 形分布

**实操技巧**

- SKEW 函数用于计算偏度，偏度大于 0，代表右偏分布；偏度等于 0，代表对称分布；偏度小于 0，代表左偏分布。
- KURT 函数用于计算峰度，峰度大于 0，代表尖峰分布；峰度等于 0，代表中态分布；峰度小于 0，代表平峰分布。

## 5.4 批量展示描述性统计量

5.1～5.3 节介绍了用于计算描述性统计量的 Excel 函数。函数一次只能计算一个统计量。要计算多个统计量时，需要调用不同的函数，较为烦琐。本节将介绍如何批量展示描述性统计量，包括两种方法：一种是数据透视表，另一种是"数据分析"加载项中的"描述统计"工具。

**例 5.5**

数据文件：CEO.xlsx。

要求：计算 CEO 的年薪、年龄的描述性统计量。将 CEO 按照学历/学位进行分组，计算各个组的 CEO 的年薪、年龄的描述性统计量。

### 5.4.1 数据分析/描述统计

首先，打开数据文件 CEO.xlsx，单击"数据"卡片下的"数据分析"，弹出"数据分析"对话框，选择"描述统计"，单击"确定"。在弹出的"描述统计"对话框中，根据图 5.24 进行设置。单击"输入区域"框中的按钮，框选单元格区域"D1:E467"。该单元格区域第一行是变量名称年龄和年薪，并不是数值型数据。因此，需要勾选"标志位于第一行"，作用是声明输入区域的第一行是变量名称。若框选单元格区域"D2:E467"，则无须勾选"标志位于第一行"。

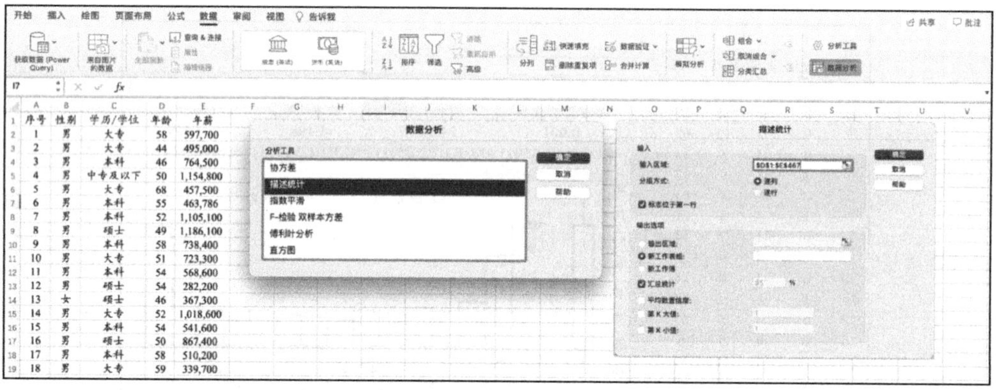

图 5.24 "描述统计"对话框

描述统计的输出结果如图 5.25 所示。大部分统计量的含义都显而易见，在"备注"列中对部分统计量进行了解释。

| | A | B | C | D | E |
|---|---|---|---|---|---|
| 1 | 备注 | | 年龄 | | 年薪 |
| 2 | | 平均 | 50.258 | 平均 | 960,116.074 |
| 3 | 样本均值的标准误差 | 标准误差 | 0.329 | 标准误差 | 32,131.455 |
| 4 | | 中位数 | 51 | 中位数 | 776,550 |
| 5 | | 众数 | 50 | 众数 | 1,200,000 |
| 6 | 样本标准差 | 标准差 | 7.109 | 标准差 | 693,622.78 |
| 7 | 样本方差 | 方差 | 50.536 | 方差 | 481,112,562,581.21 |
| 8 | | 峰度 | -0.182 | 峰度 | 8.983 |
| 9 | | 偏度 | -0.249 | 偏度 | 2.500 |
| 10 | 全距 | 区域 | 41 | 区域 | 5,009,700 |
| 11 | | 最小值 | 31 | 最小值 | 82,700 |
| 12 | | 最大值 | 72 | 最大值 | 5,092,400 |
| 13 | | 求和 | 23420 | 求和 | 447,414,091 |
| 14 | 样本容量 | 观测数 | 466 | 观测数 | 466 |
| 15 | | | | | |

图 5.25 描述统计的输出结果

## 5.4.2 生成数据透视表

数据透视表不仅可以用于创建频数分布表，还可以用于进行统计量的计算。打开数据文件 CEO.xlsx，如图 5.26 所示，将字段"学历/学位"拖曳至"行"框。将字段"年龄"重复多次拖曳至"Σ值"框。单击"字段设置"，将年龄的汇总方式设置为"计数""平均值""最大值"和"最小值"等。数据透视表将展示不同学历/学位组的 CEO 的年龄的均值、最大值、最小值、样本标准差和样本方差。

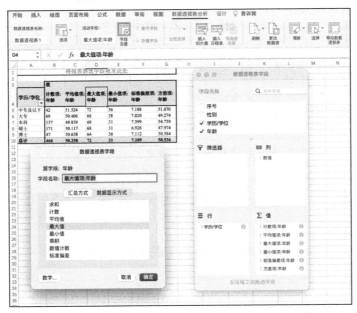

图 5.26 利用数据透视表计算分组数据的描述性统计量

按照图 5.26 所示的操作步骤，将字段"年薪"重复多次拖曳至"Σ值"框，然后修改其汇总方式，即可得到图 5.27 所示的数据透视表。

| 学历/学位 | 计数项:年薪 | 平均值项:年薪 | 最大值项:年薪 | 最小值项:年薪 | 标准偏差项:年薪 | 方差项:年薪 |
|---|---|---|---|---|---|---|
| 中专及以下 | 42 | 934,133 | 2,703,200 | 166,400 | 600,504 | 360,605,171,545 |
| 大专 | 69 | 776,740 | 4,347,200 | 84,500 | 563,217 | 317,213,284,150 |
| 本科 | 137 | 899,903 | 5,092,400 | 134,000 | 719,898 | 518,252,568,016 |
| 硕士 | 171 | 1,019,081 | 3,573,400 | 82,700 | 630,680 | 397,757,006,206 |
| 博士 | 47 | 1,213,531 | 5,000,000 | 311,000 | 964,622 | 930,495,907,717 |
| 总计 | 466 | 960,116 | 5,092,400 | 82,700 | 693,613 | 481,112,562,581 |

图 5.27 不同学历/学位组的 CEO 的年薪的描述性统计量

**实操技巧**

- 单击"数据"→"数据分析"→"描述统计"，可以批量展示描述性统计量。
- 创建数据透视表，将分组变量拖曳至"行"框，将数值型字段重复多次拖曳至"Σ值"框，设置字段的汇总方式为"平均值""最大值""最小值""方差"等，可以展示分组数据的描述性统计量。

## 5.5 本章总结

图 5.28 概括了本章介绍的主要知识点。

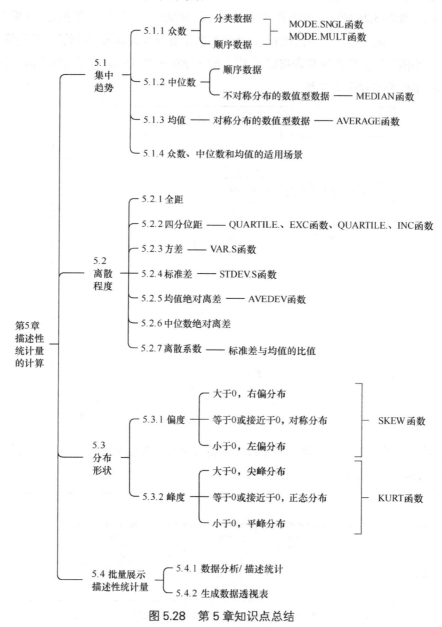

图 5.28　第 5 章知识点总结

## 5.6 本章习题

【习题 5.1】

基于 505 位基金经理的性别、学历/学位、从业年限、专业背景、毕业院校类型、管理的基金类型和年化收益率等数据（数据文件：习题 5.1.xlsx），完成以下任务。

1. 计算基金经理性别、专业的众数。

2. 计算基金经理学历/学位的众数和中位数，若要描述基金经理学历/学位分布的集中趋势，选用众数还是中位数？为什么？

3. 利用描述性统计量反映基金经理从业年限的集中趋势、离散程度和分布形状，概括从业年限的分布特征。

4. 利用描述性统计量反映基金经理管理的基金的年化收益率的集中趋势、离散程度和分布形状，概括年化收益率的分布特征。

【习题 5.2】

基于 870 位毕业生的性别、专业、政治面貌、就业单位类型、月薪、就业地、生源地的数据（数据文件：习题 5.2.xlsx），完成以下任务。

1. 计算毕业生性别、专业、就业单位类型的众数。

2. 毕业生月薪的分布是左偏分布、对称分布还是右偏分布？是尖峰分布、正态分布还是平峰分布？简要说明理由。

3. 将毕业生按照专业分组，计算各专业毕业生月薪的均值、最大值、最小值、样本标准差和样本方差。

4. 将毕业生按照性别分组，计算男、女毕业生月薪的均值、最大值、最小值、样本标准差和样本方差。

【习题 5.3】

基于 638 套二手房的总价、单价、面积、房龄、建筑类型、建筑年代、所在区域、户型和朝向的数据（数据文件：习题 5.3.xlsx），完成以下任务。

1. 计算二手房的总价、单价、面积、房龄的均值、中位数、众数、全距、最大值、最小值、样本标准差、样本方差、偏度、峰度。

2. 将二手房按照所在区域分组，报告各组二手房每平方米单价的均值、最大值、最小值、样本标准差和样本方差。

3. 将二手房按照建筑年代分组，报告各组二手房总价的均值、最大值、最小值、样本标准差和样本方差。

4. 将二手房按照建筑年代分组，报告各组二手房房龄的均值、最大值、最小值、样本标准差和样本方差。

5. 概括二手房的总价和单价的分布特征。

# 第3篇

# 推断统计分析基础

本篇将介绍推断统计分析的基础知识,主要介绍离散型随机变量和连续型随机变量的分布、抽样分布理论。推断统计方法以本篇介绍的知识点为基石构建。本篇包括第6~8章,分别是离散型随机变量的分布、连续型随机变量的分布和抽样分布。

# 第6章

# 离散型随机变量的分布

本章首先介绍离散型随机变量的定义,以及离散型随机变量的概率质量函数、分布函数、期望和方差等关键概念,然后介绍典型的离散型随机变量的分布特征。

【本章主要内容】
- 关键概念
- 二项分布
- 泊松分布

## 6.1 关键概念

本节将介绍离散型随机变量的定义,以及离散型随机变量的概率质量函数、分布函数、期望和方差。

### 6.1.1 离散型随机变量

随机变量是随机事件的数值表现,由于偶然因素的影响,随机变量的取值具有不确定性和随机性。随机变量按照可能取值的类型,可以分为两种:一是离散型随机变量,其取值可以一一列举;二是连续型随机变量,其在一定范围内的取值有无限个,也就是取值无法一一列举。

离散型随机变量的取值通常为整数。例如,抛 10 次硬币,正面朝上的次数的取值是 0, 1, …, 9, 10;掷一个骰子,朝上的那一面的点数为 1、2、3、4、5、6;检验一批产品,合格品的件数;一间餐厅一天接待的就餐客人数量。还有一种情形,随机变量的取值并不直接表现为数值,将文本类型的取值转换为一个数值代码,例如餐厅顾客的性别,其结果为男性或女性,但可将男性赋值为 1,将女性赋值为 0。

### 6.1.2 概率质量函数

概率质量函数(Probability Mass Function,PMF)描述的是离散型随机变量取特定数值的

概率。随机变量$X$取$x_i$的概率记为$P(X=x_i)$,$P(X=x_i)$具有以下性质:

$$0 \leqslant P(X=x_i) \leqslant 1 \quad (6.1)$$

$$\Sigma P(X=x_i) = 1 \quad (6.2)$$

式(6.1)代表离散型随机变量取某个值的概率介于0至1之间,式(6.2)代表离散型随机变量取各个值的概率之和等于1。

例如,掷一个骰子,朝上的那一面的点数为1、2、3、4、5、6的概率分别为1/6。离散型随机变量取各个值的概率相等,此时离散型随机变量服从的分布称作离散均匀分布。

### 6.1.3 累积分布函数

累积分布函数(Cumulative Distribution Function,CDF),指的是随机变量$X$小于或等于$x_0$的概率,记作$F(x_0)$,如式(6.3)所示。

$$F(x_0) = P(X \leqslant x_0) \quad (6.3)$$

**注意**:式(6.3)中累积分布函数中自变量是$x_0$,不是$X$。$X$是随机变量,累积分布描述的是随机变量的值小于或等于某个值的概率。

表6.1列出了掷一个质量均匀的骰子,朝上的那一面的点数的概率质量函数和累积分布函数。

表6.1 骰子点数的概率质量函数和累积概率分布函数

| 随机变量 $X$ | 概率质量函数 $P(X=x_i)$ | | 累积分布函数 $P(X \leqslant x_0)$ | |
|---|---|---|---|---|
| 1 | $P(X=1)$ | 1/6 | $P(X \leqslant 1)$ | 1/6 |
| 2 | $P(X=2)$ | 1/6 | $P(X \leqslant 2)$ | 2/6 |
| 3 | $P(X=3)$ | 1/6 | $P(X \leqslant 3)$ | 3/6 |
| 4 | $P(X=4)$ | 1/6 | $P(X \leqslant 4)$ | 4/6 |
| 5 | $P(X=5)$ | 1/6 | $P(X \leqslant 5)$ | 5/6 |
| 6 | $P(X=6)$ | 1/6 | $P(X \leqslant 6)$ | 1 |

### 6.1.4 离散型随机变量的期望和方差

离散型随机变量的期望(Expectation Value或Expectance)代表随机变量分布的中心,将随机变量的某个取值乘以取该值的概率,这些乘积项的和等于期望。期望的计算公式如式(6.4)所示。

$$E(X) = \sum_{i=1}^{N} x_i P(X=x_i) \quad (6.4)$$

式(6.4)中的$N$代表随机变量$X$有$N$种取值。离散型随机变量的期望$E(X)$,可以看作对所有观测值$x_i$进行加权求和,权重是$P(X=x_i)$。期望也可以称作均值,用符号$\mu$表示。

表 6.2 展示了骰子点数的期望的计算过程。

表 6.2 骰子点数的期望的计算过程

| $X$ | $P(X = x_i)$ | $x_i P(X = x_i)$ |
|---|---|---|
| 1 | 1/6 | 1×1/6 |
| 2 | 1/6 | 2×1/6 |
| 3 | 1/6 | 3×1/6 |
| 4 | 1/6 | 4×1/6 |
| 5 | 1/6 | 5×1/6 |
| 6 | 1/6 | 6×1/6 |
|   |     | $\mu = E(X) = 21/6 = 3.5$ |

离散型随机变量的方差代表随机变量分布的离散程度，其计算公式如式（6.5）所示。

$$\sigma^2 = Var(X) = \sum_{i=1}^{N}[x_i - E(X)]^2 P(X = x_i) \quad (6.5)$$

将式（6.5）中的方差 $\sigma^2$ 开平方根，记为标准差 $\sigma$，其计算公式如式（6.6）所示。

$$\sigma = \sqrt{\sigma^2} \quad (6.6)$$

表 6.3 展示了骰子点数的方差的计算过程（过程中的数值四舍五入保留三位小数）。

表 6.3 骰子点数的方差的计算过程

| $X$ | $[x_i - E(X)]^2$ | $[x_i - E(X)]^2 P(X = x_i)$ |
|---|---|---|
| 1 | $(1-3.5)^2 = (-2.5)^2 = 6.25$ | $6.25 \times 1/6 \approx 1.042$ |
| 2 | $(2-3.5)^2 = (-1.5)^2 = 2.25$ | $2.25 \times 1/6 = 0.375$ |
| 3 | $(3-3.5)^2 = (-0.5)^2 = 0.25$ | $0.25 \times 1/6 \approx 0.042$ |
| 4 | $(4-3.5)^2 = 0.5^2 = 0.25$ | $0.25 \times 1/6 \approx 0.042$ |
| 5 | $(5-3.5)^2 = 1.5^2 = 2.25$ | $2.25 \times 1/6 = 0.375$ |
| 6 | $(6-3.5)^2 = 2.5^2 = 6.25$ | $6.25 \times 1/6 \approx 1.042$ |
|   |     | $\sigma^2 = 2.918$ |

图 6.1 展示了在 Excel 中计算离散型随机变量的期望和方差的公式。

|   | A | B | C | D | E | F |
|---|---|---|---|---|---|---|
| 1 | $X$ | $P(X=x_i)$ | $X-E(X)$ | $(X-E(X))^2$ | 列C中的公式 | 列D中的公式 |
| 2 | 1 | 0.167 | -2.5 | 6.25 | =A2-B$9 | =C2^2 |
| 3 | 2 | 0.167 | -1.5 | 2.25 | =A3-B$9 | =C3^2 |
| 4 | 3 | 0.167 | -0.5 | 0.25 | =A4-B$9 | =C4^2 |
| 5 | 4 | 0.167 | 0.5 | 0.25 | =A5-B$9 | =C5^2 |
| 6 | 5 | 0.167 | 1.5 | 2.25 | =A6-B$9 | =C6^2 |
| 7 | 6 | 0.167 | 2.5 | 6.25 | =A7-B$9 | =C7^2 |
| 8 |   |   |   |   |   |   |
| 9 | Expectance | 3.5 | =SUMPRODUCT(A2:A7,B2:B7) |   |   |   |
| 10 | Variance | 2.917 | =SUMPRODUCT(B2:B7,D2:D7) |   |   |   |
| 11 |   |   |   |   |   |   |

图 6.1 计算骰子点数的期望和方差

## 6.2 二项分布

二项分布是离散型随机变量比较常见的一种分布形式。本节将介绍二项分布的性质，以及如何利用 Excel 绘制二项分布的图像。

### 6.2.1 二项分布的性质

#### 1．二项分布的定义

二项分布（Binomial Distribution）来源于二项试验（Binomial Experiment），二项试验是指满足下列条件的试验。

（1）二项试验中包含 $n$ 次相同的试验。

（2）每一次试验只有"失败"和"成功"两种结果。

（3）每一次试验出现"成功"结果的概率为 $\pi$，出现"失败"结果的概率为 $1-\pi$。

（4）每一次试验都是相互独立的。

在二项试验中，研究者关注在 $n$ 次试验中，出现"成功"结果的次数。若将出现"成功"结果的次数记为 $X$。$X$ 的分布称作二项分布。

#### 2．二项分布的概率质量函数

二项分布的概率质量函数如式（6.7）所示。

$$P(X=x) = C_n^x \pi^x (1-\pi)^x = \frac{n!}{x!(n-x)!} \pi^x (1-\pi)^{(n-x)} \tag{6.7}$$

式（6.7）中 $X$ 是随机变量，$x$ 代表试验成功的次数，$n$ 代表试验的次数，$\pi$ 代表每一次试验成功的概率，$x=0,1,2,\cdots,n$。二项分布可以记为 $B(n,\pi)$。

#### 3．二项分布的期望和方差

二项分布的期望和方差分别如式（6.8）和式（6.9）所示。

$$E(X) = n\pi \tag{6.8}$$

$$\text{Var}(X) = n\pi(1-\pi) \tag{6.9}$$

当二项试验只进行了一次，也就是 $n=1$ 时，$B(1,\pi)$ 又称作伯努利分布（Bernoulli Distribution）。伯努利分布的期望等于 $\pi$，方差等于 $\pi(1-\pi)$。

#### 4．二项分布的应用场景

例如，抛 5 次硬币，硬币正面朝上的次数服从二项分布。每一次抛硬币，硬币落下后只能出现正面朝上或者反面朝上两种结果。每一次试验都是相同的，相互独立的，正面朝上的概率都是 1/2，满足二项试验的条件。

二项分布在实践中有广泛的应用场景。例如，商业公司在网站上投放广告，浏览了广告的人可能购买相应产品，也可能不买相应产品。根据既往数据，点击了广告的人购买产品的概率为 0.1。如果有 1000 个人浏览了广告，那么相当于重复进行了 1000 次试验，每一次试验都是相同的，相互独立的，有"买"和"不买"两种结果，"买"的概率都是 0.1。因此，1000 个人中购买产品人数服从二项分布，购买产品人数的期望等于 $1000\times 0.1=100$，方差等于 $1000\times 0.1\times 0.9=90$。

### 6.2.2 利用 Excel 计算二项分布的概率

对于二项分布 $B(n,\pi)$，当 $\pi$ 等于 0.5 时，无论 $n$ 多大，该二项分布都是对称分布；当 $\pi$ 不等于 0.5 时，$n$ 和 $\pi$ 共同影响二项分布的形状。下文将借助 Excel 中的函数和绘图工具来介绍二项分布的形状特征。

**例 6.1**

抛 10 次硬币，绘制硬币出现正面的次数的概率质量函数图像，计算出现正面的次数大于 8 的概率。

出现正面的次数服从二项分布 $B(10,0.5)$。利用 BINOM.DIST 函数计算其期望和方差，该函数的第 1 项参数是二项分布中试验成功的次数，在本例中就是正面朝上的次数，第 2 项和第 3 项参数分别是二项分布中的试验次数 $n$ 和成功概率 $\pi$，在本例中分别是 10 和 0.5，第 4 项参数是逻辑值，FALSE 代表概率质量函数，TRUE 代表累积概率分布函数，如图 6.2 所示。

| | A | B | C | D | E |
|---|---|---|---|---|---|
| 1 | 出现正面的次数 | 概率质量函数值 | 累积分布函数值 | 列B中的公式 | 列C中的公式 |
| 2 | 0 | 0.001 | 0.001 | =BINOM.DIST(A2,10,0.5,FALSE) | =BINOM.DIST(A2,10,0.5,TRUE) |
| 3 | 1 | 0.010 | 0.011 | =BINOM.DIST(A3,10,0.5,FALSE) | =BINOM.DIST(A3,10,0.5,TRUE) |
| 4 | 2 | 0.044 | 0.055 | =BINOM.DIST(A4,10,0.5,FALSE) | =BINOM.DIST(A4,10,0.5,TRUE) |
| 5 | 3 | 0.117 | 0.172 | =BINOM.DIST(A5,10,0.5,FALSE) | =BINOM.DIST(A5,10,0.5,TRUE) |
| 6 | 4 | 0.205 | 0.377 | =BINOM.DIST(A6,10,0.5,FALSE) | =BINOM.DIST(A6,10,0.5,TRUE) |
| 7 | 5 | 0.246 | 0.623 | =BINOM.DIST(A7,10,0.5,FALSE) | =BINOM.DIST(A7,10,0.5,TRUE) |
| 8 | 6 | 0.205 | 0.828 | =BINOM.DIST(A8,10,0.5,FALSE) | =BINOM.DIST(A8,10,0.5,TRUE) |
| 9 | 7 | 0.117 | 0.945 | =BINOM.DIST(A9,10,0.5,FALSE) | =BINOM.DIST(A9,10,0.5,TRUE) |
| 10 | 8 | 0.044 | 0.989 | =BINOM.DIST(A10,10,0.5,FALSE) | =BINOM.DIST(A10,10,0.5,TRUE) |
| 11 | 9 | 0.010 | 0.999 | =BINOM.DIST(A11,10,0.5,FALSE) | =BINOM.DIST(A11,10,0.5,TRUE) |
| 12 | 10 | 0.001 | 1.000 | =BINOM.DIST(A12,10,0.5,FALSE) | =BINOM.DIST(A12,10,0.5,TRUE) |
| 13 | | | | | |

图 6.2 计算二项分布 $B(10,0.5)$ 的期望和方差

### 6.2.3 利用 Excel 绘制二项分布的图像

框选单元格区域"A1:B12"，然后单击"插入"→"折线图"→"带数据标记的折线图"，效果如图 6.3 所示。但绘制的折线图不能很好地反映二项分布的概率质量函数值的分布。这是因为 Excel 在绘制折线图时，若框选的两列数据都是数值，那么将绘制出两条折线。只有当一列是文本，另一列是数值时，才会将文本作为横轴变量，将数值作为纵轴变量。因此，需要将列 A 中的数值转换为文本。

调用 TEXT 函数将列 A 中的次数转换为文本，然后框选单元格区域"B2:B12"，插入折线图，此时的折线图中只有一条折线，横轴代表正面朝上的次数。为折线添加垂直线，然后将折线颜色设置为白色或直接设置"线条颜色"为"无线条"，即可得到概率质量函数的图像。

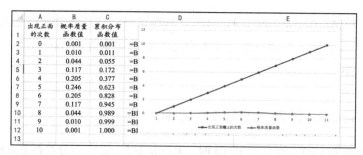

图 6.3 计算二项分布 $B(10,0.5)$ 的概率质量函数值和累积分布函数值

从图 6.3 中可以看出，出现正面朝上的次数小于或等于 8 的累积概率是 0.989，那么出现正面朝上的次数大于 8 的概率是 $1-0.989=0.011$。

在单元格中录入公式=BINOM.DIST.RANGE(10,0.5,0,8)，也可以计算出现正面朝上的次数小于或等于 8 的概率。BINOM.DIST.RANGE 函数有 4 项参数，分别是试验次数、试验成功概率、试验成功次数的下限和上限。

从图 6.4 中可以发现，二项分布 $B(10,0.5)$ 的概率质量函数图像对称。图 6.5 所示是二项分布 $B(10,0.2)$ 和 $B(10,0.8)$ 的概率质量函数图像，二项分布 $B(10,0.2)$ 是右偏分布，二项分布 $B(10,0.8)$ 是左偏分布。

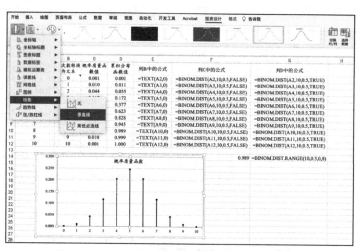

图 6.4 二项分布 $B(10,0.5)$ 的概率质量函数图像

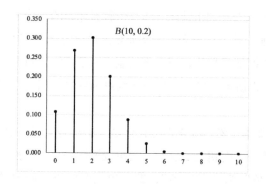
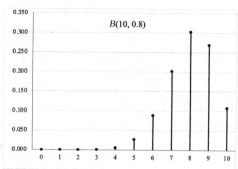

图 6.5 二项分布 $B(10,0.2)$ 和 $B(10,0.8)$ 的概率质量函数图像

图 6.6 所示是二项分布 $B(10,0.2)$ 和 $B(20,0.2)$ 的概率质量函数图像。虽然二项分布 $B(10,0.2)$ 是右偏分布，但是当试验次数增大到 20，二项分布 $B(20,0.2)$ 接近对称分布。

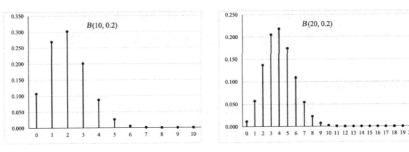

图 6.6　二项分布 $B(10,0.2)$ 和 $B(20,0.2)$ 的概率质量函数图像

二项分布 $B(n,\pi)$ 中的 $n$ 越大，$\pi$ 越接近 0.5，二项分布将越来越趋于对称分布。对于二项分布 $B(n,\pi)$，当 $\pi$ 等于 0.5 时，无论 $n$ 多大，该二项分布都是对称分布；当 $\pi$ 不等于 0.5 时，$n$ 和 $\pi$ 共同影响二项分布的形状。

---

**实操技巧**

- 在 BINOM.DIST 函数中，将最后一项参数设置为 FALSE 以计算二项分布的概率质量函数值，将最后一项参数设置为 TRUE 以计算二项分布的累积分布函数值。
- 在折线图中添加垂直线，可以绘制二项分布的概率质量函数的图像。

---

## 6.3　泊松分布

泊松分布（Poisson Distribution）通常用于反映在一段时间、一段距离或某一个空间中随机事件发生的次数。1837 年法国数学家泊松出版《关于犯罪和民事判决的概率研究》，提出了泊松分布。本节将介绍泊松分布的性质、泊松分布与二项分布的关系，以及如何利用 Excel 计算泊松分布的取值概率和如何利用 Excel 绘制泊松分布的图像。

### 6.3.1　泊松分布的性质

**1. 泊松分布的定义**

当满足以下条件时，随机事件发生的次数服从泊松分布。

（1）研究涉及考查随机事件在特定机会区间中发生的次数，这个机会区间可以是一段时间、一段距离、一个平面或者一个立体空间等。

（2）若将特定机会区间分割成大量的相等的子区间，每一个子区间中事件发生的概率相等。

（3）一个子区间中事件发生的次数与另一个子区间中事件发生的次数相互独立。

（4）事件在子区间发生超过 1 次的概率越来越逼近 0。

**2. 泊松分布的概率质量函数**

泊松分布的概率质量函数如式（6.10）所示。

$$P(X=k) = \frac{e^{-\lambda}\lambda^k}{k!} \tag{6.10}$$

式（6.10）中 $X$ 是随机变量，$k$（$k=0,1,2,\cdots$）代表特定机会区间中事件发生的次数，$\lambda(\lambda>0)$ 代表在特定机会区间中事件发生的平均次数，$e\approx 2.71828$。泊松分布记为 Poisson($\lambda$)。

#### 3. 泊松分布的期望和方差

泊松分布的期望和方差都等于 $\lambda$，如式（6.11）和式（6.12）所示。

$$E(X) = \lambda \tag{6.11}$$

$$Var(X) = \lambda \tag{6.12}$$

#### 4. 泊松分布的应用场景

在现实生活中，某些小概率事件发生的次数易呈现出泊松分布，例如凌晨2—3点到达急诊室的病人数、汽车行驶10000km发生故障的次数、在一年中直径超过1m的陨石击中地球的次数。

以凌晨2—3点到达急诊室的病人数为例，在该研究中感兴趣的事件是病人到达急诊室，给定的机会区间是1min。研究者希望研究在这1min中，到达急诊室的病人数是0、1、2，或是更多。可以认为在任意两个1min中，病人到达急诊室的概率是相等的。此外，在任意两个1min是否有病人到达是相互独立的。如果将1min分割成数个相等的子区间，每个区间为0.01s。在这0.01s的区间中，有两个病人到达急诊室的概率几乎为0。因此，该例满足泊松分布的4个条件，凌晨2—3点到达急诊室的病人数服从泊松分布。

注意，当随机事件的发生不满足前述4个条件时，特定区间随机事件发生的次数就不服从泊松分布。例如每分钟到达食堂就餐的学生人数在下课时段与上课时段不同。此外，学生有可能三五成群地去食堂，一个学生去食堂和另一个学生去食堂，这两个事件不是相互独立的。在这种情景下，每分钟到达食堂就餐的学生人数就不服从泊松分布。

### 6.3.2 泊松分布与二项分布的关系

对于二项分布 $B(n,\pi)$，若重复试验的次数 $n$ 特别大，每一次试验成功的概率 $\pi$ 很小，$n\pi$（$n\pi\leqslant 7$）的值不太大，二项分布近似泊松分布，$\lambda=n\pi$，其概率质量函数如式（6.13）所示。

$$P(X=k) = \frac{e^{-n\pi}(n\pi)^k}{k!} \tag{6.13}$$

### 6.3.3 利用Excel计算泊松分布的取值概率

#### 例6.2

根据水文资料记载，某条大河平均100年发1次特大洪水。在100年间，发0次、1次、

2次、3次、4次、5次、6次特大洪水的概率分别是多少？在100年间，发特大洪水超过5次的概率是多少？

根据已知条件平均100年发1次特大洪水，也就是说在100年间特大洪水的发生次数服从泊松分布，$\lambda=1$。根据式（6.10），可以写出式（6.14）～式（6.16）：

$$P(X=0)=\frac{1^0 e^{-1}}{0!}=\frac{e^{-1}}{1}\approx 0.368 \quad (6.14)$$

$$P(X=1)=\frac{1^1 e^{-1}}{1!}=\frac{e^{-1}}{1}\approx 0.368 \quad (6.15)$$

$$P(X=2)=\frac{1^2 e^{-1}}{2!}=\frac{e^{-1}}{2}\approx 0.184 \quad (6.16)$$

如图6.7所示，利用POISSON.DIST函数计算特大洪水发生次数的概率和累积概率。在100年间，发特大洪水超过5次的概率等于$1-0.999=0.001$，概率非常小。

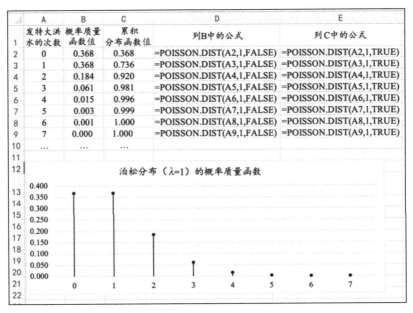

图6.7　Poisson(1)的概率质量函数

从图6.7中可以发现，若随机变量$X$服从$\lambda=1$的泊松分布，$X=0$和$X=1$的概率相等，0和1是该泊松分布的两个众数。

## 例6.3

根据世界杯每场比赛的进球纪录，平均每场比赛进2.5个球。世界杯的一场比赛中进0个球、1个球、2个球、3个球的概率分别是多少？

一场比赛中的进球个数服从$\lambda=2.5$的泊松分布。如图6.8所示，计算各种进球数的概率，以及绘制泊松分布的图像，可以发现一场比赛中进两个球的概率最大，为0.257。图6.8中函数的调用和图像绘制与6.2节中的操作类似，在此不赘述。

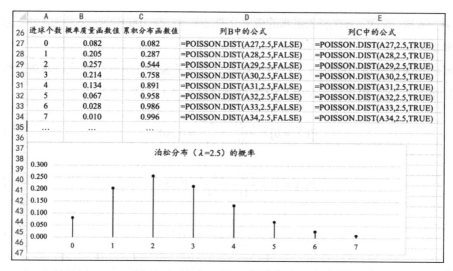

图 6.8 Poisson(2.5)的概率质量函数

## 6.3.4 利用 Excel 绘制泊松分布的图像

从图 6.9 中可以发现，$\lambda=4$ 的泊松分布呈右偏分布，其众数为 3 和 4；$\lambda=10$ 的泊松分布接近于对称分布，众数为 9 和 10。读者可自行绘制 $\lambda$ 取不同数值的泊松分布的概率质量函数图像，归纳其分布特征。

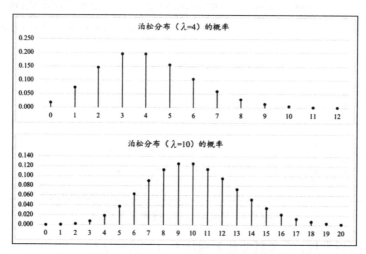

图 6.9 Poisson(4)和 Poisson(10)的概率质量函数图像

若泊松分布的参数 $\lambda$ 为整数，泊松分布的众数就是 $\lambda$ 和 $\lambda-1$。若泊松分布的参数 $\lambda$ 不是整数，泊松分布的众数为不超过 $\lambda$ 的整数。$\lambda$ 越大，泊松分布越趋于对称分布。

**实操技巧**

- 在 POISSON.DIST 函数中，将最后一项参数设置为 FALSE 计算泊松分布的概率质量函数值，将最后一项参数设置为 TRUE 计算泊松分布的累积分布函数值。
- 在折线图中添加垂直线，可以绘制二项分布的概率质量函数的图像。

## 6.4 本章总结

本章介绍的主要知识点如图 6.10 所示。

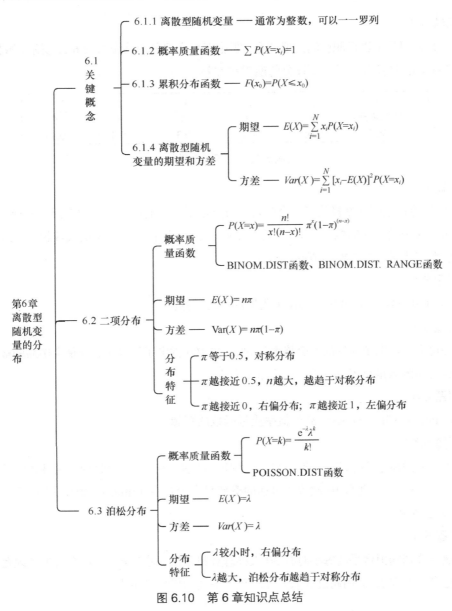

图 6.10 第 6 章知识点总结

## 6.5 本章习题

【习题 6.1】

一家 4S 店每天卖出的汽车辆数的分布如图 6.11 所示（数据文件：习题 6.1.xlsx），计算每天卖出的汽车辆数的期望和方差。

| | A | B | C | D | E | F | G | H |
|---|---|---|---|---|---|---|---|---|
| 1 | 辆数 | 0 | 1 | 2 | 3 | 4 | 5 | 6 |
| 2 | 概率 | 0.15 | 0.4 | 0.2 | 0.1 | 0.09 | 0.05 | 0.01 |

图 6.11　习题 6.1 数据

【习题 6.2】

对一家公司员工进行职业满意度调查，职业满意度评分的分布如图 6.12 所示（数据文件：习题 6.2.xlsx），计算职业满意度评分的期望和方差。

| | A | B | C | D | E | F |
|---|---|---|---|---|---|---|
| 1 | 职业满意度 | 1 | 2 | 3 | 4 | 5 |
| 2 | 概率 | 0.05 | 0.1 | 0.3 | 0.4 | 0.15 |

图 6.12　习题 6.2 数据

【习题 6.3】

ABC 公司在电商网站投放了一个广告，对点击了广告的用户进行数据跟踪发现，点击广告后购买了该公司产品的概率为 0.1，若有 1000 人点击了该广告，购买人数超过 210 的概率是多少？购买人数超过 220 的概率是多少？

【习题 6.4】

绘制 $B(50,0.4)$、$B(20,0.7)$ 的概率质量函数的图像。

【习题 6.5】

A 公司生产的电子元件的不合格率为 3%，在 100 件电子元件中，全是合格品的概率是多少？不合格品的数量小于或等于 3 的概率是多少？

【习题 6.6】

绘制 Poisson(5)、Poisson(8) 的概率质量函数的图像。

【习题 6.7】

A 市 120 急救中心平均每小时收到 48 次呼入电话。在 5min 内收到 3 次呼入电话的概率是多少？在 15min 内收到 10 次呼入电话的概率是多少？在 15min 内收到呼入电话次数大于 10 的概率是多少？

【习题 6.8】

A 航空公司的柜台平均每小时有 30 人办理登机手续。在 1min 内没有人来办理登机手续的概率是多少？在 1min 内超过 3 人来办理登机手续的概率是多少？

# 第 7 章

# 连续型随机变量的分布

本章首先介绍连续型随机变量的定义,以及连续型随机变量的概率密度函数、累积分布函数、期望和方差等关键概念,然后介绍典型的连续型随机变量的分布特征。

【本章主要内容】
- 关键概念
- 均匀分布
- 正态分布
- 卡方分布
- $t$ 分布
- $F$ 分布

## 7.1 关键概念

本节将介绍连续型随机变量的定义,以及连续型随机变量的概率密度函数、累积分布函数、期望和方差。

### 7.1.1 连续型随机变量

连续型随机变量是指随机变量在一定范围内可以取无限多个值,无法一一列举其取值。通常,连续型随机变量的值通过测量获取,例如身高、体重、时长等值的获取都需要借助测量工具。而离散型随机变量的值通过计数的方式获取。

### 7.1.2 概率密度函数

概率密度函数(Probability Density Function,PDF),描述的是连续型随机变量 $X$ 的分布,记为 $f(x)$,概率密度函数 $f(x)$ 具有以下性质。

(1)对于所有的 $x$, $f(x) > 0$。

（2）概率密度函数曲线与横轴所围成的面积等于 1，即 $\int_{-\infty}^{\infty} f(x)dx = 1$。

（3）对概率密度函数 $f(x)$ 求定积分可以计算 $P(a \leqslant X \leqslant b)$，如式（7.1）所示。

$$P(a \leqslant X \leqslant b) = \int_a^b f(x)dx \tag{7.1}$$

6.1.2 小节介绍的概率质量函数针对的是离散型随机变量，连续型随机变量对应的是概率密度函数。

### 7.1.3 累积分布函数

累积分布函数记作 $F(x)$，简称分布函数，反映的是连续型随机变量 $X$ 不超过 $x$ 的概率，如式（7.2）所示。

$$F(x) = P(X \leqslant x) = \int_{-\infty}^{x} f(t)dt \tag{7.2}$$

关于式（7.2），需要注意以下几点。

第一，不要混淆式（7.2）中的 $X$ 和 $x$。$X$ 代表随机变量，积分上限 $x$ 代表累积分布函数的自变量，累积分布函数 $F(x)$ 与自变量 $x$ ——对应。若随机变量用其他字符，如 $Y$ 或 $Z$ 表示，分布函数则表达成 $F(x) = P(Y \leqslant x)$ 或 $F(x) = P(Z \leqslant x)$。

第二，需注意 $f(x)$ 代表概率密度函数，$F(x)$ 代表累积分布函数，$f$ 与 $F$ 不能混用。

第三，在式（7.2）中被积函数 $f(t)$ 是随机变量 $X$ 的概率密度函数，积分区间是 $(-\infty, x]$。有些书中将式（7.2）写作 $F(x) = P(X \leqslant x) = \int_{-\infty}^{x} f(x)dx$，这两种表达式本质上等价。但是，$\int_{-\infty}^{x} f(x)dx$ 容易让初学者感到困惑，无法分辨积分上限的 $x$ 与被积函数中的 $x$。因此，本书在式（7.2）中用 $f(t)$ 代表概率密度函数。无论是用 $f(t)$、$f(x)$ 或 $f(m)$，实质上都是指随机变量 $X$ 的概率密度函数，关键是概率密度函数的形式 $f$，与 $f()$ 的括号中用什么符号无关。

对分布函数 $F(x)$ 求导，即得概率密度函数，二者关系如式（7.3）所示。

$$F'(x) = \frac{dF(x)}{dx} = f(x) \tag{7.3}$$

概率密度函数和累积分布函数是统计学中的难点，需要弄清楚二者之间的区别和联系，以及如何书写其表达式。把这些基础知识掌握牢固，才能轻松进行后续学习。

对于连续型随机变量，研究者关注的是其落在某个区间的概率，而不是等于某个值的概率。式（7.4）计算的是连续型随机变量落在 $[a,b]$ 的概率。

$$P(a \leqslant X \leqslant b) = \int_a^b f(x)dx = F(b) - F(a) \tag{7.4}$$

连续型随机变量等于某个值的概率为 0，如式（7.5）所示。

$$P(X=a) = P(a \leqslant X \leqslant a) = \int_a^a f(x)\mathrm{d}x = F(a) - F(a) = 0 \tag{7.5}$$

### 7.1.4 连续型随机变量的期望和方差

连续型随机变量的期望与 6.1.4 小节中介绍的离散型随机变量的期望一样，用于反映随机变量的分布中心，只是二者计算的方式不同。连续型随机变量在一定范围内可以取无限个值，其取值不能一一罗列，也就无法使用式（6.4）来计算其期望。连续型随机变量的期望的计算如式（7.6）所示。

$$\mu = E(X) = \int_{-\infty}^{\infty} xf(x)\mathrm{d}x \tag{7.6}$$

式（7.6）与式（6.4）的内涵一致，式（7.6）将式（6.4）中的求和项改成了积分。连续型随机变量的期望有以下性质。

（1） $k$ 为常数，$E(kX) = kE(X)$。
（2）对于随机变量 $X$ 和 $Y$，$E(X+Y) = E(X) + E(Y)$。

连续型随机变量的方差如式（7.7）所示。

$$\sigma^2 = Var(X) = \int_{-\infty}^{\infty} (x-\mu)^2 f(x)\mathrm{d}x \tag{7.7}$$

连续型随机变量的方差有以下性质。

（1） $k$ 为常数 $Var(kX) = k^2 Var(X)$。
（2）若随机变量 $X$ 和 $Y$ 相互独立，则 $Var(X+Y) = Var(X) + Var(Y)$。

## 7.2 均匀分布

本节将介绍均匀分布的概率密度函数、累积分布函数、期望和方差。

**1. 均匀分布的概率密度函数**

均匀分布的概率密度函数如式（7.8）所示。

$$f(x) = \begin{cases} \dfrac{1}{b-a}, & a \leqslant x \leqslant b \\ 0, & x < a \text{ 或 } x > b \end{cases} \tag{7.8}$$

式（7.8）所代表的均匀分布记为 $U(a,b)$。均匀分布的概率密度函数图像是一段与横轴平行的直线，直线上的点纵坐标都是 $\dfrac{1}{b-a}$，直线的长度是 $b-a$。

**2. 均匀分布的累积分布函数**

均匀分布的累积分布函数如式（7.9）所示。

$$F(x) = \begin{cases} 0, & x < a \\ \dfrac{x-a}{b-a}, & a \leqslant x \leqslant b \\ 1, & x > b \end{cases} \tag{7.9}$$

### 3. 均匀分布的期望和方差

均匀分布的期望和方差分别如式（7.10）和式（7.11）所示。

$$E(X) = \frac{a+b}{2} \tag{7.10}$$

$$Var(X) = \frac{(b-a)^2}{12} \tag{7.11}$$

**例7.1**

ABC 公司维护一条铺设在沙漠的 10km 长的输油管线，渗漏点均匀分布在铺设的输油管线上，问：渗漏点位于距离油井 2km～4km 的概率是多少？

渗漏点到油井的距离服从均匀分布 $U(0,10)$，概率密度函数如式（7.12）所示。

$$f(x) = \begin{cases} \dfrac{1}{10-0} = 0.1, & 0 \leqslant x \leqslant 10 \\ 0, & x<0 \text{ 或 } x>10 \end{cases} \tag{7.12}$$

累积分布函数如式（7.13）所示。

$$F(x) = 0.1x, 0 \leqslant x \leqslant 10 \tag{7.13}$$

渗漏点位于距离油井 2km～4km 的概率如式（7.14）所示。

$$P(2 < X < 4) = F(4) - F(2) = 4 \times 0.1 - 2 \times 0.1 = 0.2 \tag{7.14}$$

如图 7.1 所示，图中的水平线代表 $U(0,10)$ 的概率密度曲线。条纹区域的面积等于服从均匀分布的随机变量落在 $(2,4)$ 的概率。

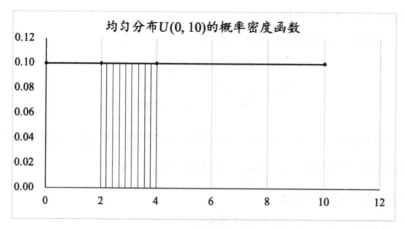

图 7.1　概率密度曲线

## 7.3 正态分布

正态分布（Normal Distribution）是统计推断理论中最重要的一种分布，概率密度曲线呈钟形，因此正态分布又称作钟形分布（Bell-Shaped Distribution）。在19世纪高斯、拉普拉斯等数学家发现了正态分布的特殊性，1920年统计学家皮尔逊推广了"正态分布"这一术语。正态分布中的正态，在英文中的表达是normal，意为常态的、典型的、常见的。正态分布普遍存在于自然科学、社会科学领域。例如身高的分布、体重的分布、某地降雨量的分布等都是正态分布。身高、体重、某地降雨量都有一个共同特征：受到许多因素的共同作用，从而表现出随机性。例如成年人的身高受到父母身高、饮食习惯、睡眠习惯和运动习惯等诸多因素影响。降雨量受到大气、风流、洋流、地形、植被、水文等许多因素的影响。此外，正态分布在推断统计学中有重要的应用。本节将介绍正态分布的性质、函数图像及其应用。

### 7.3.1 正态分布的性质

**1. 正态分布的概率密度函数**

随机变量 $X$ 服从正态分布，其概率密度函数如式（7.15）所示。

$$f(x) = \frac{1}{\sqrt{2\pi}\sigma} e^{-\frac{1}{2}\left(\frac{x-\mu}{\sigma}\right)^2} \tag{7.15}$$

在式（7.15）中，$\pi = 3.14159$，$e = 2.718281$，$\mu$ 和 $\sigma$ 分别是正态分布的期望（均值）和标准差，$-\infty < x < \infty$。正态分布记作 $N(\mu, \sigma^2)$。

正态分布 $N(\mu, \sigma^2)$ 的概率密度曲线如图7.2和图7.3所示，有以下特征。

（1）正态分布关于 $X = \mu$ 对称，其均值、中位数和众数都相等。随机变量大于 $\mu$ 和小于 $\mu$ 的概率相等，都是0.5。如图7.2所示，3条曲线分别是 $N(3,1)$、$N(4,1)$、$N(5,1)$ 的概率密度曲线。三者的标准差都是1，因此3条曲线形状相同，但位置不同。$N(4,1)$ 的概率密度曲线相当于把 $N(3,1)$ 的概率密度曲线往右平移了1个单位。因此，$\mu$ 也称作正态分布的位置参数。

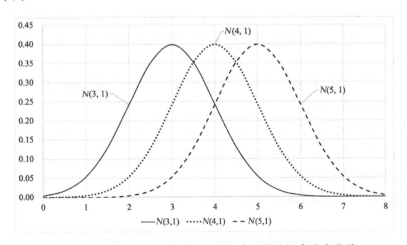

图 7.2 标准差相同、均值不同的正态分布的概率密度曲线

（2）当 $X=\mu$ 时，正态分布的概率密度函数取得最大值 $\frac{1}{\sqrt{2\pi}\sigma}$，即概率密度曲线的顶点的纵坐标。当 $\sigma$ 越大时，$\frac{1}{\sqrt{2\pi}\sigma}$ 越小，概率密度曲线越平缓，数据分布越分散；当 $\sigma$ 越小时，$\frac{1}{\sqrt{2\pi}\sigma}$ 越大，概率密度曲线越陡峭，数据分布越集中。因此，$\mu$ 也称作正态分布的形状参数。

如图 7.3 所示，3 条曲线分别是 $N(3,0.25)$、$N(3,1)$、$N(3,4)$ 的概率密度曲线。三者的期望都等于 3，因此它们的对称轴都是 $X=3$。三者的标准差分别是 0.5、1 和 2。注意：正态分布 $N(\mu,\sigma^2)$ 的第二项参数是方差，标准差等于第二项参数的平方根。从图 7.3 中可以发现，$N(3,0.25)$ 的概率密度曲线的顶点最高、最陡峭，其数值紧密地分布在 3 附近；$N(3,4)$ 的概率密度曲线最平缓，其数值分布最稀疏。

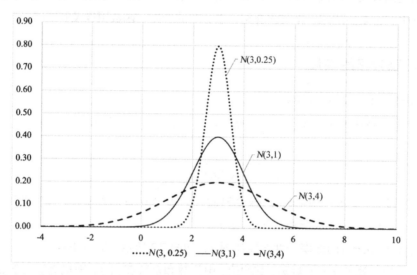

图 7.3　均值相同、标准差不同的正态分布的概率密度曲线

（3）正态分布的概率密度曲线以 $X=\mu$ 为对称轴，距离均值的距离越远，概率密度曲线越逼近横轴。注意：服从正态分布的随机变量可在整个实数范围内取值，只不过当取值区间距离均值越远时，落在区间的概率会越小；当这个距离足够远时，落在这些区间的概率逼近于 0。因此，图 7.2 和图 7.3 中的只是正态分布概率密度曲线的局部（取了正态分布的均值附近的一段曲线）。

（4）若 $X \sim N(\mu,\sigma^2)$，对随机变量 $X$ 进行线性变换，得一个新的随机变量 $aX+b$，$aX+b$ 服从正态分布 $N(a\mu+b,(a\sigma)^2)$。

（5）$X \sim N(\mu_X,\sigma_X^2)$，$Y \sim N(\mu_Y,\sigma_Y^2)$，若 $X$ 与 $Y$ 相互独立，那么 $X+Y \sim N(\mu_X+\mu_Y,\sigma_X^2+\sigma_Y^2)$，$X-Y \sim N(\mu_X-\mu_Y,\sigma_X^2+\sigma_Y^2)$。

**2．正态分布的累积分布函数**

正态分布 $N(\mu,\sigma^2)$ 的分布函数如式（7.16）所示。

$$F(x)=P(X\leqslant x)=\int_{-\infty}^{x}\frac{1}{\sqrt{2\pi}\sigma}\mathrm{e}^{-\frac{1}{2}\left(\frac{t-\mu}{\sigma}\right)^2}\mathrm{d}t \tag{7.16}$$

式（7.16）所示的积分等于概率密度曲线、横轴以及直线 $X = x$ 所围成区域的面积。

图 7.4 中的曲线是 $N(3,1)$ 的概率密度曲线，箭头所指的点的横坐标是 4，其纵坐标等于概率密度函数值 $f(4)$，其计算如式（7.17）所示。

$$f(4) = \frac{1}{\sqrt{2\pi} \cdot 1} e^{-\frac{1}{2}\left(\frac{4-3}{1}\right)^2} \approx 0.242 \tag{7.17}$$

图 7.4 中条纹区域的面积代表服从正态分布 $N(3,1)$ 的随机变量小于或等于 4 的概率，即累积分布函数 $F(4)$，其计算公式如式（7.18）所示。

$$F(4) = P(X \leq 4) = \int_{-\infty}^{4} \frac{1}{\sqrt{2\pi} \cdot 1} e^{-\frac{1}{2}\left(\frac{t-3}{1}\right)^2} dt \approx 0.841 \tag{7.18}$$

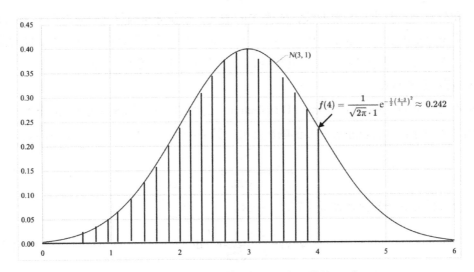

图 7.4  概率密度函数与累积分布函数的区别

手动计算式（7.17）和式（7.18）较烦琐，其计算可以利用 NORM.DIST 函数来实现。如图 7.5 所示，在单元格 B2 和 C2 中计算正态分布 $N(3,1)$ 的 $f(4)$ 和 $F(4)$，在其下方显示调用的公式。

|   | A | B | C |
|---|---|---|---|
| 1 | $X$ | PDF | CDF |
| 2 | 4 | 0.242 | 0.841 |
| 3 |   | =NORM.DIST(A2,3,1,FALSE) | =NORM.DIST(A2,3,1,TRUE) |
| 4 |   |   |   |

图 7.5  NORM.DIST 函数

NORM.DIST 函数有 4 项参数，第 1 项参数是一个指定的数值；第 2 项参数是正态分布的均值；第 3 项参数是正态分布的标准差；第 4 项参数是逻辑值，FALSE 代表概率密度函数，TRUE 代表累积分布函数。

图 7.6 所示是 $N(3,1)$ 的概率密度函数曲线和累积分布函数曲线。

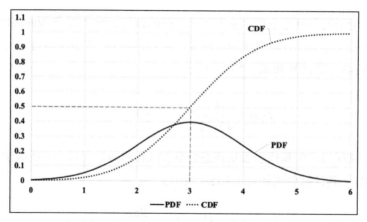

图 7.6　N(3,1)的概率密度函数曲线和累积分布函数曲线

累积分布函数曲线是 S 形曲线，随着 X 的增大，累积分布函数无限逼近于 1；随着 X 的减小，累积分布函数无限逼近于 0。当 X = 3 时，概率密度函数取到最大值 f(3)，此时累积分布函数 F(3) = 0.5，即在 N(3,1) 中，随机变量小于或等于 3 的概率是 0.5。

### 3．标准正态分布

标准正态分布（Standard Normal Distribution）的均值为 0，标准差为 1，记作 N(0,1)。通常，用 Z 来表示服从标准正态分布的随机变量，其概率密度函数如式（7.19）所示。

$$\phi(Z) = \frac{1}{\sqrt{2\pi}} e^{-\frac{z^2}{2}} \tag{7.19}$$

N(0,1) 的累积分布函数如式（7.20）所示。

$$\Phi(x) = \int_{-\infty}^{x} \frac{1}{\sqrt{2\pi}} e^{-\frac{t^2}{2}} dt \tag{7.20}$$

对于标准正态分布，可用 NORM.S.DIST 函数计算概率密度函数和累积分布函数的值。NORM.S.DIST 函数与 NORM.DIST 函数的区别在于，前者只适用于标准正态分布，因此它只有两项参数，无须再指定均值和标准差；NORM.DIST 函数适用于一般的正态分布，需要指定均值和标准差。图 7.7 展示了服从标准正态分布的随机变量小于或等于 –3、–2……3 的概率的公式。

| | A | B | C | D |
|---|---|---|---|---|
| 1 | Z | CDF | 列B中的公式 | |
| 2 | -3 | 0.001 | =NORM.S.DIST(A2,TRUE) | P(Z<=-3) |
| 3 | -2 | 0.023 | =NORM.S.DIST(A3,TRUE) | P(Z<=-2) |
| 4 | -1 | 0.159 | =NORM.S.DIST(A4,TRUE) | P(Z<=-1) |
| 5 | 1 | 0.841 | =NORM.S.DIST(A5,TRUE) | P(Z<=1) |
| 6 | 2 | 0.977 | =NORM.S.DIST(A6,TRUE) | P(Z<=2) |
| 7 | 3 | 0.999 | =NORM.S.DIST(A7,TRUE) | P(Z<=3) |
| 8 | | | | |
| 9 | P(-1<=Z<=1) | 0.683 | =B5-B4 | |
| 10 | P(-2<=Z<=2) | 0.954 | =B6-B3 | |
| 11 | P(-3<=Z<=3) | 0.997 | =B7-B2 | |
| 12 | | | | |

图 7.7　利用 NORM.S.DIST 函数计算随机变量落在某个区间的概率

从图 7.7 中可以发现，标准正态分布关于 Y 轴对称，P(Z≤–3) 与 P(Z≥3) 相等，而

$P(Z \leq 3)$ 等于 $1 - P(Z \geq 3)$，所以 $P(Z \leq -3)$ 与 $P(Z \leq 3)$ 之和等于 1。

若有 $a > 0$，$P(Z \leq -a)$ 与 $P(Z \geq a)$ 的概率相等，得式（7.21）：

$$\Phi(-a) = P(Z \leq -a) = P(Z \geq a) = 1 - P(Z \leq a) = 1 - \Phi(a) \quad (7.21)$$

进而可得式（7.22）：

$$P(-a \leq Z \leq a) = \Phi(a) - \Phi(-a) = \Phi(a) - (1 - \Phi(a)) = 2\Phi(a) - 1 \quad (7.22)$$

#### 4. 正态分布的经验法则

$X$ 服从正态分布 $N(\mu, \sigma^2)$，$\dfrac{X-\mu}{\sigma}$ 服从均值为 0、标准差为 1 的标准正态分布。前述结论很容易证明：根据期望的性质，可得式（7.23）：

$$E\left(\frac{X-\mu}{\sigma}\right) = \frac{1}{\sigma}[E(X) - \mu] = 0 \quad (7.23)$$

根据方差的性质，可得式（7.24）：

$$Var\left(\frac{X-\mu}{\sigma}\right) = \frac{1}{\sigma^2}[Var(X) - Var(\mu)] = \frac{Var(X)}{\sigma^2} = \frac{\sigma^2}{\sigma^2} = 1 \quad (7.24)$$

因此，利用图 7.7 中的结论，计算服从正态分布的随机变量落在 $[\mu - \sigma, \mu + \sigma]$ 的概率，如式（7.25）所示。

$$P(\mu - \sigma \leq X \leq \mu + \sigma) = P\left(\frac{\mu - \sigma - \mu}{\sigma} \leq X \leq \frac{\mu + \sigma - \mu}{\sigma}\right) = \quad (7.25)$$
$$P(-1 \leq Z \leq 1) \approx 68.3\%$$

类似地，计算服从正态分布的随机变量落在 $[\mu - 2\sigma, \mu + 2\sigma]$ 的概率，如式（7.26）所示。

$$P(\mu - 2\sigma \leq X \leq \mu + 2\sigma) = P\left(\frac{\mu - 2\sigma - \mu}{\sigma} \leq X \leq \frac{\mu + 2\sigma - \mu}{\sigma}\right) = \quad (7.26)$$
$$P(-2 \leq Z \leq 2) \approx 95.4\%$$

计算服从正态分布的随机变量落在 $[\mu - 3\sigma, \mu + 3\sigma]$ 的概率，如式（7.27）所示。

$$P(\mu - 3\sigma \leq X \leq \mu + 3\sigma) = P\left(\frac{\mu - 3\sigma - \mu}{\sigma} \leq X \leq \frac{\mu + 3\sigma - \mu}{\sigma}\right) = \quad (7.27)$$
$$P(-3 \leq Z \leq 3) \approx 99.7\%$$

在统计学中，将式（7.25）~式（7.27）的结论概括为"68-95-99.7 法则"，也称作"经验法则"（Empirical Rule）。用通俗的话来表达就是：在正态分布中，有 68% 的数据落在 $[\mu - \sigma, \mu + \sigma]$；有 95% 的数据落在 $[\mu - 2\sigma, \mu + 2\sigma]$；有 99.7% 的数据落在 $[\mu - 3\sigma, \mu + 3\sigma]$。

---

**实操技巧**

- 在 NORM.DIST 函数中，将最后一项参数设置为 FALSE，计算正态分布的概率密度函数的值；将最后一项参数设置为 TRUE，计算正态分布的累积分布函数的值，即服从正态分布的随机变量小于或等于指定值的概率。
- 在 NORM.S.DIST 函数中，将最后一项参数设置为 FALSE，计算标准正态分布概率密度函数的值;将最后一项参数设置为 TRUE,计算标准正态分布的累积分布函数的值,即服从标准正态分布的随机变量小于或等于指定值的概率。

## 7.3.2 利用 Excel 绘制正态分布的概率密度函数曲线和累积分布函数曲线

本节将介绍如何利用 Excel 的函数和绘图工具绘制正态分布的概率密度函数曲线。通过绘图,可建立对正态分布的直观认识,加深对正态分布的理解。

**1. 绘制标准正态分布 $N(0,1)$ 的图像**

在标准正态分布 $N(0,1)$ 中,有 99.7%的数据分布在[-3,3]。如图 7.8 所示,在列 A 中录入等差为 0.5,从-4 至 4 的等差序列,在列 B 和列 C 中利用 NORM.S.DIST 函数计算概率密度函数和累积分布函数的值。然后,框选单元格区域"A40:C57",单击"插入"→"散点图"→"带平滑线的散点图",即可生成图 7.8 所示的两条曲线。

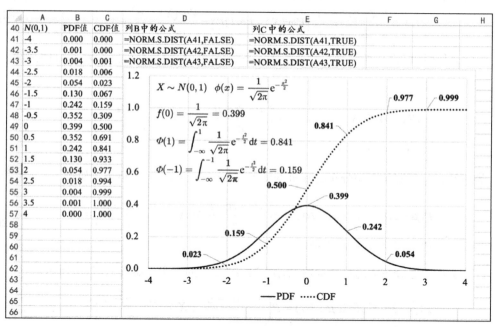

图 7.8 标准正态分布 $N(0,1)$ 的概率密度函数曲线和累积分布函数曲线

**2. 均值和标准差对正态分布形状的影响**

图 7.9 中是 $N(-2,0.25)$、$N(0,1)$ 和 $N(1,2.25)$ 的概率密度函数曲线,列 A 至列 G 列出了绘图所需的数据和公式。

如图 7.9 所示,$N(-2,0.25)$、$N(0,1)$ 和 $N(1,2.25)$ 的对称轴分别是 $X=-2$、$X=0$、$X=1$。$N(-2,0.25)$ 的标准差最小,数据最集中,其概率密度函数曲线最陡峭;$N(1,2.25)$ 的标准差最大,数据最分散,其概率密度函数曲线最平坦。

图 7.10 中是 $N(-2,0.25)$、$N(0,1)$ 和 $N(1,2.25)$ 的累积分布曲线,列 A 至列 G 展示了绘图所需的数据和公式。

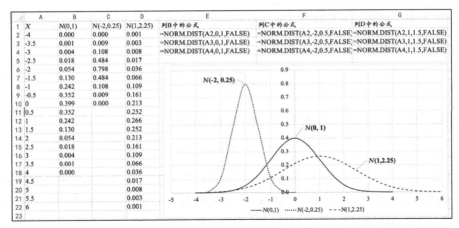

图 7.9　$N(-2, 0.25)$、$N(0, 1)$和$N(1, 2.25)$的概率密度函数曲线

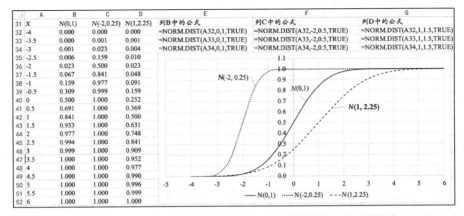

图 7.10　$N(-2, 0.25)$、$N(0, 1)$和$N(1, 2.25)$的累积分布函数曲线

如图 7.10 所示，3 条累积分布函数曲线都呈 S 形，当横坐标取各自的对称轴，即 $X=-2$、$X=0$、$X=1$ 时，3 条累积分布函数曲线上对应的纵坐标的值都是 0.5。这体现了正态分布的对称性，在对称轴两侧的取值概率相等。$N(1, 2.25)$ 的标准差最大，数据最分散，因此其累积分布函数曲线的 S 形的跨度最大；$N(-2, 0.25)$ 的标准差最小，数据最集中，因此其累积分布函数曲线的 S 形的跨度最小。

**实操技巧**

绘制正态分布 $N(\mu, \sigma^2)$ 的概率密度函数曲线和累积分布函数曲线时，生成一列 $[\mu-3\sigma, \mu+3\sigma]$ 中的等差数列，利用 NORM.DIST 函数计算概率密度函数和累积分布函数的值，然后单击"插入"→"散点图"→"带平滑线的散点图"，生成概率密度函数曲线和累积分布函数曲线。

### 7.3.3　正态分布的应用

**1. 诊断数据中是否存在异常值**

根据经验法则，在正态分布中，有 99.7%的数据落在 $[\mu-3\sigma, \mu+3\sigma]$，只有 0.3%的数据落在该区间外侧。因此，当数据服从正态分布时，可将小于 $\mu-3\sigma$、大于 $\mu+3\sigma$ 的值视作异常值。或者，将观测值 $x$ 进行标准化处理，如式（7.28）所示。

$$z = \frac{x-\mu}{\sigma} \tag{7.28}$$

将 $z$ 称作标准分，若 $|z|>3$，则表明观测值 $x$ 是异常值。

### 例7.2

A 市成年男子的身高（单位：cm）服从正态分布 $N(172,4^2)$，B 市成年男子的身高服从正态分布 $N(178,5^2)$。若一男子身高为 185cm，他的身高在 A 市是否属于异常值？该男子的身高在 B 市是否属于异常值？

在 A 市，该男子身高的标准分如式（7.29）所示。

$$z = \frac{x-\mu}{\sigma} = \frac{185-172}{4} = \frac{13}{4} = 3.25 \tag{7.29}$$

在 B 市，该男子身高的标准分如式（7.30）所示。

$$z = \frac{x-\mu}{\sigma} = \frac{185-178}{5} = \frac{7}{5} = 1.4 \tag{7.30}$$

在 A 市，该男子身高为 185cm，标准分是 3.25，超过了 3，是异常值。在 B 市，该男子身高的标准分是 1.4，不是异常值。

### 2. 计算服从正态分布的随机变量落在特定区间的概率

当要计算服从正态分布的随机变量落在特定区间的概率时，可将该随机变量进行标准化处理，使其服从标准正态分布，然后利用 NORM.S.DIST 函数计算。

### 例7.3

米其林公司根据轿车轮胎客户数据发现，未加入保养计划的轮胎的使用寿命（单位：km）服从正态分布 $N(60000,4000^2)$；加入保养计划的轮胎的使用寿命服从正态分布 $N(96000,5000^2)$。未加入保养计划的轮胎的使用寿命超过 70000km 的概率是多少？加入保养计划的轮胎的使用寿命超过 100000km 的概率是多少？

未加入保养计划的轮胎的使用寿命：$X \sim N(60000,4000^2)$，可得式（7.31）。

$$\begin{aligned} P(X>70000) &= 1-P(X \leqslant 70000) = 1-P\left(Z \leqslant \frac{70000-60000}{4000}\right) = \\ &1-P(Z \leqslant 2.5) = 1-0.994 = 0.006 \end{aligned} \tag{7.31}$$

式（7.31）中 $P(Z \leqslant 2.5)$ 利用 =NORM.S.DIST(2.5,1) 计算得 0.994。

加入保养计划的轮胎的使用寿命：$X \sim N(96000,5000^2)$，可得式（7.32）。

$$\begin{aligned} P(X>100000) &= 1-P(X \leqslant 100000) = 1-P\left(Z \leqslant \frac{100000-96000}{5000}\right) = \\ &1-P(Z \leqslant 0.8) = 1-0.788 = 0.212 \end{aligned} \tag{7.32}$$

3. 给定服从正态分布的随机变量落在某个区间的概率，求该区间

**例7.4**

A 市成年男子的身高（单位：cm）服从正态分布 $N(172,4^2)$，A 市中 90%的成年男子的身高低于多少厘米？

假定 90%的成年男子的身高低于 $h$cm，如式（7.33）所示。

$$P(X \leqslant h) = P\left(\frac{X-172}{4} \leqslant \frac{h-172}{4}\right) = P\left(Z \leqslant \frac{h-172}{4}\right) = \Phi\left(\frac{h-172}{4}\right) = 0.9 \quad (7.33)$$

需要在服从标准正态分布的数据中，找到小于或等于某个值的概率是 0.9。在单元格 F1 中录入公式=NORM.S.INV(0.9)，返回数值 1.282，即标准正态分布小于或等于 1.282 的概率是 0.9。在式（7.33）中 $\frac{h-172}{4}=1.282$，因此 $h=177.128$。A 市中 90%的成年男子的身高低于 177.128cm。上述分析过程可表达为式（7.34）。

$$\Phi(1.282) = P(Z \leqslant 1.282) = \int_{-\infty}^{1.282} \frac{1}{\sqrt{2\pi}} e^{-\frac{t^2}{2}} dt = 0.9 \quad (7.34)$$

在此，引入统计学中与标准正态分布有关的一个重要的符号 $z_\alpha$，其如式（7.35）所示。

$$z_\alpha = P(Z \leqslant z_\alpha) = 1-\alpha \quad (7.35)$$

在标准正态分布中，小于或等于 $z_\alpha$ 的概率是 $1-\alpha$，或者说 $z_\alpha$ 的左尾概率是 $1-\alpha$。大于 $z_\alpha$ 的概率是 $\alpha$，或者说 $z_\alpha$ 的右尾概率是 $\alpha$。$z_\alpha$ 可被称作上 $\alpha$ 分位点，或者下 $1-\alpha$ 分位点。

**注意**：$z_\alpha$ 的下标代表的是 $z_\alpha$ 的右尾概率。例如 $z_{0.10}$ 称作标准正态分布的上 0.10 分位点，或者标准正态分布的下 0.90 分位点。

NORM.INV 函数适用于普通的正态分布，有 3 项参数，依次是左尾概率、均值和标准差。NORM.S.INV 函数只适用于标准正态分布，只有 1 项参数：左尾概率。NORM.S.INV 函数与 NORM.S.DIST 函数互为逆运算。

4. 诊断数据是否服从正态分布

若数据服从正态分布，那么有 99.7%的数据落在 $[\mu-3\sigma, \mu+3\sigma]$，也就是最小值接近于 $\mu-3\sigma$，最大值接近于 $\mu+3\sigma$，此时全距接近于 $6\sigma$，如式（7.36）所示。

$$\text{Range} = \text{Max} - \text{Min} \approx \mu + 3\sigma - (\mu - 3\sigma) = 6\sigma \quad (7.36)$$

若数据服从正态分布 $N(\mu,\sigma^2)$，$Q_1$ 代表该正态分布的第 1 个四分位数，可写出式（7.37）：

$$P(X \leqslant Q_1) = P\left(\frac{X-\mu}{\sigma} \leqslant \frac{Q_1-\mu}{\sigma}\right) = P\left(Z \leqslant \frac{Q_1-\mu}{\sigma}\right) = 0.25$$

$$\frac{Q_1-\mu}{\sigma} = z_{0.75} = -0.674 \quad (7.37)$$

$$Q_1 = \mu - 0.674\sigma$$

$Q_3$ 代表正态分布的第 3 个四分位数,可写出式(7.38):

$$P(X \leqslant Q_3) = P\left(\frac{X-\mu}{\sigma} \leqslant \frac{Q_3-\mu}{\sigma}\right) = P\left(Z \leqslant \frac{Q_3-\mu}{\sigma}\right) = 0.75$$

$$\frac{Q_3-\mu}{\sigma} = z_{0.25} = 0.674 \tag{7.38}$$

$$Q_3 = \mu + 0.674\sigma$$

四分位距如式(7.39)所示:

$$\text{IQR} = Q_3 - Q_1 = \mu + 0.674\sigma - (\mu - 0.674\sigma) = 1.348\sigma \approx 1.35\sigma \tag{7.39}$$

因此,若要判断数据是否服从正态分布,可先绘制其直方图,考查其分布是否是对称分布,是否是钟形分布;然后计算其均值、标准差、全距和四分位距,若全距接近于 6 倍标准差,四分位距接近于 1.35 倍标准差,可初步判定数据的分布接近于正态分布。

**实操技巧**

- NORM.INV 函数适用于普通的正态分布,有 3 项参数,依次是左尾概率 $1-\alpha$、均值 $\mu$ 和标准差 $\sigma$,可以求出正态分布 $N(\mu,\sigma^2)$ 的上 $\alpha$ 分位点。
- NORM.S.INV 函数只适用于标准正态分布,给定左尾概率 $1-\alpha$,可以求出标准正态分布的上 $\alpha$ 分位点。

## 7.4 卡方分布

20 世纪初统计学家皮尔逊在研究遗传进化模型时提出了卡方分布(Chi-Squared Distribution)。卡方分布是一种连续型概率分布,在推断统计学中有重要的应用,卡方分布与 $t$ 分布、$F$ 分布被称为统计学三大分布。

### 7.4.1 卡方分布的性质

**1. 卡方分布的定义**

若 $Z_1, Z_2, \cdots, Z_k$ 相互独立,且都服从标准正态分布,即 $Z_i \sim N(0,1)$,则 $\sum_{i=1}^{k} Z_i^2$ 服从自由度为 $k$ 的卡方分布,记作:

$$X = \sum_{i=1}^{k} Z_i^2 \sim \chi^2(k) \tag{7.40}$$

卡方分布只有一个参数 $k$,$k$ 称作卡方分布的自由度(Degree of Freedom)。服从卡方分布的随机变量 $X$ 都大于 0。

卡方分布的概率密度函数、累积分布函数的数学表达式很复杂,在实践中也很少直接运用，因此在本书中不做展示。在实践中可通过 CHISQ.DIST 函数计算卡方分布的概率密度函数和累积分布函数的值，将在 7.4.2 小节介绍该函数的使用。

下面，将通过 Excel 中的数值模拟来解释卡方分布的形成过程。新建一个 Excel 文件，单击“数据”→“数据分析”→“随机数发生器”，在“随机数发生器”对话框中，根据图 7.11 进行设置。“变量个数”代表生成的随机变量的个数，“随机数个数”代表每一个随机变量有多少个数值，在“分布”下拉框中可以选择“均匀”“正态”“泊松”等分布形式。

在图 7.11 所示的表中，首先生成 5 个随机变量，每个随机变量有 500 个值，这 5 个随机变量各自都服从标准正态分布。在“随机数发生器”对话框下方输出区域中指定输出的数据放置在单元格 A2。单击“确定”，即生成 5 列随机数，每一列有 500 个观测值，每一列数据都相互独立且各自服从标准正态分布。在第 1 行添加列名 Z1, Z2, ⋯, Z5。在单元格 F2 中录入公式=SUMSQ(A2:E2)（见单元格 G2），意思是将区域 A2:E2 中的 5 个单元格中的值各自取平方，然后求和。函数名“SUMSQ”是平方和（Sum Square）的缩写。

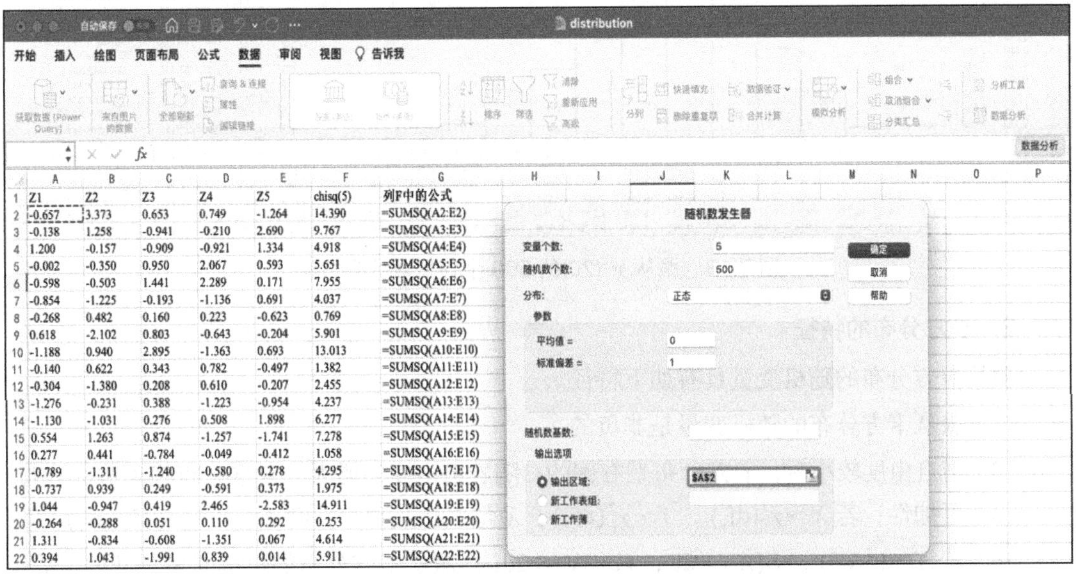


| | A | B | C | D | E | F | G |
|---|---|---|---|---|---|---|---|
| 1 | Z1 | Z2 | Z3 | Z4 | Z5 | chisq(5) | 列F中的公式 |
| 2 | -0.657 | 3.373 | 0.653 | 0.749 | -1.264 | 14.390 | =SUMSQ(A2:E2) |
| 3 | -0.138 | 1.258 | -0.941 | -0.210 | 2.690 | 9.767 | =SUMSQ(A3:E3) |
| 4 | 1.200 | -0.157 | -0.909 | -0.921 | 1.334 | 4.918 | =SUMSQ(A4:E4) |
| 5 | -0.002 | -0.350 | 0.950 | 2.067 | 0.593 | 5.651 | =SUMSQ(A5:E5) |
| 6 | -0.598 | -0.503 | 1.441 | 2.289 | 0.171 | 7.955 | =SUMSQ(A6:E6) |
| 7 | -0.854 | -1.225 | -0.193 | -1.136 | 0.691 | 4.037 | =SUMSQ(A7:E7) |
| 8 | -0.268 | 0.482 | 0.160 | 0.223 | -0.623 | 0.769 | =SUMSQ(A8:E8) |
| 9 | 0.618 | -2.102 | 0.803 | -0.643 | -0.204 | 5.901 | =SUMSQ(A9:E9) |
| 10 | -1.188 | 0.940 | 2.895 | -1.363 | 0.693 | 13.013 | =SUMSQ(A10:E10) |
| 11 | -0.140 | 0.622 | 0.343 | 0.782 | -0.497 | 1.382 | =SUMSQ(A11:E11) |
| 12 | -0.304 | -1.380 | 0.208 | 0.610 | -0.207 | 2.455 | =SUMSQ(A12:E12) |
| 13 | -1.276 | -0.231 | 0.388 | -1.223 | -0.954 | 4.237 | =SUMSQ(A13:E13) |
| 14 | -1.130 | -1.031 | 0.276 | 0.508 | 1.898 | 6.277 | =SUMSQ(A14:E14) |
| 15 | 0.554 | 1.263 | 0.874 | -1.257 | -1.741 | 7.278 | =SUMSQ(A15:E15) |
| 16 | 0.277 | 0.441 | -0.784 | -0.049 | -0.412 | 1.058 | =SUMSQ(A16:E16) |
| 17 | -0.789 | -1.311 | -1.240 | -0.580 | 0.278 | 4.295 | =SUMSQ(A17:E17) |
| 18 | -0.737 | 0.939 | 0.249 | -0.591 | 0.373 | 1.975 | =SUMSQ(A18:E18) |
| 19 | 1.044 | -0.947 | 0.419 | 2.465 | -2.583 | 14.911 | =SUMSQ(A19:E19) |
| 20 | -0.264 | -0.288 | 0.051 | 0.110 | 0.292 | 0.253 | =SUMSQ(A20:E20) |
| 21 | 1.311 | -0.834 | -0.608 | -1.351 | 0.067 | 4.614 | =SUMSQ(A21:E21) |
| 22 | 0.394 | 1.043 | -1.991 | 0.839 | 0.014 | 5.911 | =SUMSQ(A22:E22) |

图 7.11　生成服从自由度为 5 的卡方分布的随机数

图 7.11 中的 Z1, Z2, ⋯, Z5 相互独立，且都服从标准正态分布。根据卡方分布的定义，Z1, Z2, ⋯, Z5 的平方和 $\sum_{i=1}^{5} Z_i^2$ 服从自由度为 5 的卡方分布。

选中列 F，单击“插入”→“统计”→“直方图”，即可绘制出服从 $\chi^2(5)$ 的 500 个随机数的直方图，如图 7.12 所示。

若要绘制服从 $\chi^2(20)$ 的随机变量的直方图，只需在图 7.11 所示的“随机数发生器”对话框中，将变量个数设置为 20，即可生成 20 个服从标准正态分布的随机变量，其余操作与前文类似。如图 7.13 所示，生成 500 个随机数，其服从的分布是 $\chi^2(20)$，并绘制其直方图。

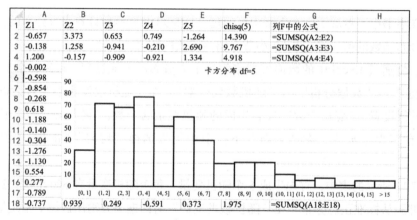

图 7.12 服从 $\chi^2(5)$ 的 500 个随机数的直方图

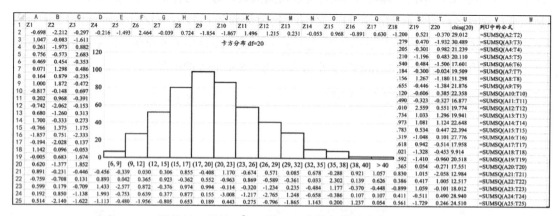

图 7.13 服从 $\chi^2(20)$ 的 500 个随机数的直方图

**2. 卡方分布的特征**

服从卡方分布的随机变量具有如下特征。

（1）服从卡方分布的随机变量是非负的。

（2）当自由度较小时，卡方分布是右偏的；随着自由度的增大，卡方分布趋于对称分布。

（3）可加性：若 $X \sim \chi^2(\mathrm{df}_1)$，$Y \sim \chi^2(\mathrm{df}_2)$，$X$ 与 $Y$ 相互独立，则 $X+Y \sim \chi^2(\mathrm{df}_1+\mathrm{df}_2)$。

（4）若 $X \sim \chi^2(\mathrm{df})$，$E(X) = \mathrm{df}$，$Var(X) = 2\mathrm{df}$。服从卡方分布的随机变量，其期望等于自由度，方差等于自由度的 2 倍。

## 7.4.2 利用 Excel 绘制卡方分布的概率密度函数曲线

本节介绍如何利用 Excel 的函数和绘图工具绘制卡方分布的概率密度函数曲线。通过绘图，可建立对卡方分布的直观认识，加深对卡方分布的理解。

为了绘制卡方分布 $\chi^2(5)$ 和 $\chi^2(30)$ 的概率密度函数曲线，在列 A 中录入公差为 0.5、最小值为 0、最大值为 60 的数列，单元格 B2 和单元格 C2 中分别录入求 $\chi^2(5)$ 和 $\chi^2(30)$ 的概率密度函数值的公式并向下填充。然后，利用列 A 至列 C 这 3 列数据，插入带有平滑线的散点图，即可绘制 $\chi^2(5)$ 和 $\chi^2(30)$ 的概率密度函数曲线，如图 7.14 所示。

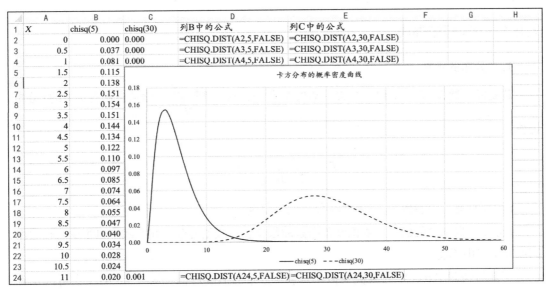

图 7.14 $\chi^2(5)$ 和 $\chi^2(30)$ 的概率密度函数曲线

从图 7.14 中可以发现，自由度为 30 的卡方分布接近对称分布，而自由度为 5 的卡方分布的右偏程度非常明显。

Excel 中与卡方分布相关的函数还包括：CHISQ.DIST.RT 函数，用于计算在卡方分布上大于给定值的概率；CHISQ.INV 函数，用于计算小于哪个值的概率等于给定值；CHISQ.INV.RT 函数，用于计算大于哪个值的概率等于给定值。

---

**实操技巧**

绘制卡方分布 $\chi^2(\mathrm{df})$ 的概率密度曲线和累积分布曲线时，生成一列 $[0, 2\mathrm{df}]$ 中的等差数列，利用 CHISQ.DIST 函数计算概率密度函数值和累积分布函数值，然后单击"插入"→"散点图"→"带平滑线的散点图"，生成概率密度函数曲线和累积分布函数曲线。

---

### 7.4.3 卡方分布的应用

卡方分布通常用于推断统计分析的参数估计或者假设检验，例如总体方差的置信区间的构造、总体方差的参数检验、独立性检验，在本书后续章节中会介绍其具体应用。

## 7.5 $t$ 分布

$t$ 分布是由英国统计学家戈赛特（Gosset）在 1908 年以"学生"（Student）为笔名发表的一篇学术论文[1]中提出的。$t$ 分布在推断统计分析中有着广泛的应用。

---

[1] Student. The probable error of a mean[J]. Biometrika, 1908, 6(1): 1-25.

## 7.5.1 t分布的性质

**1. t 分布的定义**

若随机变量 $X$ 与 $Y$ 相互独立，$X \sim N(0,1)$，$Y \sim \chi^2(k)$，则 $\dfrac{X}{\sqrt{Y/k}}$ 服从自由度为 $k$ 的 $t$ 分布，记作：

$$T = \frac{X}{\sqrt{Y/\mathrm{df}}} \sim t(k) \tag{7.41}$$

$t$ 分布只有一个参数 $k$，$k$ 称作 $t$ 分布的自由度。

$t$ 分布的概率密度函数、累积分布函数的数学表达式很复杂，在实践中也很少直接运用，因此在本书中不展示。

下面将通过 Excel 中的数值模拟来解释 $t$ 分布的形成过程。从式（7.41）中可以发现 $t$ 分布由两个分别服从标准正态分布和卡方分布的随机变量经数学变换而得。如图 7.15 所示，单击"数据"→"数据分析"→"随机数发生器"，在"随机数发生器"对话框中，根据图 7.15 进行设置，生成 6 个相互独立且都服从标准正态分布的序列，每个序列各有 500 个数值。

将列 A 标记为 $X$，将另外 5 列分别记为 Z1~Z5，然后求 Z1~Z5 的平方和，得到一个服从自由度为 5 的卡方分布的序列。然后利用 $t$ 分布的定义式（7.41），生成列 H。选中列 H，单击"插入"→"统计"→"直方图"，即可绘制出服从 $t(5)$ 的 500 个随机数的直方图。如图 7.15 所示，该直方图呈对称分布，对称轴接近于 $Y$ 轴。

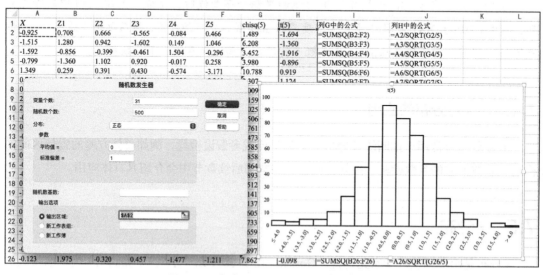

图 7.15 生成服从 $t(5)$ 的 500 个随机数

如图 7.16 所示，采用前述步骤，生成 31 个分别服从标准正态分布的序列，利用 $t$ 分布的定义式（7.41），使列 AG 中的序列服从自由度为 30 的 $t$ 分布。注意：受版面限制，图 7.16 中将列 E 至列 AB 隐藏。对比图 7.15 和图 7.16 所示直方图可以发现，服从 $t(30)$ 的序列的取值主要介于–3 至 3 之间，服从 t(5) 的序列的取值主要介于–4 至 4 之间，二者的对称轴都接近于 Y 轴。t 分布的自由度越大，其变异程度越小。

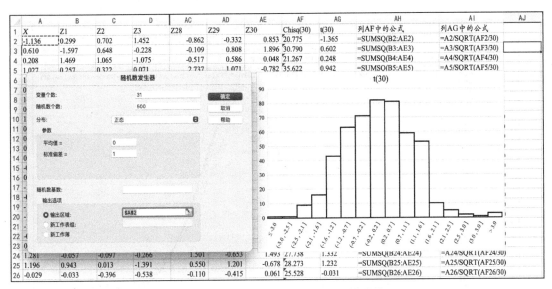

图 7.16　生成服从 t(30) 的 500 个随机数

**2. t 分布的特征**

t 分布具有如下特征。

（1）t 分布与标准正态分布相似，二者的概率密度函数曲线都关于 Y 轴对称。

（2）服从 t 分布的随机变量的取值介于负无穷到正无穷之间。

（3）t 分布的概率密度函数曲线的峰值（Peak）比标准正态分布的概率密度函数曲线的峰值低，其尾部比标准正态分布离横轴的垂直距离高，即尾部更厚（Heavier Tail）。服从 t 分布的随机变量相较于服从标准正态分布的随机变量，尾部的数据更多，中间区域的数据更少。

（4）若 $X \sim t(k)$（$k > 2$），$E(X) = 0$，$Var(X) = \dfrac{k}{k-2}$。

（5）随着自由度的增大，t 分布趋于标准正态分布。

## 7.5.2　利用 Excel 绘制 t 分布的概率密度函数曲线

本节介绍如何利用 Excel 的函数和绘图工具绘制 t 分布的曲线。通过绘图，可建立对 t 分布的直观认识，加深对 t 分布的理解。

在列 A 中填入–4 至 4 公差为 0.2 的等差数列，在列 B 至列 E 调用公式计算 t(2)、t(5)、t(15)、N(0,1) 的概率密度函数值。然后，利用列 A 至列 E 中的数据，插入带有平滑线的散点图，即可绘制出图 7.17 所示的 4 条曲线。实线是 N(0,1) 的概率密度函数曲线，其峰值最高，尾部最贴近横轴；圆点虚线是 t(15) 的概率密度函数曲线，其峰值最接近 N(0,1) 的峰值，尾部比 N(0,1) 的尾部略高；峰值第三的是 t(5) 的概率密度函数曲线；峰值最小的是

$t(2)$ 的概率密度函数曲线，其尾部最高。从图中可以发现，随着自由度的增大，$t$ 分布趋于标准正态分布。

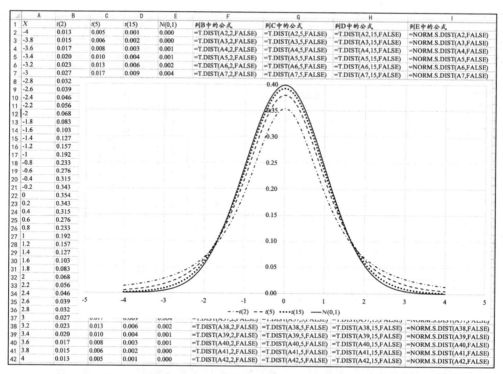

图 7.17 $t(2)$、$t(5)$、$t(15)$ 和 $N(0,1)$ 的概率密度函数曲线

Excel 中与 $t$ 分布相关的函数还包括 T.DIST.RT 函数、T.DIST.2T 函数、T.INV 函数、T.INV.2T 函数，读者可自行尝试，理解其用法。

**实操技巧**

绘制 $t(k)$ 的概率密度函数曲线和累积分布函数曲线时，生成一列 $[-4,4]$ 中的等差数列，利用 T.DIST 函数计算概率密度函数值和累积分布函数值，然后单击"插入"→"散点图"→"带平滑线的散点图"，生成概率密度函数曲线和累积分布函数曲线。

### 7.5.3 $t$ 分布的应用

$t$ 分布通常用于推断统计分析的参数估计或者假设检验，例如总体均值的置信区间的构造、总体均值的参数检验、两个总体均值的参数检验，在后续章节中会介绍其具体应用。

## 7.6 $F$ 分布

$F$ 分布的全称是 Fisher-Snedecor 分布，其命名是为了纪念现代统计学的两位先驱，即英国的统计学家 Fisher 和美国的统计学家 Snedecor。$F$ 分布在两个总体方差是否相等的检验、多个总体方差是否相等的检验中有着广泛应用。

### 7.6.1 $F$ 分布的性质

**1. $F$ 分布的定义**

若随机变量 $X$ 与 $Y$ 相互独立，$X \sim \chi^2(\mathrm{df}_1)$，$Y \sim \chi^2(\mathrm{df}_2)$，则 $\dfrac{X/\mathrm{df}_1}{Y/\mathrm{df}_2}$ 服从自由度为 $k$ 的 $F$ 分布，记作式（7.42）：

$$F = \frac{X/\mathrm{df}_1}{Y/\mathrm{df}_2} \sim F(\mathrm{df}_1, \mathrm{df}_2) \tag{7.42}$$

$F$ 分布有两个参数 $\mathrm{df}_1$ 和 $\mathrm{df}_2$，分别称作第 1 自由度和第 2 自由度，或者分子自由度和分母自由度。$F$ 分布由两个相互独立的分别服从卡方分布的随机变量除以其各自的自由度后再取比值而得。

$F$ 分布的概率密度函数、累积分布函数的数学表达式很复杂，在实践中也很少直接运用，因此在本书中不做展示。

下面将通过 Excel 中的数值模拟来解释 $F$ 分布的形成过程。单击"数据"→"数据分析"→"随机数发生器"，在"随机数发生器"对话框中，根据图 7.18 所示进行设置，生成 11 个相互独立且都服从标准正态分布的序列，每个序列各有 500 个数值。

将列 A 至列 K 分别标记为 Z1～Z11，然后求 Z1、Z2 和 Z3 的平方和，得到的列 L 服从自由度为 3 的卡方分布。求 Z4～Z11 的平方和，得到的列 M 服从自由度为 8 的卡方分布。然后利用式（7.42），生成列 N，列 N 服从 $F(3,8)$ 分布。选中列 N，单击"插入"→"统计"→"直方图"，即可绘制出服从 $F(3,8)$ 的 500 个随机数的直方图，如图 7.18 所示。

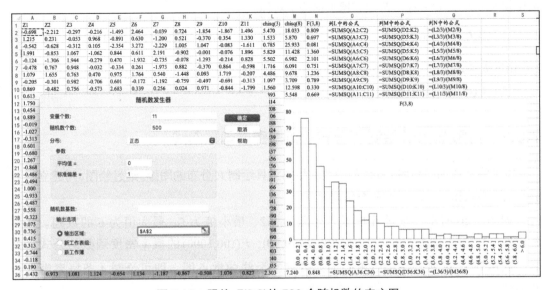

图 7.18　服从 $F(3,8)$ 的 500 个随机数的直方图

若要绘制服从 $F(50,50)$ 的随机变量的直方图，只需在图 7.19 所示的对话框中，将变量个数设置为 100，即可生成 100 个相互独立且各自服从标准正态分布的序列，将它们标记为 $Z1 \sim Z100$。然后，计算 $Z1 \sim Z50$ 的平方和，生成服从自由度为 50 的卡方分布的序列。计算 $Z51 \sim Z100$ 的平方和，生成另一个服从自由度为 50 的卡方分布的序列。这两个卡方分布相互独立，然后利用式（7.42），即可生成 500 个服从 $F(50,50)$ 分布的随机数，其直方图如图 7.19 所示。

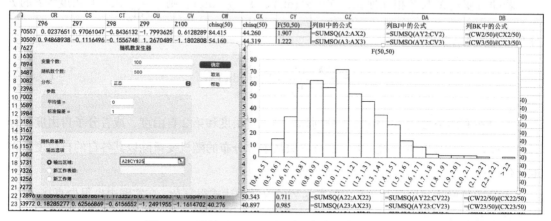

图 7.19　服从 $F(50,50)$ 的 500 个随机数的直方图

对比图 7.18 和图 7.19，可以发现 $F(3,8)$ 是一个典型的右偏分布，数据在 0～1 分布密集，在大于 3 的区域，数据分布稀疏。$F(50,50)$ 的直方图比较接近于对称分布。

**2. $F$ 分布的特征**

$F$ 分布具有如下特征。

（1）服从 $F$ 分布的随机变量是非负的。

（2）当第 1 自由度和第 2 自由度都较小（小于 30）时，$F$ 分布是右偏的；当两个自由度都比较大（大于 50）时，$F$ 分布越来越趋于对称。

（3）若 $F \sim F(\mathrm{df}_1, \mathrm{df}_2), \mathrm{df}_2 \geq 2$ $E(X) = \dfrac{\mathrm{df}_2}{\mathrm{df}_2 - 2}$。$F$ 分布的期望只与第 2 自由度有关，与第 1 自由度无关。

（4）$F(\mathrm{df}_1, \mathrm{df}_2)$ 的中位数接近于 1。

## 7.6.2　利用 Excel 绘制 $F$ 分布的概率密度函数曲线

本节将介绍如何利用 Excel 的函数和绘图工具绘制 $F$ 分布的图像。通过绘图，可建立对 $F$ 分布的直观认识，加深对 $F$ 分布的理解。

如图 7.20 所示，在列 A 中录入公差为 0.2、最小值为 0、最大值为 6 的数列。在列 B 至列 E 中录入求 $F(3,8)$、$F(10,20)$、$F(30,30)$、$F(100,1000)$ 的概率密度函数的公式。然后，利用列 A 至列 E 中的数据，插入带有平滑线的散点图，即可绘制 4 条概率密度函数曲线。

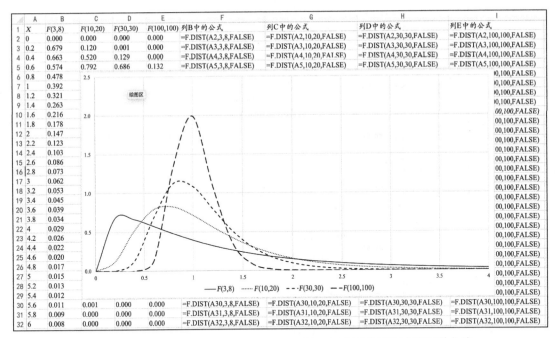

图 7.20　$F(3,8)$、$F(10,20)$、$F(30,30)$、$F(100,1000)$的概率密度函数曲线

$F(100,1000)$ 非常接近对称分布，对称轴的横坐标接近于 1。$F(3,8)$ 右偏程度最为明显。对比这 4 个 $F$ 分布的概率密度函数曲线，可印证 $F$ 分布的特征：若两个自由度都比较小，$F$ 分布的不对称性明显，拖尾拖向右侧；若两个自由度都比较大（大于 50），$F$ 分布趋于对称。

Excel 中与 $F$ 分布相关的函数还包括 F.DIST.RT 函数、F.INV 函数、F.INV.RT 函数，读者可自行尝试使用，理解其用法。

---

**实操技巧**

绘制 $F(\mathrm{df}_1,\mathrm{df}_2)$ 的概率密度函数曲线和累积分布函数曲线时，生成一列大于 0 的等差数列，利用 F.DIST 函数计算概率密度函数和累积分布函数的值，然后单击"插入"→"散点图"→"带平滑线的散点图"，生成概率密度函数曲线和累积分布函数曲线。

---

### 7.6.3　$F$ 分布的应用

$F$ 分布通常应用于两个总体的方差比的检验、方差分析等假设检验中，在本书后续章节中会介绍其具体应用。

## 7.7　本章总结

本章介绍的主要知识点如图 7.21 所示。

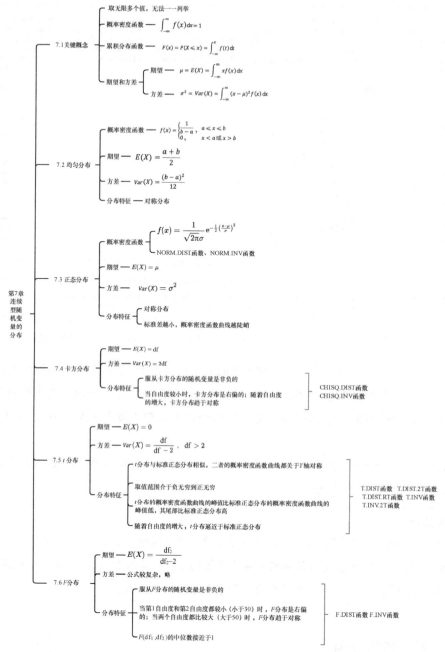

图 7.21　第 7 章知识点总结

## 7.8　本章习题

【习题 7.1】

随机变量 $X$ 服从均匀分布 $U(0,1)$，绘制 $X$ 的概率密度函数曲线。$X$ 落在 $(0.2, 0.8)$ 的概率是多少？$X$ 大于 $0.6$ 的概率是多少？利用 RAND 函数生成 100 个服从均匀分布 $U(0,1)$ 的随机数。计算这 100 个数的样本均值和样本标准差。

【习题 7.2】

假定 A 校学生的每日支出服从均匀分布，每日支出的均值等于 30 元，每日支出的概率密度函数为 $f(x)=0.05$，$a \leqslant x \leqslant b$。$a$ 和 $b$ 分别是多少？每日支出大于 35 元的概率是多少？每日支出介于 25 元至 35 元之间的概率是多少？

【习题 7.3】

绘制 $N(5,2^2)$、$N(10,3^2)$、$N(-5,1^2)$ 的概率密度函数曲线和累积分布函数曲线。

【习题 7.4】

假定在 4S 店维修小客车的费用服从正态分布 $N(1500,300^2)$。费用大于 2000 元的概率是多少？费用低于 500 元的概率是多少？

【习题 7.5】

假定学生完成测验的时长服从正态分布 $N(70,15^2)$。学生完成测验的时长小于 60min 的概率是多少？学生完成测验的时长大于 90min 的概率是多少？

【习题 7.6】

基于 505 位基金经理的从业年限数据（数据文件：习题 7.6.xlsx），判断从业年限中是否存在异常值。如果存在，请一一罗列这些异常值。从业年限的分布是否接近于正态分布？

【习题 7.7】

基于 100 套二手房的房龄数据（数据文件：习题 7.7.xlsx），判断房龄中是否存在异常值。如果存在，请一一罗列这些异常值。房龄的分布是否接近于正态分布？

【习题 7.8】

绘制 $\chi^2(4)$、$\chi^2(15)$、$\chi^2(30)$ 的概率密度函数曲线和累积分布函数曲线。

【习题 7.9】

生成 100 个服从 $\chi^2(4)$ 的随机数，绘制这 100 个随机数的直方图。生成 200 个服从 $\chi^2(30)$ 的随机数，绘制这 200 个随机数的直方图。

【习题 7.10】

绘制 $t(4)$、$t(15)$、$t(30)$ 和标准正态分布的概率密度函数曲线。生成 200 个服从 $t(4)$ 的随机数，绘制这 200 个随机数的直方图。

【习题 7.11】

绘制 $F(2,5)$、$F(5,10)$、$F(20,30)$ 的概率密度函数曲线。生成 100 个服从 $F(2,5)$ 的随机数，绘制这 100 个随机数的直方图。生成 200 个服从 $F(20,30)$ 的随机数，绘制这 200 个随机数的直方图。

# 第 8 章

# 抽样分布

第 6 章和第 7 章介绍了离散型随机变量和连续型随机变量的分布，本章将介绍抽样分布，包括抽样分布基础、样本均值的抽样分布以及样本比例的抽样分布，学习这些知识点可为开展推断统计分析奠定理论基础。

【本章主要内容】
- 抽样分布基础
- 样本均值的抽样分布
- 样本比例的抽样分布

## 8.1 抽样分布基础

本节首先对参数和统计量的概念进行对比，然后介绍抽样分布的定义。

### 8.1.1 参数和统计量

统计学中的参数（Parameter）描述的是总体的分布特征。总体均值、总体标准差、总体的中位数、总体的最小值和最大值都属于参数。参数根据总体中的观测值计算得到，只要总体确定，参数就是确定的。因此，参数是常数。

统计量（Statistic）描述的是样本的分布特征。统计量根据样本中的观测值计算得到，例如根据样本数据计算的样本均值、样本方差、样本中位数都属于统计量。从总体中随机抽取部分个体构成样本，每一次抽得的样本中的个体都不尽相同，根据样本计算出来的样本均值也会不同。因此，统计量是随机变量。

下面将通过例 8.1 来对比参数和统计量。

**例 8.1**

总体包含 4 个元素，分别是 1、2、3、4。从总体中随机抽取 1 个元素，记录下其观测值，然后将该元素放回总体，再随机抽取 1 个元素，记录下其观测值，这两次抽取是相互独立的，抽中的两个元素构成一个样本。按照此法，样本一共有 16 种不同的组合。如图 8.1 所示，在列 D 中，计算 16 个样本各自的均值。从图中可以看出，总体均值根据总体中的 4 个元素的观测值计算得到，等于 2.5。样本均值根据样本中的观测值计算得到，由于样本的构成具有随机性，因此不同的样本，其均值也是不同的。

|   | A | B | C | D | E |
|---|---|---|---|---|---|
| 1 | 总体 | 1 | 2 | 3 | 4 |
| 2 | 总体均值 | 2.5 | =AVERAGE(B1:E1) | | |
| 3 | | | | | |
| 4 | 样本编号 | | 样本构成 | 样本均值 | |
| 5 | 样本1 | 1 | 1 | 1 | =AVERAGE(B5:C5) |
| 6 | 样本2 | 1 | 2 | 1.5 | =AVERAGE(B6:C6) |
| 7 | 样本3 | 1 | 3 | 2 | =AVERAGE(B7:C7) |
| 8 | 样本4 | 1 | 4 | 2.5 | =AVERAGE(B8:C8) |
| 9 | 样本5 | 2 | 1 | 1.5 | =AVERAGE(B9:C9) |
| 10 | 样本6 | 2 | 2 | 2 | =AVERAGE(B10:C10) |
| 11 | 样本7 | 2 | 3 | 2.5 | =AVERAGE(B11:C11) |
| 12 | 样本8 | 2 | 4 | 3 | =AVERAGE(B12:C12) |
| 13 | 样本9 | 3 | 1 | 2 | =AVERAGE(B13:C13) |
| 14 | 样本10 | 3 | 2 | 2.5 | =AVERAGE(B14:C14) |
| 15 | 样本11 | 3 | 3 | 3 | =AVERAGE(B15:C15) |
| 16 | 样本12 | 3 | 4 | 3.5 | =AVERAGE(B16:C16) |
| 17 | 样本13 | 4 | 1 | 2.5 | =AVERAGE(B17:C17) |
| 18 | 样本14 | 4 | 2 | 3 | =AVERAGE(B18:C18) |
| 19 | 样本15 | 4 | 3 | 3.5 | =AVERAGE(B19:C19) |
| 20 | 样本16 | 4 | 4 | 4 | =AVERAGE(B20:C20) |

图 8.1 参数和统计量的区别

### 8.1.2 抽样分布的定义

抽样分布（Sampling Distribution）是指样本统计量的分布。在实践中，通常难以获取总体数据，总体参数是未知的，要利用样本统计量对总体参数进行推断，就需要研究样本统计量的分布。

## 8.2 样本均值的抽样分布

本节将介绍样本均值的抽样分布，采用数理推导和数值模拟相结合的方法，让读者直观并深刻地理解样本均值的分布特征。

### 8.2.1 样本均值的期望和方差

样本均值的期望等于总体的期望。$X_i$ 代表来自总体的随机变量，总体期望 $E(X_i) = \mu$，总体方差 $\mathrm{Var}(X_i) = \sigma^2$。采用简单随机抽样，从总体中抽取容量为 $n$ 的样本。样本均值 $\bar{x}$ 的期望的计算如式（8.1）所示。

$$E(\bar{x}) = E\left(\frac{\sum_{i=1}^{n} X_i}{n}\right) = \frac{1}{n}\sum_{i=1}^{n} E(X_i) = \frac{1}{n} \cdot n\mu = \mu \qquad (8.1)$$

样本均值 $\bar{x}$ 的方差的计算如式（8.2）所示。

$$Var(\bar{x}) = Var\left(\frac{\sum_{i=1}^{n} X_i}{n}\right) = \frac{1}{n^2}\sum_{i=1}^{n} Var(X_i) = \frac{1}{n^2} \cdot n\sigma^2 = \frac{\sigma^2}{n} \qquad (8.2)$$

对样本均值 $\bar{x}$ 的方差开平方根，可得样本均值 $\bar{x}$ 的标准差 $\sigma_{\bar{x}}$，如式（8.3）所示。

$$\sigma_{\bar{x}} = \frac{\sigma}{\sqrt{n}} \qquad (8.3)$$

样本容量越大，样本均值的标准差越小，样本均值的变异程度越小。

**注意**：总体标准差记作 $\sigma$，样本均值的标准差记作 $\sigma_{\bar{x}}$，二者不同。

利用式（8.3）计算样本均值的标准差 $\sigma_{\bar{x}}$ 时需要总体标准差 $\sigma$ 已知，若总体标准差 $\sigma$ 未知，在式（8.3）中需用样本标准差 $s$ 替代总体标准差 $\sigma$ 对 $\sigma_{\bar{x}}$ 进行估计，如式（8.4）所示。

$$\sigma_{\bar{x}} = se(\bar{x}) = \frac{s}{\sqrt{n}} \qquad (8.4)$$

$se(\bar{x})$ 也称作样本均值的标准误（Standard Error of the Mean，S.E.）。

### 8.2.2 样本均值的分布形状

样本均值分布的中心与总体分布的中心相同，样本均值的方差等于总体方差的 $1/n$。接下来，将根据总体是否服从正态分布，分两种情形来讨论样本均值的分布形状。

**1. 总体服从正态分布**

总体服从正态分布 $N(\mu, \sigma^2)$，无论样本容量 $n$ 多大，样本均值 $\bar{x}$ 都服从正态分布 $N(\mu, \sigma^2/n)$。

根据正态分布的性质，样本均值是一系列相互独立且都服从正态分布 $N(\mu, \sigma^2)$ 的随机变量 $X_i$ 的线性组合，因此样本均值服从正态分布。利用 Excel 进行数值模拟，从服从正态分布的总体中抽取若干样本，计算每个样本的均值，然后绘制样本均值的直方图，具体步骤如下。

第 1 步：在列 A 中生成一个服从正态分布 $N(60,5^2)$ 的序列，该序列中有 500 个观测值，将其视作总体。单击"数据"→"数据分析"→"随机数发生器"，根据图 8.2 所示进行设置。

第 2 步：从容量为 500 的总体中随机抽取 5 个个体组成一个样本，计算该样本的均值。重复此过程 100 次。

如图 8.3 所示，在 C2 单元格中录入公式"=INDEX(\$A\$2:\$A\$501,RANDBETWEEN(1,500))"（见单元格 D2）。INDEX 函数的第 1 项参数"\$A\$2:\$A\$501"代表总体中 500 个观测值所在的区域，第 2 项参数代表提取数值的位置。在本例中用函数"RANDBETWEEN(1,500)"生成一个介于 1 至 500 之间的随机数，代表从总体的 500 个数值中抽取的观测值的位置，从而保证抽样的随机性。然后，拖曳填充柄填充单元格 C3 至 C6，即可生成一个容量为 5 的样本。然后在其下方计算样本 1 的均值。

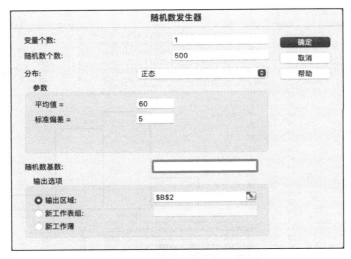

图 8.2 "随机数发生器"对话框

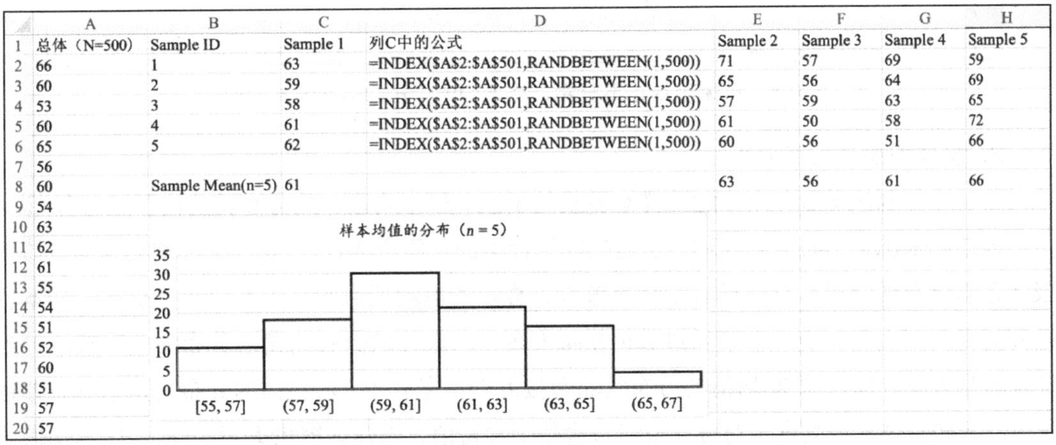

图 8.3 总体服从正态分布，样本均值（$n=5$）的直方图

第 3 步：框选单元格区域"C2:C6"，将鼠标指针移至单元格 C6 的右下角，待其变为"十"字形后，向右拖曳，一直拖曳至第一行中显示"Sample 100"。这样就得到了 100 个容量为 5 的样本。注意：图 8.3 中只显示了样本 1 至样本 5，由于篇幅限制，没有显示出样本 6 至样本 100。

第 4 步：如图 8.3 所示，绘制 100 个样本均值的直方图，可以发现其分布中心在 60 左右，是一个对称分布，具备正态分布的特征。

图 8.4 中的做法与图 8.3 中的做法略有不同，不同之处在于图 8.4 中样本 1 的样本容量为 30，即从服从 $N(60,5^2)$ 的总体中随机抽取 30 个个体组成样本，计算该样本的均值。重复此过程 100 次，绘制 100 个样本均值的直方图。

对比这两幅直方图，其共同之处是分布中心都在 60 左右，都是对称分布；不同之处在于图 8.3 中的样本均值在 55 至 67 之间波动，数据分布比图 8.4 中的分散。图 8.4 的 100 个样本均值在 57 至 63 之间波动，数据更加集中在 60 附近。这是因为图 8.3 中样本的容量为 5，图 8.4 中样本的容量为 30。样本容量越大，样本均值的方差越小。

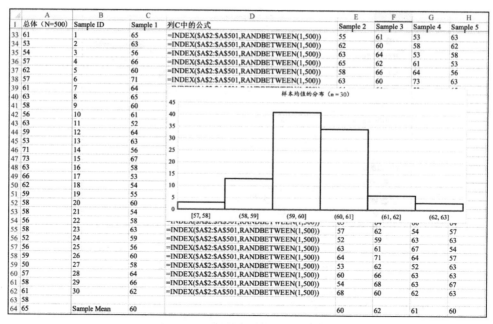

图 8.4 总体服从正态分布,样本均值($n=30$)的直方图

### 2. 总体不服从正态分布

若总体不服从正态分布,随着样本容量的增大,样本均值 $\bar{x}$ 的分布将趋向于正态分布。

该结论来源于中心极限定理,这是推断统计学的"理论基石"。现实中经常会遇到总体不服从正态分布的情形,只要样本容量足够大,样本均值就近似服从正态分布。那么,样本容量究竟需要多大呢?统计学家通过数值模拟发现:若总体的分布与正态分布的差距较小,当样本容量大于 30 时,样本均值的分布就非常接近于正态分布;若总体的分布与正态分布差距很大,例如总体呈现高度不对称,或者包含数个异常值,当样本容量大于 50 时,样本均值才逼近于正态分布。

接下来利用 Excel 进行数值模拟,从服从泊松分布 Poisson(2) 的总体中抽取若干样本,计算每个样本的均值,然后绘制样本均值的直方图。操作步骤与前文类似,首先在列 A 中生成服从 Poisson(2) 的 500 个随机数,如图 8.5 所示。

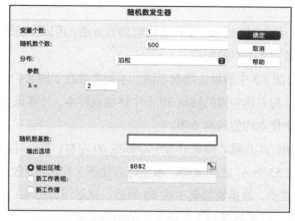

图 8.5 生成服从 Poisson(2) 的 500 个随机数

然后从中抽取容量为 5 的样本，计算其均值，重复该过程 100 次，绘制 100 个样本均值的直方图。从图 8.6 中可以看出，直方图呈右偏分布，其形状与总体的分布形状相似。

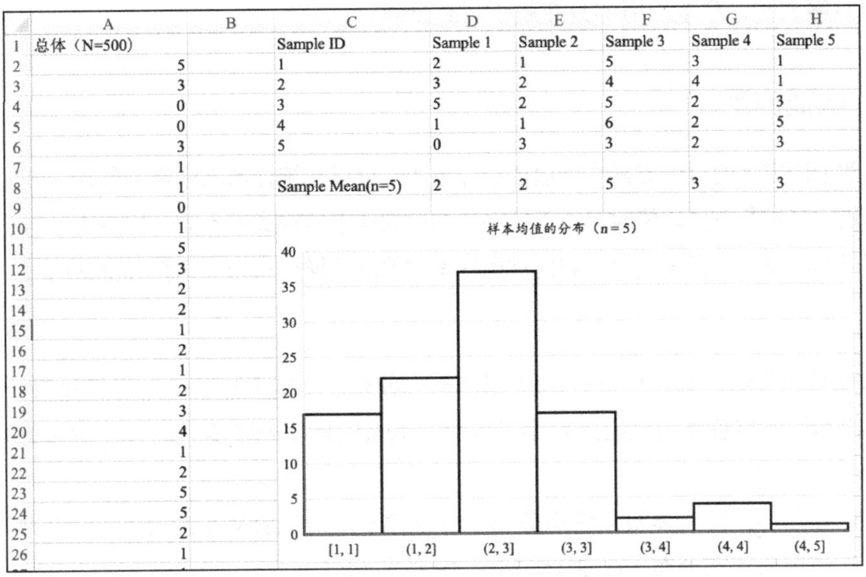

图 8.6　总体服从泊松分布，样本均值（$n=5$）的直方图

图 8.7 中的做法与图 8.6 中的做法略有不同，将样本容量修改为 30，即从服从 Poisson(2) 的总体中随机抽取 30 个个体组成样本，计算该样本的均值。重复此过程 100 次，绘制 100 个样本均值的直方图。

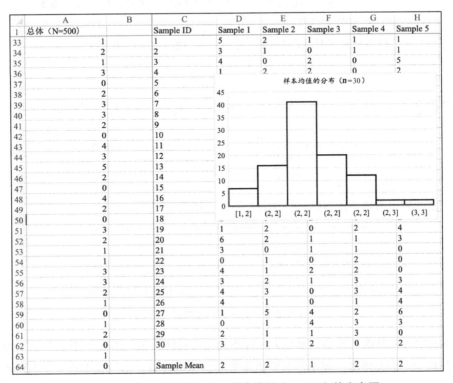

图 8.7　总体服从泊松分布，样本均值（$n=30$）的直方图

对比这两幅直方图,当样本容量为 5 时,样本均值的分布呈现右偏;当样本容量为 30 时,样本均值的分布比较接近于对称分布。这也验证了中心极限定理:当总体不服从正态分布,样本容量足够大时,样本均值的分布趋于正态分布。

### 8.2.3 实践应用

在实践中研究者通过研究样本均值的抽样分布,可以在统计推断中掌握估计误差的大小。当利用样本均值来推断总体均值时,由于每一次抽取的样本的构成都不同,样本均值与总体均值的差距也因样本而异。下面举例说明如何利用样本均值的抽样分布来讨论统计推断的可靠性。

**例 8.2**

A 市成年男子的身高(单位:cm)服从正态分布 $N(172,4^2)$。从 A 市成年男子中随机抽取 25 人,样本均值与总体均值的差距小于或等于 1cm 的概率是多少?若样本容量为 64 和 100,前述概率分别是多少?

根据已知条件,因总体服从正态分布,所以样本均值也服从正态分布。当样本容量为 25 时,样本均值服从正态分布 $N(172,4^2/25)$,则有式(8.5):

$$P(|\bar{x}-\mu|\leqslant 1)=P\left(\left|\frac{\bar{x}-\mu}{\frac{\sigma}{\sqrt{n}}}\right|\leqslant \frac{1}{\left(\frac{4}{5}\right)}\right)=P(|z|\leqslant 1.25)\approx 0.7887 \quad (8.5)$$

当样本容量为 64 时,样本均值服从正态分布 $N(172,4^2/64)$,则有式(8.6):

$$P(|\bar{x}-\mu|\leqslant 1)=P\left(\left|\frac{\bar{x}-\mu}{\frac{\sigma}{\sqrt{n}}}\right|\leqslant \frac{1}{\left(\frac{4}{8}\right)}\right)=P(|z|\leqslant 2)\approx 0.9545 \quad (8.6)$$

当样本容量为 100 时,样本均值服从正态分布 $N(172,4^2/100)$,则有式(8.7):

$$P(|\bar{x}-\mu|\leqslant 1)=P\left(\left|\frac{\bar{x}-\mu}{\frac{\sigma}{\sqrt{n}}}\right|\leqslant \frac{1}{\left(\frac{4}{10}\right)}\right)=P(|z|\leqslant 2.5)\approx 0.9876 \quad (8.7)$$

在上述计算中需要调用 NORM.S.DIST 函数,如图 8.8 所示。

| | A | B | C |
|---|---|---|---|
| 1 | | Probability | Formula |
| 2 | $P(|z|<=1.25)$ | 0.7887 | =1-2*(1-NORM.S.DIST(1.25,TRUE)) |
| 3 | $P(|z|<=2)$ | 0.9545 | =1-2*(1-NORM.S.DIST(2,TRUE)) |
| 4 | $P(|z|<=2.5)$ | 0.9876 | =1-2*(1-NORM.S.DIST(2.5,TRUE)) |

图 8.8 例 8.2 的计算过程

从本例中可以发现,样本容量越大,样本均值与总体均值的差距小于或等于 1cm 的概率越高,即基于一个大样本,利用样本均值来推断总体均值时,估计误差在一个范围内的概率是更高的。在实践中,增大样本容量,可以提高估计的可靠程度。

## 8.3 样本比例的抽样分布

样本比例是指样本中具有某种属性的个体在样本中所占的比例。同理,总体比例是指总体中具有某种属性的个体在总体中所占的比例。比例通常用于描述定性变量的分布,例如男性的比例、合格品的比例等。样本比例基于样本计算,其取值会随着样本不同而不同。样本比例是随机变量,因此需要对其分布特征进行研究。本节将采用数理推导和数值模拟相结合的方法,让读者直观和深刻地理解样本均值的分布特征。

### 8.3.1 样本比例的期望和方差

样本比例记为 $p$,$p$ 等于样本中具有某种属性的个体数量 $n_1$ 除以样本容量 $n$,即 $p=\dfrac{n_1}{n}$。总体比例记为 $\pi$,也就是总体中具有某种属性的个体所占的比例等于 $\pi$,也可以理解为个体具有某种属性的概率等于 $\pi$。

从总体中随机抽取容量为 $n$ 的样本,那么样本中具有某种属性的个体数量 $n_1$ 服从二项分布 $B(n,\pi)$。二项分布的期望等于 $n\pi$,方差等于 $n\pi(1-\pi)$。样本比例的期望如式(8.8)所示。

$$E(p)=E\left(\frac{n_1}{n}\right)=\frac{1}{n}E(n_1)=\frac{1}{n}\cdot n\pi=\pi \tag{8.8}$$

样本比例的方差如式(8.9)所示。

$$Var(p)=Var\left(\frac{n_1}{n}\right)=\frac{1}{n^2}Var(n_1)=\frac{1}{n^2}\cdot n\pi(1-\pi)=\frac{\pi(1-\pi)}{n} \tag{8.9}$$

对样本比例 $\overline{p}$ 的方差开平方根,可得样本比例 $\overline{p}$ 的标准差 $\sigma_p$,如式(8.10)所示。

$$\sigma_p=\sqrt{Var(p)}=\sqrt{\frac{\pi(1-\pi)}{n}} \tag{8.10}$$

利用式(8.10)计算样本比例的标准差 $\sigma_p$ 时需要已知总体比例 $\pi$。若总体比例 $\pi$ 未知,在式(8.10)中可用样本比例替代总体比例对 $\sigma_p$ 进行估计,如式(8.11)所示。

$$\sigma_p=se(p)=\sqrt{\frac{p(1-p)}{n}} \tag{8.11}$$

$se(p)$ 称作样本比例的标准误(Standard Error of Sample Proportion)。

### 8.3.2 样本比例的分布形状

样本比例分布的中心与总体比例分布的中心相同,样本比例的方差等于 $\sqrt{\dfrac{\pi(1-\pi)}{n}}$,若能刻画样本比例的分布形状,就能全面掌握样本比例的抽样分布。根据中心极限定理,当样本容量足够大时，样本比例的分布趋于正态分布。那么样本容量多大才可以算作足够大呢？下面将通过数值模拟来讨论。

1. **总体比例等于 0.5**

假定总体比例等于 0.5，样本容量等于 25。从总体中随机抽取容量为 25 的样本，计算样本比例。重复该过程 500 次，可得 500 个样本及样本比例，可绘制含 500 个样本比例的直方图。

利用 Excel 进行数值模拟，在列 A 中生成一个服从二项分布 $B(25,0.5)$ 的序列，该序列代表每个样本中具有某种属性的个体数量 $n_1$，样本容量等于 25。该序列一共有 500 个观测值，代表抽取了 500 个样本。然后用 $n_1$ 除以 25，即得样本比例。单击"数据"→"数据分析"→"随机数发生器"，根据图 8.9 所示进行设置。

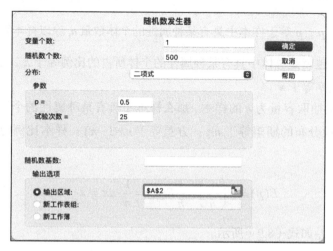

图 8.9　生成 500 个服从二项分布 $B(25,0.5)$ 的随机数

用 $n_1$ 除以 25，即得样本比例，然后绘制含 500 个样本比例的直方图，如图 8.10 所示。

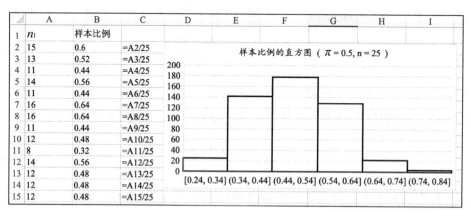

图 8.10　样本比例的直方图

从直方图中可以看出，样本比例呈对称分布，分布的中心在 0.5 左右。将图 8.9 所示对话框中的试验次数设置为 100。如图 8.11 所示，样本比例呈对称分布，分布的中心在 0.5 左右，与图 8.10 中的直方图相比，样本比例的分布更加紧密地围绕在 0.5 附近。也就是说样本容量越大，样本比例的变异程度越小。

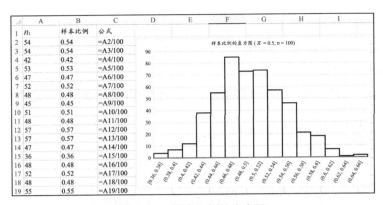

图 8.11 样本比例的直方图

**2. 总体比例等于 0.1**

假定总体比例等于 0.1，绘制样本容量为 25 和 100 两种情形下样本比例的直方图，如图 8.12 所示。

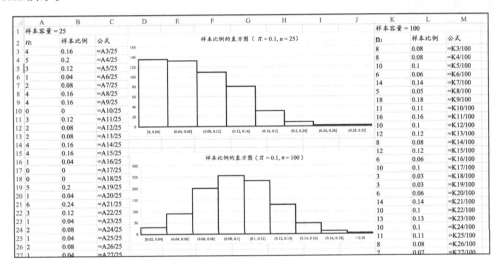

图 8.12 样本比例的直方图对比

从图 8.12 所示的直方图可以看出，当总体比例等于 0.1、样本容量等于 25 时，样本比例呈右偏分布；当样本容量等于 100 时，样本比例趋于对称分布。读者也可自行绘制总体比例等于 0.9、样本容量等于 25 时样本比例的直方图，此时样本比例呈左偏分布；当样本容量等于 100 时，样本比例趋于对称分布。

综上所述，若当总体比例接近 0.5 时，不需要太大的样本容量，样本比例都接近正态分布。当总体比例接近于 0 或者 1 时，就需要更大的样本容量，样本比例才服从正态分布。通常，当 $n\pi \geq 15$ 且 $n(1-\pi) \geq 15$ 时，样本比例的分布接近于正态分布 $N\left(\pi, \dfrac{\pi(1-\pi)}{n}\right)$。

### 8.3.3 实践应用

下面举例说明如何利用样本比例的抽样分布来解决现实问题。

**例 8.3**

ABC 公司的订单有 20%来自新顾客。若随机抽取 100 个订单,其中来自新顾客的比例介于 15%至 25%之间的概率是多少?

在本例中 $n\pi = 20$、$n(1-\pi) = 80$ 都超过了 15,样本容量足够大,因此样本比例服从正态分布 $N\left(0.2, \dfrac{0.2(1-0.8)}{100}\right)$,则有式(8.12)。

$$P(0.15 < P < 0.25) = P(|P-0.2| < 0.05) = $$
$$P\left(\left|\dfrac{P-0.2}{0.04}\right| < \dfrac{0.05}{0.04}\right) = P(|z| < 1.25) \approx 0.7887 \qquad (8.12)$$

随机抽取 100 个订单,其中来自新顾客的比例介于 15%至 25%之间的概率约等于 0.7887。

## 8.4 本章总结

本章介绍的主要知识点如图 8.13 所示。

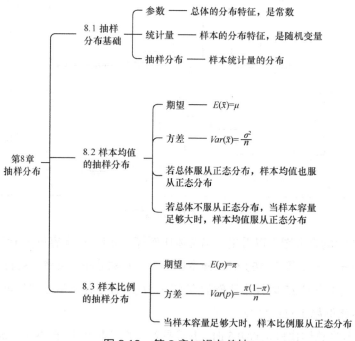

图 8.13 第 8 章知识点总结

## 8.5 本章习题

【习题 8.1】

生成 500 个服从正态分布 $N(100,10^2)$ 的随机数。将这 500 个数视作总体,从中随机抽取容量为 4 的样本,计算样本均值。重复该过程 100 次,绘制 100 个样本的样本均值的直方图。

从前述总体中随机抽取容量为 36 的样本，计算样本均值。重复该过程 100 次，绘制 100 个样本的样本均值的直方图。比较两幅直方图，概括两幅图的异同。

【习题 8.2】

生成 1000 个服从泊松分布 Poisson(5) 的随机数。将这 1000 个数视作总体，从中随机抽取容量为 4 的样本，计算样本均值。重复该过程 100 次，绘制 100 个样本的样本均值的直方图。从前述总体中随机抽取容量为 36 的样本，计算样本均值。重复该过程 100 次，绘制 100 个样本的样本均值的直方图。比较两幅直方图，概括两幅图的异同。

【习题 8.3】

A 校学生的大学英语四级考试成绩服从正态分布 $N(500, 25^2)$。从 A 校的学生中随机抽取 36 人，样本均值与总体均值的差距小于或等于 5 的概率是多少？若样本容量为 64 和 100，前述概率分别是多少？

【习题 8.4】

总体比例等于 0.9，从总体中随机抽取容量为 30 的样本，计算样本比例。重复该过程 500 次，绘制这 500 个样本的样本比例的直方图。若从前述总体中随机抽取容量为 200 的样本，计算样本比例。重复该过程 500 次，绘制这 500 个样本的样本比例的直方图。比较两幅直方图，概括两幅图的异同。

【习题 8.5】

ABC 公司生产的电子元件的合格率为 90%。若随机抽取 900 个电子元件，合格率超过 93% 的概率是多少？

# 第 4 篇

# 推断统计分析方法

推断统计分析研究的是如何根据样本特征推断总体特征，是统计学中最重要的一个领域。因为在实践中，研究者通常掌握的是样本数据，如何根据样本数据对总体进行推断是一个重要的课题。

第 4 篇包括第 9～15 章。第 9 章和第 10 章将分别介绍推断统计分析的两大分支，参数估计和假设检验（单个总体参数的检验）。第 11 章将介绍两个总体参数的检验，第 12 章将介绍多个总体参数的检验，第 13 章将介绍非参数检验，第 14 章将介绍相关分析，第 15 章将介绍回归分析。

# 第 9 章

# 参数估计

参数估计就是利用样本数据对总体参数进行估计的过程。本章首先介绍点估计和区间估计这两种估计这方法的思想,然后介绍总体均值、总体方差和总体比例的区间估计。

【本章主要内容】
- 点估计和区间估计
- 总体均值的区间估计
- 总体方差的区间估计
- 总体比例的区间估计

## 9.1 点估计和区间估计

点估计(Point Estimation)是指用单个的数值来推断总体参数。例如用样本均值推断总体均值,记作 $\hat{\mu}=\bar{x}$,该式的含义是总体参数的估计量(Estimator)等于样本均值。再如,用样本方差来估计总体方差,$\hat{\sigma}^2 = s^2$;用样本比例来估计总体比例,$\hat{\pi}=p$。点估计的优点是简单直观,缺点在于不能反映估计的可靠程度。因为样本均值、样本比例和样本方差都是随机变量,其取值随着抽样的不同而不同。根据不同的样本对总体参数进行估计的结果也不尽相同。因此,在实践中点估计较少使用。

区间估计(Interval Estimation)是指为总体参数构造估计区间,不再是用单个的数值来推断总体参数,而是给出区间,以及估计的可靠程度。

## 9.2 总体均值的区间估计

本节首先介绍总体均值的区间估计的基本思想,然后结合 Excel 的数值模拟解释什么是置信水平,最后介绍总体均值的区间估计在 Excel 中的实现。

## 9.2.1 基本思想

区间估计的目标是利用样本数据为总体参数构造出一个区间,并且给出这个区间的可靠程度。根据中心极限定理,当总体服从正态分布,或者总体不服从正态分布时,只要样本容量足够大,样本均值 $\bar{x}$ 就服从正态分布 $N(\mu, \sigma^2/n)$。$\mu$ 和 $\sigma^2$ 分别代表总体的均值和方差。

中心极限定理在样本均值和总体均值之间构建了一座"桥梁",样本均值的期望等于总体均值,样本均值是以总体均值为中心而波动的。

利用 $\bar{x} \sim N(\mu, \sigma^2/n)$,对样本均值进行标准化处理,$\dfrac{\bar{x}-\mu}{\sigma/\sqrt{n}} \sim N(0,1)$,可列出式(9.1):

$$P\left(-z_{\frac{\alpha}{2}} < \frac{\bar{x}-\mu}{\frac{\sigma}{\sqrt{n}}} < z_{\frac{\alpha}{2}}\right) = 1-\alpha \tag{9.1}$$

$z_{\frac{\alpha}{2}}$ 是标准正态分布上的双侧 $\alpha$ 分位点。对式(9.1)进行变换如下:

$$P\left(-z_{\frac{\alpha}{2}}\frac{\sigma}{\sqrt{n}} < \bar{x}-\mu < z_{\frac{\alpha}{2}}\frac{\sigma}{\sqrt{n}}\right) = 1-\alpha$$

$$P\left(-\bar{x}-z_{\frac{\alpha}{2}}\frac{\sigma}{\sqrt{n}} < -\mu < -\bar{x}+z_{\frac{\alpha}{2}}\frac{\sigma}{\sqrt{n}}\right) = 1-\alpha \tag{9.2}$$

$$P\left(\bar{x}-z_{\frac{\alpha}{2}}\frac{\sigma}{\sqrt{n}} < \mu < \bar{x}+z_{\frac{\alpha}{2}}\frac{\sigma}{\sqrt{n}}\right) = 1-\alpha$$

需要注意的是式(9.2)中 $\mu$ 是总体均值,由于总体数据难以获取,通常总体均值是未知的,也正是需要研究者做出推断的。$\bar{x}$ 可通过样本数据计算得到。因此,总体均值的区间估计上限(Upper Limit)等于 $\bar{x}+z_{\frac{\alpha}{2}}\dfrac{\sigma}{\sqrt{n}}$,下限(Lower Limit)等于 $\bar{x}-z_{\frac{\alpha}{2}}\dfrac{\sigma}{\sqrt{n}}$,它们由样本均值加减 $z_{\frac{\alpha}{2}}\dfrac{\sigma}{\sqrt{n}}$ 得到。$z_{\frac{\alpha}{2}}\dfrac{\sigma}{\sqrt{n}}$ 称作估计误差(Margin of Error),$\left[\bar{x}-z_{\frac{\alpha}{2}}\dfrac{\sigma}{\sqrt{n}},\bar{x}+z_{\frac{\alpha}{2}}\dfrac{\sigma}{\sqrt{n}}\right]$ 称作总体均值的置信区间(Confidence Interval)。$1-\alpha$ 称作置信水平(Confidence Level)。置信水平由研究者自行约定,常用的有90%、95%和99%。关于置信水平,将在9.2.2小节中详细介绍。

利用式(9.2)计算总体均值的区间估计量时,还需要知道总体标准差 $\sigma$。但在实践中总体标准差通常未知,在对样本均值进行标准化处理时,常使用样本标准差 $s$ 来替代总体标准差。当总体服从正态分布时,$\dfrac{\bar{x}-\mu}{s/\sqrt{n}} \sim t(n-1)$,可列出式(9.3):

$$P\left(-t_{\frac{\alpha}{2}}(n-1) < \frac{\bar{x}-\mu}{\frac{s}{\sqrt{n}}} < t_{\frac{\alpha}{2}}(n-1)\right) = 1-\alpha \tag{9.3}$$

$t_{\frac{\alpha}{2}}(n-1)$ 是 $t(n-1)$ 分布上的双侧 $\alpha$ 分位点。对式(9.3)进行变换如下:

$$P\left(-t_{\frac{\alpha}{2}}(n-1)\frac{s}{\sqrt{n}} < \bar{x}-\mu < t_{\frac{\alpha}{2}}(n-1)\frac{s}{\sqrt{n}}\right) = 1-\alpha$$

$$P\left(-\bar{x}-t_{\frac{\alpha}{2}}(n-1)\frac{s}{\sqrt{n}} < -\mu < -\bar{x}+t_{\frac{\alpha}{2}}(n-1)\frac{s}{\sqrt{n}}\right) = 1-\alpha \quad (9.4)$$

$$P\left(\bar{x}-t_{\frac{\alpha}{2}}(n-1)\frac{s}{\sqrt{n}} < \mu < \bar{x}+t_{\frac{\alpha}{2}}(n-1)\frac{s}{\sqrt{n}}\right) = 1-\alpha$$

当总体标准差未知时，总体均值的置信区间为 $\left[\bar{x}-t_{\frac{\alpha}{2}}(n-1)\frac{s}{\sqrt{n}}, \bar{x}+t_{\frac{\alpha}{2}}(n-1)\frac{s}{\sqrt{n}}\right]$。

总体均值的置信区间的大小由置信水平、样本容量、总体（或样本）的标准差共同决定。置信水平 $1-\alpha$ 越高，$\alpha$ 越小，$z_{\frac{\alpha}{2}}$ 或 $t_{\frac{\alpha}{2}}(n-1)$ 越大，置信区间越大。样本容量越大，置信区间越小。总体（或样本）标准差，置信区间的宽度越窄。

### 9.2.2 置信水平的解释

本节通过 Excel 的数据模拟来解释置信水平，先介绍 95%置信水平的概念，再介绍 90%置信水平的概念。

**1. 95%置信水平**

如图 9.1 所示，将列 A 中的数据视作总体，总体服从正态分布 $N(60,5^2)$，总体容量等于 500。从总体中随机抽取 25 个个体组成样本 1，利用样本 1 构造总体均值的 95%置信区间。具体步骤如下。

第 1 步：构造总体的数据。单击"数据"→"数据分析"→"随机数发生器"，根据图 9.1 所示进行设置，列 A 中将生成一个包含 500 个观测值的序列，将其视作总体，其服从正态分布 $N(60,5^2)$。

第 2 步：从总体中随机抽取 25 个个体构成样本 1，将样本 1 的观测值罗列在列 D 中。利用 INDEX 函数可以保证抽样的随机性。关于 INDEX 函数的解释，详见 8.2.2 小节。

第 3 步：计算样本 1 的均值、标准差和估计误差。在此处将总体标准差视为未知，采用公式 $t_{\frac{\alpha}{2}}(n-1)\frac{s}{\sqrt{n}}$ 计算估计误差。本例中，样本容量等于 25，置信水平设置为 95%，$\alpha$ 等于 0.05。$t_{\frac{\alpha}{2}}(n-1)$ 等于 $t_{\frac{0.05}{2}}(24)$，即 $t(24)$ 的双侧 0.05 分位点，可用 Excel 中的函数 T.INV.2T(0.05,24) 求得 $t_{\frac{0.05}{2}}(24)$。T.INV.2T 函数的第 1 项参数代表双侧尾翼的取值概率，第 2 项参数是 $t$ 分布的自由度。

第 4 步：计算置信区间的上限和下限。

第 5 步：判断置信区间是否能够包含总体均值 60。若能包含，则表明根据样本 1 构造的区间是一次成功的推断；若不能包含，则表明是一次失败的推断。利用 IF 函数，可以实现上述判断，在单元格 D33 中录入公式 "=IF(AND(D31<60,D32>60),1,0)"（见单元格 E33），若单元格 D31 中的值（区间下限）小于 60，且单元格 D32 中的值（区间上限）大于 60，这个区间就是对总体均值的一次成功推断，返回数值 1。若单元格 D31 中的值（区间下限）大于 60，或者单元格 D31 中的值（区间下限）小于 60，但单元格 D32 中的值（区间上限）也小于 60，这样的区间都是失败的推断，返回数值 0。

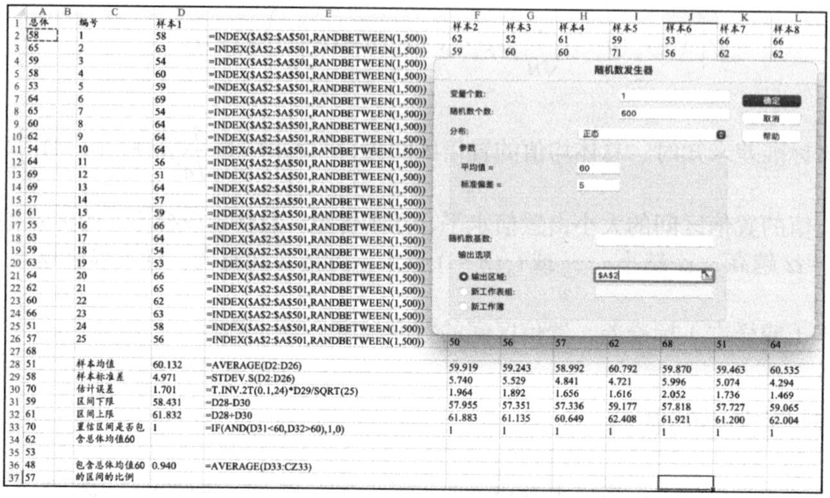


| | A | B | C | D | E | F | G | H | I | J | K | L |
|---|---|---|---|---|---|---|---|---|---|---|---|---|
| 1 | 总体 | | 编号 | 样本1 | | 样本2 | 样本3 | 样本4 | 样本5 | 样本6 | 样本7 | 样本8 |
| 2 | 58 | | 1 | 58 | =INDEX($A$2:$A$501,RANDBETWEEN(1,500)) | 62 | 52 | 61 | 59 | 53 | 66 | 66 |
| 3 | 65 | | 2 | 63 | =INDEX($A$2:$A$501,RANDBETWEEN(1,500)) | 59 | 60 | 60 | 71 | 56 | 62 | 62 |
| 4 | 59 | | 3 | 54 | =INDEX($A$2:$A$501,RANDBETWEEN(1,500)) | | | | | | | |
| 5 | 58 | | 4 | 60 | =INDEX($A$2:$A$501,RANDBETWEEN(1,500)) | | | | | | | |
| 6 | 53 | | 5 | 59 | =INDEX($A$2:$A$501,RANDBETWEEN(1,500)) | | | | | | | |
| 7 | 64 | | 6 | 69 | =INDEX($A$2:$A$501,RANDBETWEEN(1,500)) | | | | | | | |
| 8 | 65 | | 7 | 54 | =INDEX($A$2:$A$501,RANDBETWEEN(1,500)) | | | | | | | |
| 9 | 60 | | 8 | 64 | =INDEX($A$2:$A$501,RANDBETWEEN(1,500)) | | | | | | | |
| 10 | 62 | | 9 | 64 | =INDEX($A$2:$A$501,RANDBETWEEN(1,500)) | | | | | | | |
| 11 | 54 | | 10 | 64 | =INDEX($A$2:$A$501,RANDBETWEEN(1,500)) | | | | | | | |
| 12 | 64 | | 11 | 56 | =INDEX($A$2:$A$501,RANDBETWEEN(1,500)) | | | | | | | |
| 13 | 69 | | 12 | 51 | =INDEX($A$2:$A$501,RANDBETWEEN(1,500)) | | | | | | | |
| 14 | 69 | | 13 | 64 | =INDEX($A$2:$A$501,RANDBETWEEN(1,500)) | | | | | | | |
| 15 | 57 | | 14 | 57 | =INDEX($A$2:$A$501,RANDBETWEEN(1,500)) | | | | | | | |
| 16 | 61 | | 15 | 59 | =INDEX($A$2:$A$501,RANDBETWEEN(1,500)) | | | | | | | |
| 17 | 55 | | 16 | 66 | =INDEX($A$2:$A$501,RANDBETWEEN(1,500)) | | | | | | | |
| 18 | 63 | | 17 | 64 | =INDEX($A$2:$A$501,RANDBETWEEN(1,500)) | | | | | | | |
| 19 | 59 | | 18 | 54 | =INDEX($A$2:$A$501,RANDBETWEEN(1,500)) | | | | | | | |
| 20 | 63 | | 19 | 53 | =INDEX($A$2:$A$501,RANDBETWEEN(1,500)) | | | | | | | |
| 21 | 64 | | 20 | 66 | =INDEX($A$2:$A$501,RANDBETWEEN(1,500)) | | | | | | | |
| 22 | 62 | | 21 | 65 | =INDEX($A$2:$A$501,RANDBETWEEN(1,500)) | | | | | | | |
| 23 | 60 | | 22 | 62 | =INDEX($A$2:$A$501,RANDBETWEEN(1,500)) | | | | | | | |
| 24 | 66 | | 23 | 63 | =INDEX($A$2:$A$501,RANDBETWEEN(1,500)) | | | | | | | |
| 25 | 51 | | 24 | 58 | =INDEX($A$2:$A$501,RANDBETWEEN(1,500)) | | | | | | | |
| 26 | 57 | | 25 | 56 | =INDEX($A$2:$A$501,RANDBETWEEN(1,500)) | 50 | 56 | 57 | 62 | 68 | 51 | 64 |
| 27 | 68 | | | | | | | | | | | |
| 28 | 51 | | 样本均值 | 60.132 | =AVERAGE(D2:D26) | 59.919 | 59.243 | 58.992 | 60.792 | 59.870 | 59.463 | 60.535 |
| 29 | 58 | | 样本标准差 | 4.971 | =STDEV.S(D2:D26) | 5.740 | 5.529 | 4.841 | 4.721 | 5.996 | 5.074 | 4.294 |
| 30 | 70 | | 估计误差 | 1.701 | =T.INV.2T(0.1,24)*D29/SQRT(25) | 1.964 | 1.892 | 1.656 | 1.616 | 2.052 | 1.736 | 1.469 |
| 31 | 59 | | 区间下限 | 58.431 | =D28-D30 | 57.955 | 57.351 | 57.336 | 59.177 | 57.818 | 57.727 | 59.065 |
| 32 | 61 | | 区间上限 | 61.832 | =D28+D30 | 61.883 | 61.135 | 60.649 | 62.408 | 61.921 | 61.200 | 62.004 |
| 33 | 70 | | 置信区间是否包 | 1 | =IF(AND(D31<60,D32>60),1,0) | 1 | 1 | 1 | 1 | 1 | 1 | 1 |
| 34 | 62 | | 含总体均值60 | | | | | | | | | |
| 35 | 53 | | | | | | | | | | | |
| 36 | 48 | | 包含总体均值60 | 0.940 | =AVERAGE(D33:CZ33) | | | | | | | |
| 37 | 57 | | 的区间的比例 | | | | | | | | | |

图 9.1 从正态分布的总体中抽取容量为 25 的样本

第 6 步：重复前述第 2 步至第 5 步，构造出样本 2、样本 3……基于每个样本计算置信区间，最后统计出这一系列置信区间中包含总体均值 60 的比例。选中单元格区域“D1:D33”，然后将鼠标指针移至单元格 D33 的右下角，待其变成“十”字形单元格填充柄后再向右拖曳 99 列，直至第一行显示“样本 100”。这样就构造了 100 个样本，针对每个样本，计算出相应的置信区间，并判断每个置信区间是否包含总体均值 60。由于篇幅所限，图 9.2 只显示了样本 1 至样本 10 的计算结果。

| | A | B | C | D | E | F | G | H | I | J | K | L | M |
|---|---|---|---|---|---|---|---|---|---|---|---|---|---|
| 1 | 总体 | | 编号 | 样本1 | 样本2 | 样本3 | 样本4 | 样本5 | 样本6 | 样本7 | 样本8 | 样本9 | 样本10 |
| 2 | 58 | | 1 | 66 | 55 | 58 | 59 | 58 | 68 | 58 | 61 | 53 | 62 |
| 3 | 65 | | 2 | 51 | 69 | 59 | 63 | 59 | 56 | 51 | 64 | 57 | 59 |
| 4 | 59 | | 3 | 57 | 57 | 66 | 58 | 65 | 60 | 61 | 64 | 60 | 67 |
| 5 | 58 | | 4 | 56 | 59 | 62 | 59 | 52 | 53 | 56 | 56 | 53 | 61 |
| 6 | 53 | | 5 | 71 | 64 | 69 | 60 | 68 | 59 | 57 | 61 | 58 | 61 |
| 7 | 64 | | 6 | 57 | 53 | 69 | 56 | 74 | 66 | 63 | 54 | 53 | 62 |
| 8 | 65 | | 7 | 53 | 68 | 62 | 62 | 65 | 66 | 54 | 51 | 63 | 60 |
| 9 | 60 | | 8 | 67 | 55 | 64 | 57 | 57 | 72 | 62 | 62 | 67 | 58 |
| 10 | 62 | | 9 | 62 | 63 | 64 | 66 | 60 | 56 | 54 | 67 | 62 | 54 |
| 11 | 54 | | 10 | 68 | 64 | 67 | 54 | 62 | 50 | 55 | 60 | 70 | 53 |
| 12 | 64 | | 11 | 61 | 61 | 61 | 58 | 57 | 63 | 54 | 68 | 63 | 60 |
| 13 | 69 | | 12 | 66 | | 58 | 58 | 58 | 54 | 59 | 56 | 52 | 57 |
| 14 | 69 | | 13 | 53 | 64 | 56 | 63 | 57 | 60 | 56 | 54 | 63 | 62 |
| 15 | 57 | | 14 | 58 | 60 | 67 | 58 | 64 | 58 | 67 | 57 | 60 | 53 |
| 16 | 61 | | 15 | 63 | 51 | 60 | 65 | 60 | 65 | 60 | 65 | 64 | 63 |
| 17 | 55 | | 16 | 57 | 53 | 60 | 57 | 66 | 61 | 58 | 53 | 69 | 52 |
| 18 | 63 | | 17 | 58 | 59 | 53 | 49 | 58 | 55 | 53 | 56 | 59 | 62 |
| 19 | 59 | | 18 | 56 | 53 | 60 | 60 | 60 | 59 | 59 | 59 | 63 | 58 |
| 20 | 63 | | 19 | 64 | 58 | 71 | 56 | 58 | 57 | 57 | 60 | 57 | 56 |
| 21 | 64 | | 20 | 61 | 58 | 64 | 53 | 65 | 57 | 69 | 54 | 58 | 62 |
| 22 | 62 | | 21 | 60 | 64 | 64 | 56 | 67 | 53 | 59 | 56 | 58 | 62 |
| 23 | 60 | | 22 | 63 | 64 | 57 | 51 | 56 | 56 | 60 | 63 | 59 | 54 |
| 24 | 66 | | 23 | 53 | 67 | 62 | 60 | 57 | 60 | 59 | 70 | 66 | 53 |
| 25 | 51 | | 24 | 65 | 61 | 65 | 53 | 58 | 60 | 56 | 65 | 60 | 62 |
| 26 | 57 | | 25 | 53 | 60 | 63 | 54 | 54 | 63 | 69 | 62 | 53 | 62 |
| 27 | 68 | | | | | | | | | | | | |
| 28 | 51 | | 样本均值 | 59.925 | 60.354 | 62.502 | 57.758 | 60.574 | 59.442 | 58.630 | 60.009 | 60.083 | 58.951 |
| 29 | 58 | | 样本标准差 | 5.392 | 5.200 | 4.360 | 4.170 | 5.017 | 5.259 | 4.510 | 4.969 | 5.036 | 4.145 |
| 30 | 70 | | 估计误差 | 2.226 | 2.146 | 1.800 | 1.721 | 2.071 | 2.171 | 1.862 | 2.051 | 2.079 | 1.711 |
| 31 | 59 | | 区间下限 | 57.699 | 58.208 | 60.702 | 56.037 | 58.503 | 57.271 | 56.768 | 57.958 | 58.004 | 57.241 |
| 32 | 61 | | 区间上限 | 62.151 | 62.500 | 64.302 | 59.479 | 62.645 | 61.613 | 60.491 | 62.061 | 62.162 | 60.662 |
| 33 | 70 | | 置信区间是否包 | 1 | 1 | 0 | 0 | 1 | 1 | 1 | 1 | 1 | 1 |
| 34 | 62 | | 含总体均值60 | | | | | | | | | | |
| 35 | 53 | | | | | | | | | | | | |
| 36 | 48 | | 包含总体均值60 | 0.940 | =AVERAGE(D33:CY33) | | | | | | | | |
| 37 | 57 | | 的区间的比例 | | | | | | | | | | |

图 9.2 计算 100 个样本的置信水平为 95% 的区间估计量（部分）

第 7 步：计算根据 100 个样本计算的置信区间包含总体均值 60 的比例。如图 9.2 所示，单元格区域 "D33:CY33" 中存放的是某个置信区间是否包含总体均值 60 的代表值，1 代表包含，0 代表不包含。因此，计算单元格区域 "D33:CY33" 的均值，即可得 100 个区间中包含总体均值 60 的比例。

在图 9.2 所示的表格中，根据样本 3 计算的置信区间是 [60.702,64.302]，这个区间不包含总体均值 60。样本 3 的均值等于 62.502，样本 3 中刚好抽中了那些观测值比较大的个体，因此计算得到的样本均值偏大，构造的置信区间也偏大。

根据样本 4 得到的置信区间是 [56.0737,59.497]，该区间也是一次失败的推断。样本 4 中同时抽中的个体观测值普遍较小，从而得到了一个较小的样本均值，由此构造的置信区间也偏小。

根据 100 个样本构造的 100 个置信区间中绝大部分都能包括总体均值 60，该比例达到 94%。若重复构造的样本个数越大，该比例将越来越逼近于 95%，也就是置信水平。

如图 9.3 所示，选中数据区域 "D31:W32"，然后单击 "插入" → "二维折线图"，绘制出样本 1 至样本 20 的置信区间的下限和上限。图 9.3 形象地展示了置信区间和总体均值的关系：大部分置信区间可以包括总体均值 60，少数区间因偏小或者偏大而无法包括总体均值 60。注意：图 9.3 所示表中的数据与图 9.2 所示表中的数据并不相同，这是因为调用了 INDEX 函数，在刷新表单时都会重新计算，所以表中数据会变化。

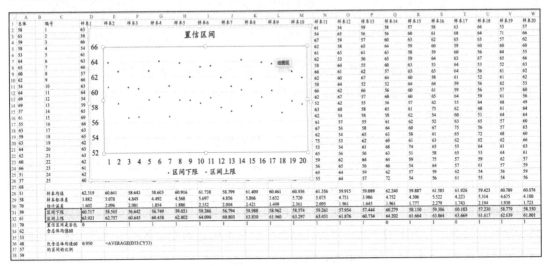

图 9.3　区间估计的上限和下限

### 2．90%置信水平

若将置信水平设置为 90%，$\alpha$ 等于 0.10，当样本容量等于 25 时，估计误差等于 $t_{\frac{0.10}{2}}(24)\frac{s}{\sqrt{n}}$。如图 9.4 所示，在 90%置信水平下与 95%置信水平下计算的不同之处在于，计算估计误差时录入的公式是 "=T.INV.2T(0.1,24)*D40/SQRT(25)"，也就是计算 $t_{\frac{0.10}{2}}(24)$ 时，将 T.INV.2T 函数的第 1 项参数值设置为 0.1。其余操作步骤与前文所述相同。

| | A | B | C | D | E | F | G | H | I |
|---|---|---|---|---|---|---|---|---|---|
| 1 | 总体 | | 编号 | 样本1 | | 样本2 | 样本3 | 样本4 | 样本5 |
| 2 | 58 | | 1 | 53 | | 67 | 55 | 52 | 59 |
| 3 | 65 | | 2 | 60 | | 65 | 58 | 56 | 73 |
| 4 | 59 | | 3 | 61 | | 58 | 67 | 53 | 74 |
| 5 | 58 | | 4 | 71 | | 65 | 60 | 56 | 62 |
| 6 | 53 | | 5 | 56 | | 70 | 61 | 62 | 52 |
| 21 | 64 | | 20 | 65 | | 53 | 62 | 62 | 66 |
| 22 | 62 | | 21 | 54 | | 58 | 62 | | 66 |
| 23 | 60 | | 22 | 62 | | 56 | 59 | 53 | 64 |
| 24 | 66 | | 23 | 55 | | 58 | 64 | 58 | 65 |
| 25 | 51 | | 24 | 55 | | 62 | 61 | 59 | 59 |
| 26 | 57 | | 25 | 64 | | 60 | 60 | 57 | 63 |
| 27 | 68 | | | | | | | | |
| 28 | 51 | | 样本均值 | 60.300 | =AVERAGE(D2:D26) | 60.686 | 59.937 | 59.188 | 62.161 |
| 29 | 58 | | 样本标准差 | 5.184 | =STDEV.S(D2:D26) | 5.730 | 4.315 | 5.390 | 5.445 |
| 30 | 70 | | 估计误差 | 2.140 | =T.INV.2T(0.05,24)*D29/SQRT(25) | 2.365 | 1.781 | 2.225 | 2.248 |
| 31 | 59 | | 区间下限 | 58.160 | =D28-D30 | 58.321 | 58.156 | 56.963 | 59.913 |
| 32 | 61 | | 区间上限 | 62.440 | =D28+D30 | 63.051 | 61.718 | 61.413 | 64.409 |
| 33 | 70 | | 置信区间是否包 | 1 | =IF(AND(D31<60,D32>60),1,0) | 1 | 1 | 1 | 1 |
| 34 | 62 | | 含总体均值60 | | | | | | |
| 35 | 53 | | | | | | | | |
| 36 | 48 | | 包含总体均值60 | 0.960 | =AVERAGE(D33:CZ33) | | | | |
| 37 | 57 | | 的区间的比例 | | | | | | |
| 38 | 59 | | | | | | | | |
| 39 | 56 | | 样本均值 | 60.300 | =AVERAGE(D2:D27) | 60.686 | 59.937 | 59.188 | 62.161 |
| 40 | 60 | | 样本标准差 | 5.184 | =STDEV.S(D2:D27) | 5.730 | 4.315 | 5.390 | 5.445 |
| 41 | 56 | | 估计误差 | 1.774 | =T.INV.2T(0.1,24)*D40/SQRT(25) | 1.961 | 1.477 | 1.844 | 1.863 |
| 42 | 57 | | 区间下限 | 58.526 | =D39-D41 | 58.726 | 58.460 | 57.344 | 60.298 |
| 43 | 57 | | 区间上限 | 62.074 | =D39+D41 | 62.647 | 61.414 | 61.033 | 64.024 |
| 44 | 63 | | 置信区间是否包 | 1 | =IF(AND(D42<60,D43>60),1,0) | 1 | 1 | 1 | 0 |
| 45 | 67 | | 含总体均值60 | | | | | | |
| 46 | 61 | | | | | | | | |
| 47 | 54 | | 包含总体均值60 | 0.890 | =AVERAGE(D44:CZ44) | | | | |
| 48 | 61 | | 的区间的比例 | | | | | | |

图 9.4　100 个样本的 95%置信水平下总体均值的区间估计量

从图 9.4 中可以看到，当置信水平为 90%时，基于 100 个样本构造的置信区间中包括总体均值 60 的比例是 90%。因为估计误差的计算公式为 $t_{\frac{\alpha}{2}}(n-1)\frac{s}{\sqrt{n}}$ ，在计算 95%置信区间时用的 $t_{\frac{0.05}{2}}(24)$ 比计算 90%置信区间用的 $t_{\frac{0.10}{2}}(24)$ 要小，也就是 95%置信区间的估计误差大，区间更大，因此更容易包括总体均值。例如，图 9.4 中的样本 5 的 95%置信区间是 $[59.913, 64.409]$，包括 60，对总体均值的推断是成功的；样本 5 的 90%置信区间是 $[60.298, 60.024]$，不包括 60，对总体均值的推断是失败的。

通过前述模拟，置信水平的含义是：从多个样本构造的多个置信区间中包括总体均值的比例。在实践中，研究者通常只会从总体中抽取某个样本，然后基于该样本构造一个置信区间。由于总体是不知晓的，总体均值也无法得知。所以，研究者并不知道他构造的置信区间是否能够包括总体均值。但是，基于置信区间构造的基本思想，研究者知道，该区间大概率属于能够包括总体均值中的一员。因为，根据多个样本构造的置信区间中包括总体均值的比例等于置信水平，不包括总体均值的比例是 1 减去置信水平。

**注意：**置信水平的理解是区间估计中的难点。常见的错误理解有：置信区间包括总体均值的概率等于置信水平，以及总体均值落在置信区间的概率等于置信水平。这两种理解都是错误的，因为总体均值是总体参数，是常数，置信区间要么包括总体均值，要么不包括总体均值。

## 9.2.3 总体均值的置信区间的计算

9.2.1 小节介绍了区间估计的基本思想，9.2.2 小节介绍了如何理解置信水平，本小节将对总体均值的置信区间的计算方法进行归纳，并介绍如何在 Excel 中实现置信区间的计算。

## 1. 总体标准差 $\sigma$ 已知

总体标准差 $\sigma$ 已知时，总体均值的 $1-\alpha$ 置信水平的置信区间的计算如式（9.5）所示。

$$\bar{x} \pm z_{\frac{\alpha}{2}} \frac{\sigma}{\sqrt{n}} \quad (9.5)$$

式（9.5）中的 $z_{\frac{\alpha}{2}}$ 是标准正态分布中双侧 $1-\alpha$ 分位点，$n$ 代表样本容量。

**例 9.1**

已知在 A 市 16～17 岁的青少年 IQ（Intelligence Quotient，智商）的总体标准差等于 5。从 A 市中随机抽取 64 名 16～17 岁的青少年，测得这 64 名青少年 IQ 的均值等于 105。计算 A 市 16～17 岁的青少年的 IQ 的总体均值的 90%、95%、99% 置信区间。

当置信水平等于 90% 时，计算公式如式（9.6）所示。

$$105 \pm z_{\frac{0.10}{2}} \frac{5}{\sqrt{64}} = 105 \pm 1.645 \times \frac{5}{8} \approx 105 \pm 1.028 \quad (9.6)$$

总体均值的 90% 置信区间约等于 [103.972, 106.028]。图 9.5 展示了在 Excel 中实现本例计算的过程。在单元格 B5 中录入公式 "=CONFIDENCE.NORM(0.1,5,64)"（见单元格 C5），CONFIDENCE.NORM 函数的第 1 项参数是 "1-置信水平"，第 2 项参数是总体标准差，第 3 项参数是样本容量。

| | A | B | C |
|---|---|---|---|
| 1 | 置信水平 | 90% | |
| 2 | α | 10% | =1-B1 |
| 3 | 标准正态分布的双侧α分位点 | 1.645 | =NORM.S.INV(1-B2/2) |
| 4 | 估计误差 | 1.028 | =B3*5/SQRT(64) |
| 5 | | 1.028 | =CONFIDENCE.NORM(0.1,5,64) |
| 6 | 置信区间的下限 | 103.972 | =105-B5 |
| 7 | 置信区间的上限 | 106.028 | =105+B5 |
| 8 | | | |
| 9 | 置信水平 | 95% | |
| 10 | α | 5% | =1-B9 |
| 11 | 标准正态分布的双侧α分位点 | 1.960 | =NORM.S.INV(1-B10/2) |
| 12 | 估计误差 | 1.225 | =B11*5/SQRT(64) |
| 13 | | 1.225 | =CONFIDENCE.NORM(0.05,5,64) |
| 14 | 置信区间的下限 | 103.775 | =105-B13 |
| 15 | 置信区间的上限 | 106.225 | =105+B13 |
| 16 | | | |
| 17 | | | |
| 18 | 置信水平 | 99% | |
| 19 | α | 1% | =1-B18 |
| 20 | 标准正态分布的双侧α分位点 | 2.576 | =NORM.S.INV(1-B19/2) |
| 21 | 估计误差 | 1.610 | =B20*5/SQRT(64) |
| 22 | | 1.610 | =CONFIDENCE.NORM(0.01,5,64) |
| 23 | 置信区间的下限 | 103.390 | =105-B22 |
| 24 | 置信区间的上限 | 106.610 | =105+B22 |
| 25 | | | |

图 9.5 总体标准差已知时，置信水平为 90%、95% 和 99% 的总体均值的区间估计量

从图 9.5 中可以看出，在 90%、95% 和 99% 置信水平下，$z_{\frac{\alpha}{2}}$ 的值分别是 1.645、1.960 和 2.576，置信水平越高，置信区间越大。

在实践中，若总体服从正态分布，那么无论样本容量多大，利用式（9.5）计算的置信区间都是精确的，也就是在重复多次构造的置信区间中，包括总体均值的比例等于置信水平。

若总体不服从正态分布，利用式（9.5）计算的置信区间是近似的，近似的程度与总体的分布形状和样本容量的大小有关。若总体不服从正态分布，但是其分布接近对称分布，那么

样本容量只需大于 15，据式（9.5）计算的置信区间都是可靠的。若总体呈现出明显的不对称，或者有异常值，此时需要样本容量大于或等于 30（$n \geqslant 30$），这时用式（9.5）计算的置信区间才是可靠的。

**2. 总体标准差 $\sigma$ 未知**

若总体服从正态分布，总体标准差未知，总体均值的 $1-\alpha$ 置信水平的置信区间的计算如式（9.7）所示。

$$\bar{x} \pm t_{\frac{\alpha}{2}}(n-1) \frac{s}{\sqrt{n}} \tag{9.7}$$

式（9.7）中的 $t_{\frac{\alpha}{2}}(n-1)$ 是 $t(n-1)$ 的双侧 $1-\alpha$ 分位点，$n$ 代表样本容量，$s$ 代表样本标准差。

**例 9.2**

从 A 市随机抽取 36 名 16～17 岁的青少年，图 9.6 中的列 A 列出了这 36 名青少年的 IQ。计算 A 市 16～17 岁的青少年的 IQ 总体均值的 90%，95%，99% 置信区间。

当置信水平等于 90% 时，计算公式如式（9.8）所示：

$$106.737 \pm t_{\frac{0.10}{2}}(36-1) \frac{s}{\sqrt{n}} \approx 106.737 \pm 1.690 \times \frac{4.276}{\sqrt{36}} \approx 106.737 \pm 1.204 \tag{9.8}$$

总体均值的 90% 置信区间约为 [105.532,107.941]。图 9.6 展示了在 Excel 中实现本例计算的过程。在单元格 C8 中录入公式 =CONFIDENCE.T(0.1,C2,36)（见单元格 D8），CONFIDENCE.T 函数的第 1 项参数是 1-置信水平，第 2 项参数是样本标准差，第 3 项参数是样本容量。

|   | A | B | C | D |
|---|---|---|---|---|
| 1 | Sample | 样本均值 | 106.737 | =AVERAGE(A2:A37) |
| 2 | 105 | 样本标准差 | 4.276 | =STDEV.S(A2:A37) |
| 3 | 112 | | | |
| 4 | 108 | 置信水平 | 90% | |
| 5 | 110 | $\alpha$ | 0.10 | =1-C4 |
| 6 | 107 | $t(35)$分布的双侧$\alpha$分位点 | 1.690 | =T.INV.2T(C5,35) |
| 7 | 103 | 估计误差 | 1.204 | =C6*C2/SQRT(36) |
| 8 | 107 | | 1.204 | =CONFIDENCE.T(0.1,C2,36) |
| 9 | 111 | 置信区间的下限 | 105.532 | =C1-C8 |
| 10 | 108 | 置信区间的上限 | 107.941 | =C1+C8 |
| 11 | 107 | | | |
| 12 | 108 | 置信水平 | 95% | |
| 13 | 108 | $\alpha$ | 0.05 | =1-C12 |
| 14 | 110 | $t(35)$分布的双侧$\alpha$分位点 | 2.030 | =T.INV.2T(C13,35) |
| 15 | 101 | 估计误差 | 1.447 | =C14*C2/SQRT(36) |
| 16 | 104 | | 1.447 | =CONFIDENCE.T(0.05,C2,36) |
| 17 | 109 | 置信区间的下限 | 105.290 | =C1-C16 |
| 18 | 105 | 置信区间的上限 | 108.184 | =C1+C16 |
| 19 | 101 | | | |
| 20 | 107 | | | |
| 21 | 110 | 置信水平 | 99% | |
| 22 | 102 | $\alpha$ | 0.01 | =1-C21 |
| 23 | 109 | $t(35)$分布的双侧$\alpha$分位点 | 2.724 | =T.INV.2T(C22,35) |
| 24 | 103 | 估计误差 | 1.941 | =C23*C2/SQRT(36) |
| 25 | 97 | | 1.941 | =CONFIDENCE.T(0.01,C2,36) |
| 26 | 102 | 置信区间的下限 | 104.795 | =C1-C25 |
| 27 | 98 | 置信区间的上限 | 108.678 | =C1+C25 |
| 28 | 110 | | | |
| 29 | 110 | | | |
| 30 | 113 | | | |
| 31 | 110 | | | |
| 32 | 113 | | | |
| 33 | 112 | | | |
| 34 | 105 | | | |
| 35 | 101 | | | |
| 36 | 112 | | | |
| 37 | 103 | | | |
| 38 | | | | |

图 9.6 总体标准差未知时，置信水平为 90%、95% 和 99% 的总体均值的区间估计量

**注意**：在计算估计误差时，CONFIDENCE.T 函数使用 $t(n-1)$ 的双侧 $1-\alpha$ 分位点，而 CONFIDENCE.NORM 函数使用标准正态分布的 $1-\alpha$ 分位点。

单击"数据"→"数据分析"→"描述统计"，根据图 9.7 所示进行设置，也可以实现估计误差的计算。在"描述统计"对话框中勾选"平均数置信度"，在"汇总统计"后的文本框中输入"90"，即可计算总体均值在 90% 置信水平下的估计误差。

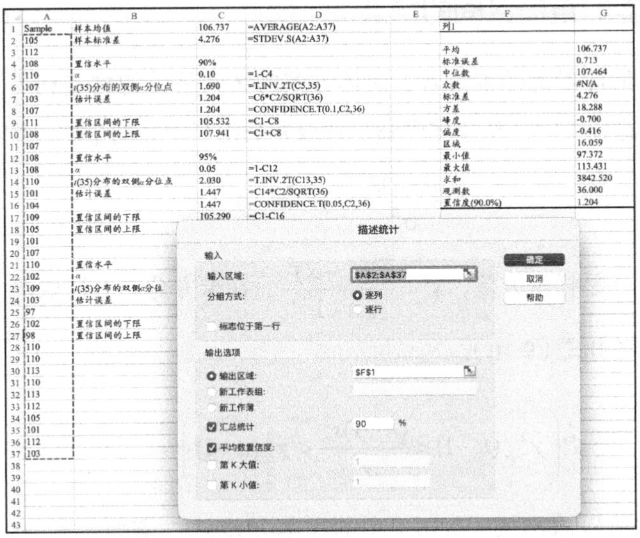

图 9.7 "描述统计"对话框及其输出结果

**注意**：Excel 将输入区域 A2:A37 中的数据视作样本数据，因此在计算估计误差时使用的是 $t$ 分布上的分位点。

图 9.7 中单元格 G16 报告的估计误差的计算结果与在单元格 C8 中调用 CONFIDENCE.T 函数得到的计算结果一致。

在运用式（9.7）时要求总体服从正态分布。若总体不服从正态分布，还能利用式（9.7）来构造总体均值的置信区间吗？统计学家研究发现，总体不服从正态分布，用式（9.7）仍然可以得到可靠的估计结果：总体呈现严重的不对称分布或者包含异常值，但样本容量超过 50；总体的分布是对称分布，样本容量大于 15。若样本容量小于 15，则需要保证总体服从正态分布时，才能使用式（9.7）。

**实操技巧**

- 当总体标准差已知时，可利用 CONFIDENCE.NORM 函数计算估计误差，该函数的第 1 项参数是"1-置信水平"，第 2 项参数是总体标准差，第 3 项参数是样本容量。
- 当总体标准差未知时，可利用 CONFIDENCE.T 函数计算估计误差，该函数的第 1 项参数是"1-置信水平"，第 2 项参数是样本标准差，第 3 项参数是样本容量。
- 当总体标准差未知时，单击"数据"→"数据分析"→"描述统计"，打开"描述统计"对话框，勾选"平均数置信度"，在"汇总统计"后的文本框中输入置信水平，可以计算估计误差。

## 9.3 总体方差的区间估计

本节将介绍总体方差的区间估计,首先介绍总体方差的置信区间的构造思路,然后介绍总体方差的区间估计在实践中的应用。

### 9.3.1 总体方差的置信区间的构造

总体方差的点估计量是样本方差。总体方差的区间估计的构造利用了 $(n-1)s^2/\sigma^2$ 的分布。当总体服从正态分布时,从总体中随机抽取 $n$ 个相互独立的个体,则有式(9.9)成立。

$$\frac{(n-1)s^2}{\sigma^2} \sim \chi^2(n-1) \tag{9.9}$$

式(9.9)中的 $s^2$ 是样本方差,$s^2 = \dfrac{\sum(x_i - \bar{x})^2}{n-1}$,在卡方分布上选取两个分位点 $\chi^2_{1-\frac{\alpha}{2}}(n-1)$ 和 $\chi^2_{\frac{\alpha}{2}}(n-1)$,可以列出式(9.10):

$$P\left(\chi^2_{1-\frac{\alpha}{2}}(n-1) < \frac{(n-1)s^2}{\sigma^2} < \chi^2_{\frac{\alpha}{2}}(n-1)\right) = 1 - \alpha \tag{9.10}$$

根据样本数据可以求出式(9.10)中的样本方差 $s^2$,需要推断的是总体方差 $\sigma^2$,对式(9.10)进行变换:

$$P\left(\frac{\chi^2_{1-\frac{\alpha}{2}}(n-1)}{(n-1)s^2} < \frac{1}{\sigma^2} < \frac{\chi^2_{\frac{\alpha}{2}}(n-1)}{(n-1)s^2}\right) = 1 - \alpha$$

$$P\left(\frac{(n-1)s^2}{\chi^2_{\frac{\alpha}{2}}(n-1)} < \sigma^2 < \frac{(n-1)s^2}{\chi^2_{1-\frac{\alpha}{2}}(n-1)}\right) = 1 - \alpha \tag{9.11}$$

构造出总体方差的在 $1-\alpha$ 的置信水平下的区间估计:$\left[\dfrac{(n-1)s^2}{\chi^2_{\frac{\alpha}{2}}(n-1)}, \dfrac{(n-1)s^2}{\chi^2_{1-\frac{\alpha}{2}}(n-1)}\right]$。$\chi^2_{\frac{\alpha}{2}}(n-1)$ 是卡方分布 $\chi^2(n-1)$ 的上 $\alpha/2$ 分位点,$\chi^2_{\frac{\alpha}{2}}(n-1)$ 是卡方分布 $\chi^2(n-1)$ 的下 $\alpha/2$ 分位点,可用 Excel 中的函数求值。

下面将利用 Excel 进行数值模拟,演示总体方差的置信区间的构造过程。

**1. 总体服从正态分布**

第 1 步:单击"数据"→"数据分析"→"随机数发生器",根据图 9.8 所示进行设置,从服从正态分布 $N(5,1^2)$ 的总体中随机抽取 64 个个体组成样本,重复该过程 100 次,生成 100 个样本。

第 2 步:计算样本 1 的方差,计算卡方分布 $\chi^2(99)$ 的上 0.025 分位点和下 0.025 分位点,以及总体方差的置信区间的下限和上限,并利用 IF 函数判断该区间是否包含总体方差 1。单元格 B67~B72 中录入的公式如图 9.9 所示。需要说明的是，受篇幅所限，图 9.9 所示表格中的第 7~60 行隐藏了。

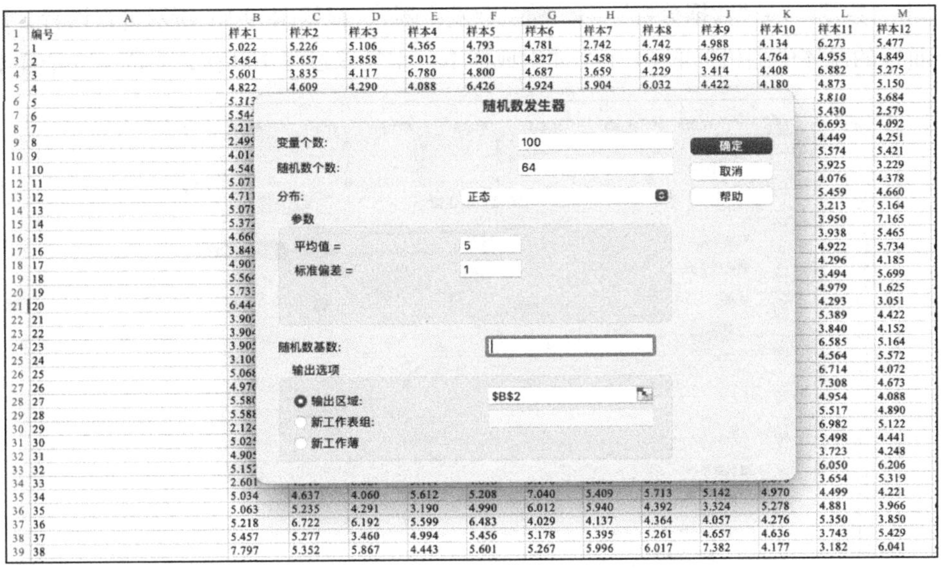

图 9.8 从服从正态分布的总体中抽取容量为 64 的样本

| | A | B | C | D | E | F | G |
|---|---|---|---|---|---|---|---|
| 1 | 编号 | 样本1 | | 样本2 | 样本3 | 样本4 | 样本5 |
| 2 | 1 | 5.022 | | 5.226 | 5.106 | 4.365 | 4.793 |
| 3 | 2 | 5.454 | | 5.657 | 3.858 | 5.012 | 5.201 |
| 4 | 3 | 5.601 | | 3.835 | 4.117 | 6.780 | 4.800 |
| 5 | 4 | 4.822 | | 4.609 | 4.290 | 4.088 | 6.426 |
| 6 | 5 | 5.313 | | 3.363 | 4.511 | 4.000 | 4.212 |
| 61 | 60 | 6.527 | | 3.957 | 4.791 | 4.918 | 3.932 |
| 62 | 61 | 5.623 | | 5.677 | 3.510 | 6.037 | 4.738 |
| 63 | 62 | 4.815 | | 5.406 | 4.731 | 4.076 | 3.625 |
| 64 | 63 | 5.203 | | 5.597 | 5.104 | 4.656 | 5.933 |
| 65 | 64 | 5.471 | | 5.398 | 4.215 | 2.835 | 5.356 |
| 66 | | | | | | | |
| 67 | 样本方差 | 1.1875 | =VAR.S(B2:B65) | 0.906 | 0.677 | 1.120 | 0.967 |
| 68 | 自由度为63的卡方分布上0.025分位点 | 86.8296 | =CHISQ.INV.RT(0.025,63) | 86.830 | 86.830 | 86.830 | 86.830 |
| 69 | 自由度为63的卡方分布下0.025分位点 | 42.9503 | =CHISQ.INV(0.025,63) | 42.950 | 42.950 | 42.950 | 42.950 |
| 70 | 95%置信区间的下限 | 0.8616 | =(64-1)*B67/B68 | 0.657 | 0.491 | 0.812 | 0.702 |
| 71 | 95%置信区间的上限 | 1.7419 | =(64-1)*B67/B69 | 1.329 | 0.994 | 1.642 | 1.418 |
| 72 | 置信区间包含总体方差1? | 1 | =IF(B70<1,IF(B71>1,1,0),0) | 1 | 0 | 1 | 1 |
| 73 | | | | | | | |
| 74 | 置信区间包含总体方差1的比例? | 0.93 | =AVERAGE(B72:CX72) | | | | |

图 9.9 100 个样本的总体方差的 95% 置信水平下的区间估计

第 3 步：选中单元格区域 B67:B72，然后将鼠标指针移至单元格 B72 的右下角，待其变成"十"字形后再向右边拖曳 99 列，直至计算出样本 2~样本 100 的总体方差的置信区间，并判断每个置信区间是否包含总体方差 1。图 9.9 中的单元格 B74 显示这 100 个置信区间中包含总体方差 1 的区间占 93%。若样本足够多，该比例将逼近于置信水平 95%。

**2. 总体服从泊松分布**

若总体不服从正态分布，还能利用 $\left[\dfrac{(n-1)s^2}{\chi^2_{\frac{\alpha}{2}}(n-1)}, \dfrac{(n-1)s^2}{\chi^2_{1-\frac{\alpha}{2}}(n-1)}\right]$ 来构造总体方差的置信区间吗？下面将模拟从服从泊松分布的总体中，随机抽取若干样本，仍然基于前述计算方法构造总体方差的置信区间，并考查结果的可靠性。

随机抽样，重复构造 100 个样本，若仍然使用前述方法，计算在这 100 个区间中包含总体方差的比例是多少。

单击"数据"→"数据分析"→"随机数发生器"，根据图 9.10 所示进行设置，从服从 Poisson(1) 的总体中随机抽取 64 个个体组成样本，重复该过程 100 次，生成 100 个样本。

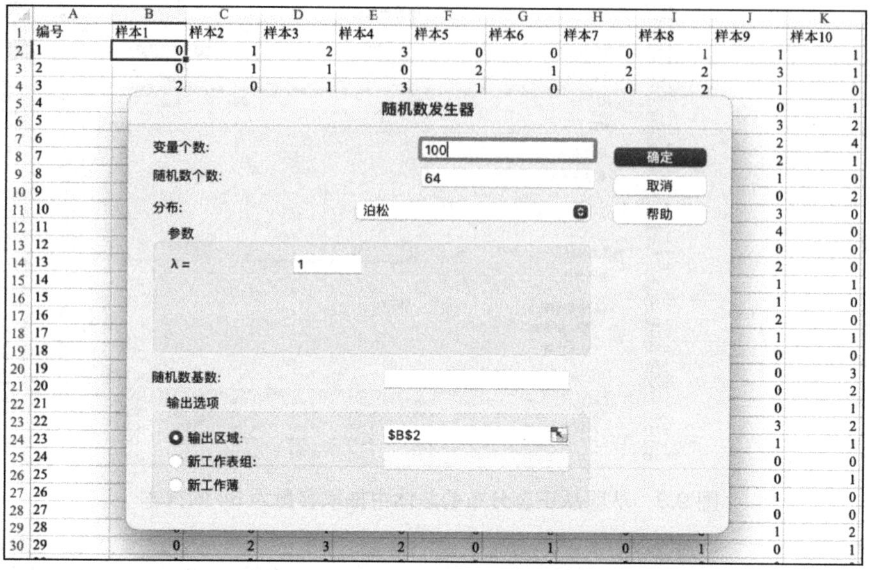

图 9.10　从服从泊松分布的总体中抽取容量为 64 的样本

接下来的步骤与前文相同。泊松分布 Poisson(1) 的方差等于 1，图 9.11 中的单元格 B74 显示这 100 个置信区间中包含总体方差 1 的区间占 86%，该比例远远小于置信水平 95%。这说明当总体不服从正态分布时，即使是一个容量为 64 的样本，采用式（9.11）来构造总体方差的置信区间，估计的可靠程度也会显著下降。

| 编号 | | 样本1 | | 样本2 | 样本3 | 样本4 | 样本5 |
|---|---|---|---|---|---|---|---|
| 1 | | | | | | | |
| 2 | 1 | 0 | | 1 | 2 | 3 | 0 |
| 3 | 2 | 0 | | 1 | 1 | 0 | 2 |
| 4 | 3 | 2 | | 0 | 1 | 3 | 1 |
| 5 | 4 | 1 | | 1 | 0 | 0 | 1 |
| 6 | 5 | 0 | | 2 | 1 | 1 | 5 |
| 60 | 59 | 1 | | 0 | 0 | 3 | 0 |
| 61 | 60 | 4 | | 1 | 2 | 1 | 0 |
| 62 | 61 | 0 | | 0 | 0 | 2 | 3 |
| 63 | 62 | 0 | | 3 | 1 | 1 | 1 |
| 64 | 63 | 0 | | 1 | 3 | 1 | 1 |
| 65 | 64 | 1 | | 1 | 1 | 0 | 0 |
| 66 | | | | | | | |
| 67 | 样本方差 | 0.880 | =VAR.S(B2:B65) | 1.032 | 1.134 | 0.930 | 0.903 |
| 68 | 自由度为63的卡方分布上0.025分位点 | 86.830 | =CHISQ.INV.RT(0.025,63) | 86.830 | 86.830 | 86.830 | 86.830 |
| 69 | 自由度为63的卡方分布下0.025分位点 | 42.950 | =CHISQ.INV(0.025,63) | 42.950 | 42.950 | 42.950 | 42.950 |
| 70 | 95%置信区间的下限 | 0.638 | =(64-1)*B67/B68 | 0.749 | 0.823 | 0.675 | 0.655 |
| 71 | 95%置信区间的上限 | 1.291 | =(64-1)*B67/B69 | 1.513 | 1.663 | 1.365 | 1.324 |
| 72 | 置信区间包含总体方差1？ | 1 | =IF(B70<1,IF(B71>1,1,0),0) | 1 | 1 | 1 | 1 |
| 73 | | | | | | | |
| 74 | 置信区间包含总体方差1的比例？ | 0.86 | =AVERAGE(B72:CX72) | | | | |
| 75 | | | | | | | |

图 9.11　100 个样本的总体方差的 95%置信水平下的区间估计

因此，只有当总体服从正态分布时，才能利用 $\left[\dfrac{(n-1)s^2}{\chi^2_{\frac{\alpha}{2}}(n-1)}, \dfrac{(n-1)s^2}{\chi^2_{1-\frac{\alpha}{2}}(n-1)}\right]$ 来构造总体方差的

置信区间。若违背该条件,将严重影响到估计结果的可靠性。即使在样本容量比较大的情况下,也不能放宽总体服从正态分布这一条件。

### 9.3.2 实践应用

在实践中,研究者不仅关心数据分布的中心,也关心数据的波动程度。例如,在质量控制领域,对元件的规格,耐用寿命的均值、方差有严格的标准。下面,就具体说明如何利用样本数据构造总体方差的置信区间。

**例9.3**

A公司生产灌装容量为500mL的纯净水,已知纯净水的灌装容量服从正态分布。从生产线上随机抽取100瓶纯净水,测得其实际灌装容量,记录在图9.12所示的列A中。计算A公司生产的纯净水的灌装容量方差的90%、95%、99%置信区间。

在本例中,总体服从正态分布,样本容量是100,计算总体方差的90%置信区间的下限和上限,如式(9.12)和式(9.13)所示。

$$\frac{(n-1)s^2}{\chi^2_{\frac{\alpha}{2}}(n-1)} = \frac{(36-1)0.912}{\chi^2_{0.10}(35)} = \frac{(36-1)0.912}{49.802} \approx 0.641 \quad (9.12)$$

$$\frac{(n-1)s^2}{\chi^2_{1-\frac{\alpha}{2}}(n-1)} = \frac{(36-1)0.912}{\chi^2_{1-\frac{0.10}{2}}(35)} = \frac{(36-1)0.912}{22.465} \approx 1.421 \quad (9.13)$$

总体方差的90%置信区间是[0.641,1.421],图9.12展示了本例的计算过程。

| | A | B | C | D | E | F |
|---|---|---|---|---|---|---|
| 1 | | 样本 | | | | |
| 2 | 500.5 | 500.2 | | | | |
| 3 | 499.9 | 500.4 | | 样本方差 | 0.912 | =VAR.S(A2:B19) |
| 4 | 500.5 | 499.9 | | 自由度为35的卡方分布上0.05分位点 | 49.802 | =CHISQ.INV.RT(0.05,35) |
| 5 | 500.1 | 499.4 | | 自由度为35的卡方分布下0.05分位点 | 22.465 | =CHISQ.INV(0.05,35) |
| 6 | 501.5 | 499.7 | | 90%置信区间的下限 | 0.641 | =(36-1)*E3/E4 |
| 7 | 498.5 | 499.7 | | 90%置信区间的上限 | 1.421 | =(36-1)*E3/E5 |
| 8 | 500.4 | 499.5 | | | | |
| 9 | 502.6 | 499.9 | | 样本方差 | 0.912 | =VAR.S(A2:B19) |
| 10 | 499.4 | 499.6 | | 自由度为35的卡方分布上0.025分位点 | 53.203 | =CHISQ.INV.RT(0.025,35) |
| 11 | 498.8 | 501.1 | | 自由度为35的卡方分布下0.025分位点 | 20.569 | =CHISQ.INV(0.025,35) |
| 12 | 501.1 | 499.6 | | 95%置信区间的下限 | 0.600 | =(36-1)*E9/E10 |
| 13 | 499.1 | 498.7 | | 95%置信区间的上限 | 1.552 | =(36-1)*E9/E11 |
| 14 | 500.5 | 500.2 | | | | |
| 15 | 500.7 | 501.6 | | 样本方差 | 0.912 | =VAR.S(A2:B19) |
| 16 | 499.1 | 499.9 | | 自由度为35的卡方分布上0.005分位点 | 60.275 | =CHISQ.INV.RT(0.005,35) |
| 17 | 500.6 | 501.4 | | 自由度为35的卡方分布下0.005分位点 | 17.192 | =CHISQ.INV(0.005,35) |
| 18 | 500.8 | 498.7 | | 99%置信区间的下限 | 0.529 | =(36-1)*E15/E16 |
| 19 | 501.5 | 498.9 | | 99%置信区间的上限 | 1.856 | =(36-1)*E15/E17 |
| 20 | | | | | | |

图9.12 置信水平为90%、95%和99%的总体方差的区间估计

## 9.4 总体比例的区间估计

本节将介绍总体比例的区间估计,首先介绍总体比例的区间估计的构造,然后举例说明其在实践中的应用。

## 9.4.1 总体比例的置信区间的构造

8.3.2 小节介绍了样本比例的分布,通常,当 $n\pi \geq 15$ 且 $n(1-\pi) \geq 15$ 时,样本比例 $p$ 的分布接近于正态分布 $N\left(\pi, \dfrac{\pi(1-\pi)}{n}\right)$。

利用 $p \sim N\left(\pi, \dfrac{\pi(1-\pi)}{n}\right)$,对样本比例进行标准化处理,得 $\dfrac{p-\pi}{\sqrt{\dfrac{\pi(1-\pi)}{n}}} \sim N(0,1)$,可写出式(9.14):

$$P\left(-z_{\frac{\alpha}{2}} < \frac{p-\pi}{\sqrt{\dfrac{\pi(1-\pi)}{n}}} < z_{\frac{\alpha}{2}}\right) = 1-\alpha \tag{9.14}$$

$z_{\frac{\alpha}{2}}$ 是标准正态分布上的双侧 $\alpha$ 分位点。总体比例 $\pi$ 是未知的,样本比例的标准差 $\sqrt{\dfrac{\pi(1-\pi)}{n}}$ 也是未知的,因此为了能构造总体比例的区间估计,只能用样本比例 $p$ 替代比例 $\pi$,从而有式(9.15):

$$P\left(-z_{\frac{\alpha}{2}} < \frac{p-\pi}{\sqrt{\dfrac{p(1-p)}{n}}} < z_{\frac{\alpha}{2}}\right) = 1-\alpha \tag{9.15}$$

对式(9.15)进行如下变换,得到式(9.16):

$$P\left(-z_{\frac{\alpha}{2}}\sqrt{\dfrac{p(1-p)}{n}} < p-\pi < z_{\frac{\alpha}{2}}\sqrt{\dfrac{p(1-p)}{n}}\right) = 1-\alpha$$

$$P\left(-p-z_{\frac{\alpha}{2}}\sqrt{\dfrac{p(1-p)}{n}} < -\pi < -p+z_{\frac{\alpha}{2}}\sqrt{\dfrac{p(1-p)}{n}}\right) = 1-\alpha \tag{9.16}$$

$$P\left(p-z_{\frac{\alpha}{2}}\sqrt{\dfrac{p(1-p)}{n}} < \pi < p+z_{\frac{\alpha}{2}}\sqrt{\dfrac{p(1-p)}{n}}\right) = 1-\alpha$$

因此,总体比例在置信水平 $1-\alpha$ 下的置信区间可由式(9.17)计算:

$$p \pm z_{\frac{\alpha}{2}}\sqrt{\dfrac{p(1-p)}{n}} \tag{9.17}$$

下面利用 Excel 进行数值模拟,解释总体比例的置信区间的构造过程。

第 1 步:单击"数据"→"数据分析"→"随机数发生器",根据图 9.13 所示进行设置,生成 100 个样本,每个样本中包含 25 个观测值。每个样本中的个体服从伯努利分布[1],取 1 的概率为 0.5,即样本 1 下方的数值,可以看作从总体比例等于 0.5 的总体中随机抽取 25 个个体作为样本。

---

[1] 伯努利分布中,随机变量取 1 的概率为 $p$,取 0 的概率为 $1-p$。

9.4 总体比例的区间估计

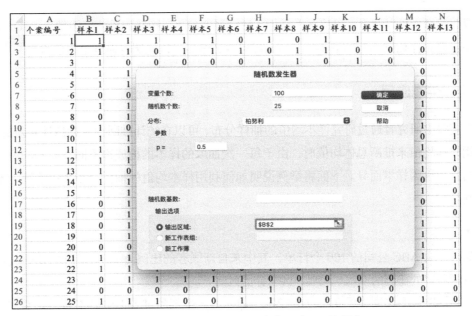

图 9.13 从总体中抽取 100 个容量为 25 的样本

第 2 步：如图 9.14 所示，计算样本 1 的样本比例、样本比例的标准误差、95%置信水平的估计误差，以及 95%置信区间的下限和上限，并利用 IF 函数判断该区间是否包含总体比例 0.5。

| | A | B | C | D | E | F | G |
|---|---|---|---|---|---|---|---|
| 1 | 个案编号 | 样本1 | | 样本2 | 样本3 | 样本4 | 样本5 |
| 2 | 1 | 1 | | 1 | 1 | 1 | 1 |
| 3 | 2 | 1 | | 1 | 0 | 1 | 0 |
| 4 | 3 | 1 | | 0 | 1 | 0 | 0 |
| 5 | 4 | 1 | | 1 | 1 | 0 | 0 |
| 6 | 5 | 1 | | 1 | 1 | 0 | 1 |
| 21 | 20 | 0 | | 0 | 0 | 0 | 0 |
| 22 | 21 | 1 | | 1 | 0 | 0 | 0 |
| 23 | 22 | 1 | | 1 | 1 | 0 | 0 |
| 24 | 23 | 0 | | 0 | 0 | 0 | 0 |
| 25 | 24 | 0 | | 1 | 0 | 0 | 1 |
| 26 | 25 | 1 | | 1 | 0 | 0 | 0 |
| 27 | | | | | | | |
| 28 | 样本比例 | 0.680 | =AVERAGE(B2:B26) | 0.760 | 0.560 | 0.280 | 0.360 |
| 29 | 样本比例的标准误差 | 0.093 | =SQRT(B28*(1-B28)/25) | 0.085 | 0.099 | 0.090 | 0.096 |
| 30 | 95%置信水平的估计误差 | 0.183 | =NORM.S.INV(0.975)*SQRT(B28*(1-B28)/25) | 0.167 | 0.195 | 0.176 | 0.188 |
| 31 | 95%置信区间的下限 | 0.497 | =B28-B30 | 0.593 | 0.365 | 0.104 | 0.172 |
| 32 | 95%置信区间的上限 | 0.863 | =B28+B30 | 0.927 | 0.755 | 0.456 | 0.548 |
| 33 | 置信区间是否包含总体比例0.5? | 1 | =IF(AND(B31<0.5,B32>0.5),1,0) | 0 | 1 | 0 | 1 |
| 34 | 包含总体比例0.5的区间的比例 | 0.96 | =AVERAGE(B33:CX33) | | | | |
| 35 | | | | | | | |
| 36 | 90%置信水平的估计误差 | 0.153 | =NORM.S.INV(0.95)*SQRT(B28*(1-B28)/25) | 0.140 | 0.163 | 0.148 | 0.158 |
| 37 | 90%置信区间的下限 | 0.527 | =B28-B36 | 0.620 | 0.397 | 0.132 | 0.202 |
| 38 | 90%置信区间的上限 | 0.833 | =B28+B36 | 0.900 | 0.723 | 0.428 | 0.518 |
| 39 | 置信区间是否包含总体比例0.5? | 0 | =IF(AND(B37<0.5,B38>0.5),1,0) | 0 | 1 | 0 | 1 |
| 40 | 包含总体比例0.5的区间的比例 | 0.87 | =AVERAGE(B39:CX39) | | | | |

图 9.14 100 个样本的总体比例的 95%和 90%置信水平下的区间估计

第 3 步：选中单元格区域"B28:B33"，然后将鼠标指针移至单元格 B33 的右下角，待其变成"十"字形单元格填充柄后再向右拖曳 99 列，直至计算出样本 2 至样本 100 的置信区间，并判断每个置信区间是否包含总体比例 0.5。图 9.14 中的单元格 B34 显示这 100 个置信区间中包含总体比例 0.5 的区间占 96%。若样本足够多，该比例将逼近于置信水平 95%。

第 4 步：设置 90%置信水平。重复第 2 步至第 3 步。从图 9.14（限于篇幅，将第 7~20

行设置为隐藏）可以看出，置信水平越低，估计误差越小，构造的置信区间越小，100个置信区间中包含总体比例 0.5 的区间占 87%。若样本足够多，该比例将逼近于置信水平 90%。

### 9.4.2 实践应用

在实践中研究者通过研究样本均值的抽样分布，可以在统计推断中掌握估计误差的大小。当利用样本均值来推断总体均值时，由于每一次抽取的样本的构成都不同，样本均值与总体均值的差距也因样本而异。下面将举例说明如何利用样本均值的抽样分布来讨论统计推断的可靠性。

**例 9.4**

随机抽取 ABC 公司的 100 个订单，其中来自新顾客的比例为 20%，计算 ABC 公司的订单来自新顾客的比例的 90%、95%、99% 置信区间。

在本例中样本比例等于 0.2，$np=20$、$n(1-p)=80$ 都超过了 15，样本容量足够大，计算总体比例的置信区间如式（9.18）所示：

$$0.2 \pm z_{\frac{0.10}{2}} \sqrt{\frac{0.2(1-0.8)}{100}} = 0.2 \pm 1.645 \times \frac{0.2}{10} \approx 0.2 \pm 0.033 \quad (9.18)$$

ABC 公司的订单来自新顾客的比例的 90% 置信区间是 [0.134, 0.266]，图 9.15 展示了 90%、95% 和 99% 置信水平下的计算步骤。

| | A | B | C |
|---|---|---|---|
| 1 | 样本比例 | 0.200 | |
| 2 | 样本比例的标准误 | 0.040 | =SQRT(B1*(1-B1)/100) |
| 3 | 90%置信水平的估计误差 | 0.066 | =NORM.S.INV(0.95)*SQRT(B1*(1-B1)/100) |
| 4 | 90%置信区间的下限 | 0.134 | =B1-B3 |
| 5 | 90%置信区间的上限 | 0.266 | =B1+B3 |
| 6 | | | |
| 7 | 样本比例 | 0.200 | |
| 8 | 样本比例的标准误 | 0.040 | =SQRT(B7*(1-B7)/100) |
| 9 | 95%置信水平的估计误差 | 0.078 | =NORM.S.INV(0.975)*SQRT(B7*(1-B7)/100) |
| 10 | 95%置信区间的下限 | 0.122 | =B7-B9 |
| 11 | 95%置信区间的上限 | 0.278 | =B7+B9 |
| 12 | | | |
| 13 | 样本比例 | 0.200 | |
| 14 | 样本比例的标准误 | 0.040 | =SQRT(B13*(1-B13)/100) |
| 15 | 99%置信水平的估计误差 | 0.103 | =NORM.S.INV(0.995)*SQRT(B13*(1-B13)/100) |
| 16 | 99%置信区间的下限 | 0.097 | =B13-B15 |
| 17 | 99%置信区间的上限 | 0.303 | =B13+B15 |

图 9.15　置信水平为 90%、95% 和 99% 的总体比例的区间估计

## 9.5　本章总结

本章介绍的主要知识点如图 9.16 所示。

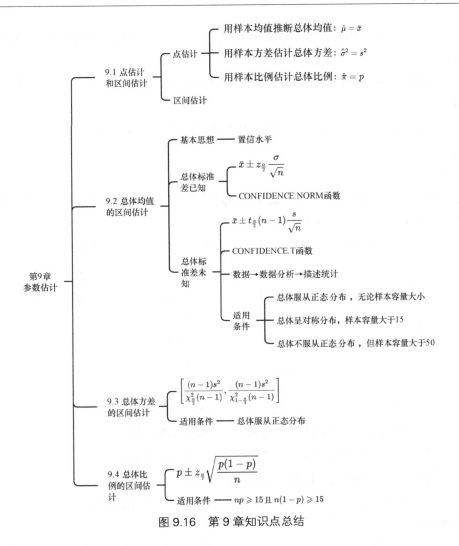

图 9.16 第 9 章知识点总结

## 9.6 本章习题

【习题 9.1】

生成 1000 个服从正态分布 $N(10,3^2)$ 的随机数,将这 1000 个数视作总体。完成下列任务。

1. 从总体中随机抽取 36 个个体组成样本 1,用样本 1 构成总体均值的 99% 置信区间。重复该过程 200 次。计算 200 个置信区间中包含总体均值的比例。

2. 从总体中随机抽取 36 个个体组成样本 1,用样本 1 构成总体均值的 95% 置信区间。重复该过程 200 次。计算 200 个置信区间中包含总体均值的比例。

3. 从总体中随机抽取 36 个个体组成样本 1,用样本 1 构成总体均值的 90% 置信区间。重复该过程 200 次。计算 200 个置信区间中包含总体均值的比例。

【习题 9.2】

从服从正态分布 $N(20,5^2)$ 的总体中随机抽取 36 个个体组成样本,重复该过程 500 次,生成 500 个样本。完成下列任务。

1. 基于各个样本，构造总体方差的 99% 置信区间。计算 500 个置信区间中包含总体方差的比例。

2. 基于各个样本，构造总体方差的 95% 置信区间。计算 500 个置信区间中包含总体方差的比例。

3. 基于各个样本，构造总体方差的 90% 置信区间。计算 500 个置信区间中包含总体方差的比例。

【习题 9.3】

在 G 市随机抽取 100 套二手房，记录下房龄、单价和所在区域数据，如图 9.17 所示（数据文件：习题 9.3.xlsx）。完成下列任务。

| | A | B | C | D |
|---|---|---|---|---|
| 1 | ID | 房龄/年 | 单价/(元·米$^{-2}$) | 所在区域 |
| 2 | 1 | 15 | 7481 | 郊区 |
| 3 | 2 | 23 | 41986 | 市区 |
| 4 | 3 | 23 | 47773 | 市区 |
| 5 | 4 | 11 | 32090 | 市区 |
| 6 | 5 | 8 | 19763 | 郊区 |
| 7 | 6 | 7 | 32313 | 市区 |

图 9.17 习题 9.3 的数据

1. 计算 G 市二手房房龄总体均值的 90%、95% 和 99% 置信区间。
2. 计算 G 市二手房单价总体均值的 90%、95% 和 99% 置信区间。
3. 计算 G 市二手房房龄总体方差的 90%、95% 和 99% 置信区间。
4. 计算 G 市二手房单价总体方差的 90%、95% 和 99% 置信区间。
5. 计算 G 市市区二手房房龄的比例的 90%、95% 和 99% 置信区间。

【习题 9.4】

在基金经理中随机抽取 505 人，记录下学历/学位、专业背景、从业年限数据，如图 9.18 所示（数据文件：习题 9.4.xlsx）。完成下列任务。

| | A | B | C | D |
|---|---|---|---|---|
| 1 | 序号 | 学历/学位 | 专业背景 | 从业年限 |
| 2 | 1 | 硕士 | 金融 | 12 |
| 3 | 2 | 硕士 | 理工 | 9 |
| 4 | 3 | 硕士 | 金融 | 5 |
| 5 | 4 | 硕士 | 金融 | 9 |
| 6 | 5 | 硕士 | 金融 | 21 |

图 9.18 习题 9.4 的数据

1. 计算基金经理从业年限总体均值的 90%、95% 和 99% 置信区间。
2. 计算基金经理从业年限总体方差的 90%、95% 和 99% 置信区间。
3. 计算基金经理中学历/学位是硕士的比例的 90%、95% 和 99% 置信区间。
4. 计算基金经理中专业背景是金融的比例的 90%、95% 和 99% 置信区间。

# 第 10 章

# 单个总体参数的检验

假设检验是让研究者利用样本对总体做出推断的一种统计分析方法。根据是否对总体的分布形态做出假设，假设检验可以分为参数检验和非参数检验；根据要推断的总体的个数，假设检验可以分为单个总体参数的检验、两个总体参数的检验或多个总体参数的检验。第 10 章将介绍单个总体参数的检验，第 11 章将介绍两个总体参数的检验，第 12 章将介绍多个总体参数的检验，第 13 章将介绍非参数检验。

【本章主要内容】
- 开展假设检验的步骤
- 总体均值的假设检验
- 总体方差的假设检验
- 总体比例的假设检验

## 10.1 开展假设检验的步骤

本节将介绍开展假设检验的步骤，解释假设检验中的专业术语。通过对本节的学习，读者将对如何开展假设检验形成全局性的认识。开展假设检验有 5 个步骤，如图 10.1 所示。

图 10.1 开展假设检验的步骤

### 10.1.1 提出原假设和备择假设

假设是对总体的一种陈述，在假设检验中研究者需要提出原假设（Null Hypothesis，记作 $H_0$）和备择假设（Alternative Hypothesis，记作 $H_1$），二者是一对相互对立的命题。

在实践中，如何提出原假设和备择假设呢？首先，要明确你关注的是总体的哪个方面。若希望对总体的参数如均值、方差进行推断，那么需要开展参数检验。若希望对总体的分布进行推断，例如总体分布是否服从正态分布，那么需要开展非参数检验。

在参数检验中，通常将研究者希望证明的观点放在备择假设上，然后将备择假设的独立面放在原假设中，并且将"="放在原假设上。在非参数检验中，原假设和备择假设已经由该方法的提出者约定，使用该方法时遵照约定即可。

参数检验可以分为双侧检验（Two-Tailed Test）和单侧检验（One-Tailed Test）。下面先举例说明双侧检验。

例如，每袋咖啡的标准规格是 150g。将某条生产线上生产的咖啡视作总体，质量控制人员关注的是总体均值是否等于 150。因此，原假设是"$H_0: \mu = 150$"，备择假设是"$H_1: \mu \neq 150$"。在该场景下，若总体均值小于 150 或者大于 150，都表明生产线未达规定的质量标准。备择假设中的 $\mu \neq 150$，意味着总体均值可能小于 150，也可能大于 150，总体均值可能落在 150 的左侧或者右侧，这类检验称作双侧检验。双侧检验中，将"150"放在原假设中，将"≠"放在备择假设中即可。

单侧检验中研究者关注的是总体参数是否大于或者小于某个值。例如，酒店住客每一天的平均消费是 600 元，实施促销活动后，经理想判断酒店住客每一天的平均消费是否提高了。在该场景下，经理想要证明总体均值大于 600，将此观点设置为备择假设"$H_1: \mu > 600$"，原假设是"$H_0: \mu \leq 600$"。研究者期望证明总体参数落在某个值的右侧，这类检验称作右侧检验（Right-Tailed Test）。相应地，在左侧检验中，研究者期望证明总体参数小于某个值。表 10.1 列出了 3 类检验的原假设和备择假设。

表 10.1　3 类检验的原假设和备择假设

|  | 双侧检验 | 右侧检验 | 左侧检验 |
| --- | --- | --- | --- |
| 原假设 | $\mu = \mu_0$ | $\mu \leq \mu_0$ | $\mu \geq \mu_0$ |
| 备择假设 | $\mu \neq \mu_0$ | $\mu > \mu_0$ | $\mu < \mu_0$ |

## 10.1.2　约定显著性水平

显著性水平（Level of Significance）是由研究者事先自行约定的，研究者愿意承担的犯弃真错误的风险，通常用 $\alpha$ 来表示。弃真错误又称作第一类错误，即原假设为真（正确的），但研究者却拒绝了原假设，也就是放弃了真命题。弃真错误是非常严重的错误，因为一旦放弃了真命题，就意味着将正确答案排除在外，再也无法得到正确的推断。

假设检验中还有一类错误是取伪错误，也称作第二类错误，即原假设为假（错误的），但研究者却没有拒绝原假设，相当于保留了伪命题。取伪错误相对于弃真错误的危害要小一些，因为即使研究者保留了伪命题，但还是有发现真命题的可能。

所以，在假设检验中要特别关注犯弃真错误的风险。研究者会根据研究的场景对犯弃真错误的容忍程度进行约定，声明在该假设检验中犯弃真错误的概率不超过某个数值，这个数值就称作显著性水平。

常用的显著性水平有 0.01、0.05、0.10。显著性水平越小，说明研究者对犯弃真错误的容忍程度越低，犯弃真错误的可能性越小，研究结论的可靠性越高。

### 10.1.3 构造检验统计量

检验统计量（Test Statistic）是对样本信息的一种提炼，通常服从一个熟知的分布，例如标准正态分布、$t$ 分布、卡方分布或 $F$ 分布等。统计学家是如何构造检验统计量的呢？统计学家是从总体参数的点估计量的分布出发来构造检验统计量的。总体均值的点估计是样本均值，总体方差的点估计是样本方差，总体比例的点估计是样本比例。第 8 章介绍了样本均值、样本比例的分布，利用其可以构造检验统计量。

例如，若要对总体均值进行假设检验，先考查总体均值的点估计量即样本均值的分布。根据中心极限定理，在大样本下，样本均值 $\bar{x}$ 服从正态分布 $N(\mu, \sigma^2/n)$，将样本均值进行标准化处理，得 $\frac{\bar{x}-\mu}{\sigma/\sqrt{n}} \sim N(0,1)$，则构造检验统计量 $z = \frac{\bar{x}-\mu}{\sigma/\sqrt{n}}$，该检验称作 $z$ 检验。检验统计量的构造是统计学家的工作，读者无须自行构造检验统计量，只需了解检验统计量的构造思路，重点掌握每一种检验方法的适用条件。后续章节将详细介绍总体均值的 $z$ 检验、总体均值的 $t$ 检验、总体方差的卡方检验和总体比例的 $z$ 检验。

### 10.1.4 建立决策规则

建立决策规则就是指利用检验统计量进行决策，有两种常用方法：一是 $p$ 值法，二是临界值法。

$p$ 值（$p$ Value）是犯弃真错误的实际概率，也称作观测到的显著性水平（Observed Significance Level）。当犯弃真错误的实际概率小于研究者事先约定的犯弃真错误的概率上限时，表明犯弃真错误的风险是比较低的，因此可以拒绝原假设。若 $p$ 值大于或等于显著性水平，则不拒绝原假设。

临界值法是根据检验统计量的分布和显著性水平的大小，以临界值为分界点，构造出拒绝域和非拒绝域。

根据样本数据和检验统计量可以计算出 $p$ 值、临界值，具体计算过程将在 10.2 节中举例说明。

### 10.1.5 基于样本做出判断

收集样本数据，使用统计学家构造好的检验统计量，利用 $p$ 值法或者临界值法做出决策判断。

## 10.2 总体均值的假设检验

本节将介绍总体均值的假设检验，根据总体标准是否已知，假设检验分为 $z$ 检验和 $t$ 检验两种。首先介绍 $z$ 检验和 $t$ 检验的具体步骤，然后介绍其在 Excel 中的实现。

### 10.2.1 总体均值的 $z$ 检验在 Excel 中的实现

利用第 8 章介绍的样本均值的抽样分布结论：当总体服从正态分布 $N(\mu,\sigma^2)$ 时，样本均值服从正态分布 $N\left(\mu,\dfrac{\sigma^2}{n}\right)$；当总体不服从正态分布时，若样本容量足够大，样本均值服从正态分布 $N\left(\mu,\dfrac{\sigma^2}{n}\right)$。若假定原假设"$H_0:\mu=\mu_0$"成立，则有 $\bar{x}\sim N\left(\mu_0,\dfrac{\sigma^2}{n}\right)$。对 $\bar{x}$ 进行标准化处理，如式（10.1）所示。

$$z=\dfrac{\bar{x}-\mu_0}{\dfrac{\sigma}{\sqrt{n}}}\sim N(0,1) \qquad (10.1)$$

式（10.1）中的统计量称作 $z$ 检验统计量，该检验称作 $z$ 检验。将样本均值代入式（10.1）中计算出的数值称作 $z$ 值。

**1. 双侧检验**

**例 10.1**

已知 A 公司生产的袋装咖啡的包装规格是 150g。已知咖啡的包装克数的总体标准等于 5g。从生产线上随机抽取 36 包咖啡，测得其实际包装克数如图 10.4 中单元格区域"A1:C12"所示。在 0.05 的显著性水平下，判断生产线上生产的咖啡包装容量的均值是否等于 150。

研究者关注的是咖啡包装容量的均值是否等于 150，这是一个双侧检验，因此原假设是"$H_0:\mu=150$"，备择假设是"$H_1:\mu\neq 150$"。在本例中样本容量等于 36，总体标准差等于 5，$z$ 值计算如式（10.2）所示。

$$z=\dfrac{151.886-150}{\dfrac{5}{\sqrt{36}}}\approx 2.263 \qquad (10.2)$$

如图 10.2 所示，双侧检验的临界值 $z_{\frac{0.05}{2}}$ 等于 1.96，$z>1.96$ 和 $z<-1.96$ 构成了拒绝域。$z$ 检验统计量的值 2.263 落在了拒绝域中，因此拒绝原假设。

$p$ 值等于检验统计量取到的值比观测到的检验统计量的值更极端的概率。在双侧检验中，更极端是指检验统计量的值特别大或者特别小，比基于样本数据计算得到的 2.263 更大或者比 −2.263 更小的概率。$p$ 值的计算如式（10.3）所示：

$$P(|z|>2.263)=0.024 \qquad (10.3)$$

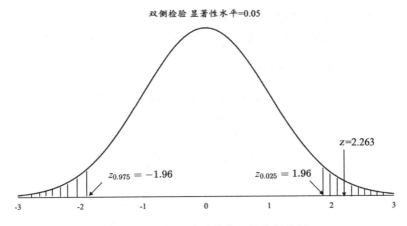

图 10.2 双侧 $z$ 检验的临界值和拒绝域

如图 10.3 所示，$p$ 值等于 0.024，小于显著性水平 0.05，因此拒绝原假设"$H_0:\mu=150$"。拒绝原假设时，面临的犯弃真错误的概率是 0.024，满足研究者关于犯弃真错误的概率不超过 0.05 的约定。此时，可以放心地拒绝原假设，因为犯弃真错误的概率很低。

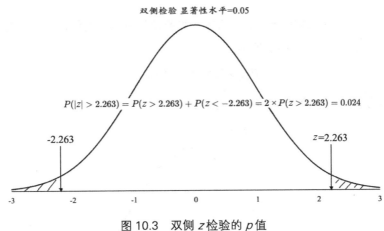

图 10.3 双侧 $z$ 检验的 $p$ 值

图 10.4 展示了双侧 $z$ 检验的过程。

| | A | B | C | D | E | F | G |
|---|---|---|---|---|---|---|---|
| 1 | 149.9 | 145.4 | 151.1 | | 样本均值 | 151.886 | =AVERAGE(A1:C12) |
| 2 | 146.4 | 156.5 | 155.6 | | | | |
| 3 | 153.6 | 150.9 | 153.1 | | $z$值 | 2.263 | =(F1-150)/(5/SQRT(36)) |
| 4 | 161.8 | 145.3 | 155.0 | | | | |
| 5 | 147.5 | 159.4 | 151.9 | | 双侧检验的临界值 | 1.960 | =NORM.S.INV(0.975) |
| 6 | 151.8 | 154.9 | 149.3 | | 标准正态分布的双侧0.05分位点 | | |
| 7 | 150.4 | 150.1 | 151.1 | | | | |
| 8 | 151.8 | 147.2 | 158.0 | | 双侧检验的$p$值 | 0.024 | =2*(1-NORM.S.DIST(F3,TRUE)) |
| 9 | 146.4 | 148.4 | 144.9 | | | | |
| 10 | 151.4 | 155.1 | 152.3 | | | | |
| 11 | 152.7 | 154.2 | 149.4 | | | | |
| 12 | 156.0 | 153.9 | 155.2 | | | | |
| 13 | | | | | | | |

图 10.4 双侧 $z$ 检验的过程

### 2. 右侧检验

若在本例中，研究者关注的是咖啡包装容量的均值是否大于 150，那么需要开展右侧检验。

原假设是"$H_0:\mu \leq 150$",备择假设是"$H_1:\mu > 150$"。

如图 10.5 所示,右侧检验的临界值 $z_{0.05}$ 等于 1.65,$z > 1.65$ 构成了拒绝域。z 检验统计量的值 2.264 落在了拒绝域中,因此拒绝原假设。

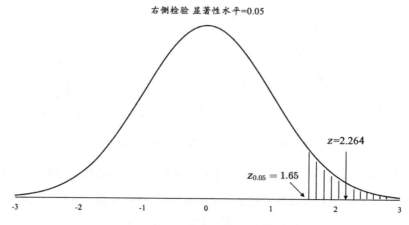

图 10.5　右侧 z 检验的临界值和拒绝域

如图 10.6 所示,在右侧检验中,p 值等于检验统计量取到的值比观测到的检验统计量的值更大的概率,计算如式(10.4)所示。

$$P(z > 2.263) = 0.012 \tag{10.4}$$

更极端的意思是,检验统计量的绝对值比 2.263 更大。

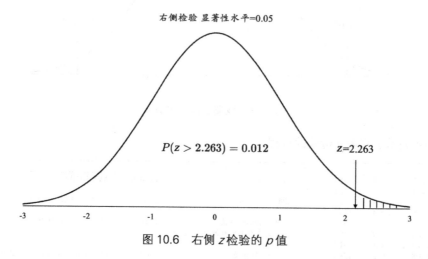

图 10.6　右侧 z 检验的 p 值

图 10.7 展示了右侧检验的过程。在单元格 F7 中录入公式"=Z.TEST(A1:C12,150,5)"(见单元格 G7),该函数的第 1 项参数是样本数据区域"A1:C12";第 2 项参数是 $\mu_0$,用于推断总体均值是否大于 150;第 3 项参数是总体标准差 5。该函数的返回值是 0.012。

使用 Z.TEST 函数的好处是无须计算样本均值、z 值,只需指定样本数据范围、待检验的 $\mu_0$ 和总体标准差 $\sigma$,即可报告 p 值。但要注意的是:该函数计算的是单侧检验的 p 值,若要做双侧检验,需要将该 p 值乘以 2。

|   | A | B | C | D | E | F | G |
|---|---|---|---|---|---|---|---|
| 1 | 149.9 | 145.4 | 151.1 |   | 样本均值 | 151.886 | =AVERAGE(A1:C12) |
| 2 | 146.4 | 156.5 | 155.6 |   |   |   |   |
| 3 | 153.6 | 150.9 | 153.1 |   | z值 | 2.263 | =(F1-150)/(5/SQRT(36)) |
| 4 | 161.8 | 145.3 | 155.0 |   |   |   |   |
| 5 | 147.5 | 159.4 | 151.9 |   | 右侧检验的p值 | 0.012 | =(1-NORM.S.DIST(F3,TRUE)) |
| 6 | 151.8 | 154.9 | 149.3 |   |   |   |   |
| 7 | 150.4 | 150.1 | 151.1 |   | 右侧检验的p值 | 0.012 | =Z.TEST(A1:C12,150,5) |
| 8 | 151.8 | 147.2 | 158.0 |   |   |   |   |
| 9 | 146.4 | 148.4 | 144.9 |   | 单侧检验的临界值 | 1.645 | =NORM.S.INV(0.95) |
| 10 | 151.4 | 155.1 | 152.3 |   | 标准正态分布的上0.05分位点 |   |   |
| 11 | 152.7 | 154.2 | 149.4 |   |   |   |   |
| 12 | 156.0 | 153.9 | 155.2 |   |   |   |   |

图 10.7　右侧 z 检验的过程

### 3. 左侧检验

沿用例 10.1 中的数据，36 包咖啡包装容量的样本均值等于 151.886，假设此时研究者关注的是总体均值是否小于 153，那么需要开展左侧检验。原假设是"$H_0: \mu \geq 153$"，备择假设是"$H_1: \mu < 153$"。如式（10.5）所示计算 z 值：

$$z = \frac{151.886 - 153}{\frac{5}{\sqrt{36}}} \approx \frac{-1.114}{0.833} \approx -1.337 \qquad (10.5)$$

如图 10.8 所示，左侧检验的临界值 $z_{0.95}$ 等于 $-1.645$，$z < -1.645$ 构成了拒绝域。z 值 $-1.337$ 落在了非拒绝域中，因此不拒绝原假设。

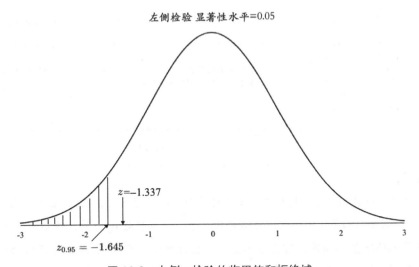

图 10.8　左侧 z 检验的临界值和拒绝域

如图 10.9 所示，在左侧检验中，p 值等于检验统计量取到的值比观测到的检验统计量的值更大的概率，计算如式（10.6）所示。

$$P(z < -1.337) = 0.091 \qquad (10.6)$$

若拒绝原假设，面临的犯弃真错误的实际概率是 0.091，超过了研究者事先的约定"犯弃真错误的概率不超过 0.05"，也意味着犯弃真错误的实际概率太大，做出"拒绝原假设"的结论面临的犯错风险太高。因此，研究结论是不拒绝原假设。

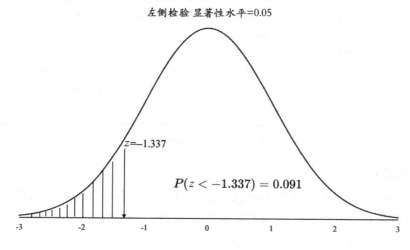

图 10.9　左侧 z 检验的 p 值

图 10.10 展示了左侧检验的过程。在单元格 F7 中录入公式 "=1-Z.TEST(A1:C12,153,5)"（见单元格 G7），可得对应的 p 值。

| | A | B | C | D | E | F | G |
|---|---|---|---|---|---|---|---|
| 1 | 149.9 | 145.4 | 151.1 | | 样本均值 | 151.886 | =AVERAGE(A1:C12) |
| 2 | 146.4 | 156.5 | 155.6 | | | | |
| 3 | 153.6 | 150.9 | 153.1 | | z 值 | -1.337 | =(F1-153)/(5/SQRT(36)) |
| 4 | 161.8 | 145.3 | 155.0 | | | | |
| 5 | 147.5 | 159.4 | 151.9 | | 左侧检验的 p 值 | 0.091 | =NORM.S.DIST(F3,TRUE) |
| 6 | 151.8 | 154.9 | 149.3 | | | | |
| 7 | 150.4 | 150.1 | 151.1 | | 左侧检验的 p 值 | 0.091 | =1-Z.TEST(A1:C12,153,5) |
| 8 | 151.8 | 147.2 | 158.0 | | | | |
| 9 | 146.4 | 148.4 | 144.9 | | 左侧检验的临界值 | -1.645 | =NORM.S.INV(0.05) |
| 10 | 151.4 | 155.1 | 152.3 | | 标准正态分布的下0.05分位点 | | |
| 11 | 152.7 | 154.2 | 149.4 | | | | |
| 12 | 156.0 | 153.9 | 155.2 | | | | |
| 13 | | | | | | | |

图 10.10　左侧 z 检验的过程

**实操技巧**

- 当总体标准差已知时，对总体均值进行右侧检验，可利用 Z.TEST 函数计算右侧检验的 p 值，该函数的第 1 项参数是样本数据，第 2 项参数是 $\mu_0$，第 3 项参数是总体标准差。
- 当总体标准差已知时，对总体均值进行左侧检验，Z.TEST 函数计算值仍然是 z 值右侧尾翼的概率，还要用 1 减去该值才能得到左侧检验的 p 值。
- 当总体标准差已知时，对总体均值进行双侧检验，若 z 值大于 0，p 值等于 Z.TEST 函数的计算结果乘以 2；若 z 值小于 0，p 值等于 2×(1-Z.TEST)。

### 10.2.2　总体均值的 t 检验在 Excel 中的实现

在实践中，总体标准差通常都是未知的，在利用 $z = \dfrac{\bar{x} - \mu_0}{\dfrac{\sigma}{\sqrt{n}}}$ 构造检验统计量时，会面临总体标准差未知的困境。因此，需要用样本标准差估计总体标准差。当总体服从正态分布，或者样本容量足够大时，$\frac{\bar{x}-\mu_0}{s/\sqrt{n}} \sim t(n-1)$，因此，构造检验统计量如式（10.7）所示。

$$t = \frac{\bar{x}-\mu_0}{\frac{s}{\sqrt{n}}} \sim t(n-1) \qquad (10.7)$$

式（10.7）中的统计量称作 $t$ 检验统计量，该检验称作 $t$ 检验。将样本均值代入式（10.7）中计算出的数值称作 $t$ 值。

**1. 双侧检验**

**例 10.2**

已知 A 公司生产的袋装咖啡的包装规格是 150g。从生产线上随机抽取 36 包咖啡，测得实际包装克数如图 10.13 中单元格区域"A1:C12"所示。在 0.05 的显著性水平下，判断生产线上生产的咖啡包装容量的均值是否等于 150。

例 10.2 和例 10.1 中的 36 袋咖啡的样本数据完全相同，区别在于例 10.2 中总体标准差未知，需要用 $t$ 检验；例 10.1 中总体标准差等于 5，可以用 $z$ 检验。

在本例中，$t$ 检验统计量的值计算如式（10.8）所示。

$$t = \frac{151.886-150}{\frac{4.04}{\sqrt{36}}} \approx 2.801 \qquad (10.8)$$

如图 10.11 所示，双侧检验的临界值 $t_{\frac{0.975}{2}}(35)$ 等于 $-2.03$，$t > 2.03$ 和 $t < -2.03$ 构成了拒绝域。$t$ 检验统计量的值 2.801 落在了拒绝域中，因此拒绝原假设。

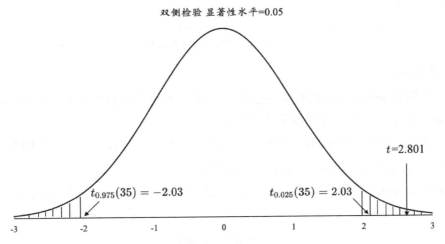

图 10.11 双侧 $t$ 检验的临界值和拒绝域

$p$ 值的计算如式（10.9）所示。

$$P(|t| > 2.801) = 0.008 \qquad (10.9)$$

$p$ 值的含义如图 10.12 所示，在本例中 $p$ 值等于 0.008，小于显著性水平 0.05，因此拒绝原假设"$H_0:\mu=150$"。

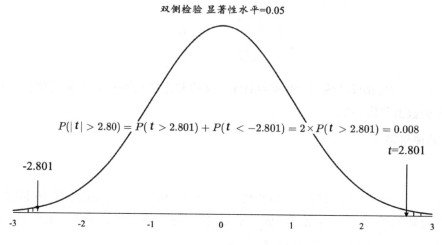

图 10.12　双侧 $t$ 检验的 $p$ 值

$t$ 检验的过程在 Excel 中的实现如图 10.13 所示。

| | A | B | C | D | E | F | G |
|---|---|---|---|---|---|---|---|
| 1 | 149.9 | 145.4 | 151.1 | | 样本均值 | 151.886 | =AVERAGE(A1:C12) |
| 2 | 146.4 | 156.5 | 155.6 | | 样本标准差 | 4.040 | =STDEV.S(A1:C12) |
| 3 | 153.6 | 150.9 | 153.1 | | | | |
| 4 | 161.8 | 145.3 | 155.0 | | $t$ 值 | 2.801 | =(F1-150)/(F2/SQRT(36)) |
| 5 | 147.5 | 159.4 | 151.9 | | | | |
| 6 | 151.8 | 154.9 | 149.3 | | 双侧检验的临界值 | 2.030 | =T.INV.2T(0.05,35) |
| 7 | 150.4 | 150.1 | 151.1 | | $t(35)$分布的双侧0.05分位点 | | |
| 8 | 151.8 | 147.2 | 158.0 | | | | |
| 9 | 146.4 | 148.4 | 144.9 | | 双侧检验的$p$值 | 0.008 | =T.DIST.2T(F4,35) |
| 10 | 151.4 | 155.1 | 152.3 | | | | |
| 11 | 152.7 | 154.2 | 149.4 | | | | |
| 12 | 156.0 | 153.9 | 155.2 | | | | |
| 13 | | | | | | | |

图 10.13　双侧 $t$ 检验的过程

**2. 右侧检验**

若在本例中，研究者关注的是咖啡包装容量的均值是否大于 150，那么需要开展右侧检验。原假设是"$H_0:\mu\leqslant 150$"，备择假设是"$H_1:\mu>150$"。

如图 10.14 所示，右侧检验的临界值 $t_{0.05}(35)$ 等于 1.69，$t>1.69$ 构成了拒绝域。$t$ 检验统计量的值 2.801 落在了拒绝域中，因此拒绝原假设。

在右侧检验中，$p$ 值等于检验统计量取到的值比观测到的检验统计量的值更大的概率，计算如式（10.10）所示。

$$P(t>2.801)=0.004 \tag{10.10}$$

上述过程在 Excel 中的实现如图 10.15 所示。在单元格 F7 中录入的公式是"=Z.TEST(A1:C12,150,5)"（见单元格 G7），该公式的第 1 项参数是样本数据区域"A1:C12"；第 2 项参数是 $\mu_0$，用于推断总体均值是否大于 150；第 3 项参数是总体标准差 5。该函数的计算结果是 0.012。使用该函数的好处是无须计算样本均值、$t$ 值，只需指定样本数据范围、待检验的 $\mu_0$ 和总体标准差 $\sigma$，即可得到 $p$ 值。但要注意的是，该函数计算的是单侧检验的 $p$ 值，若要做双侧检验，需要将该 $p$ 值乘以 2。

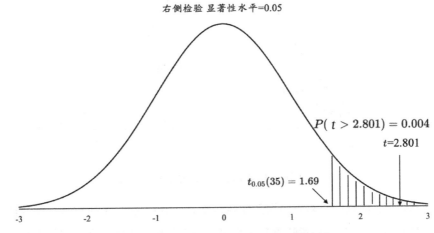

图 10.14　右侧 $t$ 检验的临界值和拒绝域

| | A | B | C | D | E | F | G |
|---|---|---|---|---|---|---|---|
| 1 | 149.9 | 145.4 | 151.1 | | 样本均值 | 151.886 | =AVERAGE(A1:C12) |
| 2 | 146.4 | 156.5 | 155.6 | | 样本标准差 | 4.040 | =STDEV.S(A1:C12) |
| 3 | 153.6 | 150.9 | 153.1 | | | | |
| 4 | 161.8 | 145.3 | 155.0 | | $t$ 值 | 2.801 | =(F1-150)/(F2/SQRT(36)) |
| 5 | 147.5 | 159.4 | 151.9 | | | | |
| 6 | 151.8 | 154.9 | 149.3 | | 右侧检验的临界值 | 1.690 | =T.INV(0.95,35) |
| 7 | 150.4 | 150.1 | 151.1 | | $t(35)$ 分布的上 0.05 分位点 | | |
| 8 | 151.8 | 147.2 | 158.0 | | | | |
| 9 | 146.4 | 148.4 | 144.9 | | 右侧检验的 $p$ 值 | 0.004 | =T.DIST.RT(F4,35) |
| 10 | 151.4 | 155.1 | 152.3 | | | | |
| 11 | 152.7 | 154.2 | 149.4 | | | | |
| 12 | 156.0 | 153.9 | 155.2 | | | | |

图 10.15　右侧 $t$ 检验的 $p$ 值

### 3. 左侧检验

沿用例 10.2 中的数据，36 包咖啡包装容量的样本均值等于 151.886，假如此时研究者关注的是总体均值是否小于 153，那么需要开展左侧检验。原假设是 "$H_0: \mu \geqslant 153$"，备择假设是 "$H_1: \mu < 153$"。如式（10.11）所示计算 $t$ 值。

$$t = \frac{151.886 - 153}{\frac{4.04}{\sqrt{36}}} \approx -1.654 \tag{10.11}$$

如图 10.16 所示，左侧检验的临界值 $t_{0.95}(35)$ 等于 $-1.69$，$t < -1.69$ 构成了拒绝域。$t$ 值 $-1.654$ 落在了非拒绝域中，因此不拒绝原假设。

在左侧检验中，$p$ 值等于检验统计量取到的值比观测到的检验统计量的值更大的概率，计算如式（10.12）所示。

$$P(t < -1.654) = 0.054 \tag{10.12}$$

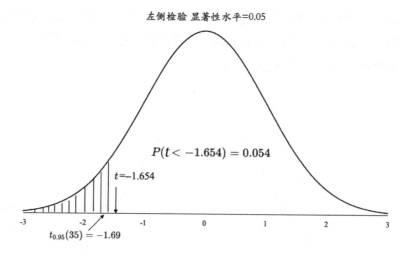

图 10.16　左侧 $t$ 检验的临界值和拒绝域

若拒绝原假设，面临的犯弃真错误的实际概率是 0.091，超过了研究者事先的约定"犯弃真错误的概率不超过 0.05"，也意味着犯弃真错误的实际概率太大，做出"拒绝原假设"的结论面临的犯错风险太高。因此，研究结论是"不拒绝原假设"。

左侧检验的过程在 Excel 中的实现如图 10.17 所示。在单元格 F7 中录入的公式是 =1-Z.TEST(A1:C12,153,5)（见单元格 G7）。

| | A | B | C | D | E | F | G |
|---|---|---|---|---|---|---|---|
| 1 | 149.9 | 145.4 | 151.1 | | 样本均值 | 151.886 | =AVERAGE(A1:C12) |
| 2 | 146.4 | 156.5 | 155.6 | | 样本标准差 | 4.040 | =STDEV.S(A1:C12) |
| 3 | 153.6 | 150.9 | 153.1 | | | | |
| 4 | 161.8 | 145.3 | 155.0 | | $t$ 值 | -1.654 | =(F1-153)/(F2/SQRT(36)) |
| 5 | 147.5 | 159.4 | 151.9 | | | | |
| 6 | 151.8 | 154.9 | 149.3 | | 左侧检验的临界值 | -1.690 | =T.INV(0.05,35) |
| 7 | 150.4 | 150.1 | 151.1 | | $t(35)$ 分布的下 0.05 分位点 | | |
| 8 | 151.8 | 147.2 | 158.0 | | | | |
| 9 | 146.4 | 148.4 | 144.9 | | 左侧检验的 $p$ 值 | 0.054 | =T.DIST(F4,35,1) |
| 10 | 151.4 | 155.1 | 152.3 | | | | |
| 11 | 152.7 | 154.2 | 149.4 | | | | |
| 12 | 156.0 | 153.9 | 155.2 | | | | |

图 10.17　左侧 $t$ 检验的过程

**实操技巧**

当总体标准差未知时，对总体均值进行假设检验，需使用 $t$ 检验。利用 T.INV.2T 函数、T.INV.RT 函数、T.INV 函数可以分别计算双侧 $t$ 检验、右侧 $t$ 检验和左侧 $t$ 检验的临界值。利用 T.DIST.2T 函数、T.DIST.RT 函数、T.DIST 函数可以分别计算双侧 $t$ 检验、右侧 $t$ 检验和左侧 $t$ 检验的 $p$ 值。

## 10.3　总体方差的假设检验

本节首先介绍总体方差的假设检验的核心步骤，然后介绍其在 Excel 中的实现。

## 10.3.1 卡方检验统计量的构造

对总体方差进行假设检验的过程与 10.2 节中对总体均值进行假设检验的过程相似，不同之处在于检验统计量的构造。

当总体服从正态分布时，从总体中随机抽取 $n$ 个相互独立的个体，则有式（10.13）：

$$\frac{(n-1)s^2}{\sigma^2} \sim \chi^2(n-1) \tag{10.13}$$

假定总体方差等于 $\sigma_0^2$，则可以构造式（10.14）所示的检验统计量：

$$\chi^2 = \frac{(n-1)s^2}{\sigma_0^2} \sim \chi^2(n-1) \tag{10.14}$$

$\frac{(n-1)s^2}{\sigma_0^2}$ 服从自由度为 $n-1$ 的卡方分布，总体方差的检验是卡方检验。根据样本数据计算出样本方差 $s^2$，然后将 $s^2$ 代入式（10.14）中计算出 $\chi^2$ 的值，再用 $p$ 值法或者临界值法进行决策判断。

图 10.18 所示为在双侧检验、右侧检验和左侧检验情形下，总体方差的卡方检验的临界值和拒绝域的示意图。

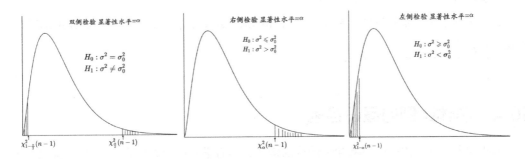

图 10.18 总体方差的卡方检验的临界值和拒绝域

## 10.3.2 总体方差的卡方检验在 Excel 中的实现

**例 10.3**

从 A 公司的生产线上随机抽取 36 包咖啡，测得实际包装克数如图 10.19 中单元格区域 "A1:C12" 所示。在 0.05 的显著性水平下，判断该生产线上生产的咖啡包装容量的方差是否大于 10。

若在本例中，研究者关注的是咖啡包装容量的方差是否大于 10，需要开展右侧检验。原假设是 "$H_0:\sigma^2 \leqslant 10$"，备择假设是 "$H_1:\sigma^2 > 10$"。

卡方检验统计量的值计算如式（10.15）所示。

$$\chi^2 = \frac{(n-1)s^2}{\sigma_0^2} = \frac{(36-1)\times 16.324}{10} = 57.134 \tag{10.15}$$

右侧检验的临界值 $\chi^2_{0.05}(35)$ 等于 49.802，$\chi^2 > 49.802$ 构成了拒绝域。卡方检验统计量的值为 57.134，落在了拒绝域中，因此拒绝原假设。

计算 $p$ 值，如式（10.16）所示。

$$P(\chi^2(35) > 57.134) = 0.010 \qquad (10.16)$$

上述过程在 Excel 中的实现如图 10.19 所示。

| | A | B | C | D | E | F | G |
|---|---|---|---|---|---|---|---|
| 1 | 149.9 | 145.4 | 151.1 | | 样本均值 | 151.886 | =AVERAGE(A1:C12) |
| 2 | 146.4 | 156.5 | 155.6 | | 样本方差 | 16.324 | =VAR.S(A1:C12) |
| 3 | 153.6 | 150.9 | 153.1 | | | | |
| 4 | 161.8 | 145.3 | 155.0 | | 卡方值 | 57.134 | =(36-1)*F2/10 |
| 5 | 147.5 | 159.4 | 151.9 | | | | |
| 6 | 151.8 | 154.9 | 149.3 | | 右侧检验的临界值 | 49.802 | =CHISQ.INV.RT(0.05,35) |
| 7 | 150.4 | 150.1 | 151.1 | | 卡方分布的上0.05分位点 | | |
| 8 | 151.8 | 147.2 | 158.0 | | | | |
| 9 | 146.4 | 148.4 | 144.9 | | 右侧检验的$p$值 | 0.010 | =CHISQ.DIST.RT(F4,35) |
| 10 | 151.4 | 155.1 | 152.3 | | | | |
| 11 | 152.7 | 154.2 | 149.4 | | | | |
| 12 | 156.0 | 153.9 | 155.2 | | | | |
| 13 | | | | | | | |

图 10.19　卡方检验的过程

**实操技巧**

在总体方差的卡方检验中，利用 CHISQ.INV.RT 函数计算临界值，利用 CHISQ.DIST.RT 函数计算 $p$ 值。

## 10.4　总体比例的假设检验

本节首先介绍总体比例的检验统计量的构造，然后举例说明如何在 Excel 中实现总体比例的假设检验。

### 10.4.1　$z$ 检验统计量的构造

8.3.2 小节介绍了样本比例的分布，通常，当 $n\pi \geqslant 15$ 且 $n(1-\pi) \geqslant 15$ 时，样本比例 $p$ 的分布接近于正态分布 $N\left(\pi, \dfrac{\pi(1-\pi)}{n}\right)$。对样本比例进行标准化处理，则有式（10.17）：

$$\frac{p-\pi}{\sqrt{\dfrac{\pi(1-\pi)}{n}}} \sim N(0,1) \qquad (10.17)$$

假定总体比例等于 $\pi_0$，则可以构造式（10.18）所示的检验统计量：

$$z = \frac{p-\pi_0}{\sqrt{\dfrac{\pi_0(1-\pi_0)}{n}}} \sim N(0,1) \qquad (10.18)$$

$\dfrac{p-\pi_0}{\sqrt{\dfrac{\pi_0(1-\pi_0)}{n}}}$ 服从标准正态分布，因此总体比例的检验是 $z$ 检验。根据样本数据计算出样本比例 $p$，然后将 $p$ 代入式（10.18）中计算出 $z$ 值，再用 $p$ 值法或者临界值法进行决策判断。其决策规则与总体均值的 $z$ 检验的决策规则相同，在此不赘述。

### 10.4.2 总体比例的 $z$ 检验在 Excel 中的实现

**例 10.4**

随机抽取 ABC 公司的 500 个订单，其中来自新顾客的比例为 21.5%。在 0.05 的显著性水平下，判断 ABC 公司的全部订单中来自新顾客的比例是否不足 25%。

此时研究者关注的是总体比例是否小于 25%，是一个左侧检验。原假设是"$H_0: \pi \geqslant 0.25$"，备择假设是"$H_1: \pi < 0.25$"。计算 $z$ 值，如式（10.19）所示：

$$z = \dfrac{0.215 - 0.25}{\sqrt{\dfrac{0.25(1-0.25)}{500}}} \approx -1.807 \qquad (10.19)$$

左侧检验的临界值 $z_{0.95}$ 等于 $-1.645$，$z < -1.645$ 构成了拒绝域。$z$ 值 $-1.807$ 落在了拒绝域中，因此拒绝原假设。

计算 $p$ 值，如式（10.20）所示。

$$P(z < -1.807) = 0.035 \qquad (10.20)$$

$p$ 值 0.035 小于显著性水平 0.05，拒绝原假设，也就是说可以认为 ABC 公司的订单来自新顾客的比例不足 25%。

上述过程在 Excel 中的实现如图 10.20 所示。

| | A | B | C |
|---|---|---|---|
| 1 | 样本比例 | 0.215 | |
| 2 | | | |
| 3 | z值 | -1.807 | =(B1-0.25)/SQRT(0.25*(1-0.25)/500) |
| 4 | | | |
| 5 | 左侧检验的临界值 | -1.645 | =NORM.S.INV(0.05) |
| 6 | 标准正态分布的下0.05分位点 | | |
| 7 | | | |
| 8 | 左侧检验的p值 | 0.035 | =NORM.S.DIST(B3,1) |
| 9 | | | |

图 10.20 总体比例的 $z$ 检验的过程

## 10.5 本章总结

图 10.21 展示了本章介绍的主要知识点。

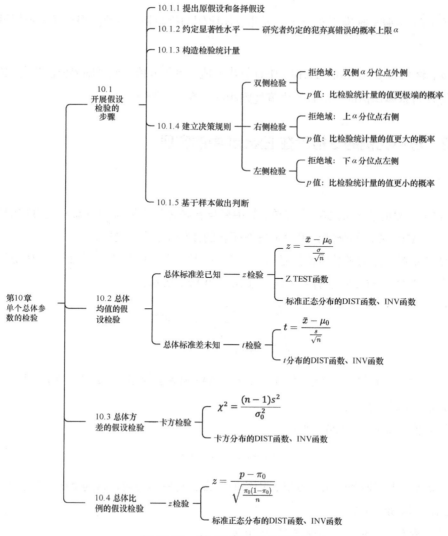

图 10.21　第 10 章知识点总结

## 10.6　本章习题

【习题 10.1】

在 G 市随机抽取 100 套二手房，记录其房龄、单价和所在区域数据（数据文件：习题 10.1.xlsx），如图 10.22 所示。完成下列任务。

1. 在 0.05 的显著性水平下，判断 G 市二手房房龄的均值是否超过了 12。
2. 在 0.05 的显著性水平下，判断 G 市二手房单价的总体均值是否超过了 30000。
3. 在 0.05 的显著性水平下，判断 G 市二手房房龄总体方差的 90%、95% 和 99% 置信区间。
4. 在 0.05 的显著性水平下，判断二手房房龄的方差是否小于 60。
5. 在 0.05 的显著性水平下，判断 G 市市区二手房的比例是否超过 70%。
6. 在 0.05 的显著性水平下，判断 G 市郊区二手房的比例是否不足 30%。

|   | A | B | C | D |
|---|---|---|---|---|
| 1 | ID | 房龄/年 | 单价/(元·米$^{-2}$) | 所在区域 |
| 2 | 1 | 15 | 7481 | 郊区 |
| 3 | 2 | 23 | 41986 | 市区 |
| 4 | 3 | 23 | 47773 | 市区 |
| 5 | 4 | 11 | 32090 | 市区 |
| 6 | 5 | 8 | 19763 | 郊区 |
| 7 | 6 | 7 | 32313 | 市区 |

图 10.22 习题 10.1 的部分数据

【习题 10.2】

在基金经理中随机抽取 505 人，记录下基金经理的学历/学位、专业背景、从业年限数据（数据文件：习题 10.2.xlsx），如图 10.23 所示。完成下列任务。

|   | A | B | C | D |
|---|---|---|---|---|
| 1 | 序号 | 学历/学位 | 专业背景 | 从业年限 |
| 2 | 1 | 硕士 | 金融 | 12 |
| 3 | 2 | 硕士 | 理工 | 9 |
| 4 | 3 | 硕士 | 金融 | 5 |
| 5 | 4 | 硕士 | 金融 | 9 |
| 6 | 5 | 硕士 | 金融 | 21 |

图 10.23 习题 10.2 的部分数据

1. 在 0.05 的显著性水平下，判断基金经理从业年限的均值是否超过 10。
2. 在 0.05 的显著性水平下，判断基金经理从业年限的方差是否超过 16。
3. 在 0.05 的显著性水平下，判断基金经理中学历/学位是硕士的比例是否不足 90%。
4. 在 0.05 的显著性水平下，判断基金经理中专业背景是金融的比例是否超过 50%。

# 第 11 章

# 两个总体参数的检验

在实践中，常常需要对两个总体进行对比。例如，比较两个行业的从业人员平均收入，比较两种型号的手机的平均续航时长，这类比较属于两个总体的均值的比较。研究者还可能对两个总体的变异程度感兴趣，例如两个行业从业人员收入的波动情况、成年男子和成年女子身高的波动情况，这类比较属于两个总体的方差的比较。研究者感兴趣的还可能是定性变量，例如两个行业从业人员中女性的比重，这类比较属于两个总体的比例的比较。

上述研究都可以采用两个总体参数的假设检验来进行。本章介绍的假设检验仍然沿用 10.1 节介绍的开展假设检验的一般步骤，不同之处在于检验统计量的构造形式不同。

【本章主要内容】
- 两个总体均值的比较：独立样本
- 两个总体均值的比较：配对样本
- 两个总体方差的比较
- 两个总体比例的比较

## 11.1 两个总体均值的比较：独立样本

本节将介绍两个总体均值的比较。若两个总体是相互独立的，则分别从这两个总体中随机抽取若干个体组成的两个样本也互相独立，这种样本称作独立样本。根据两个总体方差是否已知、两个总体方差是否相等，可以分 3 种情况来开展两个总体均值的比较。

### 11.1.1 两个总体方差已知：$z$ 检验

本小节首先介绍当两个总体方差已知时，要比较两个总体均值，如何构造检验统计量，以及在 Excel 中如何实现。

**1. $\bar{x}_1 - \bar{x}_2$ 的抽样分布**

比较两个总体均值 $\mu_1$ 和 $\mu_2$，实质上就是对两个总体均值的差 $\mu_1 - \mu_2$ 进行推断。分别从总体 1 和总体 2 中随机抽取容量为 $n_1$ 和 $n_2$ 的样本 1 和样本 2，样本 1 和样本 2 相互独立。两个

总体的标准差 $\sigma_1$ 和 $\sigma_2$ 已知。

为了对两个总体均值的差 $\mu_1 - \mu_2$ 进行推断，可以从 $\mu_1 - \mu_2$ 的点估计量 $\bar{x}_1 - \bar{x}_2$ 的抽样分布出发来进行检验统计量的构造。$\bar{x}_1 - \bar{x}_2$ 的期望如式（11.1）所示。

$$E(\bar{x}_1 - \bar{x}_2) = E(\bar{x}_1) - E(\bar{x}_2) = \mu_1 - \mu_2 \tag{11.1}$$

由于样本 1 和样本 2 相互独立，因此 $\bar{x}_1$ 和 $\bar{x}_2$ 相互独立，$\bar{x}_1 - \bar{x}_2$ 的方差如式（11.2）所示。

$$Var(\bar{x}_1 - \bar{x}_2) = Var(\bar{x}_1) + Var(\bar{x}_2) = \frac{\sigma_1^2}{n_1} + \frac{\sigma_2^2}{n_2} \tag{11.2}$$

根据第 8 章的知识，若总体服从正态分布，样本均值也服从正态分布；若总体不服从正态分布，只要样本容量足够大，样本均值也近似服从正态分布。因此，若两个总体都服从正态分布，或者两个样本容量都足够大，则有 $\bar{x}_1 \sim N(\mu_1, \frac{\sigma_1^2}{n_1})$，$\bar{x}_2 \sim N(\mu_2, \frac{\sigma_2^2}{n_2})$，进而可以得出 $\bar{x}_1 - \bar{x}_2$ 也服从正态分布，如式（11.3）所示。

$$\bar{x}_1 - \bar{x}_2 \sim N\left(\mu_1 - \mu_2, \frac{\sigma_1^2}{n_1} + \frac{\sigma_2^2}{n_2}\right) \tag{11.3}$$

**2. 构造 z 检验统计量**

利用式（11.3）对 $\bar{x}_1 - \bar{x}_2$ 进行标准化处理，如式（11.4）所示。

$$\frac{\bar{x}_1 - \bar{x}_2 - (\mu_1 - \mu_2)}{\sqrt{\frac{\sigma_1^2}{n_1} + \frac{\sigma_2^2}{n_2}}} \sim N(0,1) \tag{11.4}$$

对两个总体均值的差 $\mu_1 - \mu_2$ 建立式（11.5）所示的原假设和备择假设。

$$\begin{aligned} H_0: \mu_1 - \mu_2 &= D_0 \\ H_1: \mu_1 - \mu_2 &\neq D_0 \end{aligned} \tag{11.5}$$

在原假设成立时，构造式（11.6）所示的检验统计量。

$$z = \frac{\bar{x}_1 - \bar{x}_2 - D_0}{\sqrt{\frac{\sigma_1^2}{n_1} + \frac{\sigma_2^2}{n_2}}} \sim N(0,1) \tag{11.6}$$

由于 $\frac{\bar{x}_1 - \bar{x}_2 - D_0}{\sqrt{\frac{\sigma_1^2}{n_1} + \frac{\sigma_2^2}{n_2}}}$ 服从标准正态分布，该检验是 $z$ 检验。若 $D_0$ 等于 0，实际上就是比较两个总体均值是否相等。若 $D_0$ 等于某个非零的数值，则是判断 $\mu_1 - \mu_2$ 的差值是否等于 $D_0$。

在实践中，可以根据研究需要开展左侧检验或者右侧检验，其决策过程与第 10 章中的单个总体均值的 $z$ 检验的相同。$z$ 检验的临界值和拒绝域如图 11.1 所示。

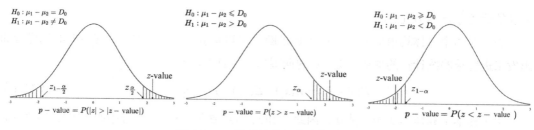

图 11.1　z 检验的临界值和拒绝域

### 3. 在 Excel 中的实现

**例 11.1**

为了比较两家便利店顾客消费金额的差异，从便利店 1 中随机抽取 49 名顾客、从便利店 2 中随机抽取 36 名顾客，记录抽中顾客的消费金额，数据如图 11.2 中单元格区域 "A1:H15" 所示。根据历史经营数据，便利店 1 和便利店 2 顾客消费金额的标准差分别是 4 和 3。在 0.05 的显著性水平下，判断两家便利店顾客的平均消费金额是否相等。

在本例中，$n_1 = 49$，$n_2 = 36$，样本容量都足够大，$\bar{x}_1 - \bar{x}_2$ 近似服从正态分布，从而可以使用 z 检验。研究者关注的是两家便利店顾客的平均消费金额是否相等，故开展双侧检验，原假设是 "$H_0: \mu_1 - \mu_2 = 0$"，备择假设是 "$H_1: \mu_1 - \mu_2 \neq 0$"，如式（11.7）所示计算 z 值。

$$z = \frac{\bar{x}_1 - \bar{x}_2 - D_0}{\sqrt{\dfrac{\sigma_1^2}{n_1} + \dfrac{\sigma_2^2}{n_2}}} = \frac{13.839 - 12.303 - 0}{\sqrt{\dfrac{4^2}{49} + \dfrac{3^2}{36}}} \approx 2.023 \qquad (11.7)$$

双侧检验的临界值 $z_{\frac{0.05}{2}}$ 等于 1.96，$z > 1.96$ 和 $z < -1.96$ 的区域构成了拒绝域。z 值 2.023 落在了拒绝域中，因此拒绝原假设。

p 值的计算如式（11.8）所示。

$$P(|z| > 2.023) = 0.043 \qquad (11.8)$$

在本例中 p 值等于 0.043，小于显著性水平 0.05，因此拒绝原假设 "$H_0: \mu_1 - \mu_2 = 0$"，可以认为两家便利店顾客的平均消费金额不相等，存在显著差异。

图 11.2 展示了在 Excel 中实现上述计算的公式。

|   | A | B | C | D | E | F | G | H | I | J | K | L |
|---|---|---|---|---|---|---|---|---|---|---|---|---|
| 1 | 便利店1 | | | | | 便利店2 | | | | 样本1均值 | 13.839 | =AVERAGE(A2:D15) |
| 2 | 19.3 | 15.5 | 14.0 | 16.2 | | 12.7 | 17.6 | 12.0 | | 样本2均值 | 12.303 | =AVERAGE(F2:H15) |
| 3 | 12.1 | 20.6 | 15.3 | 13.0 | | 17.3 | 15.9 | 11.8 | | | | |
| 4 | 14.0 | 11.0 | 6.3 | 14.3 | | 8.3 | 8.3 | 11.6 | | z值 | 2.023 | =(K1-K2)/SQRT(16/49+9/36) |
| 5 | 10.4 | 10.4 | 12.2 | 15.4 | | 9.6 | 13.6 | 11.9 | | | | |
| 6 | 13.7 | 14.9 | 23.5 | 14.7 | | 17.7 | 13.5 | 13.8 | | 双侧检验临界值 | 1.960 | =NORM.S.INV(0.975) |
| 7 | 16.3 | 17.6 | 6.3 | 16.9 | | 8.1 | 16.0 | 14.4 | | | | |
| 8 | 12.3 | 18.1 | 7.8 | 15.1 | | 12.5 | 13.9 | 3.8 | | p值 | 0.043 | =2*(1-NORM.S.DIST(K4,1)) |
| 9 | 8.3 | 12.2 | 16.7 | | | 12.3 | 16.3 | 7.8 | | | | |
| 10 | 20.6 | 16.5 | 13.1 | | | 12.4 | 15.2 | | | | | |
| 11 | 11.9 | 9.5 | 10.7 | | | 10.9 | 15.3 | | | | | |
| 12 | 9.6 | 13.2 | 16.9 | | | 7.4 | 16.0 | | | | | |
| 13 | 15.8 | 17.5 | 11.1 | | | 11.8 | 14.6 | | | | | |
| 14 | 11.5 | 16.8 | 15.8 | | | 7.0 | 4.4 | | | | | |
| 15 | 15.2 | 9.1 | 8.9 | | | 13.7 | 9.0 | | | | | |

图 11.2　两个总体方差已知的 z 检验的过程

调用 Excel 中的数据分析工具可以更加简便地实现上述计算。单击"数据"→"数据分析"→"z-检验：双样本平均差检验"，根据图 11.3 所示进行设置。

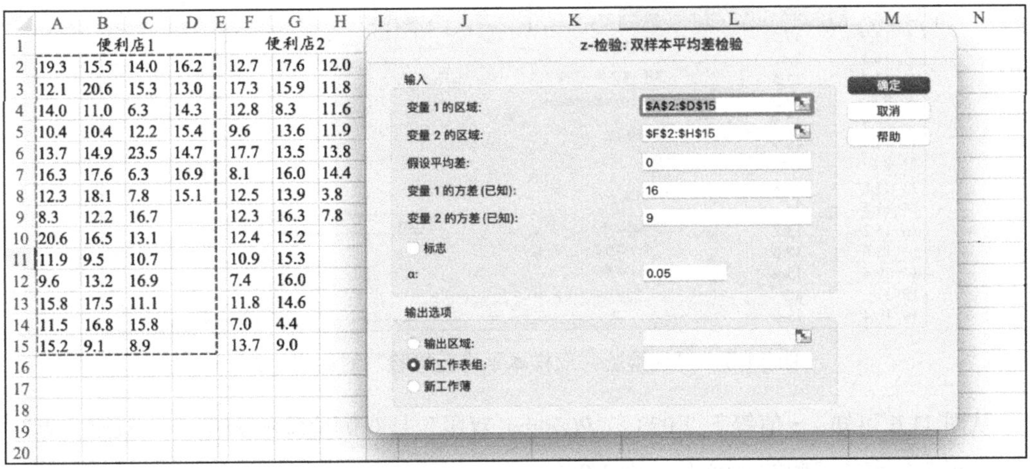

图 11.3 "z-检验：双样本平均差检验"对话框（1）

在"z-检验：双样本平均差检验"对话框中，分别单击"变量 1 的区域"和"变量 2 的区域"右侧的按钮，分别框选两个样本的观测值。在"假设平均差"文本框中输入 0，因为在本例中要检验两个总体均值是否相等，也就是检验两个均值之差是否等于 0。在"变量 1 的方差（已知）"和"变量 2 的方差（已知）"文本框中分别输入两个总体的方差 16 和 9，注意不是两个总体的标准差。在"$\alpha$"文本框中输入显著性水平 0.05。单击"确定"，弹出图 11.4 所示的对话框，指出样本 1 和样本 2 的数据必须为单行或单列。

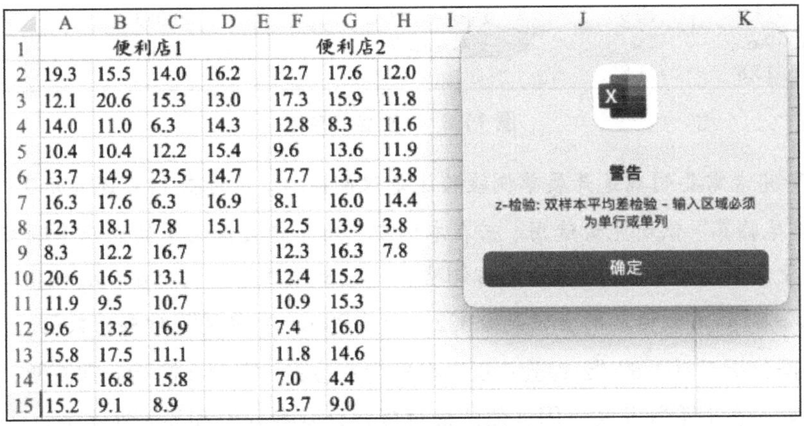

图 11.4 系统报错弹出的对话框

如图 11.5 所示，重新对数据进行排列，将便利店 1 的 49 个观测值全部放在列 A 中，将便利店 2 的 36 个观测值全部放在列 B 中。

在重新打开的"z-检验:双样本平均差检验"对话框中，勾选"标志"，因为变量 1 和变量 2 的区域包含单元格 A1 和 B1，这两个单元格中的内容是便利店名称，不是数值。图 11.6 所示的是 z 检验的结果。

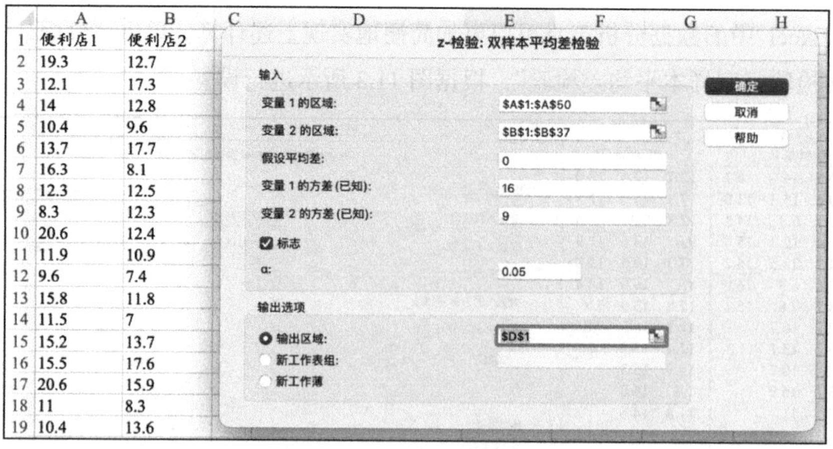

图 11.5 "z-检验：双样本平均差检验"对话框（2）

从图 11.6 可知，$z$ 值等于 2.023，"$P(Z<=z)$ 双尾"是双侧检验的 $p$ 值，"$z$ 双尾临界"等于标准正态分布的双侧的 0.05 分位点 1.960。

| | A | B | C | D | E | F |
|---|---|---|---|---|---|---|
| 1 | 便利店1 | 便利店2 | | z-检验：双样本平均差检验 | | |
| 2 | 19.3 | 12.7 | | | | |
| 3 | 12.1 | 17.3 | | | 便利店1 | 便利店2 |
| 4 | 14 | 12.8 | | 平均 | 13.839 | 12.303 |
| 5 | 10.4 | 9.6 | | 已知协方差 | 16 | 9 |
| 6 | 13.7 | 17.7 | | 观测值 | 49 | 36 |
| 7 | 16.3 | 8.1 | | 假设平均差 | 0 | |
| 8 | 12.3 | 12.5 | | z | 2.023 | |
| 9 | 8.3 | 12.3 | | $P(Z<=z)$ 单尾 | 0.022 | |
| 10 | 20.6 | 12.4 | | z 单尾临界 | 1.645 | |
| 11 | 11.9 | 10.9 | | $P(Z<=z)$ 双尾 | 0.043 | |
| 12 | 9.6 | 7.4 | | z 双尾临界 | 1.960 | |
| 13 | 15.8 | 11.8 | | | | |

图 11.6 $z$ 检验的结果

**注意**：研究者需要明确是开展单侧检验还是双侧检验。因为图 11.6 还显示了"$P(Z<=z)$ 单尾"和"$z$ 单尾临界"供研究者选用。若在本例中，研究者关注的是便利店 1 顾客的平均消费金额是否高于便利店 2 的，则需开展右侧检验。提出原假设"$H_0: \mu_1 - \mu_2 \leq 0$"和备择假设"$H_1: \mu_1 - \mu_2 > 0$"。右侧检验的 $p$ 值是 0.022，即"$P(Z<=z)$ 单尾"对应的数值。

运用数据分析工具下的"z-检验：双样本平均差检验"实现 $z$ 检验非常简便，无须进行中间步骤的计算。在决策判断时，用 $p$ 值法最直接，只需将 $p$ 值和显著性水平 $\alpha$ 进行比较，若 $p$ 值小于显著性水平 $\alpha$，则拒绝原假设；反之，则不拒绝原假设。

图 11.2 所示是编辑公式逐步计算样本均值、$z$ 值、临界值和 $p$ 值，虽然步骤较多，略显烦琐，但是可以帮助初学者熟悉 $z$ 检验的中间步骤，更深刻地理解图 11.6 所示的输出结果。

**实操技巧**

- 当两个总体方差已知时，比较两个总体均值的差异，可以调用数据分析工具下的"z-检验：双样本平均差检验"，实现 $z$ 检验。

- 两个样本的数据需要排列为两行或者两列。
- 需要明确开展的是双侧检验还是单侧检验。双侧检验的 $p$ 值为 "P(Z<=z) 双尾" 对应的数值，单侧检验的 $p$ 值为 "P(Z<=z) 单尾" 对应的数值。
- 推荐使用 $p$ 值法进行决策判断，若 $p$ 值小于显著性水平 $\alpha$，则拒绝原假设；反之，则不拒绝原假设。

### 11.1.2 两个总体方差相等：$t$ 检验

运用 $z$ 检验对两个总体的均值进行比较，需要已知两个总体的方差。若两个总体的方差未知，则无法利用式（11.6）计算 $z$ 值。在实践中，通常无法获知两个总体的方差，需要用样本方差估计总体方差，构造 $t$ 检验统计量。

**1. 构造 $t$ 检验统计量**

在本小节中假定两个总体的方差相等，然后利用两个样本的数据对总体方差进行估计。样本 1 和样本 2 的方差分别是 $s_1^2$ 和 $s_2^2$，考虑到样本 1 和样本 2 的容量可能不同，将 $n_1-1$ 和 $n_2-1$ 作为 $s_1^2$ 和 $s_2^2$ 的权重对总体方差进行估计，将其称作合并方差，如式（11.9）所示。

$$s_p^2 = \frac{(n_1-1)s_1^2 + (n_2-1)s_2^2}{n_1+n_2-2} \tag{11.9}$$

构造 $t$ 检验统计量，如式（11.10）所示：

$$t = \frac{\bar{x}_1 - \bar{x}_2 - D_0}{\sqrt{s_p^2\left(\frac{1}{n_1}+\frac{1}{n_2}\right)}} = \frac{\bar{x}_1 - \bar{x}_2 - D_0}{\sqrt{\left(\frac{(n_1-1)s_1^2 + (n_2-1)s_2^2}{n_1+n_2-2}\right)\left(\frac{1}{n_1}+\frac{1}{n_2}\right)}} \sim t(n_1+n_2-2) \tag{11.10}$$

其余步骤与第 10 章介绍的单个总体均值的 $t$ 检验的步骤相同，不赘述。

**2. Excel 中的实现**

**例 11.2**

沿用例 11.1 的数据，两家便利店顾客消费金额的方差都未知，但假定两个总体的方差相等，在 0.05 的显著性水平下，判断便利店 1 顾客的平均消费金额是否高于便利店 2 的。

在本例中 $n_1 = 49$，$n_2 = 36$，样本容量都足够大，已知条件中明确两家便利店顾客消费金额的方差相等，因此可以使用"两个总体方差相等的 $t$ 检验"。研究者关注的是便利店 1 顾客的平均消费金额是否高于便利店 2 的，需进行右侧检验，原假设是"$H_0: \mu_1 - \mu_2 \leqslant 0$"，备择假设是"$H_1: \mu_1 - \mu_2 > 0$"，如式（11.11）所示计算 $t$ 值。

$$t = \frac{13.839 - 12.303 - 0}{\sqrt{\frac{(49-1)13.969 + (36-1)12.517}{49+36-2}\left(\frac{1}{49}+\frac{1}{36}\right)}} \approx 1.915 \tag{11.11}$$

右侧检验的临界值 $t_{0.05}(83)$ 等于 1.663，$t > 1.663$ 的区域构成了拒绝域。$t$ 检验统计量的值

1.915 落在了拒绝域中，因此拒绝原假设。

$p$ 值的计算如式（11.12）所示。

$$P\big(t(83)>1.915\big)=0.029 \tag{11.12}$$

在本例中 $p$ 值等于 0.029，小于显著性水平 0.05，拒绝原假设 $H_0:\mu_1-\mu_2\leqslant 0$，可以认为便利店 1 顾客的平均消费金额高于便利店 2 的。

图 11.7 展示了在 Excel 中实现上述计算的公式。

| | A | B | C | D | E | F | G | H | I | J | K | L |
|---|---|---|---|---|---|---|---|---|---|---|---|---|
| 1 | 便利店1 | | | | | 便利店2 | | | | 样本1均值 | 13.839 | =AVERAGE(A2:D15) |
| 2 | 19.3 | 15.5 | 14.0 | 16.2 | | 12.7 | 17.6 | 12.0 | | 样本2均值 | 12.303 | =AVERAGE(F2:H15) |
| 3 | 12.1 | 20.6 | 15.3 | 13.0 | | 17.3 | 15.9 | 11.8 | | | | |
| 4 | 14.0 | 11.0 | 6.3 | 14.3 | | 12.8 | 8.3 | 11.6 | | 样本1的方差 | 13.969 | =VAR.S(A2:D15) |
| 5 | 10.4 | 10.4 | 12.2 | 15.4 | | 9.6 | 13.6 | 11.9 | | 样本2的方差 | 12.517 | =VAR.S(F2:H15) |
| 6 | 13.7 | 14.9 | 23.5 | 14.7 | | 17.7 | 13.5 | 13.8 | | | | |
| 7 | 16.3 | 17.6 | 6.3 | 16.9 | | 8.1 | 16.0 | 14.4 | | 合并方差 | 13.356 | =((49-1)*K4+(36-1)*K5)/(49+36-2) |
| 8 | 12.3 | 18.1 | 7.8 | 15.1 | | 12.5 | 13.9 | 3.8 | | | | |
| 9 | 8.3 | 12.2 | 16.7 | | | 12.3 | 16.3 | 7.8 | | t值 | 1.915 | =(K1-K2)/SQRT(K7*(1/49+1/36)) |
| 10 | 20.6 | 16.5 | 13.1 | | | 12.4 | 15.2 | | | t分布的自由度 | 83 | =49+36-2 |
| 11 | 11.9 | 9.5 | 10.7 | | | 10.9 | 15.3 | | | | | |
| 12 | 9.6 | 13.2 | 16.9 | | | 7.4 | 16.0 | | | 右侧检验的临界值 | 1.663 | =T.INV.2T(0.1,83) |
| 13 | 15.8 | 17.5 | 11.1 | | | 11.8 | 14.6 | | | 上0.05分位点 | | |
| 14 | 11.5 | 16.8 | 15.8 | | | 7.0 | 4.4 | | | | | |
| 15 | 15.2 | 9.1 | 8.9 | | | 13.7 | 9.0 | | | 右侧检验的p值 | 0.029 | =T.DIST.RT(K9,83) |

图 11.7 两个总体方差相等的 $t$ 检验的过程

调用数据分析工具可以更加简便地实现上述计算。单击“数据”→“数据分析”→“t-检验：双样本等方差假设”，根据图 11.8 所示进行设置。

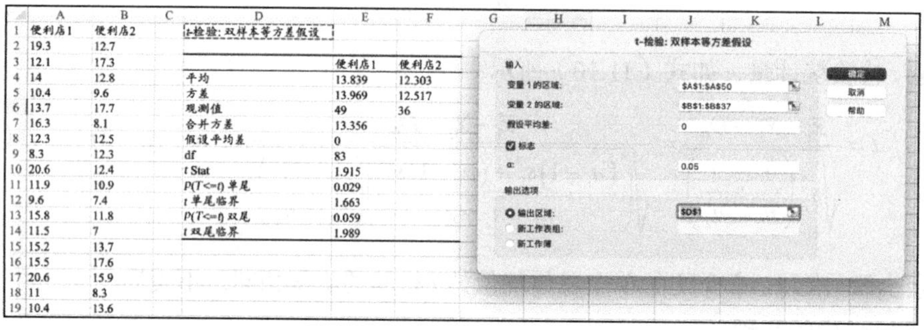


图 11.8 “$t$–检验：双样本等方差假设”对话框

图 11.8 中“$P(T<=t)$单尾”对应的数值是右侧检验的 $p$ 值，即 0.029，与图 11.7 所示的逐步计算出的 $p$ 值相同。在实践中，调用“$t$-检验：双样本等方差假设”比自行编辑公式计算更加便捷。

---

**实操技巧**

当两个总体方差未知时，假定两个总体方差相等，若要比较两个总体均值，可用数据分析工具中的“$t$-检验：双样本等方差假设”实现 $t$ 检验。

---

## 11.1.3 两个总体方差不等：$t$ 检验

### 1. 构造 $t$ 检验统计量

如果没有充分的理由认为两个总体方差相等，则需采用两个总体方差不等的 $t$ 检验。构

造 $t$ 检验统计量，如式（11.13）所示。

$$t = \frac{\bar{x}_1 - \bar{x}_2 - D_0}{\sqrt{\frac{s_1^2}{n_1} + \frac{s_2^2}{n_2}}} \sim t(\text{df}) \qquad (11.13)$$

$t$ 检验统计量服从 $t$ 分布，自由度的计算如式（11.14）所示。

$$\text{df} = \frac{\left[\left(\frac{s_1^2}{n_1}\right) + \left(\frac{s_2^2}{n_2}\right)\right]^2}{\frac{\left(\frac{s_1^2}{n_1}\right)^2}{n_1 - 1} + \frac{\left(\frac{s_2^2}{n_2}\right)^2}{n_2 - 1}} \qquad (11.14)$$

其余步骤与第 10 章介绍的单个总体均值的 $t$ 检验的步骤相同，此处不赘述。

**2．Excel 中的实现**

**例 11.3**

沿用例 11.1 的数据，两家便利店顾客消费金额的方差都未知，也无法假定两个总体方差相等。在 0.05 的显著性水平下，判断便利店 1 顾客的平均消费金额是否高于便利店 2 的。

在本例中，由于没有假定两个总体方差相等，采用方差不等的 $t$ 检验。研究者关注的是便利店 1 顾客的平均消费金额是否高于便利店 2 的，开展右侧检验，原假设是"$H_0: \mu_1 - \mu_2 \leqslant 0$"，备择假设是"$H_1: \mu_1 - \mu_2 > 0$"，如式（11.15）所示计算 $t$ 值。

$$t = \frac{13.839 - 12.303 - 0}{\sqrt{\frac{13.969}{49} + \frac{12.517}{36}}} \approx 1.931 \qquad (11.15)$$

$t$ 检验统计量的计算如式（11.16）所示。

$$\text{df} = \frac{\left[\left(\frac{13.969}{49}\right) + \left(\frac{12.517}{36}\right)\right]^2}{\frac{\left(\frac{13.969}{49}\right)^2}{49 - 1} + \frac{\left(\frac{12.517}{36}\right)^2}{36 - 1}} \approx 77.8 \approx 78 \qquad (11.16)$$

右侧检验的临界值 $t_{0.05}(78)$ 等于 1.665，$t > 1.665$ 的区域构成了拒绝域。$t$ 值 1.931 落在了拒绝域中，因此拒绝原假设。

$p$ 值的计算如式（11.17）所示。

$$P(t(78) > 1.931) = 0.029 \qquad (11.17)$$

在本例中 $p$ 值等于 0.029，小于显著性水平 0.05，因此拒绝原假设"$H_0: \mu_1 - \mu_2 \leqslant 0$"，可以认为便利店 1 顾客的平均消费金额高于便利店 2 的。

图 11.9 展示了在 Excel 中实现上述计算的公式。

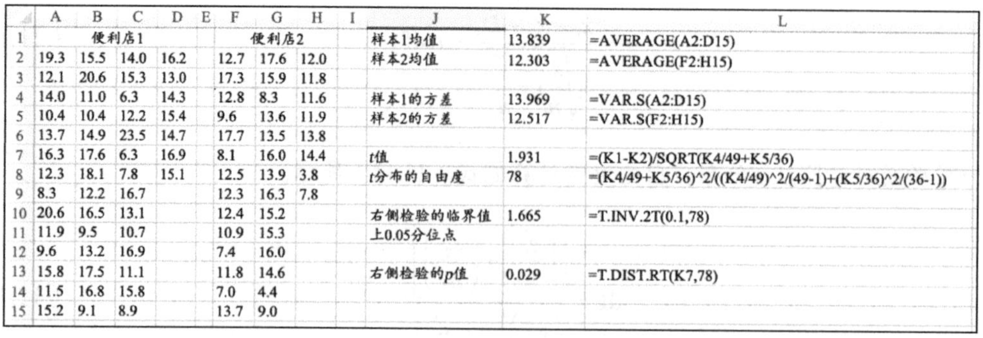

| | A | B | C | D | E | F | G | H | I | J | K | L |
|---|---|---|---|---|---|---|---|---|---|---|---|---|
| 1 | 便利店1 | | | | | 便利店2 | | | | 样本1均值 | 13.839 | =AVERAGE(A2:D15) |
| 2 | 19.3 | 15.5 | 14.0 | 16.2 | | 12.7 | 17.6 | 12.0 | | 样本2均值 | 12.303 | =AVERAGE(F2:H15) |
| 3 | 12.1 | 20.6 | 15.3 | 13.0 | | 17.3 | 15.9 | 11.8 | | | | |
| 4 | 14.0 | 11.0 | 6.3 | 14.3 | | 12.8 | 8.3 | 11.6 | | 样本1的方差 | 13.969 | =VAR.S(A2:D15) |
| 5 | 10.4 | 10.4 | 12.2 | 15.4 | | 9.6 | 13.6 | 11.9 | | 样本2的方差 | 12.517 | =VAR.S(F2:H15) |
| 6 | 13.7 | 14.9 | 23.5 | 14.7 | | 17.7 | 13.5 | 13.8 | | | | |
| 7 | 16.3 | 17.6 | 6.3 | 16.9 | | 8.1 | 16.0 | 14.4 | | t值 | 1.931 | =(K1-K2)/SQRT(K4/49+K5/36) |
| 8 | 12.3 | 18.1 | 7.8 | 15.1 | | 12.5 | 13.9 | 3.8 | | t分布的自由度 | 78 | =(K4/49+K5/36)^2/((K4/49)^2/(49-1)+(K5/36)^2/(36-1)) |
| 9 | 8.3 | 12.2 | 16.7 | | | 12.3 | 16.3 | 7.8 | | | | |
| 10 | 20.6 | 16.5 | 13.1 | | | 12.4 | 15.2 | | | 右侧检验的临界值 | 1.665 | =T.INV.2T(0.1,78) |
| 11 | 11.9 | 9.5 | 10.7 | | | 10.9 | 15.3 | | | 上0.05分位点 | | |
| 12 | 9.6 | 13.2 | 16.9 | | | 7.4 | 16.0 | | | | | |
| 13 | 15.8 | 17.5 | 11.1 | | | 11.8 | 14.6 | | | 右侧检验的p值 | 0.029 | =T.DIST.RT(K7,78) |
| 14 | 11.5 | 16.8 | 15.8 | | | 7.0 | 4.4 | | | | | |
| 15 | 15.2 | 9.1 | 8.9 | | | 13.7 | 9.0 | | | | | |

图 11.9 两个总体方差不等的 $t$ 检验的过程

单击"数据"→"数据分析"→"$t$-检验：双样本异方差假设"，根据图 11.10 所示进行设置。

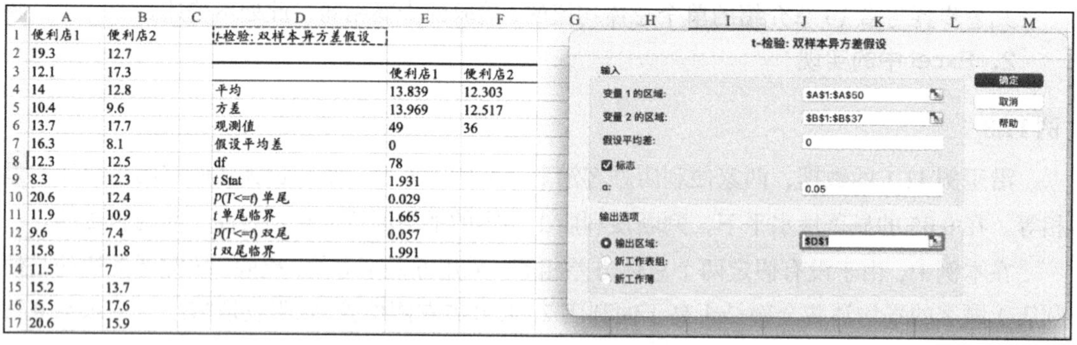

| | A | B | C | D | E | F |
|---|---|---|---|---|---|---|
| 1 | 便利店1 | 便利店2 | | t-检验: 双样本异方差假设 | | |
| 2 | 19.3 | 12.7 | | | | |
| 3 | 12.1 | 17.3 | | | 便利店1 | 便利店2 |
| 4 | 14 | 12.8 | | 平均 | 13.839 | 12.303 |
| 5 | 10.4 | 9.6 | | 方差 | 13.969 | 12.517 |
| 6 | 13.7 | 17.7 | | 观测值 | 49 | 36 |
| 7 | 16.3 | 8.1 | | 假设平均差 | 0 | |
| 8 | 12.3 | 12.5 | | df | 78 | |
| 9 | 8.3 | 12.3 | | t Stat | 1.931 | |
| 10 | 20.6 | 12.4 | | P(T<=t) 单尾 | 0.029 | |
| 11 | 11.9 | 10.9 | | t 单尾临界 | 1.665 | |
| 12 | 9.6 | 7.4 | | P(T<=t) 双尾 | 0.057 | |
| 13 | 15.8 | 11.8 | | t 双尾临界 | 1.991 | |
| 14 | 11.5 | 7 | | | | |
| 15 | 15.2 | 13.7 | | | | |
| 16 | 15.5 | 17.6 | | | | |
| 17 | 20.6 | 15.9 | | | | |



图 11.10 "$t$–检验：双样本异方差假设"对话框

图 11.10 中"$P(T<=t)$单尾"对应的数值是右侧检验的 $p$ 值，即 0.029，与图 11.9 所示的逐步计算出的 $p$ 值相同。在实践中，调用"$t$-检验：双样本异方差假设"比自行编辑公式计算更加便捷。

对比本小节和 11.1.2 小节的结果可以发现，在同方差假设和异方差假设下，$t$ 值和 $p$ 值都非常接近，二者的检验结论也相同。

**实操技巧**

当两个总体方差未知时，假定两个总体方差不等，若要比较两个总体均值，可用数据分析工具中的"$t$-检验：双样本异常方差假设"开展 $t$ 检验。

## 11.2 两个总体均值的比较：配对样本

11.1 节介绍了两个独立样本的 $t$ 检验，且两个独立样本的总体也是相互独立的。在实践中，会面临两个总体之间存在依赖关系，抽取的两个样本之间也存在依赖关系的情况。例如，要考查短跑训练的效果，在训练前记录了 25 名学生的 100m 短跑的成绩，经过 1 个月训练后，再次记录这 25 名学生短跑的成绩。这两组短跑成绩之间有一一对应的关系，也就是说对同一名学生采集了两次数据,这样的两组样本称为配对样本(Matched Sample)。再如,营销公司考查某项激励方案的实施效果,在方案实施前记录下 30 名员工的个人月度销售额,在方案实施后,再次记录这 30 名员工的个人月度销售额,为每一名员工记录两个观测值,这两个观测值具有配对关系。本节将介绍基于配对样本的两个总体均值的 $t$ 检验。

**1. 构造 $t$ 检验统计量**

将两个总体均值的差 $\mu_1 - \mu_2$ 记作 $\mu_d$。在双侧检验中,原假设是"$H_0: \mu_1 - \mu_2 = 0$",备择假设是"$H_1: \mu_1 - \mu_2 \neq 0$",也可以将原假设和备择假设分别写作"$H_0: \mu_d = 0$"和"$H_1: \mu_d \neq 0$"。若拒绝原假设,则说明两个总体均值之间存在显著差异。

将样本 1 和样本 2 的观测值分别记作 $x_{1i}$ 和 $x_{2i}$。配对观测值之间的差距记为 $d_i$,$d_i = x_{1i} - x_{2i}$。在配对样本中,研究者关注的是配对观测值之间的差距 $d_i$。基于配对观测值之间的差距 $d_i$ 来检验 $\mu_d$ 是否显著为 0,此时就归结为单个总体均值的检验问题。因此,可用 10.2 节中的 $t$ 检验方法,构造检验统计量如式(11.18)所示。

$$t = \frac{\bar{d} - \mu_d}{\frac{s_d}{\sqrt{n}}} \sim t(n-1) \tag{11.18}$$

式(11.18)中 $\bar{d} = \frac{\sum d_i}{n}$,$s_d = \sqrt{\frac{\sum (d_i - \bar{d})^2}{n-1}}$。检验统计量服从自由度为 $n-1$ 的 $t$ 分布。其余步骤与第 10 章介绍的单个总体均值的 $t$ 检验的步骤相同,此处不赘述。

**2. Excel 中的实现**

**例 11.4**

为了考查短跑集训的效果,记录 25 名学生在参加集训前后的 100m 跑的用时(单位:s),数据如图 11.11 中单元格区域"A1:B26"所示。在 0.05 的显著性水平下,判断参加集训后 100m 跑的平均用时是否比参加集训前少了 0.5s 以上。

| | A | B | C | D | E | F | G | H |
|---|---|---|---|---|---|---|---|---|
| 1 | 训练前 | 训练后 | 差距d | | | 差距的均值 | 0.612 | =AVERAGE(C2:C26) |
| 2 | 13.4 | 12.4 | 1 | =A2-B2 | | 差距的样本标准差 | 0.251 | =STDEV.S(C2:C26) |
| 3 | 12.2 | 11.6 | 0.6 | =A3-B3 | | | | |
| 4 | 13.8 | 13.2 | 0.6 | =A4-B4 | | t值 | 2.231 | =(G1-0.5)/(G2/SQRT(25)) |
| 5 | 13.8 | 13.2 | 0.6 | =A5-B5 | | | | |
| 6 | 12.8 | 12 | 0.8 | =A6-B6 | | 右侧检验临界值 | 1.711 | =T.INV(0.95,24) |
| 7 | 16 | 15.3 | 0.7 | =A7-B7 | | 上0.05分位点 | | |
| 8 | 14 | 13.2 | 0.8 | =A8-B8 | | | | |
| 9 | 14.6 | 13.7 | 0.9 | =A9-B9 | | 右侧检验p值 | 0.017 | =T.DIST.RT(G4,24) |
| 10 | 12.5 | 12.1 | 0.4 | =A10-B10 | | | | |
| 11 | 12.5 | 11.5 | 1 | =A11-B11 | | | | |
| 12 | 15.2 | 14.8 | 0.4 | =A12-B12 | | | | |
| 13 | 15 | 14.3 | 0.7 | =A13-B13 | | | | |
| 14 | 14.2 | 13.6 | 0.6 | =A14-B14 | | | | |
| 15 | 14 | 13.5 | 0.5 | =A15-B15 | | | | |
| 16 | 14.8 | 14.1 | 0.7 | =A16-B16 | | | | |
| 17 | 13.3 | 13 | 0.3 | =A17-B17 | | | | |
| 18 | 14.5 | 14.2 | 0.3 | =A18-B18 | | | | |
| 19 | 13 | 12.5 | 0.5 | =A19-B19 | | | | |
| 20 | 14.4 | 13.8 | 0.6 | =A20-B20 | | | | |
| 21 | 13.7 | 13.5 | 0.2 | =A21-B21 | | | | |
| 22 | 14.3 | 13.6 | 0.7 | =A22-B22 | | | | |
| 23 | 15.1 | 14.7 | 0.4 | =A23-B23 | | | | |
| 24 | 13.6 | 12.7 | 0.9 | =A24-B24 | | | | |
| 25 | 13.5 | 13.4 | 0.1 | =A25-B25 | | | | |
| 26 | 13.8 | 12.8 | 1 | =A26-B26 | | | | |

图 11.11 两个总体均值的检验的过程

本例中的数据是配对样本数据，研究者关注的是参加集训后成绩的提高幅度是否超过了 0.5s。将集训前 100m 跑的平均用时记作 $\mu_1$，将集训后 100m 跑的平均用时记作 $\mu_2$，研究者希望证明的是 $\mu_1 - \mu_2 > 0.5$。因此需要开展右侧检验，原假设是"$H_0: \mu_1 - \mu_2 \leqslant 0.5$"，备择假设是"$H_1: \mu_1 - \mu_2 > 0.5$"，如式（11.19）所示计算 $t$ 值。

$$t = \frac{0.612 - 0.5}{\frac{0.251}{\sqrt{25}}} \approx 2.231 \tag{11.19}$$

在 0.05 的显著性水平下，右侧检验的临界值 $t_{0.05}(24)$ 等于 1.711，$t > 1.711$ 的区域构成了拒绝域。$t$ 值 2.231 落在了拒绝域中，因此拒绝原假设。

$p$ 值的计算如式（11.20）所示。

$$P(t(24) > 2.231) = 0.017 \tag{11.20}$$

$p$ 值等于 0.017，小于显著性水平 0.05，因此拒绝原假设"$H_0: \mu_1 - \mu_2 \leqslant 0.5$"，可以认为，参加集训后 100m 跑的平均用时比参加集训前少了 0.5s 以上。

图 11.11 展示了在 Excel 中实现上述计算的公式。在列 C 中计算出集训前和集训后的用时差 $d_i = x_{1i} - x_{2i}$，然后计算 $t$ 的值。

单击"数据"→"数据分析"→"$t$-检验：平均值的成对二样本分析"，根据图 11.12 进行设置。

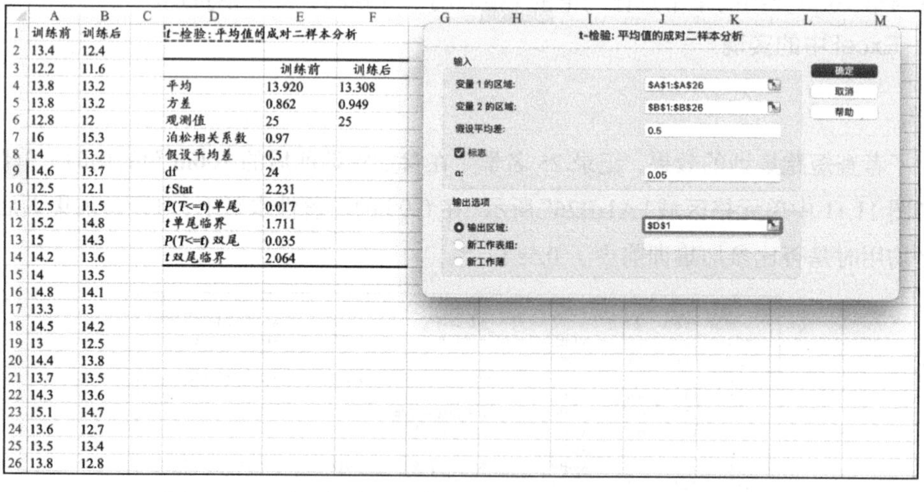

图 11.12 "$t$-检验：平均值的成对二样本分析"对话框

图 11.12 中"$P(T<=t)$ 单尾"对应的数值是右侧检验的 $p$ 值，即 0.017。因此，在实践中，调用"$t$-检验：平均值的成对二样本分析"进行两个总体均值的 $t$ 检验是最便捷的。

**实操技巧**

若要比较两个配对总体的均值，可用数据分析工具中的"$t$-检验：平均值的成对二样本分析"实现 $t$ 检验。

## 11.3 两个总体方差的比较

在实践中，研究者除了会关注两个总体均值是否相等，也会关注两个总体的波动程度是否一致，也就是关注两个总体方差的大小是否一致。本节将介绍如何使用假设检验的方法来比较两个总体方差，首先介绍检验统计量的构造，然后举例说明其在 Excel 中的实现。

**1. 构造 $F$ 检验统计量**

若两个总体相互独立且各自服从正态分布，将两个总体方差分别记作 $\sigma_1^2$ 和 $\sigma_2^2$。从两个总体中各自抽取容量分别为 $n_1$ 和 $n_2$ 的两个样本。开展双侧检验，原假设是"$H_0 : \sigma_1^2 = \sigma_2^2$"，备择假设是"$H_1 : \sigma_1^2 \neq \sigma_2^2$"。若原假设"$H_0 : \sigma_1^2 = \sigma_2^2$"成立，$F$ 检验统计量如式（11.21）所示。

$$F = \frac{s_1^2}{s_2^2} \sim F(n_1 - 1, n_2 - 1) \tag{11.21}$$

$F$ 检验统计量服从 $F(n_1-1, n_2-1)$ 分布。其余步骤与第 10 章介绍的假设检验的一般步骤相同，在此不赘述。

**2. Excel 中的实现**

**例 11.5**

沿用例 11.1 的数据，在 0.05 的显著性水平下，判断便利店 1 顾客的消费金额的方差是否高于便利店 2 的。

如图 11.13 所示，本例中便利店 1 顾客的消费金额的样本方差 $s_1^2$ 等于 13.969，便利店 2 顾客的消费金额的样本方差 $s_2^2$ 等于 12.517，从样本数据来看 $s_1^2 > s_2^2$，那么能否将基于样本的结论也推及总体呢？研究者希望证明对于总体 $\sigma_1^2 > \sigma_2^2$ 也成立。将研究者期望证明的命题设为备择假设，因此要开展右侧检验，原假设是"$H_0 : \sigma_1^2 \leqslant \sigma_2^2$"，备择假设是"$H_1 : \sigma_1^2 > \sigma_2^2$"，如式（11.22）所示计算 $F$ 值。

$$F = \frac{13.969}{12.517} \approx 1.116 \tag{11.22}$$

在 0.05 的显著性水平下，右侧检验的临界值 $F_{0.05}(48,35)$ 等于 1.709，$F > 1.709$ 的区域构成了拒绝域。$F$ 值 1.116 落在了非拒绝域中，因此不拒绝原假设。

$p$ 值的计算如式（11.23）所示：

$$P(F(48,35) > 1.116) = 0.371 \tag{11.23}$$

$p$ 值等于 0.371，即犯弃真错误的实际概率达到 0.371，远远超过了研究者约定的"犯弃真错误的概率不能超过 0.05"。也就是说，若拒绝原假设，犯弃真错误的风险太高，因此不拒绝原假设。需要注意的是，当 $p$ 值大于显著性水平时，判断结论应该表述为"不拒绝原假设"，而不是"接受原假设"。"不拒绝原假设"表达的是基于目前的样本数据，以及检验方法，没有找到原假设错误的证据，但是也不能断定原假设一定是正确的。

图 11.13 展示了在 Excel 中实现上述计算的公式。

|   | A | B | C | D | E | F |
|---|---|---|---|---|---|---|
| 1 | 便利店1 | 便利店2 |  |  |  |  |
| 2 | 19.3 | 12.7 |  | 便利店1的样本方差 | 13.969 | =VAR.S(A2:A50) |
| 3 | 12.1 | 17.3 |  | 便利店2的样本方差 | 12.517 | =VAR.S(B2:B37) |
| 4 | 14 | 12.8 |  |  |  |  |
| 5 | 10.4 | 9.6 |  | F值 | 1.116 | =E2/E3 |
| 6 | 13.7 | 17.7 |  |  |  |  |
| 7 | 16.3 | 8.1 |  | 右侧检验的临界值 | 1.709 | =F.INV.RT(0.05,48,35) |
| 8 | 12.3 | 12.5 |  | F(48,35)的上0.05分位点 |  |  |
| 9 | 8.3 | 12.3 |  |  |  |  |
| 10 | 20.6 | 12.4 |  | 右侧检验的p值 | 0.371 | =F.DIST.RT(E5,48,35) |
| 11 | 11.9 | 10.9 |  |  |  |  |

图 11.13　两个总体方差的 F 检验的过程

调用 Excel 中的数据分析工具可以更加简便地实现上述计算。单击"数据"→"数据分析"→"F-检验 双样本方差",根据图 11.14 所示进行设置。

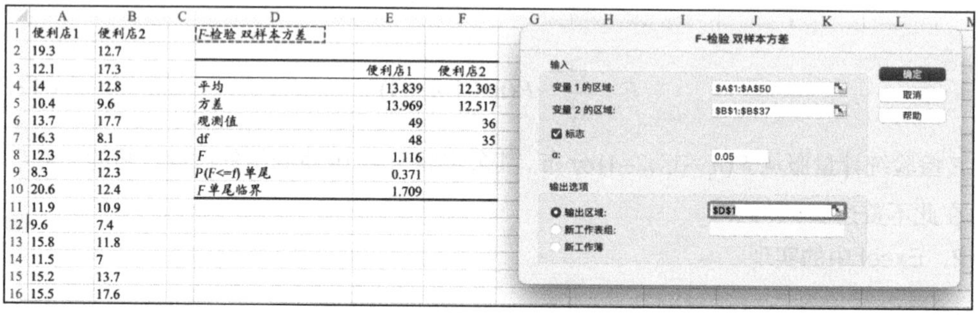

图 11.14　"F-检验 双样本方差"对话框

图 11.14 中 "$P(T<=t)$ 单尾" 对应的数值是右侧检验的 $p$ 值,即 0.371。在实践中,调用 "F-检验 双样本方差" 进行两个总体方差的 F 检验是最便捷的,无须自行录入公式计算。

**实操技巧**

若要比较两个总体的方差,可用数据分析工具中的"F-检验 双样本方差"实现 F 检验。

## 11.4　两个总体比例的比较

本节将介绍如何使用假设检验的方法来比较两个总体的比例,首先介绍检验统计量的构造,然后举例说明其在 Excel 中的实现。

**1. 构造 z 检验统计量**

若两个总体相互独立,将两个总体比例分别记作 $\pi_1$ 和 $\pi_2$。从两个总体中各自抽取容量分别为 $n_1$ 和 $n_2$ 的两个样本,将两个样本比例分别记作 $p_1$ 和 $p_2$。为了考查两个总体比例是否相等,开展双侧检验。原假设是 "$H_0: \pi_1 = \pi_2$",备择假设是 "$H_1: \pi_1 \neq \pi_2$",也可以将原假设和备择假设分别写作 "$H_0: \pi_1 - \pi_2 = 0$" 和 "$H_1: \pi_1 - \pi_2 \neq 0$"。

从 $\pi_1 - \pi_2$ 的点估计 $p_1 - p_2$ 的分布出发,构造检验统计量。

根据抽样分布的知识可知,当样本容量足够大时,样本比例的分布接近于正态分布,则有 $p_1 \sim N\left(\pi_1, \dfrac{\pi_1(1-\pi_1)}{n_1}\right)$,$p_2 \sim N\left(\pi_2, \dfrac{\pi_2(1-\pi_2)}{n_2}\right)$。因为 $p_1$ 和 $p_2$ 相互独立,则有 $p_1 - p_2$ 也服从

正态分布 $N\left(\pi_1-\pi_2, \dfrac{\pi_1(1-\pi_1)}{n_1}+\dfrac{\pi_2(1-\pi_2)}{n_2}\right)$。

在原假设"$H_0:\pi_1=\pi_2$"成立时，假定 $\pi_1=\pi_2=\pi$，$\pi$ 通常是未知的，需要利用样本数据对其做出估计。样本 1 的容量为 $n_1$，具有某种属性的个体的比例为 $p_1$，因此样本 1 中具有某种属性的个体的数量是 $n_1 p_1$；同理，样本 2 中具有某种属性的个体的数量是 $n_2 p_2$。将样本 1 和样本 2 合并，其中具有某种属性的个体的总数是 $n_1 p_1 + n_2 p_2$，在这两个样本中具有某种属性的个体的比例等于 $\dfrac{n_1 p_1 + n_2 p_2}{n_1+n_2}$，可将其作为 $\pi_1$ 和 $\pi_2$ 的估计量，即 $\hat{\pi}=\dfrac{n_1 p_1 + n_2 p_2}{n_1+n_2}$，则有 $p_1-p_2 \sim N\left(\pi_1-\pi_2, \hat{\pi}(1-\hat{\pi})\left(\dfrac{1}{n_1}+\dfrac{1}{n_2}\right)\right)$。在原假设"$H_0:\pi_1=\pi_2$"成立时，构造 $z$ 检验统计量如式（11.24）所示。

$$z=\dfrac{p_1-p_2}{\sqrt{\hat{\pi}(1-\hat{\pi})\left(\dfrac{1}{n_1}+\dfrac{1}{n_2}\right)}} \sim N(0,1) \tag{11.24}$$

$z$ 检验统计量服从标准正态分布。其余步骤与 10.2.1 小节介绍的 $z$ 检验的步骤相同，在此不赘述。

2. Excel 中的实现

**例 11.6**

为了对比两家餐厅顾客的满意度，随机调查了餐厅 1 的 500 名顾客，不满意的顾客有 54 名；随机调查了餐厅 2 的 400 名顾客，不满意的顾客有 30 名。在 0.05 的显著性水平下，判断餐厅 1 的不满意顾客比例是否高于餐厅 2 的。

餐厅 1 的样本比例 $p_1=\dfrac{54}{500}=0.108$，餐厅 2 的样本比例 $p_2=\dfrac{30}{400}=0.075$，从样本来看 $p_1>p_2$。研究者想考查样本比例呈现的大小关系是否能够推及总体，因此研究者期望证明的是"餐厅 1 的不满意顾客比例高于餐厅 2 的"，开展右侧检验。原假设是 $H_0:\pi_1-\pi_2 \leqslant 0$，备择假设是 $H_1:\pi_1-\pi_2>0$。

合并样本比例计算如式（11.25）所示。

$$\hat{\pi}=\dfrac{54+30}{500+400} \approx 0.093 \tag{11.25}$$

$z$ 值如式（11.26）所示。

$$z=\dfrac{0.108-0.075}{\sqrt{0.093(1-0.093)\left(\dfrac{1}{500}+\dfrac{1}{400}\right)}} \approx 1.691 \tag{11.26}$$

在 0.05 的显著性水平下，右侧检验的临界值 $z_{0.05}$ 等于 1.645，$z>1.645$ 的区域构成了拒绝域。$z$ 值 1.691 落在了拒绝域中，因此拒绝原假设。

$p$ 值如式（11.27）所示。

$$P(z>1.691)=0.045 \tag{11.27}$$

$p$ 值等于 0.045，小于显著性水平 0.05，因此拒绝原假设 "$H_0: \pi_1 - \pi_2 \leq 0$"，可以认为餐厅 1 的不满意的顾客比例高于餐厅 2 的。

图 11.15 展示了在 Excel 中实现上述计算的公式。

| | A | B | C |
|---|---|---|---|
| 1 | | 餐厅1 | 餐厅2 |
| 2 | 样本容量 | 500 | 400 |
| 3 | 不满意人数 | 54 | 30 |
| 4 | 不满意的比例 | 0.108 | 0.075 |
| 5 | | | |
| 6 | 合并样本中的不满意比例 | 0.093 | =(B3+C3)/(B2+C2) |
| 7 | | | |
| 8 | z值 | 1.691 | =(B4-C4)/SQRT(B6*(1-B6)*(1/500+1/400)) |
| 9 | | | |
| 10 | 双侧检验的临界值 | 1.645 | =NORM.S.INV(0.95) |
| 11 | 上0.05分位点 | | |
| 12 | | | |
| 13 | 双侧检验的$p$值 | 0.045 | =1-NORM.S.DIST(B8,1) |

图 11.15　两个总体比例的 $z$ 检验的过程

**实操技巧**

先计算出样本比例，合并样本比例，然后编辑公式计算 $z$ 值。

## 11.5　本章总结

图 11.16 展示了本章介绍的主要知识点。

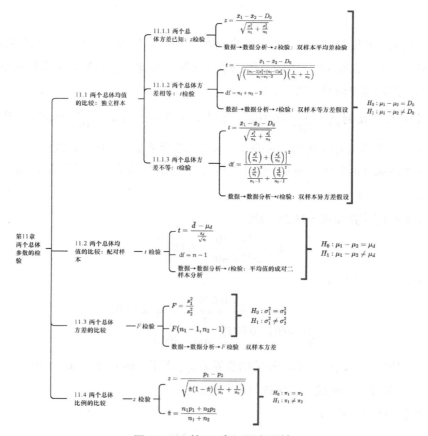

图 11.16　第 11 章知识点总结

## 11.6 本章习题

**【习题 11.1】**

在基金经理中随机抽取 505 人,记录下基金经理的学历/学位、专业背景、从业年限数据(数据文件:习题 11.1.xlsx),如图 11.17 所示。完成下列任务。

| | A | B | C | D |
|---|---|---|---|---|
| 1 | 序号 | 学历/学位 | 专业背景 | 从业年限 |
| 2 | 1 | 硕士 | 金融 | 12 |
| 3 | 2 | 硕士 | 理工 | 9 |
| 4 | 3 | 硕士 | 金融 | 5 |
| 5 | 4 | 硕士 | 金融 | 9 |
| 6 | 5 | 硕士 | 金融 | 21 |

图 11.17 习题 11.1 的部分数据

1. 在 0.05 的显著性水平下,判断金融专业背景的基金经理的从业年限的均值是否比管理专业背景的基金经理的高。

2. 在 0.05 的显著性水平下,判断金融专业背景的基金经理的从业年限的方差是否比管理专业背景的基金经理的高。

3. 在 0.05 的显著性水平下,判断金融专业背景的基金经理中硕士的比例是否比管理专业背景的基金经理中硕士的比例高。

**【习题 11.2】**

随机抽取 200 名某行业代表,记录下代表的性别、专业背景、学历/学位和年龄数据(数据文件:习题 11.2.xlsx),如图 11.18 所示。完成下列任务。

| | A | B | C | D | E |
|---|---|---|---|---|---|
| 1 | ID | 性别 | 专业背景 | 学历/学位 | 年龄 |
| 2 | 1 | 男 | 社会科学 | 本科 | 49 |
| 3 | 2 | 男 | 自然科学 | 硕士 | 64 |
| 4 | 3 | 男 | 自然科学 | 本科 | 54 |
| 5 | 4 | 男 | 社会科学 | 博士 | 63 |
| 6 | 5 | 男 | 社会科学 | 硕士 | 55 |
| 7 | 6 | 男 | 社会科学 | 本科 | 50 |

图 11.18 习题 11.2 的部分数据

1. 在 0.10 的显著性水平下,能否认为男性代表的平均年龄与女性代表的平均年龄的差距大于 3 岁?

2. 在 0.10 的显著性水平下,能否认为自然科学专业背景的代表的平均年龄与社会科学专业背景的代表的平均年龄相等?

3. 在 0.10 的显著性水平下,能否认为研究生(包括硕士和博士)学历的代表的平均年龄比本科学历的平均年龄要大?

4. 在 0.10 的显著性水平下,能否认为男性代表的年龄的方差比女性代表的年龄的方差更小?

5. 在 0.10 的显著性水平下,能否认为自然科学专业背景的代表的年龄的方差与社会科学专业背景的代表的年龄的方差相等?

6. 在 0.10 的显著性水平下,能否认为研究生(包括硕士和博士)学历的代表的年龄的方差比本科学历的年龄的方差要小?

7. 在 0.10 的显著性水平下,能否认为硕士研究生学历的代表中女性的比例比本科学历的代表中女性的比例要低?

【习题 11.3】

电信公司为了考查促销活动的效果,记录了 50 名客户在促销前和促销后的月话费(数据文件:习题 11.3.xlsx),如图 11.19 所示。完成下列任务。

|   | A | B | C |
|---|---|---|---|
| 1 | ID | 促销前月话费 | 促销后月话费 |
| 2 | 1 | 183 | 186 |
| 3 | 2 | 168 | 177 |
| 4 | 3 | 177 | 188 |
| 5 | 4 | 187 | 189 |

图 11.19 习题 11.3 的部分数据

1. 在 0.05 的显著性水平下,能否认为促销后客户的月话费提高了 10 元以上?

2. 在 0.05 的显著性水平下,能否认为促销后客户的月话费提高了 20 元以上?

# 第 12 章

# 多个总体参数的检验

第 11 章介绍了两个总体参数的比较，本章将介绍如何使用假设检验比较多个总体参数，包括多个总体均值的比较、多个总体方差的比较。

【本章主要内容】
- 多个总体均值是否相等的检验：方差分析
- 单因素方差分析在 Excel 中的实现
- 无重复的双因素方差分析在 Excel 中的实现
- 可重复的双因素方差分析在 Excel 中的实现
- 多个总体的方差齐性检验

## 12.1 多个总体均值是否相等的检验：方差分析

方差分析（Analysis of Variance，ANOVA）的目标是判断多个总体均值是否相等。根据某种属性将研究对象划分为多个组别，这就形成了多个总体，研究者感兴趣的是在不同的总体中某个定量变量的均值是否相同。因此，方差分析的变量中有一个是定性变量，通常将其称作因素（Factor）或者处理（Treatment），有一个是定量变量。

方差分析在实践中应用广泛。例如若要考查北京、上海、广州、深圳 4 个城市程序员年收入的均值是否相等，若用两个总体均值的比较的 $t$ 检验，需要对北京和上海、北京和广州、北京和深圳、上海和广州、上海和深圳、广州和深圳做 6 次两两比较。若采用方差分析，同时检验 4 个城市的总体均值是否相等，则只需做一次检验，大大地简化了检验过程，提高了检验效率。

方差分析有 3 条假定：第一，从不同总体随机抽取的样本是相互独立的；第二，各个总体服从正态分布；第三，各个总体的方差相等，即 $\sigma_1^2 = \sigma_2^2 = \cdots = \sigma_k^2$。

一般来说，方差分析的数据中，定性变量有 $k$ 种取值，研究对象被划分为 $k$ 个总体。$u_j$ 代表第 $j$ 个总体的均值。方差分析的原假设是"$H_0: \mu_1 = \mu_2 = \cdots = \mu_k$"，备择假设是"$H_1: \mu_1, \mu_2, \cdots, \mu_k$ 不全相等"。

具体的例子中，数据的结构如表 12.1 所示。

表 12.1　方差分析的数据结构

|  | 第 1 组 | 第 2 组 | ⋯ | 第 k 组 |
|---|---|---|---|---|
|  | $x_{11}$ | $x_{12}$ | ⋯ | $x_{1k}$ |
|  | $x_{21}$ | $x_{22}$ | ⋯ | $x_{2k}$ |
|  | ⋮ | ⋮ | $x_{ij}$ | ⋮ |
|  | $x_{n_1 1}$ | $x_{n_2 2}$ | $x_{n_j j}$ | $x_{n_k k}$ |
| 各组均值 | $\bar{x}_1$ | $\bar{x}_2$ | $\bar{x}_j$ | $\bar{x}_k$ |
| 各组样本方差 | $s_1^2$ | $s_2^2$ | $s_j^2$ | $s_k^2$ |

$x_{ij}$ 代表第 $j$ 组的第 $i$ 个观测值，$n_j$ 代表第 $j$ 组的观测值的个数，$\bar{x}_j$ 代表第 $j$ 组的均值，$s_j^2$ 代表第 $j$ 组的方差。

第 $j$ 组的均值 $\bar{x}_j$ 如式（12.1）所示。

$$\bar{x}_j = \frac{\sum_{i=1}^{n_j} x_{ij}}{n_j} \tag{12.1}$$

第 $j$ 组的方差 $s_j^2$ 如式（12.2）所示。

$$s_j^2 = \frac{\sum_{i=1}^{n_j}(x_{ij} - \bar{x}_j)^2}{n_j - 1} \tag{12.2}$$

将所有的观测值加总，再除以观测值的总个数，得到总均值 $\bar{\bar{x}}$，其计算如式（12.3）所示。

$$\bar{\bar{x}} = \frac{\sum_{j=1}^{k}\sum_{i=1}^{n_j} x_{ij}}{n} \tag{12.3}$$

式（12.3）中 $n$ 等于各组样本容量之和，如式（12.4）所示。

$$n = n_1 + n_2 + \cdots + n_k \tag{12.4}$$

每个观测值 $x_{ij}$ 与总均值 $\bar{\bar{x}}$ 的差异记作总平方和（Total Sum of Squares，SST），SST 的计算如式（12.5）所示。

$$\text{SST} = \sum_{j=1}^{k}\sum_{i=1}^{n_j}(x_{ij} - \bar{\bar{x}})^2 \tag{12.5}$$

SST 可以分解成组间平方和（Sum of Squares Between Groups，SSG）和组内平方和（Sum of Squares Within Groups，SSW），即 SST=SSG+SSW。

SSG 的计算如式（12.6）所示。

$$SSG = \sum_{j=1}^{k} n_j (\bar{x}_j - \bar{\bar{x}})^2 \tag{12.6}$$

SSG 代表各个组别的均值 $\bar{x}_j$ 与总均值 $\bar{\bar{x}}$ 之间的差异,这种差异是组间差异。

SSW 的计算如式(12.7)所示。

$$SSW = \sum_{j=1}^{K} \sum_{i=1}^{n_j} (x_{ij} - \bar{x}_j)^2 \tag{12.7}$$

SSW 是观测值 $x_{ij}$ 与其所在的组的均值 $\bar{x}_j$ 的离差平方和,代表组内差异。

当原假设"$H_0: \mu_1 = \mu_2 = \cdots = \mu_k$"成立时,构造 $F$ 检验统计量如式(12.8)所示。

$$F = \frac{\frac{SSG}{k-1}}{\frac{SSW}{n-k}} \sim F(k-1, n-k) \tag{12.8}$$

$F$ 检验统计量服从 $F(k-1, n-k)$ 分布。若原假设成立,所有总体的均值相等,那么在 SST 中,SSG 较小,SSW 较大,由式(12.8)计算出的 $F$ 值应该较小。若原假设不成立,在 SST 中,SSG 较大,SSW 较小,由式(12.8)计算出的 $F$ 值会比较大。所以,$F$ 值越大,拒绝原假设的理由就越充分。

因此,方差检验的决策规则是,当显著性水平为 $\alpha$ 时,若 $F$ 值大于临界值 $F_\alpha(k-1, n-k)$,拒绝原假设,认为 $\mu_1, \mu_2, \cdots, \mu_k$ 不全相等。$p$ 值等于在 $F(k-1, n-k)$ 分布上取到的值比 $F$ 值更大的概率,如式(12.9)所示。

$$p \text{ value} = P(F(k-1, n-k) > F \text{ value}) \tag{12.9}$$

图 12.1 列出了方差分析的决策规则。

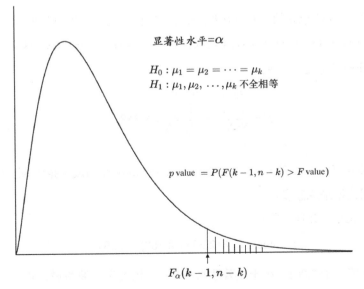

图 12.1　方差分析的拒绝域和 $p$ 值

表 12.1 所示的数据结构，将研究对象按照某种属性划分成多个不同的总体，在该结构下只有一个定性变量，因此该研究称作单因素方差分析（One-Way Analysis of Variance）。若有两个定性变量，那么可以围绕这两个定性变量开展双因素方差分析（Two-Way Analysis of Variance），这将在 12.3 节和 12.4 节进行介绍。

## 12.2 单因素方差分析在 Excel 中的实现

本节将介绍单因素方差分析在 Excel 中的实现，首先介绍如何通过编辑公式实现方差分析中的计算，以便读者加深对检验步骤的理解，然后介绍数据分析工具中的方差分析工具。

### 例 12.1

为了比较 3 家便利店顾客消费金额的差异，从 3 家便利中分别随机抽取 15 名、13 名和 12 名顾客的消费记录，数据如图 12.2 中单元格区域 "B1:C16" 所示。假定 3 家便利店顾客的消费金额各自服从正态分布，并且 3 家便利店顾客消费金额的方差相等。在 0.05 的显著性水平下，判断 3 家便利店的顾客的平均消费金额是否完全相等。

本例中是 3 个总体均值的比较，将研究对象分为 3 个总体，原假设是 "$H_0: \mu_1 = \mu_2 = \mu_3$"，备择假设是 "$H_1: \mu_1, \mu_2, \mu_3$ 不全相等"。在本例中 $k=3$，$n_1=15$，$n_2=13$，$n_3=12$，$n=n_1+n_2+n_3=40$。根据式（12.10）所示计算 SSG。

$$\text{SSG} = 15 \times (19.887 - 18.905)^2 + 13 \times (18.823 - 18.905)^2 + 12 \times (17.767 - 18.905)^2 \approx 30.093 \quad (12.10)$$

SSW 的计算可做式（12.11）所示的变换。

$$\text{SSW} = \sum_{j=1}^{k} \sum_{i=1}^{n_j} (x_{ij} - \overline{x}_j)^2 = \sum_{j=1}^{k} (n_j - 1) \frac{\sum_{i=1}^{n_j} (x_{ij} - \overline{x}_j)^2}{n_j - 1} = \sum_{j=1}^{k} (n_j - 1) s_j^2 \quad (12.11)$$

式（12.11）中的 $s_j^2$ 就是第 $j$ 组的方差。SSW 的计算如式（12.12）所示。

$$\text{SSW} = (15-1) \times 1.873 + (13-1) \times 1.300 + (12-1) \times 2.246 = 66.528 \quad (12.12)$$

$F$ 检验统计量式（12.13）所示。

$$F = \frac{\frac{\text{SSG}}{k-1}}{\frac{\text{SSW}}{n-k}} = \frac{\frac{30.093}{3-1}}{\frac{66.528}{40-3}} \approx 8.368 \quad (12.13)$$

$F$ 检验的临界值 $F_{0.05}(2,37)$ 等于 3.252，$F > 3.252$ 的区域构成了拒绝域。$F$ 值 8.368 落在了拒绝域中，因此拒绝原假设。

$p$ 值的计算如式（12.14）所示。

$$p\ \text{value} = P(F(2,37) > 8.368) = 0.001 \quad (12.14)$$

在本例中 $p$ 值等于 0.001，小于显著性水平 0.05，因此拒绝原假设，故 3 家便利店的顾客的平均消费金额不完全相等。

上述过程在 Excel 中的实现如图 12.2 所示。

|  | A | B | C | D | E |
|---|---|---|---|---|---|
| 1 |  | A | B | C |  |
| 2 |  | 19.3 | 16.6 | 17.3 |  |
| 3 |  | 17.8 | 21.3 | 15.8 |  |
| 4 |  | 19.7 | 18.0 | 17.7 |  |
| 5 |  | 19.8 | 17.6 | 17.8 |  |
| 6 |  | 18.5 | 18.7 | 16.5 |  |
| 7 |  | 22.5 | 18.6 | 20.5 |  |
| 8 |  | 20.0 | 19.3 | 18.0 |  |
| 9 |  | 20.7 | 19.4 | 18.7 |  |
| 10 |  | 18.1 | 18.5 | 16.1 |  |
| 11 |  | 18.1 | 18.7 | 16.1 |  |
| 12 |  | 21.5 | 19.8 | 19.5 |  |
| 13 |  | 21.2 | 19.6 | 19.2 |  |
| 14 |  | 20.2 | 18.6 |  |  |
| 15 |  | 19.9 |  |  |  |
| 16 |  | 21.0 |  |  |  |
| 17 | 各组样本容量 | 15 | 13 | 12 |  |
| 18 |  | =COUNT(B2:B16) | =COUNT(C2:C16) | =COUNT(D2:D16) |  |
| 19 | 各组均值 | 19.887 | 18.823 | 17.767 |  |
| 20 |  | =AVERAGE(B2:B16) | =AVERAGE(C2:C16) | =AVERAGE(D2:D16) |  |
| 21 | 各组样本方差 | 1.873 | 1.300 | 2.246 |  |
| 22 |  | =VAR.S(B2:B16) | =VAR.S(C2:C16) | =VAR.S(D2:D16) |  |
| 23 |  |  |  |  |  |
| 24 | 总均值 | 18.905 | =AVERAGE(B2:D16) |  |  |
| 25 | n | 40 | =COUNT(B2:D16) |  |  |
| 26 |  |  |  |  |  |
| 27 | 组间平方和SSG | 30.093 | =15*(B19-B24)^2+13*(C19-B24)^2+12*(D19-B24)^2 |  |  |
| 28 |  |  |  |  |  |
| 29 | 组内平方和SSW | 66.528 | =(15-1)*B21+(13-1)*C21+(12-1)*D21 |  |  |
| 30 |  |  |  |  |  |
| 31 | F值 | 8.368 | =(B27/(3-1))/(B29/(40-3)) |  |  |
| 32 |  |  |  |  |  |
| 33 | F(2,37)上0.05分位点 | 3.252 | =F.INV.RT(0.05,2,37) |  |  |
| 34 |  |  |  |  |  |
| 35 | p值 | 0.001 | =F.DIST.RT(B31,2,37) |  |  |
| 36 |  |  |  |  |  |

图 12.2 单因素方差分析的过程

调用 Excel 中的数据分析工具可以更加简便地实现上述计算。单击"数据"→"数据分析"→"方差分析：单因素方差分析"。如图 12.3 所示，单击"输入区域"框中右侧的按钮，框选 3 个样本的数据区域"A1:C16"。这 3 组数据按列排列，也就是来自同一个总体的数据放置在同一列中，因此"分组方式"选择"列"。由于数据区域"A1:C16"第一行中的内容是便利店名称 A、B、C，不是数值，因此勾选"标志位于第一行"。在"α"文本框中输入显著性水平 0.05。

图 12.3 "方差分析：单因素方差分析"对话框

图 12.3 显示了单因素方差分析的输出结果。"SUMMARY"部分列出了 3 个样本的容量、观测值总和、均值和方差。"方差分析"部分列出了 $F$ 检验的计算结果。"SS"下方列出了 SSG、

SSW 和 SST。“df”下方列出了自由度，“MS”是“Mean Square”的缩写，组间均方等于 $\frac{SSG}{k-1}$，组内均方等于 $\frac{SSW}{n-k}$。最后列出了 $F$ 值、$p$ 值和临界值。

在实践中，调用“方差分析：单因素方差分析”进行单因素方差分析是最简便的。

**实操技巧**

调用数据分析工具中的“方差分析：单因素方差分析”可以进行单因素方差分析，若“P-value”下方显示的 $p$ 值小于显著性水平 $\alpha$，则拒绝原假设，反之，则不拒绝原假设。

## 12.3 无重复双因素方差分析在 Excel 中的实现

在实践中，研究对象可以按照两种属性进行交叉分组，例如按性别、学历/学位分组，性别有男性、女性两种分类，学历/学位有本科、硕士、博士 3 种分类，可以研究男性和女性的平均工资是否相等，还可以研究本科、硕士、博士的平均工资是否相等。若不考虑性别和学历/学位的交互作用，这类研究属于无重复双因素方差分析。

**例 12.2**

为了考查 A、B、C 这 3 家便利店在不同的消费时段顾客的平均消费金额是否有显著差异，收集图 12.4 所示的数据。

在 0.05 的显著性水平下，判断 3 家便利店的顾客的平均消费金额是否完全相等，判断早上、中午、下午和晚上 4 个时段顾客的平均消费金额是否完全相等。

| | A | B | C | D |
|---|---|---|---|---|
| 1 | | A | B | C |
| 2 | 早上 | 12.5 | 14.8 | 8.4 |
| 3 | 中午 | 25.7 | 17.2 | 12.9 |
| 4 | 下午 | 23.5 | 25.7 | 18.1 |
| 5 | 晚上 | 17.8 | 16.3 | 14.3 |

图 12.4 3 家便利店在 4 个时段顾客的消费金额

调用 Excel 中的数据分析工具，单击“数据”→“数据分析”→“方差分析：无重复双因素分析”，根据图 12.5 所示进行设置。

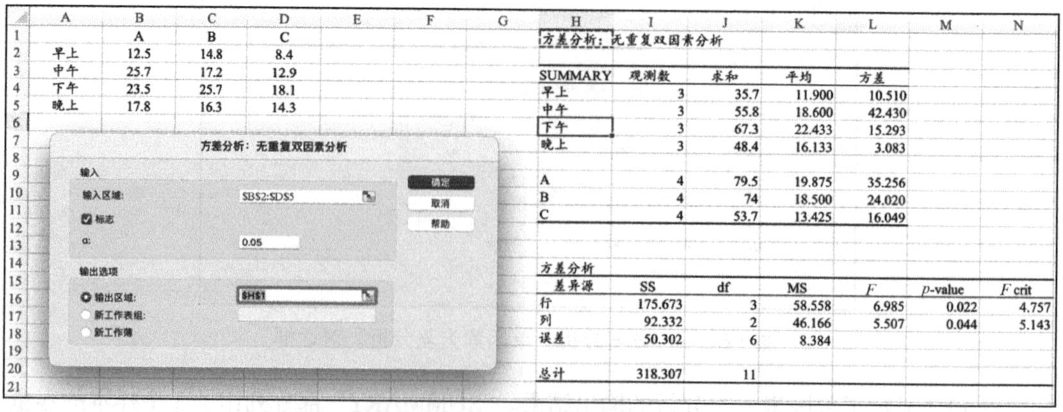


图 12.5 “方差分析：无重复双因素分析”对话框

图 12.5 显示了输出结果。"方差分析"部分列出了 $F$ 检验的计算结果。在"差异源"下方,可以看到 SST 分解成了 3 部分,即行平方和、列平方和及误差平方和。

在无重复双因素方差分析中,开展了两个假设检验。一个是针对时段因素开展的假设检验,建立的原假设是"$H_0: \mu_{早上} = \mu_{中午} = \mu_{下午} = \mu_{晚上}$",备择假设是"$H_1: \mu_{早上}, \mu_{中午}, \mu_{下午}, \mu_{晚上}$ 不全相等"。在样本数据区域"\$B\$2:\$D\$5"中,行代表的是不同的时段。因此,检验统计量的计算如式(12.15)所示。

$$F = \frac{\frac{175.673}{4-1}}{\frac{50.302}{6}} \approx 6.985 \qquad (12.15)$$

$F$ 检验的临界值 $F_{0.05}(3,6)$ 等于 4.757,$F > 4.757$ 的区域构成了拒绝域。$F$ 值 6.985 落在了拒绝域中,因此拒绝原假设。

$p$ 值的计算如式(12.16)所示。

$$p \text{ value} = P(F(3,6) > 6.985) = 0.022 \qquad (12.16)$$

在本例中 $p$ 值等于 0.022,小于显著性水平 0.05,因此拒绝原假设,可以认为 4 个时段顾客的平均消费金额不完全相等。

另一个是针对便利店因素开展的假设检验,建立的原假设是"$H_0: \mu_A = \mu_B = \mu_C$",备择假设是"$H_1: \mu_A = \mu_B = \mu_C$ 不全相等"。在样本数据区域"\$B\$2:\$D\$5"中,列代表的是不同的便利店。因此,检验统计量的计算如式(12.17)所示:

$$F = \frac{\frac{92.332}{3-1}}{\frac{50.302}{6}} \approx 5.507 \qquad (12.17)$$

$F$ 检验的临界值 $F_{0.05}(2,6)$ 等于 5.143,$F > 5.143$ 的区域构成了拒绝域。$F$ 值 5.507 落在了拒绝域中,因此拒绝原假设。

$p$ 值的计算如式(12.18)所示。

$$p \text{ value} = P(F(2,6) > 5.507) = 0.044 \qquad (12.18)$$

在本例中 $p$ 值等于 0.044,小于显著性水平 0.05,因此拒绝原假设,可以认为 3 家便利店顾客的平均消费金额不完全相等。

**实操技巧**

调用数据分析工具中的"方差分析:无重复双因素分析"可以进行无重复双因素方差分析。方差分析表中"行"显示的是基于行因素分割的多个总体均值是否相等的检验,"列"显示的是基于列因素分割的多个总体均值是否相等的检验。若 $p$ 值小于显著性水平 $\alpha$,则拒绝原假设,反之,则不拒绝原假设。

## 12.4 可重复双因素方差分析在 Excel 中的实现

双因素方差分析中有两个定性变量,若要研究两个定性变量的交互,需要进行可重复双因素方差分析(Two-Way ANOVA with Repetition),也称作有交互作用的双因素方差分析(Two-Way ANOVA with Interaction)。下面通过例 12.3 介绍如何在 Excel 中实现可重复双因素方差分析。

**例 12.3**

为了考查 A、B、C 这 3 家便利店在不同的消费时段顾客的平均消费金额是否有显著差异,收集图 12.6 所示的数据。

|   | A | B | C | D | E |
|---|---|---|---|---|---|
| 1 |   | A | B | C |   |
| 2 | 早上 | 12.5 | 14.8 | 8.4 |   |
| 3 |   | 14.8 | 17.3 | 9.9 |   |
| 4 |   | 12.5 | 16.8 | 9.4 |   |
| 5 | 中午 | 25.7 | 17.2 | 12.9 |   |
| 6 |   | 27.2 | 17.5 | 13.7 |   |
| 7 |   | 26.2 | 19.2 | 14.2 |   |
| 8 | 下午 | 23.5 | 25.7 | 18.1 |   |
| 9 |   | 24.0 | 26.7 | 19.6 |   |
| 10 |   | 23.8 | 26.2 | 20.4 |   |
| 11 | 晚上 | 17.8 | 16.3 | 14.3 |   |
| 12 |   | 26 | 28 | 20.6 |   |
| 13 |   | 19.1 | 16.6 | 16.3 |   |
| 14 |   |   |   |   |   |

图 12.6 3 家便利店在 4 个时段顾客的消费金额

在 0.05 的显著性水平下,判断 3 家便利店的顾客的平均消费金额是否完全相等,判断早上、中午、下午和晚上 4 个时段顾客的平均消费金额是否完全相等,判断时段和便利店的交互作用对消费金额是否有显著影响。

图 12.6 中的样本数据结构与图 12.4 中的样本数据结构的不同之处在于,在一个时段一家便利店存在 3 名顾客的消费数据,即在两个定性变量的组合下,存在 3 个定量变量观测值。通过这种重复观测,能够分析时段和便利店的交互作用对消费金额的影响。而在例 12.2 中,在一个时段一家便利店只有 1 个顾客的消费金额,也就是只有 1 个定量变量观测值,因此,例 12.2 中使用是无重复双因素方差分析。

调用 Excel 中的数据分析工具,单击"数据"→"数据分析"→"方差分析:可重复双因素分析",根据图 12.7 所示进行设置。

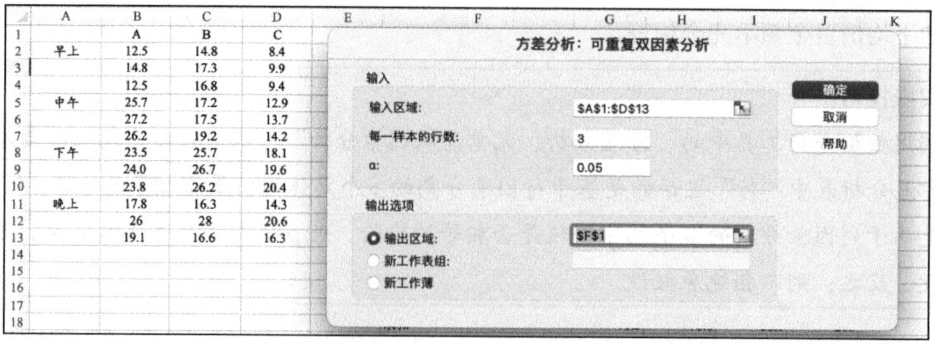

图 12.7 "方差分析:可重复双因素分析"对话框

## 12.4 可重复双因素方差分析在 Excel 中的实现

单击"输入区域"右侧的按钮，框选数据区域"A1:D13"，在"每一样本的行数"文本框中输入 3，代表重复观测的次数。

图 12.8 展示了输出结果。"SUMMARY"部分列示了不同时段组、不同便利店组，以及时段和便利店组合的组的均值和方差。

"方差分析"部分列出了 F 检验的计算结果。在"差异源"下方，可以看到 SST（总计）分解成了 4 部分，也就是将观测值围绕总体均值的差异归因于样本变量（时段）、列变量（便利店）、交互作用（时段和便利店的交互作用），以及内部因素（随机）。SST 等于样本平方和（即行平方和）、列平方和、交互平方和，以及内部平方和 4 部分的和。

| 方差分析：可重复双因素分析 | | | | |
|---|---|---|---|---|
| SUMMARY | A | B | C | 总计 |
| **早上** | | | | |
| 观测数 | 3 | 3 | 3 | 9 |
| 求和 | 39.8 | 48.9 | 27.7 | 116.4 |
| 平均 | 13.267 | 16.300 | 9.233 | 12.933 |
| 方差 | 1.763 | 1.750 | 0.583 | 10.450 |
| **中午** | | | | |
| 观测数 | 3 | 3 | 3 | 9 |
| 求和 | 79.1 | 53.9 | 40.8 | 173.8 |
| 平均 | 26.367 | 17.967 | 13.600 | 19.311 |
| 方差 | 0.583 | 1.163 | 0.430 | 32.121 |
| **下午** | | | | |
| 观测数 | 3 | 3 | 3 | 9 |
| 求和 | 71.3 | 78.6 | 58.1 | 208 |
| 平均 | 23.767 | 26.200 | 19.367 | 23.111 |
| 方差 | 0.063 | 0.250 | 1.363 | 9.416 |
| **晚上** | | | | |
| 观测数 | 3 | 3 | 3 | 9 |
| 求和 | 62.9 | 60.9 | 51.2 | 175 |
| 平均 | 20.967 | 20.300 | 17.067 | 19.444 |
| 方差 | 19.423 | 44.490 | 10.363 | 21.833 |
| **总计** | | | | |
| 观测数 | 12 | 12 | 12 | |
| 求和 | 253.1 | 242.3 | 177.8 | |
| 平均 | 21.092 | 20.192 | 14.817 | |
| 方差 | 30.214 | 23.994 | 18.249 | |

| 方差分析 | | | | | | |
|---|---|---|---|---|---|---|
| 差异源 | SS | df | MS | F | p-value | F crit |
| 样本 | 482.760 | 3 | 160.920 | 23.484 | 2.553E-07 | 3.009 |
| 列 | 276.305 | 2 | 138.153 | 20.162 | 7.280E-06 | 3.403 |
| 交互 | 149.802 | 6 | 24.967 | 3.644 | 0.010 | 2.508 |
| 内部 | 164.453 | 24 | 6.852 | | | |
| 总计 | 1073.320 | 35 | | | | |

图 12.8 可重复双因素方差分析的结果

在可重复双因素方差分析中，开展了 3 个假设检验。一是针对时段因素开展的假设检验，建立的原假设是"$H_0: \mu_{早上} = \mu_{中午} = \mu_{下午} = \mu_{晚上}$"，备择假设是"$H_1: \mu_{早上}, \mu_{中午}, \mu_{下午}, \mu_{晚上}$ 不全相等"。在样本数据区域"\$A\$1:\$D\$13"中，行代表的是不同的时段。因此，检验统计量的计算如式（12.19）所示。

$$F = \frac{\frac{482.760}{4-1}}{\frac{164.453}{24}} \approx 23.484 \quad (12.19)$$

F 检验的临界值 $F_{0.05}(3,24)$ 等于 3.009，$F > 3.009$ 的区域构成了拒绝域。F 值 23.484 落

在了拒绝域中，拒绝原假设。

$p$ 值的计算如式（12.20）所示。

$$p \text{ value} = P(F(3,24) > 23.484) = 2.553 \times 10^{-7} \quad (12.20)$$

在本例中 $p$ 值接近于 0，小于显著性水平 0.05，因此拒绝原假设，可以认为 4 个时段的平均消费金额不完全相等。

二是针对便利店因素开展的假设检验，建立的原假设是"$H_0 : \mu_A = \mu_B = \mu_C$"，备择假设是"$H_1 : \mu_A, \mu_B, \mu_C$ 不全相等"。在样本数据区域"\$A\$1:\$D\$13"中，列代表的是不同的便利店。因此，检验统计量的计算如式（12.21）所示。

$$F = \frac{\dfrac{276.305}{3-1}}{\dfrac{164.453}{24}} \approx 20.162 \quad (12.21)$$

$F$ 检验的临界值 $F_{0.05}(2,24)$ 等于 3.403，$F > 3.403$ 的区域构成了拒绝域。$F$ 值 20.162 落在了拒绝域中，因此拒绝原假设。

$p$ 值的计算如式（12.22）所示。

$$p \text{ value} = P(F(2,24) > 20.162) = 7.280 \times 10^{-6} \quad (12.22)$$

$p$ 值接近于 0，小于显著性水平 0.05，因此拒绝原假设，可以认为 3 家便利店的顾客的平均消费金额不完全相等。

三是针对时段和便利店的交互作用开展的假设检验，建立的原假设是"$H_0$ : 时段和便利店之间有交互作用"，备择假设是"$H_1$ : 时段和便利店之间无交互作用"。检验统计量的计算如式（12.23）所示。

$$F = \frac{\dfrac{149.802}{(4-1)(3-1)}}{\dfrac{164.453}{24}} \approx 3.644 \quad (12.23)$$

$F$ 检验的临界值 $F_{0.05}(6,24)$ 等于 2.508，$F > 2.508$ 的区域构成了拒绝域。$F$ 值 3.644 落在了拒绝域中，因此拒绝原假设。

$p$ 值的计算如式（12.24）所示。

$$p \text{ value} = P(F(6,24) > 3.644) = 0.010 \quad (12.24)$$

$p$ 值小于显著性水平 0.05，因此拒绝原假设，则认为时段和便利店之间无交互作用。

**实操技巧**

- 单击"数据"→"数据分析"→"方差分析：可重复双因素分析"可以实现可重复双因素方差分析。

- 在"方差分析：可重复双因素分析"对话框中，在"在每一样本的行数"文本框中输入重复观测的次数。
- 可重复双因素方差分析针对行变量、列变量以及交互作用进行 3 组假设检验。若 $p$ 值小于显著性水平 $\alpha$，则拒绝原假设，反之，则不拒绝原假设。

## 12.5 多个总体的方差齐性检验

多个总体的方差齐性检验用于检验多个总体方差是否相等。在用方差分析判断多个总体均值是否相等时，假设多个总体方差都相等，因此在实践中需要诊断该假设是否成立。11.3 节介绍了如何用 $F$ 检验判断两个总体方差是否相等。当总体的个数多于两个时，判断总体方差是否相等也就是判断 $\sigma_1^2 = \sigma_2^2 = \cdots = \sigma_k^2$ 是否成立，需要同时检验多个总体参数，可以采用 Levene 检验。本节首先介绍 Levene 检验的思想，然后介绍其在 Excel 中的实现。

### 12.5.1 Levene 检验的思想

Levene 检验的原假设是"$H_0: \sigma_1^2 = \sigma_2^2 = \cdots = \sigma_k^2$"，备择假设是"$H_1: \sigma_1^2, \sigma_2^2, \cdots, \sigma_k^2$ 不全相等"。Levene 检验沿用了方差分析的思路，本节沿用 12.1 节使用的数学符号。方差分析关注的是各个总体均值是否相等，Levene 检验关注的是各组数据的波动程度是否相同。数据的波动程度可用观测值围绕均值的离差的绝对值来测度。因此将 12.1 节中的 $x_{ij}$ 替换成 $|x_{ij} - \bar{x}_j|$，即观测值与各组均值之间的离差的绝对值，以此检验各组的平均波动程度是否相同，从而达到检验各个总体方差是否相等的目的。

若数据呈对称分布，用均值作为其分布的中心是合适的，用 $|x_{ij} - \bar{x}_j|$ 来测度各组数据的波动程度是合适的。表 12.2 所示为 Levene 检验的数据结构。

表 12.2 Levene 检验的数据结构

| | 第 1 组 | 第 2 组 | ⋯ | 第 $k$ 组 |
|---|---|---|---|---|
| | $|x_{11} - \bar{x}_1|$ | $|x_{12} - \bar{x}_2|$ | ⋯ | $|x_{1k} - \bar{x}_k|$ |
| | $|x_{21} - \bar{x}_1|$ | $|x_{22} - \bar{x}_2|$ | ⋯ | $|x_{2k} - \bar{x}_k|$ |
| | ⋮ | ⋮ | $|x_{ij} - \bar{x}_j|$ | ⋮ |
| | $|x_{n_1 1} - \bar{x}_1|$ | $|x_{n_2 2} - \bar{x}_2|$ | ⋮ | $|x_{n_k k} - \bar{x}_k|$ |
| 各组均值 | $\bar{x}_1$ | $\bar{x}_2$ | $\bar{x}_j$ | $\bar{x}_k$ |

若数据分布呈现明显的左偏或者右偏，则均值容易受到极端值的影响，再用均值作为其分布的中心就不再合适。此时，用观测值围绕其中位数的差距 $|x_{ij} - \text{Median}_j|$ 来测度数据的波动程度更为合适，这称作基于中位数的 Levene 检验，也称作 Brown-Forsythe 检验。

## 12.5.2 Levene 检验在 Excel 中的实现

**例 12.4**

沿用例 12.1 的数据，在 0.05 的显著性水平下，判断 3 家便利店的顾客的消费金额的方差是否完全相等。

本例中比较 3 个总体方差，将研究对象分为 3 个总体，原假设是"$H_0:\sigma_1^2=\sigma_2^2=\sigma_3^2$"，备择假设是"$H_1:\sigma_1^2,\sigma_2^2,\sigma_3^2$不全相等"。

**1．基于均值的 Levene 检验**

计算$\left|x_{ij}-\overline{x}_j\right|$。首先计算出各组均值，然后在单元格 F3 中录入公式"=ABS(B3-B$18)"（见单元格 J3），之后将鼠标指针移至单元格 F3 右下角，待其变成"十"字形单元格填充柄后，往右下角区域拖曳即可，效果如图 12.9 所示。

| | A | B | C | D | E | F | G | H | I | J | K | L |
|---|---|---|---|---|---|---|---|---|---|---|---|---|
| 1 | | | 观测值 | | | 观测值与各组均值的离差绝对值 | | | | 观测值与各组均值的离差绝对值计算公式 | | |
| 2 | | A | B | C | | A | B | C | | A | B | C |
| 3 | | 19.3 | 16.6 | 17.3 | | 0.587 | 2.223 | 0.467 | | =ABS(B3-B$18) | =ABS(C3-C$18) | =ABS(D3-D$18) |
| 4 | | 17.8 | 21.3 | 15.8 | | 2.087 | 2.477 | 1.967 | | =ABS(B4-B$18) | =ABS(C4-C$18) | =ABS(D4-D$18) |
| 5 | | 19.7 | 18.0 | 17.7 | | 0.187 | 0.823 | 0.067 | | =ABS(B5-B$18) | =ABS(C5-C$18) | =ABS(D5-D$18) |
| 6 | | 19.8 | 17.6 | 17.8 | | 0.087 | 1.223 | 0.033 | | =ABS(B6-B$18) | =ABS(C6-C$18) | =ABS(D6-D$18) |
| 7 | | 18.5 | 18.7 | 16.5 | | 1.387 | 0.123 | 1.267 | | =ABS(B7-B$18) | =ABS(C7-C$18) | =ABS(D7-D$18) |
| 8 | | 22.5 | 18.6 | 20.5 | | 2.613 | 0.223 | 2.733 | | =ABS(B8-B$18) | =ABS(C8-C$18) | =ABS(D8-D$18) |
| 9 | | 20.0 | 19.3 | 18.0 | | 0.113 | 0.477 | 0.233 | | =ABS(B9-B$18) | =ABS(C9-C$18) | =ABS(D9-D$18) |
| 10 | | 20.7 | 19.4 | 18.7 | | 0.813 | 0.577 | 0.933 | | =ABS(B10-B$18) | =ABS(C10-C$18) | =ABS(D10-D$18) |
| 11 | | 18.1 | 18.5 | 16.1 | | 1.787 | 0.323 | 1.667 | | =ABS(B11-B$18) | =ABS(C11-C$18) | =ABS(D11-D$18) |
| 12 | | 18.1 | 18.7 | 16.1 | | 1.787 | 0.123 | 1.667 | | =ABS(B12-B$18) | =ABS(C12-C$18) | =ABS(D12-D$18) |
| 13 | | 21.5 | 19.8 | 19.5 | | 1.613 | 0.977 | 1.733 | | =ABS(B13-B$18) | =ABS(C13-C$18) | =ABS(D13-D$18) |
| 14 | | 21.2 | 19.6 | 19.2 | | 1.313 | 0.777 | 1.433 | | =ABS(B14-B$18) | =ABS(C14-C$18) | =ABS(D14-D$18) |
| 15 | | 20.2 | 18.6 | | | 0.313 | 0.223 | | | =ABS(B15-B$18) | =ABS(C15-C$18) | |
| 16 | | 19.9 | | | | 0.013 | | | | =ABS(B16-B$18) | | |
| 17 | | 21.0 | | | | 1.113 | | | | =ABS(B17-B$18) | | |
| 18 | 各组均值 | 19.887 | 18.823 | 17.767 | | | | | | | | |
| 19 | | =AVERAGE(B3:B17) | =AVERAGE(C3:C17) | =AVERAGE(D3:D17) | | | | | | | | |

图 12.9 计算$\left|x_{ij}-\overline{x}_j\right|$

再基于 3 组$\left|x_{ij}-\overline{x}_j\right|$数据进行单因素方差分析，根据图 12.10 所示进行设置。

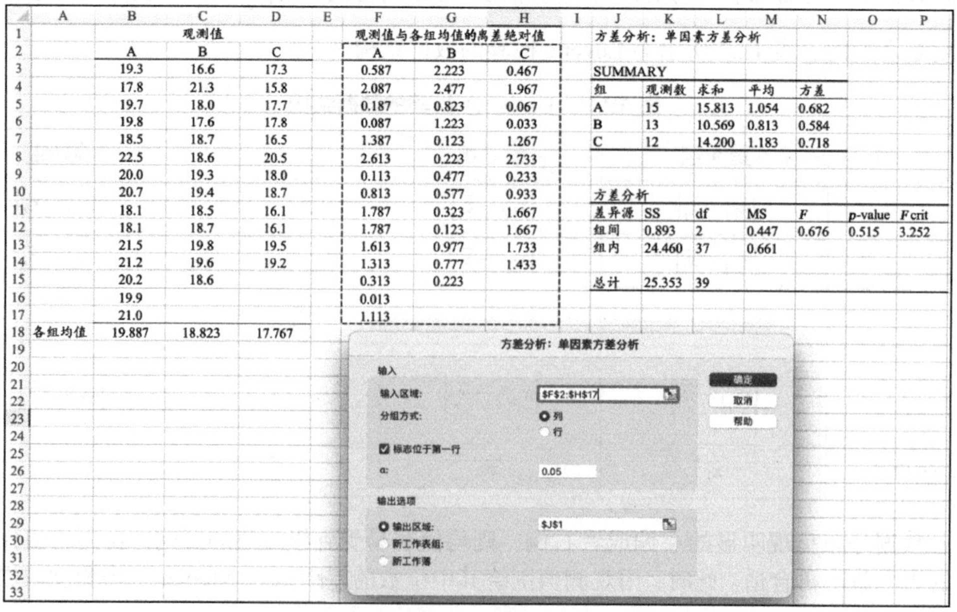


图 12.10 基于均值的 Levene 检验

**注意**：在“方差分析：单因素方差分析”对话框中单击“输入区域”右侧的按钮，框选单元格区域“F2:H17”，而不是框选样本的原始观测值区域“B2:D17”。因为需要检验的是 3 组数据的平均波动程度是否相同，实质上是比较$\left|x_{ij}-\overline{x}_j\right|$的均值是否相同。

如图 12.10 所示，单因素方差分析 $F$ 检验的 $p$ 值等于 0.515，此时，犯弃真错误的实际概率高达 0.515，所以不能拒绝原假设“3 个总体方差相等”，可以认为 3 家便利店的顾客的消费金额是满足方差齐性的。

### 2．基于中位数的 Levene 检验

计算$\left|x_{ij}-\text{Median}_j\right|$。先计算各组中位数，之后在单元格 F3 中录入公式“=ABS(B3-B$18)”（见单元格 J3），然后将鼠标指针移至单元格 F3 右下角，待其变成“十”字形单元格填充柄后，往右下角区域拖曳，效果如图 12.11 所示。

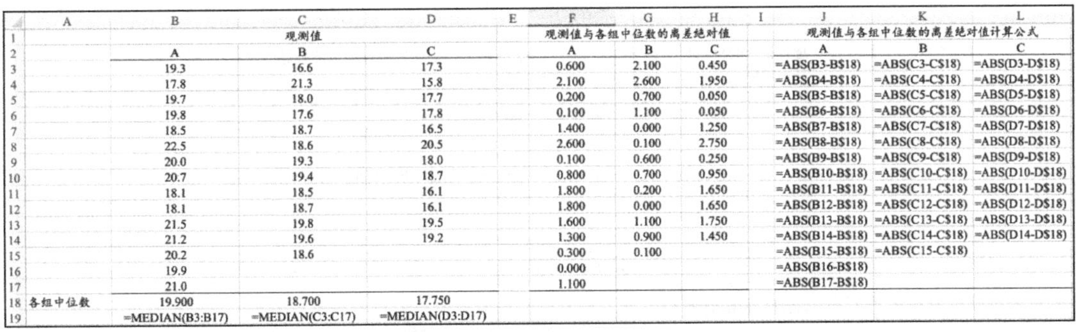

| | A | B | C | D | E | F | G | H | I | J | K | L |
|---|---|---|---|---|---|---|---|---|---|---|---|---|
| 1 | | | 观测值 | | | 观测值与各组中位数的离差绝对值 | | | | 观测值与各组中位数的离差绝对值计算公式 | | |
| 2 | | A | B | C | | A | B | C | | A | B | C |
| 3 | | 19.3 | 16.6 | 17.3 | | 0.600 | 2.100 | 0.450 | | =ABS(B3-B$18) | =ABS(C3-C$18) | =ABS(D3-D$18) |
| 4 | | 17.8 | 21.3 | 15.8 | | 2.100 | 2.600 | 1.950 | | =ABS(B4-B$18) | =ABS(C4-C$18) | =ABS(D4-D$18) |
| 5 | | 19.7 | 18.0 | 17.7 | | 0.200 | 0.700 | 0.050 | | =ABS(B5-B$18) | =ABS(C5-C$18) | =ABS(D5-D$18) |
| 6 | | 19.8 | 17.6 | 17.8 | | 0.100 | 1.100 | 0.050 | | =ABS(B6-B$18) | =ABS(C6-C$18) | =ABS(D6-D$18) |
| 7 | | 18.5 | 18.7 | 16.5 | | 1.400 | 0.000 | 1.250 | | =ABS(B7-B$18) | =ABS(C7-C$18) | =ABS(D7-D$18) |
| 8 | | 22.5 | 18.6 | 20.5 | | 2.600 | 0.100 | 2.750 | | =ABS(B8-B$18) | =ABS(C8-C$18) | =ABS(D8-D$18) |
| 9 | | 20.0 | 19.3 | 18.0 | | 0.100 | 0.600 | 0.250 | | =ABS(B9-B$18) | =ABS(C9-C$18) | =ABS(D9-D$18) |
| 10 | | 20.7 | 19.4 | 18.7 | | 0.800 | 0.700 | 0.950 | | =ABS(B10-B$18) | =ABS(C10-C$18) | =ABS(D10-D$18) |
| 11 | | 18.1 | 18.5 | 16.1 | | 1.800 | 0.200 | 1.650 | | =ABS(B11-B$18) | =ABS(C11-C$18) | =ABS(D11-D$18) |
| 12 | | 18.1 | 18.7 | 16.1 | | 1.800 | 0.000 | 1.650 | | =ABS(B12-B$18) | =ABS(C12-C$18) | =ABS(D12-D$18) |
| 13 | | 21.5 | 19.8 | 19.5 | | 1.600 | 1.100 | 1.750 | | =ABS(B13-B$18) | =ABS(C13-C$18) | =ABS(D13-D$18) |
| 14 | | 21.2 | 19.6 | 19.2 | | 1.300 | 0.900 | 1.450 | | =ABS(B14-B$18) | =ABS(C14-C$18) | =ABS(D14-D$18) |
| 15 | | 20.2 | 18.6 | | | 0.300 | 0.100 | | | =ABS(B15-B$18) | =ABS(C15-C$18) | |
| 16 | | 19.9 | | | | 0.000 | | | | =ABS(B16-B$18) | | |
| 17 | | 21.0 | | | | 1.100 | | | | =ABS(B17-B$18) | | |
| 18 | 各组中位数 | 19.900 | 18.700 | 17.750 | | | | | | | | |
| 19 | | =MEDIAN(B3:B17) | =MEDIAN(C3:C17) | =MEDIAN(D3:D17) | | | | | | | | |

图 12.11 计算$|x_{ij}-\text{Median}_j|$

然后基于 3 组$\left|x_{ij}-\text{Median}_j\right|$数据进行单因素方差分析，根据图 12.12 所示进行设置。

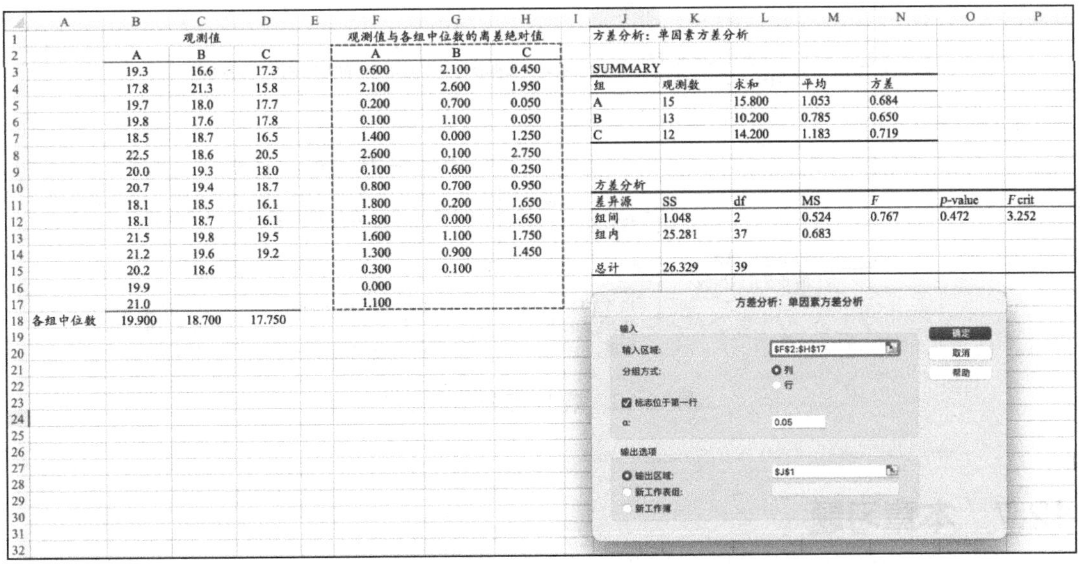

| | A | B | C | D | E | F | G | H |
|---|---|---|---|---|---|---|---|---|
| 1 | | | 观测值 | | | 观测值与各组中位数的离差绝对值 | | |
| 2 | | A | B | C | | A | B | C |
| 3 | | 19.3 | 16.6 | 17.3 | | 0.600 | 2.100 | 0.450 |
| 4 | | 17.8 | 21.3 | 15.8 | | 2.100 | 2.600 | 1.950 |
| 5 | | 19.7 | 18.0 | 17.7 | | 0.200 | 0.700 | 0.050 |
| 6 | | 19.8 | 17.6 | 17.8 | | 0.100 | 1.100 | 0.050 |
| 7 | | 18.5 | 18.7 | 16.5 | | 1.400 | 0.000 | 1.250 |
| 8 | | 22.5 | 18.6 | 20.5 | | 2.600 | 0.100 | 2.750 |
| 9 | | 20.0 | 19.3 | 18.0 | | 0.100 | 0.600 | 0.250 |
| 10 | | 20.7 | 19.4 | 18.7 | | 0.800 | 0.700 | 0.950 |
| 11 | | 18.1 | 18.5 | 16.1 | | 1.800 | 0.200 | 1.650 |
| 12 | | 18.1 | 18.7 | 16.1 | | 1.800 | 0.000 | 1.650 |
| 13 | | 21.5 | 19.8 | 19.5 | | 1.600 | 1.100 | 1.750 |
| 14 | | 21.2 | 19.6 | 19.2 | | 1.300 | 0.900 | 1.450 |
| 15 | | 20.2 | 18.6 | | | 0.300 | 0.100 | |
| 16 | | 19.9 | | | | 0.000 | | |
| 17 | | 21.0 | | | | 1.100 | | |
| 18 | 各组中位数 | 19.900 | 18.700 | 17.750 | | | | |

方差分析：单因素方差分析

SUMMARY

| 组 | 观测数 | 求和 | 平均 | 方差 |
|---|---|---|---|---|
| A | 15 | 15.800 | 1.053 | 0.684 |
| B | 13 | 10.200 | 0.785 | 0.650 |
| C | 12 | 14.200 | 1.183 | 0.719 |

方差分析

| 差异源 | SS | df | MS | F | p-value | F crit |
|---|---|---|---|---|---|---|
| 组间 | 1.048 | 2 | 0.524 | 0.767 | 0.472 | 3.252 |
| 组内 | 25.281 | 37 | 0.683 | | | |
| | | | | | | |
| 总计 | 26.329 | 39 | | | | |



图 12.12 基于中位数的 Levene 检验

如图 12.12 所示，单因素方差分析 $F$ 检验的 $p$ 值等于 0.472，所以不拒绝原假设“3 个总体方差相等”。

**实操技巧**

Levene 检验可以用于对多个总体的方差是否相等进行检验。若数据呈正态分布，可以用基于均值的 Levene 检验，对 $\left|x_{ij} - \bar{x}_j\right|$ 进行单因素方差分析。若数据呈不对称分布，可以用基于中位数的 Levene 检验，对 $\left|x_{ij} - \text{Median}_j\right|$ 进行单因素方差分析。

## 12.6 本章总结

图 12.13 展示了本章介绍的主要知识点。

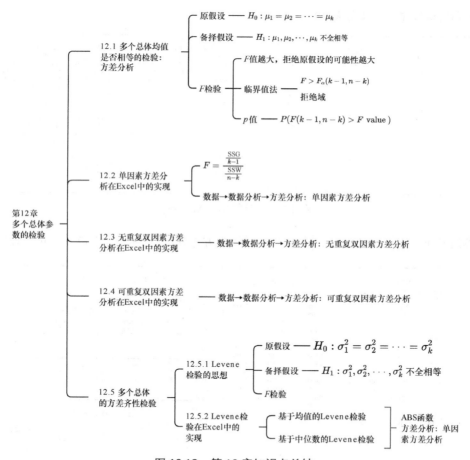

图 12.13　第 12 章知识点总结

## 12.7 本章习题

【习题 12.1】

在基金经理中随机抽取 505 人，记录下基金经理的学历/学位、专业背景、从业年限数据（数据文件：习题 12.1.xlsx），如图 12.14 所示。完成下列任务。

| | A | B | C | D |
|---|---|---|---|---|
| 1 | 序号 | 学历/学位 | 专业背景 | 从业年限 |
| 2 | 1 | 硕士 | 金融 | 12 |
| 3 | 2 | 硕士 | 理工 | 9 |
| 4 | 3 | 硕士 | 金融 | 5 |
| 5 | 4 | 硕士 | 金融 | 9 |
| 6 | 5 | 硕士 | 金融 | 21 |

图 12.14 习题 12.1 的部分数据

1. 在 0.05 的显著性水平下，判断金融、管理、理工和其他这 4 个专业背景的基金经理的从业年限的均值是否完全相等。

2. 概括金融、管理、理工和其他这 4 个专业背景的基金经理的从业年限的分布特征，并比较其差异。

【习题 12.2】

随机抽取 200 条数据，记录下这些人的性别、专业背景、学历/学位和年龄的数据（数据文件：习题 12.2.xlsx），如图 12.15 所示。完成下列任务。

| | A | B | C | D | E |
|---|---|---|---|---|---|
| 1 | ID | 性别 | 专业背景 | 学历/学位 | 年龄 |
| 2 | 1 | 男 | 社会科学 | 本科 | 49 |
| 3 | 2 | 男 | 自然科学 | 硕士 | 64 |
| 4 | 3 | 男 | 自然科学 | 本科 | 54 |
| 5 | 4 | 男 | 社会科学 | 博士 | 63 |
| 6 | 5 | 男 | 社会科学 | 硕士 | 55 |
| 7 | 6 | 男 | 社会科学 | 本科 | 50 |

图 12.15 习题 12.2 的部分数据

1. 在 0.05 的显著性水平下，判断本科、硕士和博士这 3 类人的年龄均值是否相等。

2. 概括 3 种学历/学位类别的人的从业年限分布特征，并比较其差异。

【习题 12.3】

将 A 公司的员工按性别、学历/学位（本科、硕士、博士）分为 6 组，从每个组中随机抽取 10 名员工，记录员工的年龄（数据文件：习题 12.3.xlsx）。完成下列任务。

1. 在 0.05 的显著性水平下，判断男性员工和女性员工的平均年龄是否完全相等。

2. 在 0.05 的显著性水平下，判断本科、硕士和博士的平均年龄是否完全相等。

3. 在 0.05 的显著性水平下，判断性别和年龄的交互作用对年龄是否有显著影响。

【习题 12.4】

将 A 公司的员工按学历/学位（本科、硕士、博士）分为 3 组，从每个组中随机抽取 10 名员工，记录员工的年龄（数据文件：习题 12.4.xlsx）。在 0.05 的显著性水平下，判断 3 组员工年龄的方差是否完全相等。

# 第13章

# 非参数检验

第10~12章介绍的单个总体参数的检验、两个总体参数的检验、多个总体参数的检验都属于参数检验方法。这类检验都假定总体服从正态分布，推导出总体参数的估计量的抽样分布，进而构造出服从标准正态分布、$t$分布、卡方分布以及$F$分布的检验统计量。参数检验方法是建立在总体服从正态分布这一假定下的，然而在实践中常常会遇到总体不服从正态分布的情景，此时运用参数检验可能会得到不可靠的结论。非参数检验（Nonparametric Test）无须假定总体的分布形态，特别是在总体不服从正态分布且样本容量比较小时具有更好的适用性。

本章将介绍的非参数检验方法分为两大类，一类是针对单个总体的检验，另一类是针对多个总体分布的比较。

【本章主要内容】
- 单个总体的非参数检验
- 多个总体分布的比较

## 13.1 单个总体的非参数检验

本节将介绍常用的单个总体的非参数检验，包括中位数检验、拟合优度检验、Kolmogorov-Smirnov检验和正态分布检验。

### 13.1.1 中位数检验

当数据呈不对称分布时，均值容易受到极端值的影响，用中位数来代表分布的中心更为合适。本节将介绍中位数检验的常用方法——符号检验（Sign Test）。

符号检验的思想是将观测值与假定的中位数进行比较。若真实的中位数等于假定值，那么小于假定值的观测值的个数和大于中位数的观测值的个数应该大致相当，如果这两个观测值的个数相差悬殊，那么真实的中位数应该不等于假定值。

下面通过例13.1介绍符号检验的步骤。

## 例 13.1

从 A 大学软件工程专业毕业生中随机抽取 25 人，这 25 人的月收入数据如图 13.2 中列 A 所示。在 0.05 的显著性水平下，能否认为 A 大学软件工程专业毕业生的月收入的中位数等于 10000 元？

图 13.1 所示为 25 名毕业生月收入的箱形图，月收入呈右偏分布，用中位数来刻画数据分布的中心更加合适。研究者关注的是总体的中位数是否等于 10000，因此需要开展双侧检验，原假设是"$H_0: \text{Median} = 10000$"，备择假设是"$H_0: \text{Median} \neq 10000$"。

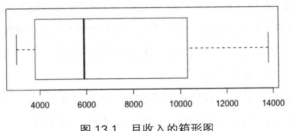

图 13.1 月收入的箱形图

图 13.2 展示了符号检验的过程。

第 1 步：计算观测值与待检验中位数的差，将差大于 0 的记为 1，将差等于 0 的记为 0，将差小于 0 的记为 -1。如图 13.2 所示，在列 B 中使用 SIGN 函数实现该计算。

| | A | B | C | D | E | F | G |
|---|---|---|---|---|---|---|---|
| 1 | 月收入 | 观测值减中位数的差的符号 | | | | | |
| 2 | 9700 | -1 | =SIGN(A2-F$5) | | $H_0: \text{Median} = 10000$ | | |
| 3 | 5600 | -1 | =SIGN(A3-F$5) | | $H_1: \text{Median} \neq 10000$ | | |
| 4 | 10500 | 1 | =SIGN(A4-F$5) | | | | |
| 5 | 13800 | 1 | =SIGN(A5-F$5) | | 中位数 | 10000 | |
| 6 | 10900 | 1 | =SIGN(A6-F$5) | | | | |
| 7 | 6300 | -1 | =SIGN(A7-F$5) | | 正数的个数 | 6 | =COUNTIF(B2:B26,"=1") |
| 8 | 12400 | 1 | =SIGN(A8-F$5) | | 负数的个数 | 18 | =COUNTIF(B2:B26,"=-1") |
| 9 | 4200 | -1 | =SIGN(A9-F$5) | | | | |
| 10 | 3500 | -1 | =SIGN(A10-F$5) | | 二项分布中的试验次数 | 24 | =F7+F8 |
| 11 | 9600 | -1 | =SIGN(A11-F$5) | | | | |
| 12 | 11400 | 1 | =SIGN(A12-F$5) | | 二项分布中的试验成功的次数 | 6 | =MIN(F7:F8) |
| 13 | 8700 | -1 | =SIGN(A13-F$5) | | | | |
| 14 | 10000 | 0 | =SIGN(A14-F$5) | | 双侧检验的 $p$ 值 | 0.023 | =2*BINOM.DIST(F12,F10,0.5,TRUE) |
| 15 | 3400 | -1 | =SIGN(A15-F$5) | | | | |
| 16 | 3700 | -1 | =SIGN(A16-F$5) | | | | |
| 17 | 5900 | -1 | =SIGN(A17-F$5) | | | | |
| 18 | 5000 | -1 | =SIGN(A18-F$5) | | | | |
| 19 | 3200 | -1 | =SIGN(A19-F$5) | | | | |
| 20 | 3500 | -1 | =SIGN(A20-F$5) | | | | |
| 21 | 3000 | -1 | =SIGN(A21-F$5) | | | | |
| 22 | 6100 | -1 | =SIGN(A22-F$5) | | | | |
| 23 | 3800 | -1 | =SIGN(A23-F$5) | | | | |
| 24 | 5800 | -1 | =SIGN(A24-F$5) | | | | |
| 25 | 5400 | -1 | =SIGN(A25-F$5) | | | | |
| 26 | 12200 | 1 | =SIGN(A26-F$5) | | | | |
| 27 | | | | | | | |

图 13.2 符号检验的过程

第 2 步：统计观测值与待检验中位数的差为正数的个数 $n_+$ 和为负数的个数 $n_-$。在单元格 F7 中录入公式"=COUNTIF(B2:B26,"=1")"（见单元格 G7），第 1 项参数"B2:B26"代表统计的数据区域，第 2 项参数代表需要满足的条件"=1"，该公式用于统计等于 1 的观测值的个数。

可根据上述过程呈二项分布的特点进行试验，每次试验考查观测值与待检验中位数的差的符号，每次试验只有取正数或者负数两种结果。取 $n_+$ 和 $n_-$ 中更小的那个数值，将其代表的符号类型作为"成功"的事件。若原假设"$H_0$:Median =10000"成立,每一次试验成功的概率为0.5,失败的概率为0.5。重复试验了$n$次,试验成功的次数服从二项分布$B(n,0.5)$。

第3步:计算试验次数和试验成功的次数。在单元格F10中计算试验次数$n = n_+ + n_-$。注意:$n$不一定等于样本容量,本例中是24。本例中单元格A14中的观测值等于10000,与待检验的中位数相等,在计算试验次数时要将其从样本中剔除。在单元格F12中计算试验成功的次数,也就是$n_+$和$n_-$之间的最小值。本例中$n_+$等于6,$n_-$等于18,因此试验成功的次数是6。

第4步:计算$p$值。在单元格F14中录入公式"=2*BINOM.DIST(F12,F10,0.5,TRUE)"(见单元格G14),第1项参数代表试验成功的次数,第2项参数代表试验的总次数,第3项参数代表试验成功的概率,第4项参数"TRUE"代表返回累积概率。因此,本例中该函数求的是试验成功的次数小于或等于6的概率。

本例中进行的是双侧检验,将前述概率乘以2,即得到$p$值。$p$值的含义是试验成功的次数取到的值比6更加极端的概率,更极端的包括两种情形:一是试验成功的次数小于或等于6,二是试验成功次数大于或等于18。$p$值计算如式(13.1)所示。

$$p(0 \leqslant x \leqslant 6) + p(18 \leqslant x \leqslant 24) = 2 \times p(0 \leqslant x \leqslant 6) = 0.023 \qquad (13.1)$$

$p$值等于0.023,小于0.05,因此拒绝原假设"$H_0$:Median =10000"。

**实操技巧**

- SIGN函数返回的是单元格数值的符号,当数值大于0时,返回1;当数值等于0时,返回0;当数值小于0时,返回-1。
- COUNTIF函数返回的是满足条件的单元格的个数。
- BINOM.DIST函数用于计算二项分布的累积概率,第1项参数代表试验成功的次数,第2项参数代表试验的总次数,第3项参数代表试验成功的概率,第4项参数代表是否返回累积概率。

### 13.1.2 定性数据分布的检验:拟合优度检验

拟合优度检验用于检验定性数据是否服从于某种分布,原假设是"总体服从某种分布",备择假设是"总体不服从某种分布"。在非参数检验中,原假设和备择假设是固定的,不能随意调换。

总体中的个体可以被归入$K$个分组。从总体中随机抽取容量为$n$的样本,记录样本中归入每个组的个数即观测频数,记作$O_1, O_2, \cdots, O_K$。根据原假设"总体服从某种分布",得出样本服从和总体一致的分布,样本中各个组的期望频数记作$E_1, E_2, \cdots, E_K$。构造检验统计量如式(13.2)所示。

$$\chi^2 = \sum_{i=1}^{K} \frac{(O_i - E_i)^2}{E_i} \sim \chi^2(K-1) \qquad (13.2)$$

若原假设成立,在样本容量足够大时,检验统计量服从自由度为 $K-1$ 的卡方分布。所以,拟合优度检验是一种卡方检验。

若观测频数 $O_1, O_2, \cdots, O_K$ 与期望频数 $E_1, E_2, \cdots, E_K$ 接近,那么 $(O_i - E_i)^2$ 的值应该比较小,$\chi^2$ 值也比较小。若观测频数 $O_1, O_2, \cdots, O_K$ 与期望频数 $E_1, E_2, \cdots, E_K$ 差距悬殊,会导致 $(O_i - E_i)^2$ 的值较大,$\chi^2$ 值也较大。$\chi^2$ 值越大,拒绝原假设"总体服从某种分布"的理由越充分。

拟合优度检验的拒绝域在卡方分布的右侧尾翼,若约定显著性水平为 $\alpha$,则临界值为 $\chi^2_\alpha(K-1)$,拒绝域为 $\chi^2 > \chi^2_\alpha(K-1)$。

**注意**:拟合优度检验中要求每个分组的期望频数都大于 5。因为期望频数太小,会导致 $\dfrac{(O_i - E_i)^2}{E_i}$ 较大,从而轻易地拒绝原假设,得出不可靠的检验结论。

### 例 13.2

人事部门随机抽取了公司 100 条病假记录,统计出病假在周一至周五的分布,观测频数见图 13.3 所示单元格区域"B2:B6"。在 0.05 的显著性水平下,能否认为请病假的时间均匀分布在周一至周五?

研究者关注的是请病假的时间是否均匀分布在周一至周五,因此原假设是"请病假的时间均匀分布在周一至周五",备择假设是"请病假的时间不均匀分布在周一至周五"。

计算检验统计量如式(13.3)所示。

$$\chi^2 = \frac{(17-20)^2}{20} + \frac{(27-20)^2}{20} + \frac{(10-20)^2}{20} + \frac{(28-20)^2}{20} + \frac{(18-20)^2}{20} = 11.3 \quad (13.3)$$

检验统计量服从自由度为 5 的卡方分布,卡方值等于 11.3,大于临界值 9.488,因此拒绝原假设。$p$ 值的计算如式(13.4)所示:

$$p \text{ value} = P(\chi^2(4) > 11.30) = 0.023 \quad (13.4)$$

$p$ 值等于 0.023,也就是犯弃真错误的实际概率为 0.023,小于显著性水平 0.05,所以拒绝原假设,请病假的时间不均匀地分布在周一至周五。从样本数据来看,请病假的时间集中在周二和周四,周一和周五其次,周三最少。

图 13.3 展示了在 Excel 中实现拟合优度检验的过程。

| | A | B | C | D | E |
|---|---|---|---|---|---|
| 1 | | 观测频数 | 期望频数 | (观测频数-期望频数)^2/期望频数 | |
| 2 | 周一 | 17 | 20 | 0.450 | =(B2-C2)^2/C2 |
| 3 | 周二 | 27 | 20 | 2.450 | =(B3-C3)^2/C3 |
| 4 | 周三 | 10 | 20 | 5.000 | =(B4-C4)^2/C4 |
| 5 | 周四 | 28 | 20 | 3.200 | =(B5-C5)^2/C5 |
| 6 | 周五 | 18 | 20 | 0.200 | =(B6-C6)^2/C6 |
| 7 | | | | | |
| 8 | 样本容量 | 100 | 卡方值 | 11.300 | =SUM(D2:D6) |
| 9 | | | | | |
| 10 | | | 卡方检验的临界值 | 9.488 | =CHISQ.INV.RT(0.05,4) |
| 11 | | | 上0.05分位点 | | |
| 12 | | | | | |
| 13 | | | 卡方检验的p值 | 0.023 | =CHISQ.DIST.RT(D8,4) |
| 14 | | | | | |
| 15 | | | 卡方检验的p值 | 0.023 | =CHISQ.TEST(B2:B6,C2:C6) |
| 16 | | | | | |

图 13.3 拟合优度检验的过程

使用 CHISQ.TEST 函数可以直接计算拟合优度检验的 $p$ 值，无须计算卡方检验统计量的值。在单元格 D15 中录入公式"=CHISQ.TEST(B2:B6,C2:C6)"（见单元格 E15），第 1 项参数是观测频数，第 2 项参数是期望频数。

在例 13.2 中，也可以将总体的分布设置为任意想要检验的形式。仍然沿用例 13.2 的样本数据，在 0.05 的显著性水平下，能否认为请病假的时间在周一至周五这 5 天的比例分别是 0.15、0.30、0.10、0.30 和 0.15？此时，周一至周五的期望频数分别为 15、30、10、30 和 15。拟合优度检验的过程如图 13.4 所示。

| | A | B | C | D | E |
|---|---|---|---|---|---|
| 1 | | 观测频数 | 期望频数 | （观测频数-期望频数）^2/期望频数 | |
| 2 | 周一 | 17 | 15 | 0.267 | =(B2-C2)^2/C2 |
| 3 | 周二 | 27 | 30 | 0.300 | =(B3-C3)^2/C3 |
| 4 | 周三 | 10 | 10 | 0.000 | =(B4-C4)^2/C4 |
| 5 | 周四 | 28 | 30 | 0.133 | =(B5-C5)^2/C5 |
| 6 | 周五 | 18 | 15 | 0.600 | =(B6-C6)^2/C6 |
| 7 | | | | | |
| 8 | 样本容量 | 100 | 卡方值 | 1.300 | =SUM(D2:D6) |
| 9 | | | | | |
| 10 | | | 卡方检验的临界值 | 9.488 | =CHISQ.INV.RT(0.05,4) |
| 11 | | | 上0.05分位点 | | |
| 12 | | | | | |
| 13 | | | 卡方检验的$p$值 | 0.861 | =CHISQ.DIST.RT(D8,4) |
| 14 | | | | | |
| 15 | | | 卡方检验的$p$值 | 0.861 | =CHISQ.TEST(B2:B6,C2:C6) |
| 16 | | | | | |

图 13.4 拟合优度检验的过程

图 13.4 报告了卡方检验的 $p$ 值等于 0.861，此时若拒绝原假设，犯弃真错误的实际概率高达 0.861，犯错的风险太大，所以不能拒绝原假设。此时观测频数与期望频数的差距不大，可以认为请病假的时间在周一至周五这 5 天的比例分别是 0.15、0.30、0.10、0.30 和 0.15。

**实操技巧**

使用 CHISQ.TEST 函数可以实现拟合优度检验，该函数的第 1 项参数是观测频数，第 2 项参数是期望频数，返回的是拟合优度检验的 $p$ 值。$p$ 值小于显著性水平，则拒绝原假设，认为总体不服从检验的分布。

## 13.1.3 定量数据分布的检验：Kolmogorov–Smirnov 检验

Kolmogorov-Smirnov 检验（简称 K-S 检验）可以用于判断数据是否服从已知的分布，该方法是由苏联数学家科尔莫戈罗夫（Kolmogorov）和斯米尔诺夫（Smirnov）在 20 世纪 30~40 年代提出的。Kolmogorov- Smirnov 检验的核心思想是对比数据的经验分布与理论分布的差距，若二者差距很小，那么可以认为经验分布与理论分布一致；若二者差距很大，就说明经验分布与理论分布不一致。经验分布就是样本数据的分布，理论分布就是研究者假定的总体服从的分布。

为了避免引入过于复杂的数学符号，下面将通过例 13.3 来介绍 Kolmogorov-Smirnov 检验的步骤及其在 Excel 中的实现。

**例 13.3**

在 A 公司随机抽取 27 名员工居住地与公司的距离（单位：km），数据如图 13.5 中列 B 所示。在 0.05 的显著性水平下，A 公司的员工的居住地与公司的距离是否服从正态分布 $N(7,2^2)$？

| | A | B | C | D | E | F | G | H | I |
|---|---|---|---|---|---|---|---|---|---|
| 1 | ID | 距离/km | 经验分布的累积概率 | 理论分布$N(7,2^2)$的累积概率 | 差距 | | 经验分布的累积概率 | 理论分布$N(7,2^2)$的累积概率 | 差距 |
| 2 | 1 | 3.2 | 0.037 | 0.029 | 0.008 | | =A2/27 | =NORM.DIST(B2,7,2,TRUE) | =ABS(C2-D2) |
| 3 | 2 | 3.8 | 0.074 | 0.055 | 0.019 | | =A3/27 | =NORM.DIST(B3,7,2,TRUE) | =ABS(C3-D3) |
| 4 | 3 | 4.9 | 0.111 | 0.147 | 0.036 | | =A4/27 | =NORM.DIST(B4,7,2,TRUE) | =ABS(C4-D4) |
| 5 | 4 | 5.9 | 0.148 | 0.291 | 0.143 | | =A5/27 | =NORM.DIST(B5,7,2,TRUE) | =ABS(C5-D5) |
| 6 | 5 | 6 | 0.185 | 0.309 | 0.123 | | =A6/27 | =NORM.DIST(B6,7,2,TRUE) | =ABS(C6-D6) |
| 7 | 6 | 6.2 | 0.222 | 0.345 | 0.122 | | =A7/27 | =NORM.DIST(B7,7,2,TRUE) | =ABS(C7-D7) |
| 8 | 7 | 6.4 | 0.259 | 0.382 | 0.123 | | =A8/27 | =NORM.DIST(B8,7,2,TRUE) | =ABS(C8-D8) |
| 9 | 8 | 6.5 | 0.296 | 0.401 | 0.105 | | =A9/27 | =NORM.DIST(B9,7,2,TRUE) | =ABS(C9-D9) |
| 10 | 9 | 6.6 | 0.333 | 0.421 | 0.087 | | =A10/27 | =NORM.DIST(B10,7,2,TRUE) | =ABS(C10-D10) |
| 11 | 10 | 7.4 | 0.370 | 0.579 | 0.209 | | =A11/27 | =NORM.DIST(B11,7,2,TRUE) | =ABS(C11-D11) |
| 12 | 11 | 7.8 | 0.407 | 0.655 | 0.248 | | =A12/27 | =NORM.DIST(B12,7,2,TRUE) | =ABS(C12-D12) |
| 13 | 12 | 7.9 | 0.444 | 0.674 | 0.229 | | =A13/27 | =NORM.DIST(B13,7,2,TRUE) | =ABS(C13-D13) |
| 14 | 13 | 7.9 | 0.481 | 0.674 | 0.192 | | =A14/27 | =NORM.DIST(B14,7,2,TRUE) | =ABS(C14-D14) |
| 15 | 14 | 8 | 0.519 | 0.691 | 0.173 | | =A15/27 | =NORM.DIST(B15,7,2,TRUE) | =ABS(C15-D15) |
| 16 | 15 | 8.8 | 0.556 | 0.816 | 0.260 | | =A16/27 | =NORM.DIST(B16,7,2,TRUE) | =ABS(C16-D16) |
| 17 | 16 | 9.6 | 0.593 | 0.903 | 0.311 | | =A17/27 | =NORM.DIST(B17,7,2,TRUE) | =ABS(C17-D17) |
| 18 | 17 | 9.7 | 0.630 | 0.911 | 0.282 | | =A18/27 | =NORM.DIST(B18,7,2,TRUE) | =ABS(C18-D18) |
| 19 | 18 | 10.3 | 0.667 | 0.951 | 0.284 | | =A19/27 | =NORM.DIST(B19,7,2,TRUE) | =ABS(C19-D19) |
| 20 | 19 | 12.5 | 0.704 | 0.997 | 0.293 | | =A20/27 | =NORM.DIST(B20,7,2,TRUE) | =ABS(C20-D20) |
| 21 | 20 | 13.4 | 0.741 | 0.999 | 0.259 | | =A21/27 | =NORM.DIST(B21,7,2,TRUE) | =ABS(C21-D21) |
| 22 | 21 | 13.5 | 0.778 | 0.999 | 0.222 | | =A22/27 | =NORM.DIST(B22,7,2,TRUE) | =ABS(C22-D22) |
| 23 | 22 | 14.3 | 0.815 | 1.000 | 0.185 | | =A23/27 | =NORM.DIST(B23,7,2,TRUE) | =ABS(C23-D23) |
| 24 | 23 | 14.5 | 0.852 | 1.000 | 0.148 | | =A24/27 | =NORM.DIST(B24,7,2,TRUE) | =ABS(C24-D24) |
| 25 | 24 | 15.3 | 0.889 | 1.000 | 0.111 | | =A25/27 | =NORM.DIST(B25,7,2,TRUE) | =ABS(C25-D25) |
| 26 | 25 | 16.4 | 0.926 | 1.000 | 0.074 | | =A26/27 | =NORM.DIST(B26,7,2,TRUE) | =ABS(C26-D26) |
| 27 | 26 | 17 | 0.963 | 1.000 | 0.037 | | =A27/27 | =NORM.DIST(B27,7,2,TRUE) | =ABS(C27-D27) |
| 28 | 27 | 18.6 | 1.000 | 1.000 | 0.000 | | =A28/27 | =NORM.DIST(B28,7,2,TRUE) | =ABS(C28-D28) |
| 29 | | | | | | | | | |
| 30 | | | | Kolmogorov-Smirnov 检验统计量D | 0.311 | | 临界值 | 0.254 | |
| 31 | | | | | =MAX(E2:E28) | | | | |

图 13.5　运用 Kolmogorov–Smirnov 检验总体是否服从正态分布的计算

Kolmogorov-Smirnov 检验的原假设是"员工居住地与公司的距离服从正态分布 $N(7,2^2)$"，备择假设是"员工居住地与公司的距离不服从正态分布 $N(7,2^2)$"。

图 13.5 展示了 Kolmogorov-Smirnov 检验的过程。

第 1 步：计算经验分布的累积概率。如图 13.5 所示，将员工的居住地与公司的距离按由低到高的顺序排列，在列 C 中计算累积概率，例如单元格 C2 中计算的是样本数据小于或等于 3.2 的概率是 1/27≈0.037，单元格 C3 中计算的是样本数据小于或等于 3.8 的概率是 2/27=0.074，实际上就是用观测值在升序排序序列中的序号除以样本容量。

第 2 步：计算理论累积概率。列 D 中计算的是，假如总体服从正态分布 $N(7,2^2)$，正态分布 $N(7,2^2)$ 中小于或等于某个值的累积概率。在单元格 D2 中录入公式 "=NORM.DIST(B2,7,2,TRUE)"（见单元格 H2），计算的是在正态分布 $N(7,2^2)$ 下，小于或等于 3.2 的概率。

第 3 步：计算经验分布的累积概率与理论分布的累积概率的差距，Kolmogorov-Smirnov 检验统计量等于差距的绝对值的最大值，记作 $D$。将基于样本的经验数据计算的累积概率与在原假设的理论分布假定下计算的累积概率进行对比，若二者的差距很小，那么可以认为样本来自服从理论分布的总体；若二者的差距很大，则认为样本不来自服从理论分布的总体。

第 4 步：若 $D$ 值大于临界值，则拒绝原假设。在本例中，$D$ 值等于 0.311。在 0.05 的显著性水平下，样本容量为 27，查 Kolmogorov-Smirnov 检验的临界值表[1]，可知临界值 $D_{\text{critical}}$ 等于 0.254，$D$ 值超过了临界值，所以拒绝原假设，可以认为 A 公司的员工居住地与公司的距

---

[1] Kolmogorov-Smirnov 检验的临界值表：可从北亚利桑那大学的 Oak 空间下载。

离不服从正态分布 $N(7,2^2)$。

在实践中，可以先绘制样本数据的直方图或者箱形图，观察其分布特征，再来选择理论分布的形式。在本例中，距离的分布呈现右偏，因此可以尝试检验距离是否服从卡方分布 $\chi^2(8)$。如图 13.6 所示，在单元格 D2 中录入公式 "=CHISQ.DIST(B2,8,TRUE)"（见单元格 H2），计算卡方分布 $\chi^2(8)$ 中小于或等于 3.2 的概率，其余步骤与前文相同。D 值等于 0.193，小于临界值 0.254，所以不拒绝"距离服从卡方分布 $\chi^2(8)$"的原假设。

| | A | B | C | D | E | F | G | H | I |
|---|---|---|---|---|---|---|---|---|---|
| 1 | ID | 距离/km | 经验分布的累积概率 | 理论分布卡方分布(df=8)的累积概率 | 差距 | | 经验分布的累积概率 | 理论分布卡方分布（df=8）的累积概率 | 差距 |
| 2 | 1 | 3.2 | 0.037 | 0.079 | 0.042 | | =A2/27 | =CHISQ.DIST(B2,8,TRUE) | =ABS(C2-D2) |
| 3 | 2 | 3.8 | 0.074 | 0.125 | 0.051 | | =A3/27 | =CHISQ.DIST(B3,8,TRUE) | =ABS(C3-D3) |
| 4 | 3 | 4.9 | 0.111 | 0.232 | 0.121 | | =A4/27 | =CHISQ.DIST(B4,8,TRUE) | =ABS(C4-D4) |
| 5 | 4 | 5.9 | 0.148 | 0.342 | 0.193 | | =A5/27 | =CHISQ.DIST(B5,8,TRUE) | =ABS(C5-D5) |
| 6 | 5 | 6 | 0.185 | 0.353 | 0.168 | | =A6/27 | =CHISQ.DIST(B6,8,TRUE) | =ABS(C6-D6) |
| 7 | 6 | 6.2 | 0.222 | 0.375 | 0.153 | | =A7/27 | =CHISQ.DIST(B7,8,TRUE) | =ABS(C7-D7) |
| 8 | 7 | 6.4 | 0.259 | 0.397 | 0.138 | | =A8/27 | =CHISQ.DIST(B8,8,TRUE) | =ABS(C8-D8) |
| 9 | 8 | 6.5 | 0.296 | 0.409 | 0.112 | | =A9/27 | =CHISQ.DIST(B9,8,TRUE) | =ABS(C9-D9) |
| 10 | 9 | 6.6 | 0.333 | 0.420 | 0.086 | | =A10/27 | =CHISQ.DIST(B10,8,TRUE) | =ABS(C10-D10) |
| 11 | 10 | 7.4 | 0.370 | 0.506 | 0.135 | | =A11/27 | =CHISQ.DIST(B11,8,TRUE) | =ABS(C11-D11) |
| 12 | 11 | 7.8 | 0.407 | 0.547 | 0.139 | | =A12/27 | =CHISQ.DIST(B12,8,TRUE) | =ABS(C12-D12) |
| 13 | 12 | 7.9 | 0.444 | 0.557 | 0.112 | | =A13/27 | =CHISQ.DIST(B13,8,TRUE) | =ABS(C13-D13) |
| 14 | 13 | 7.9 | 0.481 | 0.557 | 0.075 | | =A14/27 | =CHISQ.DIST(B14,8,TRUE) | =ABS(C14-D14) |
| 15 | 14 | 8 | 0.519 | 0.567 | 0.048 | | =A15/27 | =CHISQ.DIST(B15,8,TRUE) | =ABS(C15-D15) |
| 16 | 15 | 8.8 | 0.556 | 0.641 | 0.085 | | =A16/27 | =CHISQ.DIST(B16,8,TRUE) | =ABS(C16-D16) |
| 17 | 16 | 9.6 | 0.593 | 0.706 | 0.113 | | =A17/27 | =CHISQ.DIST(B17,8,TRUE) | =ABS(C17-D17) |
| 18 | 17 | 9.7 | 0.630 | 0.713 | 0.084 | | =A18/27 | =CHISQ.DIST(B18,8,TRUE) | =ABS(C18-D18) |
| 19 | 18 | 10.3 | 0.667 | 0.755 | 0.089 | | =A19/27 | =CHISQ.DIST(B19,8,TRUE) | =ABS(C19-D19) |
| 20 | 19 | 12.5 | 0.704 | 0.870 | 0.166 | | =A20/27 | =CHISQ.DIST(B20,8,TRUE) | =ABS(C20-D20) |
| 21 | 20 | 13.4 | 0.741 | 0.901 | 0.160 | | =A21/27 | =CHISQ.DIST(B21,8,TRUE) | =ABS(C21-D21) |
| 22 | 21 | 13.5 | 0.778 | 0.904 | 0.126 | | =A22/27 | =CHISQ.DIST(B22,8,TRUE) | =ABS(C22-D22) |
| 23 | 22 | 14.3 | 0.815 | 0.926 | 0.111 | | =A23/27 | =CHISQ.DIST(B23,8,TRUE) | =ABS(C23-D23) |
| 24 | 23 | 14.5 | 0.852 | 0.930 | 0.079 | | =A24/27 | =CHISQ.DIST(B24,8,TRUE) | =ABS(C24-D24) |
| 25 | 24 | 15.3 | 0.889 | 0.946 | 0.058 | | =A25/27 | =CHISQ.DIST(B25,8,TRUE) | =ABS(C25-D25) |
| 26 | 25 | 16.4 | 0.926 | 0.963 | 0.037 | | =A26/27 | =CHISQ.DIST(B26,8,TRUE) | =ABS(C26-D26) |
| 27 | 26 | 17 | 0.963 | 0.970 | 0.007 | | =A27/27 | =CHISQ.DIST(B27,8,TRUE) | =ABS(C27-D27) |
| 28 | 27 | 18.6 | 1.000 | 0.983 | 0.017 | | =A28/27 | =CHISQ.DIST(B28,8,TRUE) | =ABS(C28-D28) |
| 29 | | | | | | | | | |
| 30 | | Kolmogorov-Smirnov检验统计量D | | | 0.193 | | 临界值 | 0.254 | |
| 31 | | | | | =MAX(E2:E28) | | | | |

图 13.6　运用 Kolmogorov–Smirnov 检验总体是否服从卡方分布的计算

**实操技巧**

将样本数据排序，计算经验分布的累积概率。然后利用 DIST 类函数，计算理论分布的累积概率。再计算经验分布的累积概率和理论分布的累积概率差距的绝对值最大值，若超过临界值，则拒绝"样本来自理论分布"的原假设。

### 13.1.4　正态分布检验

参数检验中的大多数检验都假定总体服从正态分布，在使用参数检验之前需要考查样本数据是否来自服从正态分布的总体。只有当样本数据的分布接近于正态分布，使用参数检验方法才能得到可靠的结论。本小节首先介绍如何用图形工具 Q-Q 图考查数据是否服从正态分布，然后介绍 Jarque-Bera 检验。

**1. Q-Q 图**

Q-Q 图的全称是 Quantile-Quantile 图，是探查数据是否服从某种理论分布的直观工具。下面通过例 13.4 来介绍如何绘制 Q-Q 图。

**例 13.4**

如图 13.7 所示，列 A 中罗列了 A 班 30 名学生的分数，考查 A 班学生的分数是否服从正态分布。

| | A | B | C | D | E |
|---|---|---|---|---|---|
| 1 | A班分数 | 样本数据累积概率 | 理论分布的分位数 | 样本数据累积概率的公式 | 理论分布的分位数的公式 |
| 2 | 68 | 0.032 | 67.174 | =PERCENTRANK.EXC(A$2:A$31,A2) | =NORM.INV(B2,B$33,B$34) |
| 3 | 69 | 0.064 | 69.389 | =PERCENTRANK.EXC(A$2:A$31,A3) | =NORM.INV(B3,B$33,B$34) |
| 4 | 69 | 0.064 | 69.389 | =PERCENTRANK.EXC(A$2:A$31,A4) | =NORM.INV(B4,B$33,B$34) |
| 5 | 71 | 0.129 | | =PERCENTRANK.EXC(A$2:A$31,A5) | =NORM.INV(B5,B$33,B$34) |
| 6 | 71 | 0.129 | | =PERCENTRANK.EXC(A$2:A$31,A6) | =NORM.INV(B6,B$33,B$34) |
| 7 | 73 | 0.193 | | =PERCENTRANK.EXC(A$2:A$31,A7) | =NORM.INV(B7,B$33,B$34) |
| 8 | 74 | 0.225 | | =PERCENTRANK.EXC(A$2:A$31,A8) | =NORM.INV(B8,B$33,B$34) |
| 9 | 76 | 0.258 | | =PERCENTRANK.EXC(A$2:A$31,A9) | =NORM.INV(B9,B$33,B$34) |
| 10 | 77 | 0.290 | | =PERCENTRANK.EXC(A$2:A$31,A10) | =NORM.INV(B10,B$33,B$34) |
| 11 | 77 | 0.290 | | =PERCENTRANK.EXC(A$2:A$31,A11) | =NORM.INV(B11,B$33,B$34) |
| 12 | 77 | 0.290 | | =PERCENTRANK.EXC(A$2:A$31,A12) | =NORM.INV(B12,B$33,B$34) |
| 13 | 78 | 0.387 | | =PERCENTRANK.EXC(A$2:A$31,A13) | =NORM.INV(B13,B$33,B$34) |
| 14 | 78 | 0.387 | | =PERCENTRANK.EXC(A$2:A$31,A14) | =NORM.INV(B14,B$33,B$34) |
| 15 | 79 | 0.451 | | =PERCENTRANK.EXC(A$2:A$31,A15) | =NORM.INV(B15,B$33,B$34) |
| 16 | 79 | 0.451 | | =PERCENTRANK.EXC(A$2:A$31,A16) | =NORM.INV(B16,B$33,B$34) |
| 17 | 80 | 0.516 | | =PERCENTRANK.EXC(A$2:A$31,A17) | =NORM.INV(B17,B$33,B$34) |
| 18 | 80 | 0.516 | | =PERCENTRANK.EXC(A$2:A$31,A18) | =NORM.INV(B18,B$33,B$34) |
| 19 | 81 | 0.580 | | =PERCENTRANK.EXC(A$2:A$31,A19) | =NORM.INV(B19,B$33,B$34) |
| 20 | 81 | 0.580 | | =PERCENTRANK.EXC(A$2:A$31,A20) | =NORM.INV(B20,B$33,B$34) |
| 21 | 82 | 0.645 | 82.095 | =PERCENTRANK.EXC(A$2:A$31,A21) | =NORM.INV(B21,B$33,B$34) |
| 22 | 83 | 0.677 | 82.681 | =PERCENTRANK.EXC(A$2:A$31,A22) | =NORM.INV(B22,B$33,B$34) |
| 23 | 83 | 0.677 | 82.681 | =PERCENTRANK.EXC(A$2:A$31,A23) | =NORM.INV(B23,B$33,B$34) |
| 24 | 84 | 0.741 | 83.937 | =PERCENTRANK.EXC(A$2:A$31,A24) | =NORM.INV(B24,B$33,B$34) |
| 25 | 85 | 0.774 | 84.646 | =PERCENTRANK.EXC(A$2:A$31,A25) | =NORM.INV(B25,B$33,B$34) |
| 26 | 85 | 0.774 | 84.646 | =PERCENTRANK.EXC(A$2:A$31,A26) | =NORM.INV(B26,B$33,B$34) |
| 27 | 86 | 0.838 | 86.217 | =PERCENTRANK.EXC(A$2:A$31,A27) | =NORM.INV(B27,B$33,B$34) |
| 28 | 87 | 0.870 | 87.157 | =PERCENTRANK.EXC(A$2:A$31,A28) | =NORM.INV(B28,B$33,B$34) |
| 29 | 87 | 0.870 | 87.157 | =PERCENTRANK.EXC(A$2:A$31,A29) | =NORM.INV(B29,B$33,B$34) |
| 30 | 92 | 0.935 | 89.758 | =PERCENTRANK.EXC(A$2:A$31,A30) | =NORM.INV(B30,B$33,B$34) |
| 31 | 96 | 0.967 | 91.933 | =PERCENTRANK.EXC(A$2:A$31,A31) | =NORM.INV(B31,B$33,B$34) |
| 32 | | | | | |
| 33 | 样本均值 | 79.600 | | =AVERAGE(A2:A31) | |
| 34 | 样本标准差 | 6.709 | | =STDEV.S(A2:A31) | |

图 13.7 绘制 Q-Q 图（1）

下面介绍 Q-Q 图的绘制过程。

第 1 步：将 A 班同学的成绩按升序排列，然后求出每个观测值对应的百分比排位。在单元格 B2 中录入公式"=PERCENTRANK.EXC(A$2:A$31,A2)"（见单元格 D2），该函数第 1 项参数用于指定要对哪一片区域的数据进行计算，本例中是 30 名学生的成绩所在的数据区域"A2:A31"，第 2 项参数指定要计算百分比排位的观测值。注意：对数据区域"A2:A31"进行绝对引用。在列 B 中计算百分比排位，也就是累积概率，表示样本数据小于或等于 68 的概率为 0.032。68 可称作样本数据的下 0.032 分位数。

再比如分数 77，对应的百分比排位是 0.290，表示小于或等于 77 的概率是 0.290。77 可以称作样本数据的下 0.290 分位数。

第 2 步：在列 A 最下方计算样本均值和样本标准差，将其作为正态分布的期望和标准差。接下来考查 A 班学生的分数是否服从正态分布 $N(79.6, 6.709^2)$。

若正态分布 $N(79.6, 6.709^2)$ 的下分位数与样本数据的下分位数差距不大，则可以认为样本数据服从正态分布。

第 3 步：根据列 B 中的计算结果，样本数据小于或等于 68 分的概率为 0.032，计算正态分布 $N(79.6, 6.709^2)$ 中小于或等于哪个值的概率是 0.032。将服从 $N(79.6, 6.709^2)$ 的随机变量记作 $X$，需要求解式（13.5）中的问号所代表的分位数。

$$P(X \leqslant ?) = 0.032 \tag{13.5}$$

在单元格 C2 中录入公式 "=NORM.INV(B2,B\$33,B\$34)"（见单元格 E2），其中第一项参数是样本累积概率，第 2 项参数是正态分布的期望，第 3 项参数是正态分布的标准差。其返回值是 67.174。67.174 可称作正态分布 $N(79.6, 6.709^2)$ 的下 0.032 分位数，样本数据的下 0.032 分位数是 68，二者差距不大。拖曳单元格 C2 的单元格填充柄，完成下方单元格公式的自动填充。注意：公式 "=NORM.INV(B2,B\$33,B\$34)" 中的第 2 项参数和第 3 项参数都设置了绝对引用符号\$。

再如图 13.7 中的第 25 行，样本观测值是 85，是样本数据的下 0.774 分位数，即在样本中有 77.4%的观测值小于或等于 85；正态分布 $N(79.6, 6.709^2)$ 的下 0.774 分位数等于 84.646。

第 4 步：以样本观测值（样本分位数）为横轴、理论分布中对应的分位数为纵轴绘制的散点图称为 Q-Q 图。若样本数据的分位数与理论分布的分位数非常接近，那么散点应该分布在一条倾角为 45°的直线上。若样本数据的分位数与理论分布的分位数差距较大，那么散点应该偏离这条直线。

框选单元格区域 "A1:A31"，按住 Ctrl 键，再框选单元格区域 "C1:C31"，然后单击 "插入"→"散点图"，添加一幅默认格式的散点图，此时图的比例不合要求。为了绘制出图 13.7 所示的 Q-Q 图，还需进一步设置。

双击散点图横轴和纵轴区域，如图 13.8 所示，在 "坐标轴选项" 中设置边界为 60～100。单击图形区域，在 "图表选项" 中，将图形的高度和宽度设置为相同的数值，这样才能得到一幅高度和宽度相同的图。单击 "插入"→"形状"→"线条"，拖曳线条，调整其长度和位置，将其放置在图形的对角线上。

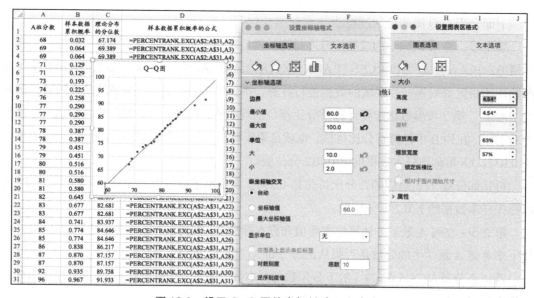

图 13.8　设置 Q-Q 图的坐标轴边界和大小

从图 13.8 中可以看出，散点紧密地围绕在 45°倾角的直线周围，表明每一个散点的横坐标（样本数据的分位数）与纵坐标（正态分布的分位数）都非常接近，可以认为 A 班学生的分数服从正态分布。

考查 B 班 30 名学生的分数是否服从正态分布。Q-Q 图中的散点偏离了对角线，可以初步判断 B 班学生的分数不服从正态分布，如图 13.9 所示。

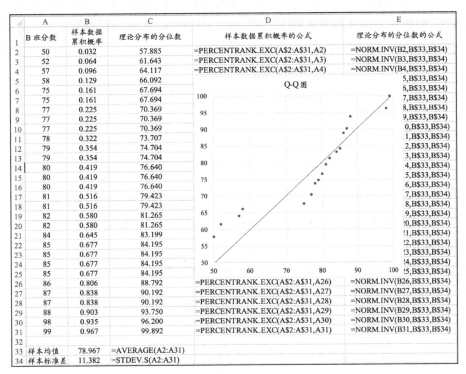

图 13.9　绘制 Q–Q 图（2）

Q-Q 图是考查数据分布的直观工具，研究者通过 Q-Q 图可以形象地感知数据的分布与正态分布的接近程度。

### 2. Jarque-Bera 检验

Jarque-Bera 检验[2]可用于考查数据是否服从正态分布，由 Jarque 和 Bera 在 1980 年提出。该方法利用样本数据的偏度和峰度构造检验统计量，如式（13.6）所示。

$$\mathrm{JB} = \frac{n}{6}\left(S^2 + \frac{1}{4}(K-3)^2\right) \sim \chi^2(2) \tag{13.6}$$

式（13.6）中的统计量称作 JB 统计量，式中的 $S$ 代表偏度，$K$ 代表峰度。若数据服从正态分布，偏度接近于 0，峰度接近于 3，所以 JB 值应该比较小。若数据不服从正态分布，呈明显的不对称分布，偏度的绝对值会比较大，$S^2$ 也会比较大。若数据呈扁平分布或者尖峰分布，峰度与 3 的差距会较大，$(K-3)^2$ 会较大，会得到一个较大的 JB 值。

---

2 JARQUE C M, BERA A K. (1980). Efficient tests for normality, homoscedasticity and serial independence of regression residuals[J]. Economics Letters, 1980, 6 (3): 255–259.

Jarque-Bera 检验的原假设是"数据服从正态分布",备择假设是"数据不服从正态分布"。在原假设成立时,JB 统计量服从自由度为 2 的卡方分布。所以,在显著性水平 $\alpha$ 下,临界值是 $\chi_\alpha^2(2)$,拒绝域在临界值的右侧。Jarque-Bera 检验的 $p$ 值如式(13.7)所示。

$$p \text{ value} = P(\chi^2(2) > \text{JB}) \tag{13.7}$$

沿用例 13.4 的数据,计算 A 班和 B 班学生的分数的偏度和峰度,然后计算 JB 值。注意:Excel 采用"调整的费雪-皮尔逊矩估计"计算的是过度峰度,已经将峰度减去了 3(详见 5.3.2 小节)。对于 A 班,JB 值的计算如式(13.8)所示。

$$\text{JB} = \frac{30}{6}\left(0.257^2 + \frac{1}{4} \times 0.087^2\right) \approx 0.340 \tag{13.8}$$

$p$ 值如式(13.9)所示。

$$p \text{ value} = P(\chi^2(2) > 0.340) = 0.844 \tag{13.9}$$

JB 值 0.340 落在临界值 $\chi_{0.05}^2(2) = 5.991$ 的左侧,即落在非拒绝域中。$p$ 值等于 0.844 表明犯弃真错误的实际概率高达 0.844,远远高于显著性水平 0.05,所以不拒绝原假设。可以认为 A 班分数服从正态分布。

图 13.10 展示了基于 B 班分数的 Jarque-Bera 检验的过程。

| | A | B | C | D | E | F | G | H |
|---|---|---|---|---|---|---|---|---|
| 1 | A班分数 | B班分数 | | | A班 | | | B班 |
| 2 | 68 | 50 | | 偏度 | 0.257 | =SKEW(A2:A31) | -1.146 | =SKEW(B2:B31) |
| 3 | 69 | 52 | | 峰度 | 0.087 | =KURT(A2:A31) | 1.655 | =KURT(B2:B31) |
| 4 | 69 | 57 | | | | | | |
| 5 | 71 | 58 | | JB值 | 0.340 | =30/6*(E2^2+E3^2/4) | 9.993 | =30/6*(G2^2+G3^2/4) |
| 6 | 71 | 75 | | | | | | |
| 7 | 73 | 75 | | $p$值 | 0.844 | =CHISQ.DIST.RT(E5,2) | 0.007 | =CHISQ.DIST.RT(G5,2) |
| 8 | 74 | 77 | | | | | | |
| 9 | 76 | 77 | | 临界值 | 5.991 | =CHISQ.INV.RT(0.05,2) | | |
| 10 | 77 | 77 | | | | | | |

图 13.10 Jarque–Bera 检验的过程

13.1.3 小节介绍的 Kolmogorov-Smirnov 检验也可以用于检验数据是否为正态分布,Kolmogorov-Smirnov 检验中的临界值需要查表,所以在 Excel 中实现起来略显不便。Jarque-Bera 检验计算简便,在 Excel 中实现起来非常方便。若样本数据中存在异常值,Jarque-Bera 检验容易得出拒绝原假设的结论。所以,建议研究者先绘制样本数据的 Q-Q 图,从图中观察样本数据中偏离 45°线的是哪些观测值。若这些观测值的个数较少,可将其视作异常值,剔除异常值后,再做后续研究。

所以,在实践中考查数据是否服从正态分布,需要综合运用图形工具和非参数检验方法。首先绘制直方图、箱形图或 Q-Q 图直观了解数据的分布形状,然后运用 Jarque-Bera 检验、Kolmogorov-Smirnov 检验等进行判断。

**实操技巧**

- 将样本观测值按升序排列,利用 PERCENTRANK.EXC 函数计算观测值的排位,再根据排位计算其在理论分布上对应的分位数。绘制样本数据的分位数和理论分布的分位数的散点图，若散点分布在一条倾角为45°的直线上，则说明样本数据服从理论分布。
- 首先计算样本数据的偏度和峰度，然后计算JB值，若JB值大于$\chi^2_{0.05}(2)=5.991$，则拒绝"数据服从正态分布"的原假设。

## 13.2 多个总体分布的比较

本节将介绍常用的多个总体的非参数检验，包括 Mann-Whitney U 检验、Wilcoxon 符号秩检验和 Kruskal-Wallis 检验。

### 13.2.1 两个独立样本：Mann-Whitney U 检验

Mann-Whitney U 检验[3]由曼（H.B.Mann）和惠特尼（D.R.Whitney）在1947年提出，用于检验两个相互独立的总体的分布是否一致。为了纪念 Wilcoxon 对该方法的贡献，该检验也称作 Wilcoxon 秩和检验（Wilcoxon Rank Sum Test）。

Mann-Whitney U 检验的原假设和备择假设如式（13.10）所示。

$$H_0: 两个总体的分布一致 \\ H_1: 两个总体的分布不一致 \quad (13.10)$$

从两个相互独立的总体中分别随机抽取两个样本，容量分别为 $n_1$ 和 $n_2$。将两个样本合并，将合并后的数据按升序排列。合并样本有 $n$ 个观测值，$n=n_1+n_2$。合并后升序排列序列中的最小值的秩等于1，第二小的值的秩等于2，依次类推，最大值的秩等于 $n$。

若序列中有相同的观测值，这些相同的观测值组成结，根据其在序列中的排位，将位于同一个结上的排位取平均值，将均值作为这些观测值的秩。例如在序列(10,11,11,15,15,15)中，这6个观测值对应的秩为(1,2.5,2.5,5,5,5)。

将样本1的所有观测值的秩和记为 $R_1$，将样本2的所有观测值的秩和记为 $R_2$，如式（13.11）和式（13.12）所示计算 $U_1$ 和 $U_2$。

$$U_1 = R_1 - \frac{n_1(n_1+1)}{2} \quad (13.11)$$

$$U_2 = R_2 - \frac{n_2(n_2+1)}{2} \quad (13.12)$$

Mann-Whitney U 检验的检验统计量 $U$ 等于 $U_1$ 和 $U_2$ 中的较小者，即有式（13.13）。

$$U = \min(U_1, U_2) \quad (13.13)$$

---

3 MANN H B, WHITNEY D R. On a Test of Whether one of Two Random Variables is Stochastically Larger than the Other[J]. Annals of Mathematical Statistics, 1947, 18 (1): 50–60.

当 $n_1 > 10$、$n_2 > 10$ 时，$U$ 近似服从正态分布，$U$ 的期望如式（13.14）所示。

$$E(U) = \frac{n_1 n_2}{2} \tag{13.14}$$

$U$ 的方差如式（13.15）所示。

$$\text{Var}(U) = \frac{n_1 n_2 (n_1 + n_2 + 1)}{12} \tag{13.15}$$

对 $U$ 进行标准化处理，如式（13.16）所示。

$$z = \frac{U - \dfrac{n_1 n_2}{2}}{\sqrt{\dfrac{n_1 n_2 (n_1 + n_2 + 1)}{12}}} \sim N(0,1) \tag{13.16}$$

$z$ 检验统计量近似服从标准正态分布，是 $z$ 检验。其余步骤与参数检验中的 $z$ 检验相同，不赘述。

若两个样本的容量都较小，如 $n_1 \leq 10$ 和 $n_2 \leq 10$，$U$ 不近似服从正态分布，需要利用 Mann-Whitney U 检验的临界值表[4]来做决策。

## 例 13.5

从 A 大学计算机专业和社会学专业分别随机抽取 25 名和 20 名毕业生，他们的月收入数据分别如图 13.11 列 A、列 B 所示。在 0.05 的显著性水平下，能否认为计算机专业和社会学专业的毕业生的月收入的分布相同？

| | A | B | C | D | E | F | G |
|---|---|---|---|---|---|---|---|
| 1 | 观测值 | | | 秩 | | | |
| 2 | 计算机 | 社会学 | 计算机 | 社会学 | 计算机 | | 社会学 |
| 3 | 5400 | 5200 | 17 | 14.5 | =RANK.AVG(A3,$A$3:$B$27,1) | | =RANK.AVG(B3,$A$3:$B$27,1) |
| 4 | 20500 | 3400 | 45 | 7 | =RANK.AVG(A4,$A$3:$B$27,1) | | =RANK.AVG(B4,$A$3:$B$27,1) |
| 5 | 5500 | 7500 | 18 | 35.5 | =RANK.AVG(A5,$A$3:$B$27,1) | | =RANK.AVG(B5,$A$3:$B$27,1) |
| 6 | 9200 | 3100 | 41 | 4 | =RANK.AVG(A6,$A$3:$B$27,1) | | =RANK.AVG(B6,$A$3:$B$27,1) |
| 7 | 7200 | 3200 | 33.5 | 5.5 | =RANK.AVG(A7,$A$3:$B$27,1) | | =RANK.AVG(B7,$A$3:$B$27,1) |
| 8 | 5800 | 4300 | 24 | 9 | =RANK.AVG(A8,$A$3:$B$27,1) | | =RANK.AVG(B8,$A$3:$B$27,1) |
| 9 | 11600 | 6900 | 43 | 31 | =RANK.AVG(A9,$A$3:$B$27,1) | | =RANK.AVG(B9,$A$3:$B$27,1) |
| 10 | 5800 | 4500 | 24 | 10 | =RANK.AVG(A10,$A$3:$B$27,1) | | =RANK.AVG(B10,$A$3:$B$27,1) |
| 11 | 5600 | 3000 | 19.5 | 3 | =RANK.AVG(A11,$A$3:$B$27,1) | | =RANK.AVG(B11,$A$3:$B$27,1) |
| 12 | 5200 | 3200 | 14.5 | 5.5 | =RANK.AVG(A12,$A$3:$B$27,1) | | =RANK.AVG(B12,$A$3:$B$27,1) |
| 13 | 5600 | 4200 | 19.5 | 8 | =RANK.AVG(A13,$A$3:$B$27,1) | | =RANK.AVG(B13,$A$3:$B$27,1) |
| 14 | 5100 | 7100 | 12 | 32 | =RANK.AVG(A14,$A$3:$B$27,1) | | =RANK.AVG(B14,$A$3:$B$27,1) |
| 15 | 5700 | 5800 | 21 | 24 | =RANK.AVG(A15,$A$3:$B$27,1) | | =RANK.AVG(B15,$A$3:$B$27,1) |
| 16 | 14300 | 10800 | 44 | 42 | =RANK.AVG(A16,$A$3:$B$27,1) | | =RANK.AVG(B16,$A$3:$B$27,1) |
| 17 | 5200 | 8700 | 14.5 | 40 | =RANK.AVG(A17,$A$3:$B$27,1) | | =RANK.AVG(B17,$A$3:$B$27,1) |
| 18 | 8000 | 2500 | 37.5 | 1 | =RANK.AVG(A18,$A$3:$B$27,1) | | =RANK.AVG(B18,$A$3:$B$27,1) |
| 19 | 6300 | 2600 | 29 | 2 | =RANK.AVG(A19,$A$3:$B$27,1) | | =RANK.AVG(B19,$A$3:$B$27,1) |
| 20 | 6100 | 7500 | 28 | 35.5 | =RANK.AVG(A20,$A$3:$B$27,1) | | =RANK.AVG(B20,$A$3:$B$27,1) |
| 21 | 5800 | 8000 | 24 | 37.5 | =RANK.AVG(A21,$A$3:$B$27,1) | | =RANK.AVG(B21,$A$3:$B$27,1) |
| 22 | 4900 | 5900 | 11 | 27 | =RANK.AVG(A22,$A$3:$B$27,1) | | =RANK.AVG(B22,$A$3:$B$27,1) |
| 23 | 7200 | | 33.5 | | =RANK.AVG(A23,$A$3:$B$27,1) | | |
| 24 | 5800 | | 24 | | =RANK.AVG(A24,$A$3:$B$27,1) | | |
| 25 | 8100 | | 39 | | =RANK.AVG(A25,$A$3:$B$27,1) | | |
| 26 | 6700 | | 30 | | =RANK.AVG(A26,$A$3:$B$27,1) | | |
| 27 | 5200 | | 14.5 | | =RANK.AVG(A27,$A$3:$B$27,1) | | |

图 13.11 计算观测值的秩

---

4 Mann-Whitney U 检验的临界值表可从萨斯喀彻温大学官网下载。

考查两个总体的分布是否一致，使用 Mann-Whitney U 检验，原假设是"两个总体的分布一致"，备择假设是"两个总体的分布不一致"。

图 13.12 展示了 Mann-Whitney U 检验的过程。

| | A | B | C | D | E | F | G | H | I | J |
|---|---|---|---|---|---|---|---|---|---|---|
| 1 | 观测值 | | | 秩 | | | | | | |
| 2 | 计算机 | 社会学 | | 计算机 | 社会学 | | | 秩和 | 容量 | U值 |
| 3 | 5400 | 5200 | | 17 | 14.5 | | 计算机 | 661 | 25 | 336 |
| 4 | 20500 | 3400 | | 45 | 7 | | 社会学 | 374 | 20 | 164 |
| 5 | 5500 | 7500 | | 18 | 35.5 | | | | | |
| 6 | 9200 | 3100 | | 41 | 4 | | | 秩和 | 样本容量 | U值 |
| 7 | 7200 | 3200 | | 33.5 | 5.5 | | 计算机 | =SUM(D3:D27) | =COUNT(A3:A27) | =H4-I4*(I4+1)/2 |
| 8 | 5800 | 4300 | | 24 | 9 | | 社会学 | =SUM(E3:E22) | =COUNT(B3:B22) | =H5-I5*(I5+1)/2 |
| 9 | 11600 | 6900 | | 43 | 31 | | | | | |
| 10 | 5800 | 4500 | | 24 | 10 | | | | | |
| 11 | 5600 | 3000 | | 19.5 | 3 | | U值 | 164 | =MIN(J4:J5) | |
| 12 | 5200 | 3200 | | 14.5 | 5.5 | | | | | |
| 13 | 5600 | 4200 | | 19.5 | 8 | | U的期望 | 250 | =I4*I5/2 | |
| 14 | 5100 | 7100 | | 12 | 32 | | U的方差 | 1916.667 | =I4*I5*(I4+I5+1)/12 | |
| 15 | 5700 | 5800 | | 21 | 24 | | | | | |
| 16 | 14300 | 10800 | | 44 | 42 | | z值 | -1.964 | =(H11-H13)/SQRT(H14) | |
| 17 | 5200 | 8700 | | 14.5 | 40 | | | | | |
| 18 | 8000 | 2500 | | 37.5 | 1 | | p值 | 0.049 | =2*NORM.S.DIST(H16,TRUE) | |
| 19 | 6300 | 2600 | | 29 | 2 | | | | | |
| 20 | 6100 | 7500 | | 28 | 35.5 | | | | | |
| 21 | 5800 | 8000 | | 24 | 37.5 | | | | | |
| 22 | 4900 | 5900 | | 11 | 27 | | | | | |
| 23 | 7200 | | | 33.5 | | | | | | |
| 24 | 5800 | | | 24 | | | | | | |
| 25 | 8100 | | | 39 | | | | | | |
| 26 | 6700 | | | 30 | | | | | | |
| 27 | 5200 | | | 14.5 | | | | | | |
| 28 | | | | | | | | | | |
| 29 | | | 秩和 | 661 | 374 | | | | | |
| 30 | | | | =SUM(D3:D27) | =SUM(E3:E27) | | | | | |

图 13.12　Mann-Whitney U 检验的过程

第 1 步：计算观测值在合并样本中的秩。如图 13.11 所示，在单元格 D3 中录入公式"=RANK.AVG(A3,$A$3:$B$27,1)"（见单元格 F3）。其第 1 项参数是需要排序的观测值，第 2 项参数是整个序列的数据区域"$A$3:$B$27"，第 3 项参数指定排序顺序，1 代表将观测值按升序排列。

注意：对数据区域使用绝对引用符号 $，是为了在后续拖曳单元格填充柄填充公式时，保证数据区域始终是"A3:B27"。将鼠标指针移至单元格 D3 的右下角，待其变为"十"字形单元格填充柄后，向下和向右拖曳，填充其他单元格，可以计算出每个观测值的秩。

第 2 步：如图 13.12 所示，计算两个组各自的秩和、容量、U 值，对 U 值进行标准化处理，然后计算 p 值。

计算机和社会学这两个组的 $U_1$ 和 $U_2$ 分别如式（13.17）和式（13.18）所示：

$$U_1 = 661 - \frac{25 \times 26}{2} = 336 \tag{13.17}$$

$$U_2 = 374 - \frac{20 \times 21}{2} = 164 \tag{13.18}$$

Mann-Whitney U 检验的检验统计量 U 的值等于 164，对其进行标准化处理，如式（13.19）所示。

$$z = \frac{164 - \frac{25 \times 20}{2}}{\sqrt{\frac{25 \times 20(25+20+1)}{12}}} \approx -1.964 \tag{13.19}$$

p 值的计算如式（13.20）所示。

$$p \text{ value} = 2 \times P(z < -1.964) = 0.049 \tag{13.20}$$

Mann-Whitney U 检验的 p 值等于 0.049，小于显著性水平 0.05，因此拒绝"两个总体的分布一致"的原假设。从两个序列的秩可以看出，计算机专业的毕业生的月收入高于社会学专业的毕业生。

---

**实操技巧**

- RANK.AVG 函数可以用于计算秩，第 1 项参数是需要排序的观测值，第 2 项参数是整个序列的数据范围，第 3 项参数指定排序顺序，1 代表按升序排列。注意计算秩时，需要先对序列进行升序排列，RANK.AVG 函数的第 3 项参数的默认值是 0，代表按降序排列。所以，在计算秩时，需要将第 3 项参数值设置为 1。
- 根据需要，在必要时使用绝对引用符号$，然后拖曳单元格填充柄，实现公式的快速填充。

---

### 13.2.2　两个配对样本：Wilcoxon 符号秩检验

如果两个样本是配对样本，要根据这两个配对样本来推断总体的分布是否一致，需要使用 Wilcoxon 符号秩检验[5]（Wilcoxon Signed-Rank Test）。Wilcoxon 在 1945 年提出了 Wilcoxon 符号秩检验。下面通过例 13.6 来介绍该检验的步骤。

**例 13.6**

随机抽取 20 名学生，他们参加测验 1 和测验 2 的成绩分别如图 13.13 中列 B、列 C 所示。在 0.05 的显著性水平下判断测验 1 和测验 2 的成绩分布是否一致。

20 名学生分别参加了测验 1 和测验 2，相当于对每一名学生进行了两次观测，所以两组样本是配对样本，因此使用 Wilcoxon 符号秩检验。原假设是"两个总体分布一致"，备择假设是"两个总体分布不一致"。

图 13.13 和图 13.14 展示了 Wilcoxon 符号秩检验的过程。

第 1 步：如图 13.13 所示，在列 D 中计算配对观测值之间的差的符号，在列 E 中计算差的绝对值，在列 F 中计算差的绝对值的秩。

第 2 步：将配对观测值差大于 0 的数据归为加号组，将加号组的差的绝对值的秩加总，记为 $T_+$。将配对观测值差小于 0 的数据归为减号组，将减号组的差的绝对值的秩加总，记为 $T_-$。

如图 13.14 所示，计算 $T_+$ 时在单元格 I2 中录入公式"=SUMIF(D2:D21,">0",F2:F21)"（见单元格 J2），其第 1 项参数是条件区域"D2:D21"，第 2 项参数是条件表达式">0"，第 3 项参数是"F2:F21"需要求和的数值区域。在单元格 I3 中计算 $T_-$ 时，只需将上述公式的条件表达式修改为"<0"即可。

---

5　WILCOXON F. Individual comparisons by ranking methods[J]. Biometrics Bulletin, 1945, 1(6): 80–83.

## 13.2 多个总体分布的比较

| | A | B | C | D | E | F | G | H | I | J |
|---|---|---|---|---|---|---|---|---|---|---|
| 1 | ID | quiz1 | quiz2 | 差的符号 | 差的绝对值 | 差的绝对值的秩 | | 列D中的公式 | 列E中的公式 | 列F中的公式 |
| 2 | 1 | 84 | 77 | 1 | 7 | 13.5 | | =SIGN(B2-C2) | =ABS(B2-C2) | =RANK.AVG(E2,$E$2:$E$21,1) |
| 3 | 2 | 93 | 81 | 1 | 12 | 18 | | =SIGN(B3-C3) | =ABS(B3-C3) | =RANK.AVG(E3,$E$2:$E$21,1) |
| 4 | 3 | 78 | 79 | -1 | 1 | 4.5 | | =SIGN(B4-C4) | =ABS(B4-C4) | =RANK.AVG(E4,$E$2:$E$21,1) |
| 5 | 4 | 75 | 79 | -1 | 4 | 8 | | =SIGN(B5-C5) | =ABS(B5-C5) | =RANK.AVG(E5,$E$2:$E$21,1) |
| 6 | 5 | 80 | 75 | 1 | 5 | 11 | | =SIGN(B6-C6) | =ABS(B6-C6) | =RANK.AVG(E6,$E$2:$E$21,1) |
| 7 | 6 | 88 | 79 | 1 | 9 | 15.5 | | =SIGN(B7-C7) | =ABS(B7-C7) | =RANK.AVG(E7,$E$2:$E$21,1) |
| 8 | 7 | 85 | 80 | 1 | 5 | 11 | | =SIGN(B8-C8) | =ABS(B8-C8) | =RANK.AVG(E8,$E$2:$E$21,1) |
| 9 | 8 | 88 | 84 | 1 | 4 | 8 | | =SIGN(B9-C9) | =ABS(B9-C9) | =RANK.AVG(E9,$E$2:$E$21,1) |
| 10 | 9 | 71 | 78 | -1 | 7 | 13.5 | | =SIGN(B10-C10) | =ABS(B10-C10) | =RANK.AVG(E10,$E$2:$E$21,1) |
| 11 | 10 | 85 | 76 | 1 | 9 | 15.5 | | =SIGN(B11-C11) | =ABS(B11-C11) | =RANK.AVG(E11,$E$2:$E$21,1) |
| 12 | 11 | 80 | 80 | 0 | 0 | 2 | | =SIGN(B12-C12) | =ABS(B12-C12) | =RANK.AVG(E12,$E$2:$E$21,1) |
| 13 | 12 | 77 | 80 | -1 | 3 | 6 | | =SIGN(B13-C13) | =ABS(B13-C13) | =RANK.AVG(E13,$E$2:$E$21,1) |
| 14 | 13 | 91 | 77 | 1 | 14 | 19.5 | | =SIGN(B14-C14) | =ABS(B14-C14) | =RANK.AVG(E14,$E$2:$E$21,1) |
| 15 | 14 | 72 | 76 | -1 | 4 | 8 | | =SIGN(B15-C15) | =ABS(B15-C15) | =RANK.AVG(E15,$E$2:$E$21,1) |
| 16 | 15 | 84 | 84 | 0 | 0 | 2 | | =SIGN(B16-C16) | =ABS(B16-C16) | =RANK.AVG(E16,$E$2:$E$21,1) |
| 17 | 16 | 82 | 81 | 1 | 1 | 4.5 | | =SIGN(B17-C17) | =ABS(B17-C17) | =RANK.AVG(E17,$E$2:$E$21,1) |
| 18 | 17 | 95 | 81 | 1 | 14 | 19.5 | | =SIGN(B18-C18) | =ABS(B18-C18) | =RANK.AVG(E18,$E$2:$E$21,1) |
| 19 | 18 | 82 | 82 | 0 | 0 | 2 | | =SIGN(B19-C19) | =ABS(B19-C19) | =RANK.AVG(E19,$E$2:$E$21,1) |
| 20 | 19 | 89 | 78 | 1 | 11 | 17 | | =SIGN(B20-C20) | =ABS(B20-C20) | =RANK.AVG(E20,$E$2:$E$21,1) |
| 21 | 20 | 73 | 78 | -1 | 5 | 11 | | =SIGN(B21-C21) | =ABS(B21-C21) | =RANK.AVG(E21,$E$2:$E$21,1) |

图 13.13　计算配对样本的差的绝对值的秩

| | A | B | C | D | E | F | G | H | I | J |
|---|---|---|---|---|---|---|---|---|---|---|
| 1 | ID | quiz1 | quiz2 | 差的符号 | 差的绝对值 | 差的绝对值的秩 | | | 秩和 | |
| 2 | 1 | 84 | 77 | 1 | 7 | 13.5 | | $T_+$ 差>0 | 153 | =SUMIF(D2:D21,">0",F2:F21) |
| 3 | 2 | 93 | 81 | 1 | 12 | 18 | | $T_-$ 差<0 | 51 | =SUMIF(D2:D21,"<0",F2:F21) |
| 4 | 3 | 78 | 79 | -1 | 1 | 4.5 | | | | |
| 5 | 4 | 75 | 79 | -1 | 4 | 8 | | T值 | 51 | =MIN(I2:I3) |
| 6 | 5 | 80 | 75 | 1 | 5 | 11 | | | | |
| 7 | 6 | 88 | 79 | 1 | 9 | 15.5 | | 样本容量 | 20 | =COUNT(B2:B21) |
| 8 | 7 | 85 | 80 | 1 | 5 | 11 | | | | |
| 9 | 8 | 88 | 84 | 1 | 4 | 8 | | | | |
| 10 | 9 | 71 | 78 | -1 | 7 | 13.5 | | T的期望 | 105 | =I7*(I7+1)/4 |
| 11 | 10 | 85 | 76 | 1 | 9 | 15.5 | | T的方差 | 717.500 | =I7*(I7+1)*(I7*2+1)/24 |
| 12 | 11 | 80 | 80 | 0 | 0 | 2 | | | | |
| 13 | 12 | 77 | 80 | -1 | 3 | 6 | | z值 | -2.016 | =(I5-I10)/SQRT(I11) |
| 14 | 13 | 91 | 77 | 1 | 14 | 19.5 | | | | |
| 15 | 14 | 72 | 76 | -1 | 4 | 8 | | p值 | 0.044 | =2*NORM.S.DIST(I13,1) |
| 16 | 15 | 84 | 84 | 0 | 0 | 2 | | | | |
| 17 | 16 | 82 | 81 | 1 | 1 | 4.5 | | | | |
| 18 | 17 | 95 | 81 | 1 | 14 | 19.5 | | | | |
| 19 | 18 | 82 | 82 | 0 | 0 | 2 | | | | |
| 20 | 19 | 89 | 78 | 1 | 11 | 17 | | | | |
| 21 | 20 | 73 | 78 | -1 | 5 | 11 | | | | |

图 13.14　Wilcoxon 符号秩检验的计算过程

第 3 步：将 $T_+$ 和 $T_-$ 之间的较小者计为 $T$，将其作为 Wilcoxon 符号秩检验的统计量。若样本容量小于 20，可以通过查 Wilcoxon 符号秩检验的临界值表[6]进行判断。

当样本容量大于或等于 20 时，$T$ 近似服从正态分布，期望和方差分别如式（13.21）和式（13.22）所示。

$$E(T) = \frac{n(n+1)}{4} \tag{13.21}$$

$$\mathrm{Var}(T) = \frac{n(n+1)(2n+1)}{24} \tag{13.22}$$

对 $T$ 进行标准化处理，如式（13.23）所示。

---

[6] Wilcoxon 符号秩检验的临界值表可从佛罗里达大学官网下载。

$$z = \frac{T - E(T)}{\sqrt{\text{Var}(T)}} \quad (13.23)$$

在本例中，$z$ 值如式（13.24）所示。

$$z = \frac{51 - \dfrac{20 \times (20+1)}{4}}{\sqrt{\dfrac{20 \times (20+1) \times (2 \times 20 + 1)}{24}}} \approx -2.016 \quad (13.24)$$

$p$ 值如式（13.25）所示。

$$p\text{ value} = 2 \times P(z < -2.016) = 0.044 \quad (13.25)$$

Wilcoxon 符号秩检验的 $p$ 值等于 0.044，小于显著性水平 0.05，因此拒绝原假设"两个总体的分布一致"。从两个序列的差值可以看出，测验 1 的成绩比测验 2 的要高。

> **实操技巧**
> - SUMIF 函数可以用于对满足条件的数据求和。第 1 项参数是条件区域，第 2 项参数是条件表达式，第 3 项参数是需要求和的数值区域。

### 13.2.3 多个独立样本：Kruskal-Wallis 检验

克鲁斯卡尔（Kruskal）和沃利斯（Wallis）在 1952 年提出了 Kruskal-Wallis 检验[7]，用于判断多个总体的分布是否一致。Kruskal-Wallis 检验沿用秩的思想，该方法又称作基于秩的单因素方差分析（One-Way ANOVA on Rank）。第 12 章介绍的方差分析用于讨论多个总体均值是否相等，在方差分析中要求各个总体服从正态分布，各个总体的方差相等。在实践中若无法满足方差分析的假设条件，可采用 Kruskal-Wallis 检验。

Kruskal-Wallis 检验的原假设是"$g$ 个总体的分布相同"，备择假设是"$g$ 个总体的分布不同"。从 $g$ 个总体中分别随机抽取样本，样本之间相互独立，将 $g$ 组样本合并在一起，计算每个观测值在合并样本中的秩。构造检验统计量 $H$ 如式（13.26）所示。

$$H = (N-1) \frac{\sum_{i=1}^{g} n_i (\bar{r}_{i\cdot} - \bar{r})^2}{\sum_{i=1}^{g} \sum_{j=1}^{n_i} (r_{ij} - \bar{r})^2} \sim \chi^2(g-1) \quad (13.26)$$

式（13.26）中 $N$ 代表所有组的观测值的总个数，$g$ 代表组数，$n_i$ 代表第 $i$ 组中观测值的个数，$r_{ij}$ 代表第 $i$ 组中第 $j$ 个观测值的秩，$\bar{r}_{i\cdot}$ 代表第 $i$ 组中观测值的秩的均值，$\bar{r}$ 代表所有观测值的秩的均值。

在原假设成立时，$H$ 服从自由度为 $g-1$ 的卡方分布。若 $g$ 个总体的分布相同，不同组的

---

[7] KRUSKAL W H, WALLIS W A. Use of ranks in one-criterion variance analysis[J]. Journal of the American Statistical Association, 1952, 47 (260): 583-621.

平均秩 $\bar{r}_i$ 应该比较接近，$H$ 值应该比较小。反之，若 $g$ 个总体的分布不同，会导致 $\bar{r}_i$ 与 $\bar{r}$ 之间的差距较大，会得到比较大的 $H$ 值。因此，Kruskal-Wallis 检验的拒绝域在卡方分布的右侧尾翼，在显著性水平 $\alpha$ 下，临界值等于 $\chi^2_\alpha(g-1)$。

下面通过例 13.7 介绍 Kruskal-Wallis 检验在 Excel 中的实现。

## 例 13.7

从 A 大学计算机、社会学和数学专业分别随机抽取 25 名、20 名和 18 名毕业生，他们的月收入数据分别如图 13.15 中列 A～列 C 所示。在 0.05 的显著性水平下，能否认为 3 个专业的毕业生的月收入的分布相同？

| | A | B | C | D | E | F | G | H | I | J | K |
|---|---|---|---|---|---|---|---|---|---|---|---|
| 1 | | 观测值 | | | 观测值在合并样本中的秩 | | | | | 秩的计算公式 | |
| 2 | 计算机 | 社会学 | 数学 | | 计算机 | 社会学 | 数学 | | 计算机 | 社会学 | 数学 |
| 3 | 5400 | 5200 | 6200 | | 20.5 | 16.5 | 37 | | =RANK.AVG(A3,$A$3:$C$27,1) | =RANK.AVG(B3,$A$3:$C$27,1) | =RANK.AVG(C3,$A$3:$C$27,1) |
| 4 | 20500 | 3400 | 20300 | | 63 | 7 | 62 | | =RANK.AVG(A4,$A$3:$C$27,1) | =RANK.AVG(B4,$A$3:$C$27,1) | =RANK.AVG(C4,$A$3:$C$27,1) |
| 5 | 5500 | 7500 | 6500 | | 22 | 48 | 39 | | =RANK.AVG(A5,$A$3:$C$27,1) | =RANK.AVG(B5,$A$3:$C$27,1) | =RANK.AVG(C5,$A$3:$C$27,1) |
| 6 | 9200 | 3100 | 9000 | | 56 | 4 | 55 | | =RANK.AVG(A6,$A$3:$C$27,1) | =RANK.AVG(B6,$A$3:$C$27,1) | =RANK.AVG(C6,$A$3:$C$27,1) |
| 7 | 7200 | 3200 | 7300 | | 44.5 | 5.5 | 46 | | =RANK.AVG(A7,$A$3:$C$27,1) | =RANK.AVG(B7,$A$3:$C$27,1) | =RANK.AVG(C7,$A$3:$C$27,1) |
| 8 | 5800 | 4300 | 5400 | | 29.5 | 9 | 20.5 | | =RANK.AVG(A8,$A$3:$C$27,1) | =RANK.AVG(B8,$A$3:$C$27,1) | =RANK.AVG(C8,$A$3:$C$27,1) |
| 9 | 11600 | 6900 | 12100 | | 58 | 42 | 59 | | =RANK.AVG(A9,$A$3:$C$27,1) | =RANK.AVG(B9,$A$3:$C$27,1) | =RANK.AVG(C9,$A$3:$C$27,1) |
| 10 | 5800 | 4500 | 5900 | | 29.5 | 10 | 33.5 | | =RANK.AVG(A10,$A$3:$C$27,1) | =RANK.AVG(B10,$A$3:$C$27,1) | =RANK.AVG(C10,$A$3:$C$27,1) |
| 11 | 5600 | 3000 | 5100 | | 23.5 | 3 | 13 | | =RANK.AVG(A11,$A$3:$C$27,1) | =RANK.AVG(B11,$A$3:$C$27,1) | =RANK.AVG(C11,$A$3:$C$27,1) |
| 12 | 5200 | 3200 | 5100 | | 16.5 | 5.5 | 13 | | =RANK.AVG(A12,$A$3:$C$27,1) | =RANK.AVG(B12,$A$3:$C$27,1) | =RANK.AVG(C12,$A$3:$C$27,1) |
| 13 | 5600 | 4200 | 7500 | | 23.5 | 8 | 48 | | =RANK.AVG(A13,$A$3:$C$27,1) | =RANK.AVG(B13,$A$3:$C$27,1) | =RANK.AVG(C13,$A$3:$C$27,1) |
| 14 | 5100 | 7100 | 6000 | | 13 | 43 | 35 | | =RANK.AVG(A14,$A$3:$C$27,1) | =RANK.AVG(B14,$A$3:$C$27,1) | =RANK.AVG(C14,$A$3:$C$27,1) |
| 15 | 5700 | 5800 | 5800 | | 25.5 | 29.5 | 29.5 | | =RANK.AVG(A15,$A$3:$C$27,1) | =RANK.AVG(B15,$A$3:$C$27,1) | =RANK.AVG(C15,$A$3:$C$27,1) |
| 16 | 14300 | 10800 | 14100 | | 61 | 57 | 60 | | =RANK.AVG(A16,$A$3:$C$27,1) | =RANK.AVG(B16,$A$3:$C$27,1) | =RANK.AVG(C16,$A$3:$C$27,1) |
| 17 | 5200 | 8700 | 5300 | | 16.5 | 54 | 19 | | =RANK.AVG(A17,$A$3:$C$27,1) | =RANK.AVG(B17,$A$3:$C$27,1) | =RANK.AVG(C17,$A$3:$C$27,1) |
| 18 | 8000 | 2500 | 7800 | | 51.5 | 1 | 50 | | =RANK.AVG(A18,$A$3:$C$27,1) | =RANK.AVG(B18,$A$3:$C$27,1) | =RANK.AVG(C18,$A$3:$C$27,1) |
| 19 | 6300 | 2600 | 5700 | | 38 | 2 | 25.5 | | =RANK.AVG(A19,$A$3:$C$27,1) | =RANK.AVG(B19,$A$3:$C$27,1) | =RANK.AVG(C19,$A$3:$C$27,1) |
| 20 | 6100 | 7500 | 6700 | | 36 | 48 | 40.5 | | =RANK.AVG(A20,$A$3:$C$27,1) | =RANK.AVG(B20,$A$3:$C$27,1) | =RANK.AVG(C20,$A$3:$C$27,1) |
| 21 | 5800 | 8000 | | | 29.5 | 51.5 | | | =RANK.AVG(A21,$A$3:$C$27,1) | =RANK.AVG(B21,$A$3:$C$27,1) | |
| 22 | 4900 | 5900 | | | 11 | 33.5 | | | =RANK.AVG(A22,$A$3:$C$27,1) | =RANK.AVG(B22,$A$3:$C$27,1) | |
| 23 | 7200 | | | | 44.5 | | | | =RANK.AVG(A23,$A$3:$C$27,1) | | |
| 24 | 5800 | | | | 29.5 | | | | =RANK.AVG(A24,$A$3:$C$27,1) | | |
| 25 | 8100 | | | | 53 | | | | =RANK.AVG(A25,$A$3:$C$27,1) | | |
| 26 | 6700 | | | | 40.5 | | | | =RANK.AVG(A26,$A$3:$C$27,1) | | |
| 27 | 5200 | | | | 16.5 | | | | =RANK.AVG(A27,$A$3:$C$27,1) | | |

图 13.15　计算观测值在合并样本中的秩

分专业绘制样本数据的箱形图，如图 13.16 所示，从图中可以发现 3 个专业毕业生的月收入都存在异常值，有少数人的收入远远高于其他人，都呈明显的右偏分布。所以，要比较 3 个群体的收入差异，不能用单因素方差分析，需要使用 Kruskal-Wallis 检验。Kruskal-Wallis 检验的原假设是"3 个专业毕业生的月收入的分布相同"，备择假设是"3 个专业毕业生的月收入的分布不同"。

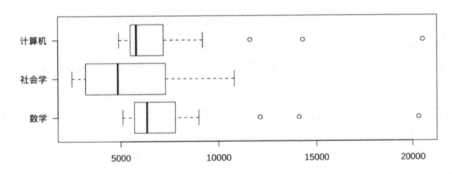

图 13.16　3 个专业毕业生的月收入的箱形图

图 13.15 和图 13.17 展示了 Kruskal-Wallis 检验的过程。

| | D | E | F | G | H | I | J | K | L |
|---|---|---|---|---|---|---|---|---|---|
| 1 | | 观测值在合并样本中的秩 | | | | | 计算机 | 社会学 | 数学 |
| 2 | | 计算机 | 社会学 | 数学 | | 各组容量 | 25 | 20 | 18 |
| 3 | | 20.5 | 16.5 | 37 | | | =COUNT(E3:E27) | =COUNT(F3:F27) | =COUNT(G3:G27) |
| 4 | | 63 | 7 | 62 | | 各组平均秩 | 34.100 | 23.900 | 38.083 |
| 5 | | 22 | 48 | 39 | | | =AVERAGE(E3:E29) | =AVERAGE(F3:F27) | =AVERAGE(G3:G27) |
| 6 | | 56 | 4 | 55 | | | | | |
| 7 | | 44.5 | 5.5 | 46 | | 总容量 $N$ | 63 | | |
| 8 | | 29.5 | 9 | 20.5 | | | =SUM(J2:L2) | | |
| 9 | | 58 | 42 | 59 | | 总平均秩 | 32.000 | | |
| 10 | | 29.5 | 10 | 33.5 | | | =AVERAGE(E3:G27) | | |
| 11 | | 23.5 | 3 | 13 | | | | | |
| 12 | | 16.5 | 5.5 | 13 | | (各组平均秩-总平均秩)^2 | 4.410 | 65.610 | 37.007 |
| 13 | | 23.5 | 8 | 48 | | | =(J4-$J9)^2 | =(K4-$J9)^2 | =(L4-$J9)^2 |
| 14 | | 13 | 43 | 35 | | | | | |
| 15 | | 25.5 | 29.5 | 29.5 | | $\sum_{i=1}^{g} n_i(\bar{r}_{i\cdot}-\bar{r})^2$ | 2088.575 | =SUMPRODUCT(J2:L2,J12:L12) | | |
| 16 | | 61 | 57 | 60 | | | | | |
| 17 | | 16.5 | 54 | 19 | | $\sum_{i=1}^{g}\sum_{j=1}^{n_i}(r_{ij}-\bar{r})^2$ | 20801.500 | =DEVSQ(E3:G27) | | |
| 18 | | 51.5 | 1 | 50 | | | | | |
| 19 | | 38 | 2 | 25.5 | | | | | |
| 20 | | 36 | 48 | 40.5 | | $H=(N-1)\frac{\sum_{i=1}^{g} n_i(\bar{r}_{i\cdot}-\bar{r})^2}{\sum_{i=1}^{g}\sum_{j=1}^{n_i}(r_{ij}-\bar{r})^2}$ | 6.225 | =(J7-1)*J15/J17 | | |
| 21 | | 29.5 | 51.5 | | | | | | |
| 22 | | 11 | 33.5 | | | | | | |
| 23 | | 44.5 | | | | $p$ 值 | 0.044 | =CHISQ.DIST.RT(J20,2) | | |
| 24 | | 29.5 | | | | | | | |
| 25 | | 53 | | | | | | | |
| 26 | | 40.5 | | | | | | | |
| 27 | | 16.5 | | | | | | | |

图 13.17 Kruskal–Wallis 检验的过程

第 1 步：计算观测值在合并样本中的秩。在单元格 E3 中录入公式 "=RANK.AVG(A3,$A$3:$C$27,1)"，然后拖曳单元格填充柄，自动实现其余观测值在合并样本中的秩的计算。

第 2 步：计算各组的容量、平均秩，还有 3 组的总容量、总平均秩，以及检验统计量 $H$。图 13.17 展示了 Excel 公式，计算过程如式（13.27）所示。

$$H=(63-1)\times\frac{25\times(34.1-32)^2+20\times(23.9-32)^2+18\times(38.083-32)^2}{20801.5}\approx 6.225 \quad (13.27)$$

样本按专业分成 3 个组，所以检验统计量 $H$ 服从自由度为 2 的卡方分布，$p$ 值如式（13.28）所示。

$$p\ \text{value} = P(\chi^2(2)>6.225)=0.044 \quad (13.28)$$

Kruskal-Wallis 检验的 $p$ 值等于 0.044，小于显著性水平 0.05，因此拒绝原假设 "3 个专业毕业生的月收入的分布相同"。从 3 组样本数据的象限图和平均秩来看，整体而言，数学专业毕业生的收入最高，其次是计算机专业的毕业生，最后是社会学专业的毕业生。

在实践中，运用 Kruskal-Wallis 检验判断多个总体的分布是否一致时，研究结论不能仅仅表达多个总体的分布一致或者不一致。当得出各个总体的分布不一致的结论时，还需要详细地说明各个总体的分布存在的差异，可对各个总体进行大小排序，让研究结论更加具体。

**实操技巧**

- DEVSQ 函数可以用于求所有观测值与均值的离差的平方和。

## 13.3 本章总结

在实践中当总体不服从正态分布，或者样本容量不够大，无法满足参数检验的使用条件时，需要使用非参数检验。表 13.1 罗列了本书介绍的参数检验和非参数检验的对应关系。

表 13.1 参数检验和非参数检验的对应关系

| 参数检验 | 非参数检验 |
| --- | --- |
| 单个总体均值的 $t$ 检验 | 单个总体中位数检验 |
| 两个总体的均值是否相等：<br>独立样本的 $t$ 检验 | 两个总体的分布是否一致：<br>独立样本 Mann-Whitney U 检验 |
| 两个总体的均值是否相等：配对样本的 $t$ 检验 | 两个总体的分布是否一致：Wilcoxon 符号秩检验 |
| 多个总体的均值是否相等：单因素方差分析 | 多个总体的分布是否一致：Kruskal-Wallis 检验 |

图 13.18 展示了本章介绍的主要知识点。

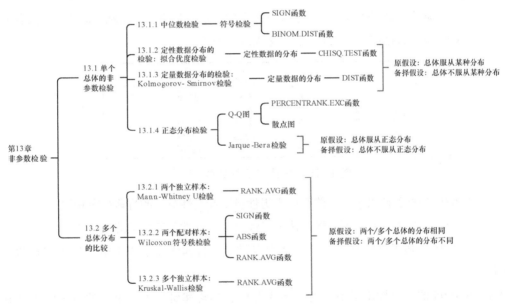

图 13.18 第 13 章知识点总结

## 13.4 本章习题

【习题 13.1】

在二手房交易平台上，随机抽取 G 市 100 套二手房，记录二手房的所在区域、房价、距市中心的距离和房龄（数据文件：习题 13.1.xlsx），部分数据如图 13.19 所示，完成以下任务。

1. 在 0.05 的显著性水平下，能否认为 G 市的二手房在中心城区、近郊和远郊 3 个区域均匀分布？

2. 在 0.05 的显著性水平下，能否认为 G 市的二手房的房价的中位数高于 30000 元/平方米？

3. 在 0.05 的显著性水平下，能否认为 G 市的二手房的房价服从正态分布？

4. 在 0.05 的显著性水平下，能否认为 G 市的二手房距离市中心的距离的中位数大于 15？

5. 在 0.05 的显著性水平下，能否认为 G 市的二手房距市中心的距离服从正态分布？

6. 在 0.05 的显著性水平下，能否认为 G 市的二手房的房龄中位数小于 18？

7. 在 0.05 的显著性水平下，能否认为 G 市的二手房的房龄服从正态分布？

| | A | B | C | D | E |
|---|---|---|---|---|---|
| 1 | ID | 所在区域 | 房价/(元·米$^{-2}$) | 距市中心的距离/km | 房龄/年 |
| 2 | 1 | 中心城区 | 46937 | 3 | 20 |
| 3 | 2 | 中心城区 | 54108 | 2 | 21 |
| 4 | 3 | 远郊 | 15703 | 46 | 5 |
| 5 | 4 | 中心城区 | 38047 | 6 | 25 |
| 6 | 5 | 近郊 | 28704 | 10 | 23 |

图 13.19　习题 13.1 的数据（部分）

【习题 13.2】

在 A 公司随机抽取 100 名员工，记录下员工的性别、学历、月薪和工龄（数据文件：习题 13.2.xlsx），部分数据如图 13.20 所示，完成以下任务。

| | A | B | C | D | E |
|---|---|---|---|---|---|
| 1 | ID | 性别 | 学历 | 月薪 | 工龄 |
| 2 | 1 | 男 | 专科 | 9916 | 3 |
| 3 | 2 | 男 | 本科 | 11482 | 5 |
| 4 | 3 | 男 | 专科 | 11819 | 4 |
| 5 | 4 | 女 | 研究生 | 12266 | 4 |
| 6 | 5 | 女 | 研究生 | 12763 | 2 |

图 13.20　习题 13.2 的数据（部分）

1. 在 0.05 的显著性水平下，能否认为男性员工和女性员工的月薪分布相同？

2. 在 0.05 的显著性水平下，能否认为男性员工和女性员工的工龄分布相同？

3. 在 0.05 的显著性水平下，能否认为专科、本科和研究生 3 个组的员工的月薪分布相同？

4. 在 0.05 的显著性水平下，能否认为专科、本科和研究生 3 个组的员工的工龄分布相同？

【习题 13.3】

在 4S 店随机抽取 10 名销售员，记录下开展促销活动前后他们销售的汽车台数（数据文件：习题 13.3.xlsx），数据如图 13.21 所示。在 0.05 的显著性水平下，判断促销前和促销后的销售量分布是否一致。

| | A | B | C | D | E | F | G | H | I | J | K |
|---|---|---|---|---|---|---|---|---|---|---|---|
| 1 | 销售员ID | 1 | 2 | 3 | 4 | 5 | 6 | 7 | 8 | 9 | 10 |
| 2 | 促销前 | 8 | 1 | 9 | 9 | 14 | 14 | 2 | 6 | 10 | 1 |
| 3 | 促销后 | 10 | 5 | 11 | 14 | 16 | 19 | 4 | 9 | 12 | 6 |

图 13.21　习题 13.3 的数据

# 第14章

# 相关分析

本章介绍两个变量之间关系的分析方法,首先介绍两个定性变量的关系的分析方法,然后介绍两个定量变量的关系的分析方法。

【本章主要内容】
- 两个定性变量的关系
- 两个定量变量的关系

## 14.1 两个定性变量的关系

本节介绍如何利用推断统计方法研究两个定性变量之间的关系,首先介绍独立性检验,然后介绍如何测度定性变量之间关系的强度。

### 14.1.1 独立性检验

利用列联表可以展示两个定性变量的分布,基于列联表可以计算行的百分比、列的百分比等,这属于描述统计的方法,详见本书 4.1 节。那么如何根据样本数据去推断总体中两个定性变量是否存在依赖关系呢?可以采用独立性检验。

独立性检验与 13.1.2 小节介绍的拟合优度检验的核心思想是一致的,它本质上也属于拟合优度检验。它们的不同之处在于,拟合优度检验讨论的是单个定性变量是否服从预期的分布,而独立性检验讨论的是两个定性变量的联合分布是否符合预期的分布。在独立性检验中,首先在两个变量相互独立的假定下计算期望频数,然后将观测频数与期望频数对比,若二者差距较小,则说明两个变量相互独立;若二者差距很大,则说明两个变量不相互独立。

下面通过例 14.1 介绍独立性检验的步骤,以及其在 Excel 中的实现过程。

**例 14.1**

从某行业随机抽取 200 名代表,整理出这 200 名代表的学历/学位和专业数据,在 0.05 的显著性水平下,判断代表的学历/学位和专业是否相互独立。

独立性检验的过程如图 14.1 所示，其中 B2:D3 区域记录的是观测频数。

| | A | B | C | D | E | F | G | H | I |
|---|---|---|---|---|---|---|---|---|---|
| 1 | | 本科 | 硕士 | 博士 | 总计 | | | | |
| 2 | 社会科学 | 30 | 60 | 42 | 132 | | | | |
| 3 | 自然科学 | 28 | 12 | 28 | 68 | | | | |
| 4 | 总计 | 58 | 72 | 70 | 200 | | | | |
| 5 | 期望频数 | | | | | | 期望频数的计算公式 | | |
| 6 | | 本科 | 硕士 | 博士 | | | 本科 | 硕士 | 博士 |
| 7 | 社会科学 | 38.280 | 47.520 | 46.200 | | 社会科学 | =$E2*B$4/$E$4 | =$E2*C$4/$E$4 | =$E2*D$4/$E$4 |
| 8 | 自然科学 | 19.720 | 24.480 | 23.800 | | 自然科学 | =$E3*B$4/$E$4 | =$E3*C$4/$E$4 | =$E3*D$4/$E$4 |
| 9 | | | | | | | | | |
| 10 | | | | | | | （观测频数-期望频数)^2/期望频数的计算公式 | | |
| 11 | （观测频数-期望频数)^2/期望频数 | 1.791 | 3.278 | 0.382 | | | =(B2-B7)^2/B7 | =(C2-C7)^2/C7 | =(D2-D7)^2/D7 |
| 12 | | 3.477 | 6.362 | 0.741 | | | =(B3-B8)^2/B8 | =(C3-C8)^2/C8 | =(D3-D8)^2/D8 |
| 13 | | | | | | | | | |
| 14 | 卡方值 | 16.030 | =SUM(B11:D12) | | | | | | |
| 15 | 临界值 $\chi^2_{0.05}(2)$ | 5.991 | =CHISQ.INV.RT(0.05,2) | | | | | | |
| 16 | p值 | 0.0003 | =CHISQ.DIST.RT(B14,2) | | | | | | |
| 17 | | | | | | | | | |
| 18 | p值 | 0.0003 | =CHISQ.TEST(B2:D3,B7:D8) | | | | | | |

图 14.1 独立性检验的过程

第 1 步：建立原假设和备择假设。在独立性检验中，原假设是"代表的学历/学位和专业相互独立"，备择假设是"代表的学历/学位和专业不相互独立"。

**注意**：独立性检验中原假设和备择假设是研究者事先约定好的，不能随意调换，原假设是"两个定性变量相互独立"，备择假设是"两个定性变量不相互独立"。

第 2 步：计算期望频数。假定原假设"代表的学历/学位和专业相互独立"成立，根据概率论中的独立性原理，若两个随机事件相互独立，那么这两个随机事件同时发生的概率等于二者各自发生的概率的乘积，如式（14.1）所示。

$$P(AB) = P(A)P(B) \tag{14.1}$$

因此，在独立性检验的假定下，代表的专业是社会科学、学历/学位是本科的概率如式（14.2）所示。

$$P(专业=社会科学,学历/学位=本科) = P(专业=社会科学)P(学历/学位=本科) = \frac{132}{200} \times \frac{58}{200} \approx 0.191 \tag{14.2}$$

200 名行业代表中，专业是社会科学、学历/学位是本科的期望频数如式（14.3）所示。

$$E_{专业=社会科学,学历/学位=本科} = 200 \times \frac{132}{200} \times \frac{58}{200} = \frac{132 \times 58}{200} = 38.28 \tag{14.3}$$

同理，200 名行业代表中，专业是自然科学、学历/学位是硕士的期望频数如式（14.4）所示。

$$E_{专业=自然科学,学历/学位=硕士} = 200 \times \frac{68}{200} \times \frac{72}{200} = \frac{68 \times 72}{200} = 24.48 \tag{14.4}$$

因此，在独立性检验的假定下第 $i$ 行第 $j$ 列单元格的期望频数 $E_{ij}$ 可以按照式（14.5）计算。

$$E_{ij} = \frac{第i行合计 \times 第j列合计}{样本容量} \quad (14.5)$$

式（14.5）中行合计是指第 $i$ 行的观测频数之和，列合计是指第 $j$ 列的观测频数之和。

如图 14.1 所示，在单元格 B7 中录入公式 "=\$E2*B\$4/\$E\$4"（见单元格 G7），注意公式中使用了绝对引用符号。\$E2 是指往右拖曳填充时，引用的列 "E" 始终保持不变，即在计算列联表中第 1 行的 3 个单元格的期望频数时，使用的合计数 132 保持不变。同理，B\$4 是指往下拖曳填充时，引用的行 "4" 始终保持不变，即在计算列联表中第 1 列的两个单元格的期望频数时，使用的列的合计数 58 保持不变。分母上的\$E\$4 代表无论是往右还是往下拖曳填充，该值是固定不变的，即分母部分除以样本容量 200。

第 3 步：计算卡方检验统计量的值。在独立性检验中，检验统计量的构造与拟合优度检验基本一致，如式（14.6）所示。

$$\chi^2 = \sum_{j=1}^{c}\sum_{i=1}^{r}\frac{(O_{ij}-E_{ij})^2}{E_{ij}} \sim \chi^2((r-1)(c-1)) \quad (14.6)$$

在 $r$ 行 $c$ 列的列联表中，计算每个单元格的观测频数 $O_{ij}$ 与期望频数 $E_{ij}$ 的离差的平方除以期望频数，再将其加总即得卡方检验统计量。在独立性检验的假定成立的时候，该检验统计量服从自由度为 $(r-1)(c-1)$ 的卡方分布。若卡方值越大，代表观测频数与期望频数的差距越大，拒绝原假设的理由就越充分。

所以，独立性检验的拒绝域在卡方分布的右尾，在显著性水平 $\alpha$ 下，临界值为 $\chi^2_\alpha((r-1)(c-1))$。

如图 14.1 所示，卡方值等于 16.03，大于临界值 $\chi^2_{0.05}(2)$。该检验的 $p$ 值等于：

$$p\text{ value} = P(\chi^2(2) > 16.03) = 0.0003 \quad (14.7)$$

$p$ 值等于 0.0003，代表若拒绝原假设，犯弃真错误的实际概率远远低于事先约定的 0.05，所以可以有充分的信心拒绝 "代表的学历/学位和专业相互独立" 的原假设。

在图 14.1 所示的单元格 B18 中录入公式 "=CHISQ.TEST(B2:D3,B7:D8)"（见单元格 C18），第 1 项参数是观测频数 B2:D3，第 2 项参数 B7:D8 是期望频数。该函数可以直接报告独立性检验的 $p$ 值，而无须再自行计算卡方值，是一种更加快捷的方法。

**注意**：在实践中，若在独立性检验中拒绝了原假设，还需说明两个定性变量的关系的表现，而不是仅仅回答两个定性变量之间不相互独立。例如，对于本例按图 14.2 所示计算行的百分比和列的百分比。可以发现，社会科学专业的代表中硕士占比达 46%左右，其次是博士，占比 32%左右，最后是本科，占比 23%左右；自然科学专业的代表中本科和博士占比相当，各占 41%左右，硕士占比 18%左右，社会科学专业的代表的学历/学位整体而言比自然科学专业的代表的高。在本科学历/学位中，社会科学和自然科学专业的占比相差不大，在硕士、博士学历/学位中，社会科学占比显著高于自然科学。

| | A | B | C | D | E | F | G | H | I | J | K |
|---|---|---|---|---|---|---|---|---|---|---|---|
| 1 | | 本科 | 硕士 | 博士 | 总计 | | | | | | |
| 2 | 社会科学 | 30 | 60 | 42 | 132 | | | | | | |
| 3 | 自然科学 | 28 | 12 | 28 | 68 | | | | | | |
| 4 | 总计 | 58 | 72 | 70 | 200 | | | | | | |
| 5 | 行的百分比 | | | | | | 行的百分比 | | | | |
| 6 | | 本科 | 硕士 | 博士 | 总计 | | | 本科 | 硕士 | 博士 | 总计 |
| 7 | 社会科学 | 22.7% | 45.5% | 31.8% | 100.0% | | 社会科学 | =B2/$E2 | =C2/$E2 | =D2/$E2 | =E2/$E2 |
| 8 | 自然科学 | 41.2% | 17.6% | 41.2% | 100.0% | | 自然科学 | =B3/$E3 | =C3/$E3 | =D3/$E3 | =E3/$E3 |
| 9 | 总计 | 29.0% | 36.0% | 35.0% | 100.0% | | 总计 | =B4/$E4 | =C4/$E4 | =D4/$E4 | =E4/$E4 |
| 10 | 列的百分比 | | | | | | 列的百分比 | | | | |
| 11 | | 本科 | 硕士 | 博士 | 总计 | | | 本科 | 硕士 | 博士 | 总计 |
| 12 | 社会科学 | 51.7% | 83.3% | 60.0% | 66.0% | | 社会科学 | =B2/B$4 | =C2/C$4 | =D2/D$4 | =E2/E$4 |
| 13 | 自然科学 | 48.3% | 16.7% | 40.0% | 34.0% | | 自然科学 | =B3/B$4 | =C3/C$4 | =D3/D$4 | =E3/E$4 |
| 14 | 总计 | 100.0% | 100.0% | 100.0% | 100.0% | | 总计 | =B4/B$4 | =C4/C$4 | =D4/D$4 | =E4/E$4 |
| 15 | | | | | | | | | | | |
| 16 | | | | | | | | | | | |

图 14.2 列联表的行/列的百分比

此外，独立性检验要求期望频数小于 5 的数不能超过 20%。因为，当期望频数小于 5 时，$\dfrac{(O_{ij} - E_{ij})^2}{E_{ij}}$ 的值会比较大，卡方值会比较大，容易得出拒绝原假设的结论。在实践中，要注意期望频数的值，若不满足上述条件，可以考虑合并相邻的行或者相邻的列，以降低列联表的维度。

---

**实操技巧**

- 计算期望频数时只需在左上角单元格中录入公式，恰当使用绝对引用符号 $，然后拖曳单元格填充柄，实现自动计算。
- CHISQ.TEST 函数可以用于计算独立性检验的 $p$ 值，第 1 项参数是观测频数，第 2 项参数是期望频数。若 $p$ 值小于显著性水平 $\alpha$，则拒绝"行变量和列变量相互独立"的原假设。

---

### 14.1.2 Cramer's V 系数

克莱姆（Cramer）在 1946 年提出了 Cramer's V 系数（又名 Cramer's ∅ 系数），用于测度定性变量的相关程度。Cramer's V 系数是在独立性检验的卡方统计量的基础上构造的，如式（14.8）所示。

$$V = \sqrt{\dfrac{\chi^2 / n}{\min(r-1, c-1)}} \qquad (14.8)$$

Cramer's V 系数的值介于 0 到 1 之间，取 0 代表两个变量之间没有关联，取 1 代表两个变量完全相关，即一个定性变量的值完全由另一个定性变量的值决定。Cramer's V 系数具有对称性，无论将哪个变量放置在列联表的行或列，其值都不变。

需要注意的是，当列联表中的行数和列数较多时，单元格也会比较多，观测频数与期望频数的差距会变大，会导致 $\chi^2$ 值变大，Cramer's V 系数逼近于 1 的可能性会增加。在此情况下，并不一定意味着两个定性变量之间的相关关系很强。

沿用例 14.1 的数据，行业代表的专业和学历/学位之间的 Cramer's V 系数如式（14.9）所示。

$$V = \sqrt{\dfrac{16.030 / 200}{\min(3-1, 2-1)}} \approx 0.283 \qquad (14.9)$$

在 Excel 中计算 Cramer's V 系数的过程如图 14.3 所示，其中 B2:D3 区域为观测频数。

|   | A | B | C | D | E | F | G |
|---|---|---|---|---|---|---|---|
| 1 |  | 本科 | 硕士 | 博士 | 总计 |  |  |
| 2 | 社会科学 | 30 | 60 | 42 | 132 |  |  |
| 3 | 自然科学 | 28 | 12 | 28 | 68 |  |  |
| 4 | 总计 | 58 | 72 | 70 | 200 |  |  |
| 5 | 期望频数 |  |  |  |  |  |  |
| 6 |  | 本科 | 硕士 | 博士 |  |  |  |
| 7 | 社会科学 | 38.280 | 47.520 | 46.200 |  |  |  |
| 8 | 自然科学 | 19.720 | 24.480 | 23.800 |  |  |  |
| 9 |  |  |  |  |  |  |  |
| 10 | （观测频数-期望频数）^2/期望频数 | 1.791 | 3.278 | 0.382 |  |  |  |
| 11 |  | 3.477 | 6.362 | 0.741 |  |  |  |
| 12 |  |  |  |  |  |  |  |
| 13 | 卡方值 | 16.030 | =SUM(B10:D11) |  |  |  |  |
| 14 |  |  |  |  |  |  |  |
| 15 | Cramer's V | 0.283 | =SQRT((B13/200)/MIN(3-1,2-1)) |  |  | $V=\sqrt{\dfrac{\chi^2/n}{\min(k-1,r-1)}}$ |  |
| 16 |  |  |  |  |  |  |  |

图 14.3　Cramer's V 系数的计算过程

### 14.1.3　Kendall's W 系数

Kendall's W 系数又称作 Kendall 一致系数（Kendall's Coefficient of Concordance），是非参数统计量，用于评估不同个体的主观态度或者评价是否一致。Kendall's W 系数的值介于 0 到 1 之间，等于 0 代表态度完全不一致，等于 1 代表态度完全一致。例如，物业公司准备推出改善小区环境的举措，列举了 5 项措施，让受访住户根据需求的强烈程度对这 5 项措施进行排序。若 Kendall's W 系数等于 1，代表受访住户对这 5 项措施的排序都一致；若 Kendall's W 系数等于 0，说明受访住户的观点有很大差异，对这 5 项措施的排序没有呈现出突出的倾向。

Kendall's W 系数的计算步骤如下。

第 1 步：$m$ 个人对 $n$ 个对象进行排序。将第 $j$ 个人对第 $i$ 个对象的排位记为 $r_{ij}$，那么第 $m$ 个人对第 $i$ 个对象的排位之和为 $R_i = \sum_{j=1}^{m} r_{ij}$。

第 2 步：计算所有人对 $n$ 个对象的排位的均值 $\bar{R} = \dfrac{1}{n}\sum_{i=1}^{n} R_i$。

第 3 步：计算 $S = \sum_{i=1}^{n}(R_i - \bar{R})^2$，它代表不同对象的排位的差异。

第 4 步：计算 Kendall's W 系数，如式（14.10）所示。

$$W = \dfrac{12S}{m^2(n^3 - n)} \quad (14.10)$$

对 Kendall's W 系数的显著性进行检验，原假设是"观点是随机的（不一致）"，备择假设是"观点不是随机的"。构造检验统计量，如式（14.11）所示。

$$\chi^2 = m(n-1)W \sim \chi^2(n-1) \quad (14.11)$$

检验统计量服从自由度是 $n-1$ 的卡方分布。

**例 14.2**

图 14.4 所示单元格区域 A1:I6 为 5 个评委给 8 部影片排序的结果，判断 5 个评委对 8 部影片的观点是否一致。

Kendall's W 系数的计算如图 14.4 所示。

| | A | B | C | D | E | F | G | H | I |
|---|---|---|---|---|---|---|---|---|---|
| 1 | 评委ID | 电影A | 电影B | 电影C | 电影D | 电影E | 电影F | 电影G | 电影H |
| 2 | 1 | 2 | 8 | 7 | 5 | 6 | 4 | 3 | 1 |
| 3 | 2 | 3 | 6 | 5 | 5 | 8 | 4 | 2 | 1 |
| 4 | 3 | 3 | 5 | 6 | 4 | 8 | 7 | 2 | 1 |
| 5 | 4 | 5 | 7 | 8 | 4 | 6 | 3 | 1 | 2 |
| 6 | 5 | 2 | 7 | 5 | 4 | 8 | 6 | 1 | 3 |
| 7 | $R_i$ | 15 | 33 | 33 | 22 | 36 | 24 | 9 | 8 |
| 8 | | | | | | | | | |
| 9 | m | 5 | | | | | | | |
| 10 | n | 8 | | | | | | | |
| 11 | | | | | | | | | |
| 12 | S | 854 | =DEVSQ(B7:I7) | | $S = \sum_{i=1}^{n}(R_i - \bar{R})^2$ | | | | |
| 13 | | | | | | | | | |
| 14 | W的分子 | 10248 | =12*B12 | | | | | | |
| 15 | W的分母 | 12600 | =B9^2*(B10^3-B10) | | $W = \dfrac{12S}{m^2(n^3-n)}$ | | | | |
| 16 | | | | | | | | | |
| 17 | W | 0.813 | =B14/B15 | | | | | | |
| 18 | 卡方值 | 28.467 | =B9*(B10-1)*B17 | | $\chi^2 = m(n-1)W$ | | | | |
| 19 | p值 | 1.809E-04 | =CHISQ.DIST.RT(B18,B10-1) | | | | | | |

图 14.4 Kendall's W 系数的计算

计算 Kendall's W 系数，如式（14.12）所示：

$$W = \frac{12 \times 854}{5^2(8^3-8)} \approx 0.813 \quad (14.12)$$

Kendall's W 系数约等于 0.813，比较接近 1，表明评委的观点趋于一致。对 Kendall's W 系数进行显著性检验，计算卡方值，如式（14.13）所示。

$$\chi^2 = 5 \times (8-1) \times W \approx 28.467 \quad (14.13)$$

计算 p 值，如式（14.14）所示：

$$p \text{ value} = P(\chi^2(7) > 28.467) = 1.809 \times 10^{-4} \quad (14.14)$$

p 值接近于 0，因此可以拒绝"5 个评委的观点不一致"的原假设。从每部电影的 $R_i$ 可以看出，评委比较一致的看法是：电影 H、G 和 A 排在前 3 位，电影 E、C、B 排在后 3 位。

**实操技巧**
- DEVSQ 函数可以用于计算每个观测值与均值的离差平方和。
- 对 Kendall's W 系数进行显著性检验时，利用 CHISQ.DIST.RT 函数可以计算 p 值。若 p 值小于显著性水平 $\alpha$，则拒绝"不同个体的主观评价是随机的"这一原假设。

## 14.2 两个定量变量的关系

本节将介绍如何分析两个定量变量之间的关系，包括如何计算协方差、皮尔逊相关系数、斯皮尔曼秩相关系数，以及进行相关系数的检验。

### 14.2.1 协方差

**1. 协方差的计算式**

在概率论中，协方差（Covariance）用于测度两个随机变量的联合的变异程度。对于随机

变量 $X$ 和 $Y$，协方差的定义如式（14.15）所示。

$$\mathrm{cov}(X,Y) = E\big[(X-E(X))(Y-E(X))\big] \qquad (14.15)$$

方差是一种特殊形式的协方差，一个随机变量与其自身的协方差等于该变量的方差，如式（14.16）所示。

$$\mathrm{cov}(X,X) = E\big[(X-E(X))(X-E(X))\big] = \mathrm{Var}(X) \qquad (14.16)$$

协方差具有对称性，即 $\mathrm{cov}(X,Y) = \mathrm{cov}(Y,X)$。

在统计学中总体协方差如式（14.17）所示。

$$\sigma_{xy} = \frac{\sum(x_i - \mu_x)(y_i - \mu_y)}{N} \qquad (14.17)$$

样本协方差如式（14.18）所示。

$$s_{xy} = \frac{\sum(x_i - \bar{x})(y_i - \bar{y})}{n-1} \qquad (14.18)$$

基于总体数据计算的协方差称作总体协方差，总体协方差是常数，只要总体范围确定，其值就是固定的。基于样本数据计算的协方差称作样本协方差，由于样本的构成是随机的，样本协方差是随机变量。样本协方差的分母沿用了样本方差的分母，都是 $n-1$。

**2. 利用函数计算协方差**

**例 14.3**

在 A 公司随机抽取 20 名员工，调查其居住地到公司的距离（单位：km，下文简称距离）、上班通勤的时长（单位：min，下文简称时长），数据及样本协方差的计算过程如图 14.5 所示。

| | A | B | C | D | E | F | G | H | I | J |
|---|---|---|---|---|---|---|---|---|---|---|
| 1 | ID | 距离/km($x_i$) | 时长/min($y_i$) | $x_i-\bar{x}$ | $y_i-\bar{y}$ | $(x_i-\bar{x})(y_i-\bar{y})$ | $x_i-\bar{x}$ | $y_i-\bar{y}$ | $(x_i-\bar{x})(y_i-\bar{y})$ | |
| 2 | 1 | 6.6 | 53 | -1.105 | 9.100 | -10.056 | =B2-B$24 | =C2-C$24 | =D2*E2 |
| 3 | 2 | 3.6 | 12 | -4.105 | -31.900 | 130.950 | =B3-B$24 | =C3-C$24 | =D3*E3 |
| 4 | 3 | 7.4 | 39 | -0.305 | -4.900 | 1.495 | =B4-B$24 | =C4-C$24 | =D4*E4 |
| 5 | 4 | 7.6 | 54 | -0.105 | 10.100 | -1.061 | =B5-B$24 | =C5-C$24 | =D5*E5 |
| 6 | 5 | 5 | 49 | -2.705 | 5.100 | -13.796 | =B6-B$24 | =C6-C$24 | =D6*E6 |
| 7 | 6 | 12.9 | 73 | 5.195 | 29.100 | 151.175 | =B7-B$24 | =C7-C$24 | =D7*E7 |
| 8 | 7 | 7.9 | 41 | 0.195 | -2.900 | -0.565 | =B8-B$24 | =C8-C$24 | =D8*E8 |
| 9 | 8 | 9.4 | 50 | 1.695 | 6.100 | 10.340 | =B9-B$24 | =C9-C$24 | =D9*E9 |
| 10 | 9 | 4.3 | 40 | -3.405 | -3.900 | 13.280 | =B10-B$24 | =C10-C$24 | =D10*E10 |
| 11 | 10 | 4.3 | 12 | -3.405 | -31.900 | 108.620 | =B11-B$24 | =C11-C$24 | =D11*E11 |
| 12 | 11 | 11 | 59 | 3.295 | 15.100 | 49.755 | =B12-B$24 | =C12-C$24 | =D12*E12 |
| 13 | 12 | 10.4 | 59 | 2.695 | 15.100 | 40.695 | =B13-B$24 | =C13-C$24 | =D13*E13 |
| 14 | 13 | 8.5 | 51 | 0.795 | 7.100 | 5.644 | =B14-B$24 | =C14-C$24 | =D14*E14 |
| 15 | 14 | 7.9 | 30 | 0.195 | -13.900 | -2.710 | =B15-B$24 | =C15-C$24 | =D15*E15 |
| 16 | 15 | 9.9 | 53 | 2.195 | 9.100 | 19.975 | =B16-B$24 | =C16-C$24 | =D16*E16 |
| 17 | 16 | 6.2 | 27 | -1.505 | -16.900 | 25.435 | =B17-B$24 | =C17-C$24 | =D17*E17 |
| 18 | 17 | 9.3 | 46 | 1.595 | 2.100 | 3.350 | =B18-B$24 | =C18-C$24 | =D18*E18 |
| 19 | 18 | 5.6 | 23 | -2.105 | -20.900 | 43.995 | =B19-B$24 | =C19-C$24 | =D19*E19 |
| 20 | 19 | 9 | 46 | 1.295 | 2.100 | 2.720 | =B20-B$24 | =C20-C$24 | =D20*E20 |
| 21 | 20 | 7.3 | 61 | -0.405 | 17.100 | -6.926 | =B21-B$24 | =C21-C$24 | =D21*E21 |
| 22 | | | | | | | | | | |
| 23 | | | | | 求和 | 572.310 | | | | |
| 24 | 样本均值 | $\bar{x}$ | 7.705 | $\bar{y}$ | 43.9 | 协方差 | 30.122 | =SUM(F2:F21)/(B26-1) | | |
| 25 | | | | | $s_{xy}=\frac{\sum(x_i-\bar{x})(y_i-\bar{y})}{n-1}$ | | | | | |
| 26 | 样本容量 | 20 | | | | 30.122 | =COVARIANCE.S(B2:B21,C2:C21) | | | |

图 14.5 样本协方差的计算过程

计算距离和时长的样本协方差，如式（14.19）所示。

$$s_{xy} = \frac{\sum_{i=1}^{20}(x_i - 7.705)(y_i - 43.900)}{20-1} \approx \frac{572.310}{19} \approx 30.122 \quad (14.19)$$

在单元格 F26 中录入公式"=COVARIANCE.S(B2:B21,C2:C21)"（见单元格 H26），可以直接计算协方差，省去计算离差、离差的乘积等中间步骤。COVARIANCE.S 函数用于计算样本协方差，其中".S"代表样本（Sample）；COVARIANCE.P 函数用于计算总体协方差。

### 3. 利用数据分析工具计算协方差

Excel 中的数据分析工具中也有计算协方差的工具。单击"数据"→"数据分析"→"协方差"，根据图 14.6 所示进行设置。

| | A | B | C | D | E | F | G | H |
|---|---|---|---|---|---|---|---|---|
| 1 | ID | 距离/km($x_i$) | 时长/min($y_i$) | | | 距离/km($x_i$) | 时长/min($y_i$) | |
| 2 | 1 | 6.6 | 53 | | 距离/km($x_i$) | 5.663 | | |
| 3 | 2 | 3.6 | 12 | | 时长/min($y_i$) | 28.616 | 249.190 | |
| 4 | 3 | 7.4 | 39 | | | | | |
| 5 | 4 | 7.6 | 54 | | | | | |
| 6 | 5 | 5 | 49 | | | | | |
| 7 | 6 | 12.9 | 73 | | | | | |
| 8 | 7 | 7.9 | 41 | | | | | |
| 9 | 8 | 9.4 | 50 | | | | | |
| 10 | 9 | 4.3 | 40 | | | | | |
| 11 | 10 | 4.3 | 12 | | | | | |
| 12 | 11 | 11 | 59 | | | | | |
| 13 | 12 | 10.4 | 59 | | | | | |
| 14 | 13 | 8.5 | 51 | | | | | |
| 15 | 14 | 7.9 | 30 | | | | | |
| 16 | 15 | 9.9 | 53 | | | | | |
| 17 | 16 | 6.2 | 27 | | | | | |
| 18 | 17 | 9.3 | 46 | | | | | |
| 19 | 18 | 5.6 | 23 | | | | | |
| 20 | 19 | 9 | 46 | | | | | |
| 21 | 20 | 7.3 | 61 | | | | | |

图 14.6 "协方差"对话框

图 14.6 显示了距离和时长的协方差矩阵，对角线上的元素是距离的方差、时长的方差。对角线下方的元素 28.616 是距离和时长的总体协方差。在计算时分母是 20，得到的值比用 COVARIANCE.S 函数计算的样本协方差 30.122 小。Excel 将框选的数据视为总体。

### 4. 协方差的数值含义

协方差的计算结果传递了什么信息呢？如图 14.7 所示，在距离和时长的散点图上添加两条辅助线，垂直的虚线的横坐标是距离的均值 7.705，水平的虚线的纵坐标是时长的均值 43.9，它们以样本均值点 $(\bar{x}, \bar{y})$ 为中心将散点图分割为 4 个象限。对于第 1 象限的点，$x_i > \bar{x}$，$y_i > \bar{y}$，则有 $(x_i - \bar{x})(y_i - \bar{y}) > 0$。对于第 2 象限的点，$x_i < \bar{x}$，$y_i > \bar{y}$，则有 $(x_i - \bar{x})(y_i - \bar{y}) < 0$。同理，第 3 象限的点满足 $(x_i - \bar{x})(y_i - \bar{y}) > 0$，第 4 象限的点满足 $(x_i - \bar{x})(y_i - \bar{y}) < 0$。因此，若大部分点主要分布在第 1、3 象限，少数的点分布在第 2、4 象限，那么在求和项 $\sum(x_i - \bar{x})(y_i - \bar{y})$ 中，$(x_i - \bar{x})(y_i - \bar{y}) > 0$ 的居多，即求和项 $\sum(x_i - \bar{x})(y_i - \bar{y}) > 0$，则有协方差大于 0。反之，若散点主要分布在第 2、4 象限，在求和式 $\sum(x_i - \bar{x})(y_i - \bar{y})$ 中 $(x_i - \bar{x})(y_i - \bar{y}) < 0$ 的居多，协方差会小于 0。若散点在 4 个象限的分布大致相当，分布比较杂乱，正的和负的

$(x_i-\bar{x})(y_i-\bar{y})$ 在求和过程中会相互抵消，协方差趋近于 0。

所以，协方差的符号反映了相关关系的方向。协方差大于 0，代表两个变量之间是正相关关系，两个变量的变化方向一致；协方差小于 0，代表两个变量之间是负相关关系，两个变量的变化方向相反。

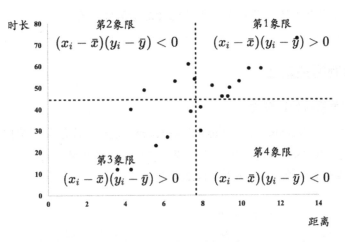

图 14.7　协方差的符号的含义

协方差的数值代表什么呢？从协方差的计算中可以看出，协方差的数值大小和两个变量的计量单位有关。改变数据的计量单位，协方差的数值也会随之改变。如图 14.8 所示，将列 B 中以 km 为单位测度的距离转换成列 C 中以 m 为单位测度的距离，距离的数值扩大了 1000 倍。在单元格 F7 中计算距离（m）与时长的协方差，该值是在单元格 G2 中计算的距离（km）与时长的协方差的 1000 倍。此时，似乎会给人两组变量的相关关系不同的错觉，14.2.2 小节介绍的皮尔逊相关系数可以弥补这个缺陷。

| | A | B | C | D | E | F | G |
|---|---|---|---|---|---|---|---|
| 1 | ID | 距离/km($x_i$) | 距离/m($x_i$) | 时长/min($y_i$) | | | |
| 2 | 1 | 6.6 | 6600 | 53 | | 距离/km与时长/min的协方差 | 30.122 |
| 3 | 2 | 3.6 | 3600 | 12 | | | =COVARIANCE.S(B2:B21,D2:D21) |
| 4 | 3 | 7.4 | 7400 | 39 | | | |
| 5 | 4 | 7.6 | 7600 | 54 | | | |
| 6 | 5 | 5 | 5000 | 49 | | | |
| 7 | 6 | 12.9 | 12900 | 73 | | 距离/m与时长/min的协方差 | 30121.579 |
| 8 | 7 | 7.9 | 7900 | 41 | | | =COVARIANCE.S(C2:C21,D2:D21) |
| 9 | 8 | 9.4 | 9400 | 50 | | | |
| 10 | 9 | 4.3 | 4300 | 40 | | | |
| 11 | 10 | 4.3 | 4300 | 12 | | | |
| 12 | 11 | 11 | 11000 | 59 | | | |
| 13 | 12 | 10.4 | 10400 | 59 | | | |
| 14 | 13 | 8.5 | 8500 | 51 | | | |
| 15 | 14 | 7.9 | 7900 | 30 | | | |
| 16 | 15 | 9.9 | 9900 | 53 | | | |
| 17 | 16 | 6.2 | 6200 | 27 | | | |
| 18 | 17 | 9.3 | 9300 | 46 | | | |
| 19 | 18 | 5.6 | 5600 | 23 | | | |
| 20 | 19 | 9 | 9000 | 46 | | | |
| 21 | 20 | 7.3 | 7300 | 61 | | | |

图 14.8　协方差的数值与变量单位

协方差虽然有一定缺陷，但也有优点，它包含丰富的样本信息，其在计算时利用两组数据的均值、标准差、离差，在传递样本信息方面具有优势。因此，在主成分分析、因子分析、判别分析等多维数据分析中，协方差有着重要的作用。

> **实操技巧**
> - COVARIANCE.S 函数用于计算样本协方差，COVARIANCE.P 函数用于计算总体协方差。
> - 单击"数据"→"数据分析"→"协方差"，可以报告总体协方差矩阵，矩阵对角线上的元素是总体方差，非对角线上的元素是总体协方差。

### 14.2.2 皮尔逊相关系数

#### 1. 皮尔逊相关系数的计算式

皮尔逊相关系数（Pearson Correlation Coefficient）也称作皮尔逊积矩相关系数（Pearson Product-Moment Coefficient），可以用于测度两个连续型定量变量之间的线性相关关系。基于总体数据计算总体相关系数 $\rho_{xy}$，如式（14.20）所示。

$$\rho_{xy} = \frac{\sigma_{xy}}{\sigma_x \sigma_y} = \frac{\frac{\sum(x_i - \mu_x)(y_i - \mu_y)}{N}}{\sqrt{\frac{\sum(x_i - \mu_x)^2}{N}}\sqrt{\frac{\sum(y_i - \mu_y)^2}{N}}} = \frac{\sum(x_i - \mu_x)(y_i - \mu_y)}{\sqrt{\sum(x_i - \mu_x)^2 \sum(y_i - \mu_y)^2}} \quad (14.20)$$

基于样本数据计算样本相关系数，如式（14.21）所示。

$$r_{xy} = \frac{s_{xy}}{s_x s_y} = \frac{\frac{\sum(x_i - \bar{x})(y_i - \bar{y})}{n-1}}{\sqrt{\frac{\sum(x_i - \bar{x})^2}{n-1}} \cdot \sqrt{\frac{\sum(y_i - \bar{y})^2}{n-1}}} = \frac{\sum(x_i - \bar{x})(y_i - \bar{y})}{\sqrt{\sum(x_i - \bar{x})^2} \cdot \sqrt{\sum(y_i - \bar{y})^2}} \quad (14.21)$$

若是基于同一组数据，总体相关系数和样本相关系数是相同的，因为分母中的 $N$ 或者 $n-1$ 被约去。相关系数是无单位的统计量，其大小与 $X$ 和 $Y$ 的计量单位无关。皮尔逊相关系数介于 -1 至 1 之间，等于 1 时，两个变量之间是线性相关关系，也称作完全正相关；等于 -1 时，两个变量之间是完全负相关的关系。

**注意**：当皮尔逊相关系数等于 0 时，意味着两个变量之间不存在线性相关关系，但并不意味着二者一定相互独立，二者之间可能存在非线性的相关关系。

#### 2. 利用函数计算皮尔逊相关系数

沿用例 14.2 的数据，计算距离和时长的皮尔逊相关系数，如式（14.22）所示。

$$r_{xy} = \frac{30.122}{\sqrt{5.962} \times \sqrt{262.305}} \approx 0.762 \quad (14.22)$$

图 14.9 展示了计算的步骤。CORREL 函数和 PEARSON 函数都可用于计算皮尔逊相关系数，两者功能一样。

### 3. 利用数据分析工具计算皮尔逊相关系数

Excel 中的数据分析工具中也有计算协方差的工具。单击"数据"→"数据分析"→"相关系数",根据图 14.10 所示进行设置。

| | A | B | C | D | E | F | G |
|---|---|---|---|---|---|---|---|
| 1 | ID | 距离/km($x_i$) | 时长/min($y_i$) | | | | |
| 2 | 1 | 6.6 | 53 | | 距离和时长的协方差 | 30.122 | =COVARIANCE.S(B2:B21,C2:C21) |
| 3 | 2 | 3.6 | 12 | | | | |
| 4 | 3 | 7.4 | 39 | | 距离/km的方差 | 5.962 | =VAR.S(B2:B21) |
| 5 | 4 | 7.6 | 54 | | | | |
| 6 | 5 | 5 | 49 | | 时长/min的方差 | 262.305 | =VAR.S(C2:C21) |
| 7 | 6 | 12.9 | 73 | | | | |
| 8 | 7 | 7.9 | 41 | | | | |
| 9 | 8 | 9.4 | 50 | | 皮尔逊相关系数 | 0.762 | =F2/SQRT(F4*F6) |
| 10 | 9 | 4.3 | 40 | | | | |
| 11 | 10 | 4.3 | 12 | | | | |
| 12 | 11 | 11 | 59 | | | 0.762 | =CORREL(B2:B21,C2:C21) |
| 13 | 12 | 10.4 | 59 | | | | |
| 14 | 13 | 8.5 | 51 | | | 0.762 | =PEARSON(B2:B21,C2:C21) |
| 15 | 14 | 7.9 | 30 | | | | |
| 16 | 15 | 9.9 | 53 | | | | |
| 17 | 16 | 6.2 | 27 | | | | |
| 18 | 17 | 9.3 | 46 | | | | |
| 19 | 18 | 5.6 | 23 | | | | |
| 20 | 19 | 9 | 46 | | | | |
| 21 | 20 | 7.3 | 61 | | | | |

图 14.9 皮尔逊相关系数的计算过程

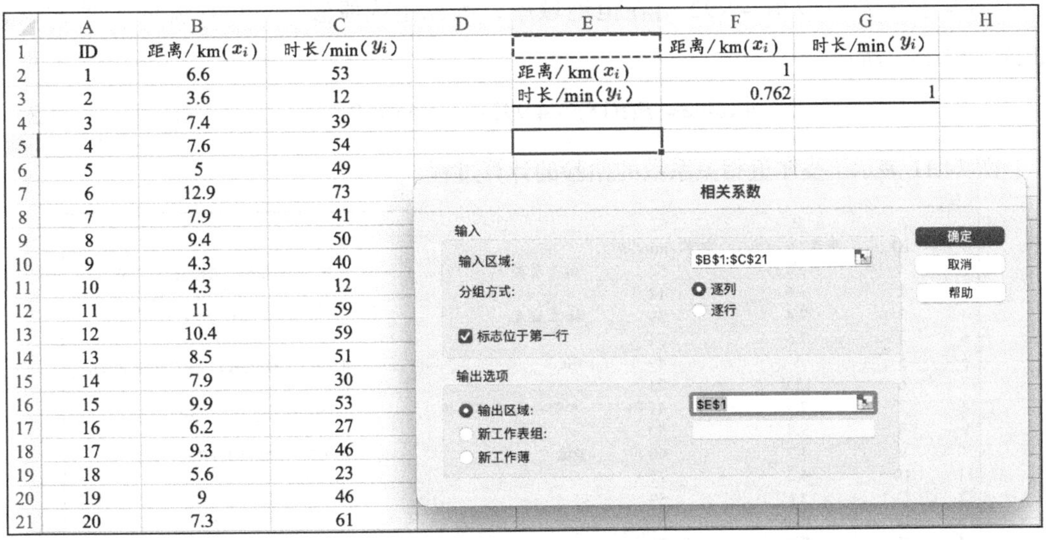

图 14.10 "相关系数"对话框

图 14.10 显示了距离和时长的相关系数矩阵。对角线上的元素都是 1,变量与其自身的相关系数为 1。对角线下方的元素 0.762 是距离和时长的相关系数。对角线上方的元素也是 0.762,将其省略。相关系数具有对称性,$X$ 与 $Y$ 的相关系数和 $Y$ 与 $X$ 的相关系数相等。

### 4. 皮尔逊相关系数的检验

皮尔逊样本相关系数用于测度样本中两组数据线性相关关系,这种关系能否推及总体?需要用假设检验的方法来讨论。假定两组数据所在的总体各自都服从正态分布,检验总体相关系数为 $\rho$,构造如式(14.23)所示的检验统计量。

$$t = r\sqrt{\frac{n-2}{1-r^2}} \sim t(n-2) \tag{14.23}$$

检验统计量服从自由度为 $n-2$ 的 $t$ 分布。当 $r$ 的绝对值越大，$1-r^2$ 的值越小时，$t$ 值越大，拒绝二者之间不存在相关关系的理由就越充分。因此，该检验的拒绝域在 $t$ 分布的尾翼。

**注意**：当样本容量 $n$ 很大时，式（14.23）所示的 $t$ 值也会比较大，即使是绝对值较小的相关系数，也会得到一个绝对值较大的 $t$ 值，容易得出拒绝原假设的结论，此时，需要谨慎地对待检验结论。

下面通过例 14.4 演示假设检验开展的步骤。

**例 14.4**

沿用例 14.3 的数据，在 0.05 的显著性水平下，检验距离和时长之间是否存在正相关关系。

研究者关注的是距离和时长之间是否存在正相关关系，因此需开展右侧检验，原假设是"$H_0: \rho \leqslant 0$"，备择假设是"$H_1: \rho > 0$"。计算 $t$ 值如式（14.24）所示。

$$t = 0.762 \times \sqrt{\frac{20-2}{1-0.762^2}} \approx 4.992 \tag{14.24}$$

样本容量等于 20，检验统计量服从自由度为 18 的 $t$ 分布，在 0.05 的显著性水平下临界值 $t_{0.05}(18)$ 等于 1.734，$t$ 值 4.992 落在拒绝域中，因此拒绝原假设。该检验的 $p$ 值的计算如式（14.25）所示。

$$p\text{ value} = P(t(18) > 4.992) = 4.765 \times 10^{-5} \tag{14.25}$$

图 14.11 展示了皮尔逊相关系数的检验的计算过程。

| | A | B | C | D | E | F |
|---|---|---|---|---|---|---|
| 1 | ID | 距离/km($x_i$) | 时长/min($y_i$) | | | |
| 2 | 1 | 6.6 | 53 | 相关系数 | 0.762 | =CORREL(B2:B21,C2:C21) |
| 3 | 2 | 3.6 | 12 | | | |
| 4 | 3 | 7.4 | 39 | 样本容量 | 20 | =COUNT(B2:B21) |
| 5 | 4 | 7.6 | 54 | | | |
| 6 | 5 | 5 | 49 | $t$值 | 4.992 | =E2*SQRT((E4-2)/(1-E2^2)) |
| 7 | 6 | 12.9 | 73 | | | |
| 8 | 7 | 7.9 | 41 | 右侧检验的临界值 | 1.734 | =T.INV(0.95,18) |
| 9 | 8 | 9.4 | 50 | | | |
| 10 | 9 | 4.3 | 40 | $P$值 | 4.765E-05 | =T.DIST.RT(E6,18) |
| 11 | 10 | 4.3 | 12 | | | |
| 12 | 11 | 11 | 59 | | | |
| 13 | 12 | 10.4 | 59 | | | |
| 14 | 13 | 8.5 | 51 | | | |
| 15 | 14 | 7.9 | 30 | | | |
| 16 | 15 | 9.9 | 53 | | | |
| 17 | 16 | 6.2 | 27 | | | |
| 18 | 17 | 9.3 | 46 | | | |
| 19 | 18 | 5.6 | 23 | | | |
| 20 | 19 | 9 | 46 | | | |
| 21 | 20 | 7.3 | 61 | | | |

图 14.11 皮尔逊相关系数的检验的计算过程

从 $t$ 值的计算公式可以发现 $t$ 值与样本容量、样本相关系数有关。当样本容量较大时，即使是样本相关系数的绝对值较小，也容易拒绝原假设。如果样本容量较小，就需要样本呈现出更强的相关关系，才能拒绝原假设。

要注意的是：皮尔逊相关系数只能测度变量之间的线性关系，而不能测度非线性关系。当皮尔逊相关系数等于 0 时，只是意味着两个变量之间不存在线性关系，但是可能存在其他的关系。如图 14.12 所示，$Y$ 等于 $X$ 的平方，二者之间存在完全的非线性关系，也就是非线性的函数关系，但是二者的皮尔逊相关系数等于 0。

---

**实操技巧**

- CORREL 函数和 PEARSON 函数用于计算皮尔逊相关系数，第 1 项参数和第 2 项参数分别是两组数据区域，中间用逗号分隔。
- 单击"数据"→"数据分析"→"相关系数"，可以报告相关系数矩阵，矩阵对角线上的元素是 1，非对角线上的元素是总体协方差。

---

| | A | B | C | D | E | F | G | H | I |
|---|---|---|---|---|---|---|---|---|---|
| 1 | $x_i$ | $y_i$ | $x_i-\bar{x}$ | $y_i-\bar{y}$ | $(x_i-\bar{x})(y_i-\bar{y})$ | | | | |
| 2 | -5 | 25 | -5 | 15 | -75 | | =A2-AVERAGE(A$2:A$12) | =B2-AVERAGE(B$2:B$12) | =C2*D2 |
| 3 | -4 | 16 | -4 | 6 | -24 | | =A3-AVERAGE(A$2:A$12) | =B3-AVERAGE(B$2:B$12) | =C3*D3 |
| 4 | -3 | 9 | -3 | -1 | 3 | | =A4-AVERAGE(A$2:A$12) | =B4-AVERAGE(B$2:B$12) | =C4*D4 |
| 5 | -2 | 4 | -2 | -6 | 12 | | =A5-AVERAGE(A$2:A$12) | =B5-AVERAGE(B$2:B$12) | =C5*D5 |
| 6 | -1 | 1 | -1 | -9 | 9 | | =A6-AVERAGE(A$2:A$12) | =B6-AVERAGE(B$2:B$12) | =C6*D6 |
| 7 | 0 | 0 | 0 | -10 | 0 | | =A7-AVERAGE(A$2:A$12) | =B7-AVERAGE(B$2:B$12) | =C7*D7 |
| 8 | 1 | 1 | 1 | -9 | -9 | | =A8-AVERAGE(A$2:A$12) | =B8-AVERAGE(B$2:B$12) | =C8*D8 |
| 9 | 2 | 4 | 2 | -6 | -12 | | =A9-AVERAGE(A$2:A$12) | =B9-AVERAGE(B$2:B$12) | =C9*D9 |
| 10 | 3 | 9 | 3 | -1 | -3 | | =A10-AVERAGE(A$2:A$12) | =B10-AVERAGE(B$2:B$12) | =C10*D10 |
| 11 | 4 | 16 | 4 | 6 | 24 | | =A11-AVERAGE(A$2:A$12) | =B11-AVERAGE(B$2:B$12) | =C11*D11 |
| 12 | 5 | 25 | 5 | 15 | 75 | | =A12-AVERAGE(A$2:A$12) | =B12-AVERAGE(B$2:B$12) | =C12*D12 |
| 13 | | | | 求和 | 0 | | l(E2:E12) | | |
| 14 | | | | | | | | | |
| 15 | | | | 协方差 | 0 | | =COVARIANCE.S(A2:A12,B2:B12) | | |
| 16 | | | | 相关系数 | 0 | | =CORREL(A2:A12,B2:B12) | | |

图 14.12 完全非线性关系下的皮尔逊相关系数为 0

### 14.2.3 斯皮尔曼秩相关系数

皮尔逊相关系数只能测度连续型定量变量的线性相关关系，当数据中存在异常值，或者总体不服从正态分布时，皮尔逊相关系数和显著性检验的可靠性都会降低。斯皮尔曼秩相关系数（Spearman's Rank Correlation Coeffcient）可以弥补皮尔逊相关系数的局限性，它适用于总体不服从正态分布的数据或者顺序型数据。

**1. 斯皮尔曼秩相关系数的计算**

有 $X_i$ 和 $Y_i$ 两个序列，$X_i$ 的秩记为 $R(X_i)$，$Y_i$ 的秩记为 $R(Y_i)$。斯皮尔曼秩相关系数 $r_s$ 如式（14.26）所示。

$$r_s = 1 - \frac{6\sum_{i=1}^{n} d_i^2}{n(n^2-1)} \quad (14.26)$$

式（14.26）中的 $d_i = R(X_i) - R(Y_i)$，即第 $i$ 个数据的两个观测值的秩的差，$n$ 代表样本容量。若对于所有的数据，$R(X_i)$ 和 $R(Y_i)$ 都相等，$d_i = 0$，斯皮尔曼秩相关系数等于 1。

**2. 斯皮尔曼秩相关系数的检验**

为了判断总体的斯皮尔曼秩相关系数是否等于 0，需要开展假设检验。统计学家证明了当样本容量大于 10（有的学者建议大于 30）时，样本的斯皮尔曼秩相关系数 $r_s$ 近似服从正态分布，$E(r_s)=0$，$\mathrm{Var}(r_s)=\dfrac{1}{n-1}$。对 $r_s$ 进行标准化，构造检验统计量如式（14.27）所示。

$$z=\frac{r_s-E(r_s)}{\sqrt{\mathrm{Var}(r_s)}}=\frac{r_s}{\sqrt{\dfrac{1}{n-1}}}\sim N(0,1) \tag{14.27}$$

检验统计量服从标准正态分布，可以按照一般的 $z$ 检验来完成其余步骤。

3．Excel 中的实现

**例 14.5**

在 A 市随机抽取 10 家酒店，记录下酒店的星级和顾客评价数据，如图 14.13 中单元格区域“B1:C11”所示。在 0.01 的显著性水平下，判断酒店的星级和顾客评价之间是否存在正相关关系。

本例中酒店的星级是一个顺序型变量，需要用斯皮尔曼秩相关系数来测度星级和顾客评价之间的相关性。研究者关注的是两个变量之间是否存在正相关关系，因此开展右侧检验。原假设是“$H_0:\rho_s\leqslant 0$”，备择假设是“$H_1:\rho_s>0$”。

首先，计算样本的斯皮尔曼秩相关系数 $r_s$，图 14.13 展示了计算 $r_s$ 的公式。在列 D 和列 E 中使用 RANK.AVG 函数计算观测值的秩。

然后，计算 $z$ 值如式（14.28）所示。

$$z=\frac{r_s}{\sqrt{\dfrac{1}{n-1}}}=\frac{0.973}{\sqrt{\dfrac{1}{10-1}}}=2.919 \tag{14.28}$$

在 0.01 的显著性水平下，临界值 $z_{0.01}=2.326$，$z$ 值落入了拒绝域，所以拒绝原假设，可以认为酒店星级和顾客评价之间存在正相关关系。

| | A | B | C | D | E | F | G | H | I | J | K | L |
|---|---|---|---|---|---|---|---|---|---|---|---|---|
| 1 | ID | 星级 | 顾客评价 | 星级的秩 | 顾客评价的秩 | 两组数据的秩的差距 | 差距的平方 | | 星级的秩 | 顾客评价的秩 | 两组数据的秩的差距 | 差距的平方 |
| 2 | 1 | 1 | 2.2 | 2 | 3 | -1 | 1 | | =RANK.AVG(B2,B$2:B$11,1) | =RANK.AVG(C2,C$2:C$11,1) | =D2-E2 | =F2^2 |
| 3 | 2 | 2 | 3.6 | 5 | 6 | -1 | 1 | | =RANK.AVG(B3,B$2:B$11,1) | =RANK.AVG(C3,C$2:C$11,1) | =D3-E3 | =F3^2 |
| 4 | 3 | 4 | 6.1 | 8.5 | 8 | 0.5 | 0.25 | | =RANK.AVG(B4,B$2:B$11,1) | =RANK.AVG(C4,C$2:C$11,1) | =D4-E4 | =F4^2 |
| 5 | 4 | 3 | 3.9 | 7 | 7 | 0 | 0 | | =RANK.AVG(B5,B$2:B$11,1) | =RANK.AVG(C5,C$2:C$11,1) | =D5-E5 | =F5^2 |
| 6 | 5 | 2 | 3.1 | 5 | 4 | 1 | 1 | | =RANK.AVG(B6,B$2:B$11,1) | =RANK.AVG(C6,C$2:C$11,1) | =D6-E6 | =F6^2 |
| 7 | 6 | 1 | 1.9 | 2 | 2 | 0 | 0 | | =RANK.AVG(B7,B$2:B$11,1) | =RANK.AVG(C7,C$2:C$11,1) | =D7-E7 | =F7^2 |
| 8 | 7 | 1 | 1.6 | 2 | 1 | 1 | 1 | | =RANK.AVG(B8,B$2:B$11,1) | =RANK.AVG(C8,C$2:C$11,1) | =D8-E8 | =F8^2 |
| 9 | 8 | 5 | 8.3 | 10 | 10 | 0 | 0 | | =RANK.AVG(B9,B$2:B$11,1) | =RANK.AVG(C9,C$2:C$11,1) | =D9-E9 | =F9^2 |
| 10 | 9 | 4 | 6.4 | 8.5 | 9 | -0.5 | 0.25 | | =RANK.AVG(B10,B$2:B$11,1) | =RANK.AVG(C10,C$2:C$11,1) | =D10-E10 | =F10^2 |
| 11 | 10 | 2 | 3.3 | 5 | 5 | 0 | 0 | | =RANK.AVG(B11,B$2:B$11,1) | =RANK.AVG(C11,C$2:C$11,1) | =D11-E11 | =F11^2 |
| 12 | | | | | | | | | | | | |
| 13 | | $\sum d^2$ | 4.5 | =SUM(G2:G11) | | $z=\frac{r_s}{\sqrt{\frac{1}{n-1}}}$ | $z$值 | | 2.919 | =C16/SQRT(1/(10-1)) | | |
| 14 | | $n(n^2-1)$ | 990 | =10*(10^2-1) | | | | | | | | |
| 15 | $r=1-$ | $\frac{6\sum d^2}{}$ | | | | 右侧检验的$p$值 | | | 0.002 | =1-NORM.S.DIST(I13,TRUE) | | |
| 16 | | $n(n^2-1)$ | 0.973 | =1-6*C13/C14 | | 右侧检验的临界值 | | | 2.326 | =NORM.S.INV(0.99) | | |

图 14.13　斯皮尔曼秩相关系数的计算和检验

**实操技巧**

RANK.AVG 函数可以用于计算观测值的秩。

## 14.3 本章总结

图 14.14 展示了本章介绍的主要知识点。

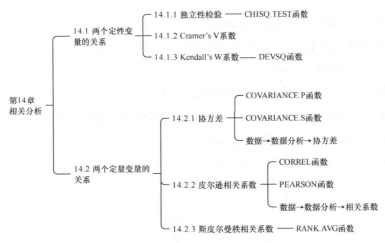

图 14.14 第 14 章知识点总结

## 14.4 本章习题

【习题 14.1】

图 14.15 所示是 505 位基金经理的性别、学历/学位、专业数据的前 5 行（数据文件：习题 14.1.xlsx），完成以下任务。

| | A | B | C | D |
|---|---|---|---|---|
| 1 | 序号 | 性别 | 学历/学位 | 专业 |
| 2 | 1 | 女 | 硕士 | 金融 |
| 3 | 2 | 男 | 硕士 | 理工 |
| 4 | 3 | 女 | 硕士 | 金融 |
| 5 | 4 | 男 | 硕士 | 金融 |

图 14.15 习题 14.1 的部分数据

1. 在 0.05 的显著性水平下，判断基金经理的性别和学历/学位是否相互独立。若二者不相互独立，请概括二者之间的关系的特征。

2. 计算基金经理的性别和学历/学位的 Cramer's V 系数。

3. 在 0.05 的显著性水平下，判断基金经理的性别和专业是否相互独立。若二者不相互独立，请概括二者之间的关系的特征。

4. 计算基金经理的性别和专业的 Cramer's V 系数。

5. 在 0.05 的显著性水平下，判断基金经理的学历/学位和专业是否相互独立。若二者不相互独立，请概括二者之间的关系的特征。

6. 计算基金经理的学历/学位和专业的 Cramer's V 系数。

【习题 14.2】

图 14.16 所示是 2530 名毕业生的性别、学院、政治面貌、专业与就业是否对口数据的前 6 行（数据文件：习题 14.2.xlsx），完成以下任务。

1. 在 0.05 的显著性水平下，判断毕业生的性别和学院是否相互独立。若二者不相互独立，请概括二者之间的关系的特征。

2. 计算毕业生的性别和学院的 Cramer's V 系数。

3. 在 0.05 的显著性水平下,判断毕业生的性别和政治面貌是否相互独立。若二者不相互独立,请概括二者之间的关系的特征。

4. 计算毕业生的性别和政治面貌的 Cramer's V 系数。

5. 在 0.05 的显著性水平下,判断毕业生的学院和专业与就业是否对口是否相互独立。若二者不相互独立,请概括二者之间的关系的特征。

6. 计算毕业生的学院和专业与就业是否对口的 Cramer's V 系数。

| | A | B | C | D |
|---|---|---|---|---|
| 1 | 性别 | 学院 | 政治面貌 | 专业与就业是否对口 |
| 2 | 男 | 管理学院 | 共青团员 | 是 |
| 3 | 男 | 管理学院 | 共青团员 | 是 |
| 4 | 男 | 管理学院 | 共青团员 | 是 |
| 5 | 男 | 管理学院 | 共青团员 | 是 |
| 6 | 男 | 管理学院 | 共青团员 | 是 |

图 14.16  习题 14.2 的部分数据

【习题 14.3】

图 14.17 所示是 638 套二手房所在区域、建筑类型、建筑年代和户型数据的前 6 行(数据文件:习题 14.3.xlsx),完成以下任务。

| | A | B | C | D | E |
|---|---|---|---|---|---|
| 1 | ID | 所在区域 | 建筑类型 | 建筑年代 | 户型 |
| 2 | 1 | 番禺区 | 低层 | 90年代 | 2室1厅 |
| 3 | 2 | 番禺区 | 低层 | 90年代 | 2室2厅 |
| 4 | 3 | 番禺区 | 低层 | 90年代 | 2室2厅 |
| 5 | 4 | 番禺区 | 低层 | 90年代 | 2室1厅 |
| 6 | 5 | 番禺区 | 低层 | 90年代 | 3室2厅 |

图 14.17  习题 14.3 的部分数据

1. 在 0.05 的显著性水平下,判断二手房的所在区域和户型是否相互独立。若二者不相互独立,请概括二者之间的关系的特征。

2. 计算二手房的所在区域和户型的 Cramer's V 系数。

3. 在 0.05 的显著性水平下,判断二手房的建筑类型和建筑年代是否相互独立。若二者不相互独立,请概括二者之间的关系的特征。

4. 计算建筑类型和建筑年代的 Cramer's V 系数。

5. 在 0.05 的显著性水平下,判断二手房的建筑年代和户型是否相互独立。若二者不相互独立,请概括二者之间的关系的特征。

6. 计算二手房的建筑年代和户型的 Cramer's V 系数。

【习题 14.4】

如图 14.18 所示,4 名顾客给 6 家餐厅的服务质量排序(数据文件:习题 14.4.xlsx),计算 Kendall's W 系数,判断 4 名顾客对 6 家餐厅的观点是否一致。

| | A | B | C | D | E | F | G |
|---|---|---|---|---|---|---|---|
| 1 | 顾客 | 餐厅A | 餐厅B | 餐厅C | 餐厅D | 餐厅E | 餐厅F |
| 2 | 1 | 4 | 1 | 6 | 2 | 5 | 3 |
| 3 | 2 | 5 | 2 | 5 | 1 | 6 | 4 |
| 4 | 3 | 4 | 3 | 5 | 1 | 6 | 2 |
| 5 | 4 | 2 | 3 | 6 | 4 | 5 | 1 |

图 14.18  习题 14.4 的数据

【习题 14.5】

图 14.19 所示是 317 种图书的页数、质量、定价和售价数据的前 6 行（数据文件：习题 14.5.xlsx），完成以下任务。

| | A | B | C | D | E |
|---|---|---|---|---|---|
| 1 | ID | 页数 | 质量/g | 定价/元 | 售价/元 |
| 2 | 1 | 304 | 318 | 82.2 | 32.9 |
| 3 | 2 | 273 | 204 | 95.3 | 64.8 |
| 4 | 3 | 96 | 113 | 9.5 | 9.5 |
| 5 | 4 | 672 | 816 | 101.5 | 69.0 |
| 6 | 5 | 720 | 635 | 193.7 | 106.5 |

图 14.19　习题 14.5 的部分数据

1. 计算书的页数和质量的协方差、皮尔逊相关系数，并对皮尔逊相关系数进行显著性检验。
2. 计算书的页数和售价的协方差、皮尔逊相关系数，并对皮尔逊相关系数进行显著性检验。
3. 计算书的质量和售价的协方差、皮尔逊相关系数，并对皮尔逊相关系数进行显著性检验。
4. 计算书的定价和售价的协方差、皮尔逊相关系数，并对皮尔逊相关系数进行显著性检验。

【习题 14.6】

图 14.20 所示是 SL 连锁酒店在 51 个城市的客房价格、开业时长、当地就业人员平均工资数据的前 6 行（数据文件：习题 14.6.xlsx），完成以下任务。

| | A | B | C | D |
|---|---|---|---|---|
| 1 | 连锁酒店ID | 客房价格/元·晚$^{-1}$ | 开业时长/月 | 当地就业人员平均工资/元·年$^{-1}$ |
| 2 | 1 | 570 | 13 | 75586 |
| 3 | 2 | 560 | 24 | 60622 |
| 4 | 3 | 1360 | 10 | 149843 |
| 5 | 4 | 900 | 21 | 149843 |
| 6 | 5 | 888 | 33 | 149843 |

图 14.20　习题 14.6 的部分数据

1. 计算连锁酒店的客房价格、开业时长、当地就业人员平均工资的协方差矩阵。
2. 计算连锁酒店的客房价格、开业时长、当地就业人员平均工资的皮尔逊相关系数矩阵。
3. 对连锁酒店的客房价格、开业时长、当地就业人员平均工资两两之间的皮尔逊相关系数进行显著性检验。

【习题 14.7】

图 14.21 所示是 15 家景点的星级和游客评价数据的前 3 行（数据文件：习题 14.7.xlsx），完成以下任务。

| | A | B | C | D | E | F | G | H | I | J | K | L | M | N | O | P |
|---|---|---|---|---|---|---|---|---|---|---|---|---|---|---|---|---|
| 1 | 景点ID | 1 | 2 | 3 | 4 | 5 | 6 | 7 | 8 | 9 | 10 | 11 | 12 | 13 | 14 | 15 |
| 2 | 星级 | 3 | 3 | 4 | 4 | 5 | 5 | 5 | 3 | 3 | 4 | 4 | 4 | 4 | 5 | 4 |
| 3 | 游客评价 | 1.1 | 1.2 | 4.1 | 4.3 | 4.6 | 4.7 | 4.9 | 1.3 | 4.2 | 2.5 | 3.8 | 4.2 | 4.4 | 4.6 | 3.9 |

图 14.21　习题 14.7 的部分数据

1. 计算斯皮尔曼秩相关系数。
2. 在 0.05 的显著性水平下，判断酒店的星级和顾客评价之间是否存在正相关关系。

# 第 15 章

# 回归分析

回归分析研究的是一个（或多个）自变量与一个因变量之间的关系。第 14 章中研究的两个变量的地位是平等的，相关系数具有对称性，在计算相关系数时无须区分因变量和自变量。在回归分析中，因变量（Dependent Variable）也称作被解释变量（Explained Variable），研究者关注的是哪些因素导致了被解释变量的变化，代表这些因素的变量称作自变量（Independent Variable）或解释变量（Explanatory Variable）、回归元（Regressor）。回归分析是推断统计学中重要的领域。

本章将首先介绍开展回归分析的工作流程，然后介绍一元回归分析的方法，最后介绍多元回归分析的方法。

【本章主要内容】
- 开展回归分析的工作流程
- 一元回归分析
- 多元回归分析

## 15.1 开展回归分析的工作流程

回归分析的目标是分析解释变量对被解释变量的影响，开展回归分析的工作流程如图 15.1 所示。

图 15.1 开展回归分析的工作流程

### 15.1.1 建立回归模型

为了简洁，下面以一元回归为例介绍开展回归分析的各个流程。首先，需要根据研究的目标、数据的可获得性，设定回归模型，写出回归模型的数学表达式。建立回归模型，如式（15.1）所示。

$$Y_i = B_0 + B_1 X_i + u_i \tag{15.1}$$

式（15.1）中$Y_i$是被解释变量，$X_i$是解释变量，$B_0$和$B_1$是回归模型的参数，$u_i$是随机误差项。随机误差项中包含对被解释变量有影响，但是未能以解释变量的形式引入模型的因素，以及纯随机因素。式（15.1）也称作总体回归方程。

### 15.1.2 估计模型参数

回归模型中的$B_0$和$B_1$是参数，其真实值是未知的，需要使用科学的方法并利用样本数据对其进行估计。将估计的回归方程记作：

$$Y_i = b_0 + b_1 X_i + e_i \tag{15.2}$$

式（15.2）也称作样本回归方程。式中$b_0$和$b_1$分别是总体回归方程中的参数$B_0$和$B_1$的估计量，即$\hat{B}_0 = b_0$，$\hat{B}_1 = b_1$；$X_i$和$Y_i$是样本观测值，将$X_i$代入估计的回归方程，得到被解释变量的估计量$\hat{Y}_i$，读作Y-hat，如式（15.3）所示。

$$\hat{Y}_i = b_0 + b_1 X_i \tag{15.3}$$

式（15.3）是一个直线方程，对应的直线称作回归线（Regression Line）。

被解释变量的观测值$Y_i$与被解释变量的估计量$\hat{Y}_i$的差，称作残差（Residual），如式（15.4）所示。

$$e_i = Y_i - (b_0 + b_1 X_i) = Y_i - \hat{Y}_i \tag{15.4}$$

残差$e_i$是随机误差项$u_i$的估计量，即$\hat{u}_i = e_i$。

使用什么方法来估计回归模型的参数$B_0$和$B_1$呢？根据样本数据$X_i$和$Y_i$绘制出图15.2所示的散点图，在散点图中添加3条直线，这3条直线的数学表达式即3个不同的估计的回归方程。哪一条直线最能代表图中散点的分布呢？哪一条直线是最好的呢？需要建立一个评估标准。直观而言，散点离哪条直线最近，那么这条直线就最能代表样本数据的分布。

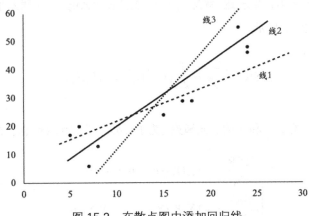

图 15.2 在散点图中添加回归线

那么如何度量点到直线的距离呢？为了方便说明，只保留图15.2中的一条直线，如图15.3所示。

图15.3中的回归线的数学表达式是估计的回归方程$\hat{Y}_i = b_0 + b_1 X_i$。将$X_1$代入该方程得到$\hat{Y}_1$，$(X_1, \hat{Y}_1)$落在回归线上，散点$(X_1, Y_1)$与回归线上的$(X_1, \hat{Y}_1)$的纵坐标的差就是残差$e_1 = Y_1 - \hat{Y}_1$。

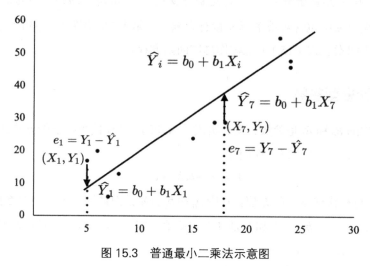

图15.3 普通最小二乘法示意图

经过同样的步骤，根据每一个$X_i$，都可以求出对应的$\hat{Y}_i$，然后计算每一点的残差$e_i$。若散点在回归线上方，残差就大于0；若散点在回归线下方，残差就小于0。能否用所有点的残差之和来反映散点围绕回归线的紧密程度呢？不可以，因为有的残差大于0，有的残差小于0，如果将所有点的残差直接加总，会出现正的残差和负的残差相互抵消的情况，无法真实反映散点离回归线的远近。

为此，统计学家采用残差平方和（Residual Sum of Squares，SSR）来度量所有散点离回归线的远近。散点离回归线越近，残差的绝对值就越小，对其取平方后，也反映的是距离的大小。将所有散点与回归线的距离的平方加总起来，可以反映散点围绕回归线的紧密程度。这一方法称作普通最小二乘法（Ordinary Least Squares，OLS）。所以普通最小二乘法的目标是，找到一条最佳的直线，使得残差的平方和取到最小值。

将上述过程用数学语言来表达，就是$b_0$和$b_1$分别取什么值，能让残差平方和取到最小值？残差平方和如式（15.5）所示。

$$\text{SSR} = \sum_{i=1}^{n} e_i = \sum_{i=1}^{n}(Y_i - \hat{Y}_i)^2 = f(b_0, b_1) \tag{15.5}$$

式（15.5）是一个关于$b_0$和$b_1$的二元函数，为了让残差平方和取到最小值，需满足式（15.6）：

$$\begin{cases} \dfrac{\partial \text{SSR}}{\partial b_0} = -2\sum(Y_i - b_0 - b_1 X_i) = 0 \\ \dfrac{\partial \text{SSR}}{\partial b_1} = -2\sum X_i(Y_i - b_0 - b_1 X_i) = 0 \end{cases} \tag{15.6}$$

求解二元一次方程组（15.6），可得 $b_1$ 和 $b_0$ 的计算公式，即式（15.7）和式（15.8）：

$$b_1 = \frac{\sum(X_i - \bar{X})(Y_i - \bar{Y})}{\sum(X_i - \bar{X})^2} \qquad (15.7)$$

$$b_0 = \bar{Y} - b_1 \bar{X} \qquad (15.8)$$

$b_1$ 和 $b_0$ 称作 OLS 估计量（OLS Estimator）。下面举例说明上述计算公式的应用。如图15.4所示，列 B 和列 C 中是容量为 10 的样本的观测值，首先计算 $X_i - \bar{X}$ 和 $Y_i - \bar{Y}$，然后计算 $(X_i - \bar{X})(Y_i - \bar{Y})$、$(X_i - \bar{X})^2$，编辑公式即可计算出 $b_1 = 1.932$，$b_0 = 0.297$。利用 $\hat{Y}_i = 0.297 + 1.932 X_i$，计算出 $\hat{Y}_i$。

| | A | B | C | D | E | F | G | H | I |
|---|---|---|---|---|---|---|---|---|---|
| 1 | | $X_i$ | $Y_i$ | $(X_i - \bar{X})$ | $(Y_i - \bar{Y})$ | $(X_i - \bar{X})(Y_i - \bar{Y})$ | $(X_i - \bar{X})^2$ | $\hat{Y}_i$ | $e_i$ |
| 2 | | 23 | 55 | 8.3 | 26.3 | 218.29 | 68.890 | 44.737 | 10.263 |
| 3 | | 6 | 20 | -8.7 | -8.7 | 75.69 | 75.690 | 11.890 | 8.110 |
| 4 | | 5 | 17 | -9.7 | -11.7 | 113.49 | 94.090 | 9.958 | 7.042 |
| 5 | | 24 | 46 | 9.3 | 17.3 | 160.89 | 86.490 | 46.669 | -0.669 |
| 6 | | 8 | 13 | -6.7 | -15.7 | 105.19 | 44.890 | 15.755 | -2.755 |
| 7 | | 18 | 29 | 3.3 | 0.3 | 0.99 | 10.890 | 35.076 | -6.076 |
| 8 | | 7 | 6 | -7.7 | -22.7 | 174.79 | 59.290 | 13.822 | -7.822 |
| 9 | | 15 | 24 | 0.3 | -4.7 | -1.41 | 0.090 | 29.280 | -5.280 |
| 10 | | 17 | 29 | 2.3 | 0.3 | 0.69 | 5.290 | 33.144 | -4.144 |
| 11 | | 24 | 48 | 9.3 | 19.3 | 179.49 | 86.490 | 46.669 | 1.331 |
| 12 | | | | | | | | | |
| 13 | 均值 | 14.7 | 28.7 | 0 | 0 | | | 28.7 | 0 |
| 14 | | | | | | | | | |
| 15 | | | | $(X_i - \bar{X})$ | $(Y_i - \bar{Y})$ | $(X_i - \bar{X})(Y_i - \bar{Y})$ | $(X_i - \bar{X})^2$ | $\hat{Y}_i$ | $e_i$ |
| 16 | | | | =B2-B$13 | =C2-C$13 | =D2*E2 | =D2^2 | =B$29+B$27*B2 | =C2-H2 |
| 17 | | | | =B3-B$13 | =C3-C$13 | =D3*E3 | =D3^2 | =B$29+B$27*B3 | =C3-H3 |
| 18 | | | | =B4-B$13 | =C4-C$13 | =D4*E4 | =D4^2 | =B$29+B$27*B4 | =C4-H4 |
| 19 | | | | =B5-B$13 | =C5-C$13 | =D5*E5 | =D5^2 | =B$29+B$27*B5 | =C5-H5 |
| 20 | | | | =B6-B$13 | =C6-C$13 | =D6*E6 | =D6^2 | =B$29+B$27*B6 | =C6-H6 |
| 21 | | | | =B7-B$13 | =C7-C$13 | =D7*E7 | =D7^2 | =B$29+B$27*B7 | =C7-H7 |
| 22 | | | | =B8-B$13 | =C8-C$13 | =D8*E8 | =D8^2 | =B$29+B$27*B8 | =C8-H8 |
| 23 | | | | =B9-B$13 | =C9-C$13 | =D9*E9 | =D9^2 | =B$29+B$27*B9 | =C9-H9 |
| 24 | | | | =B10-B$13 | =C10-C$13 | =D10*E10 | =D10^2 | =B$29+B$27*B10 | =C10-H10 |
| 25 | | | | =B11-B$13 | =C11-C$13 | =D11*E11 | =D11^2 | =B$29+B$27*B11 | =C11-H11 |
| 26 | | | | | | | | | |
| 27 | 斜率 | 1.932 | =SUM(F2:F11)/SUM(G2:G11) | | | | | | |
| 28 | | | | | | | | | |
| 29 | 截距 | 0.297 | =C13-B27*B13 | | | | | | |

图 15.4　斜率和截距的计算过程

从图 15.4 展示的计算和 OLS 估计量的推导过程，可以总结出以下规律。

（1）残差的均值等于 0。根据方程组（15.6）中的第一个方程，可以得出 $\sum e_i = 0$。残差之和等于 0，正的残差和负的残差完全抵消。

（2）回归线 $\hat{Y}_i = b_0 + b_1 X_i$ 经过样本均值点 $(\bar{X}, \bar{Y})$，由式（15.8）可得。

（3）$\bar{\hat{Y}} = \bar{Y}$。因为 $\sum e_i = 0$，则有 $\sum(Y_i - \hat{Y}_i) = 0$，所以 $\bar{\hat{Y}} = \bar{Y}$。列 H 中被解释变量的估计量 $\hat{Y}_i$ 的均值是 28.7，等于列 C 中被解释变量的观测值 $Y_i$ 的均值，即 $\bar{\hat{Y}} = \bar{Y}$。

普通最小二乘法简单易行，并且 OLS 估计量具有无偏性、线性、有效性等优良性质，普通最小二乘法已成为估计回归模型参数的经典方法。

### 15.1.3 检验模型参数

估计出回归模型的参数后，需要对参数进行检验。因为 OLS 估计量是随机变量，基于某个样本得出的结论能否推及总体，还需要进行假设检验。在回归模型 $Y_i = B_0 + B_1 X_i + u_i$ 中，研究者最关注的就是 $X$ 对 $Y$ 的影响是否存在。若 $B_1 = 0$，那么 $X$ 对 $Y$ 没有影响。因此，需要开展针对 $B_1$ 的假设检验，如式（15.9）所示。

$$H_0: B_1 = 0 \\ H_1: B_1 \neq 0 \tag{15.9}$$

在古典线性模型的假定下，OLS 估计量服从正态分布，即 $b_1 \sim N(B_1, \sigma_{b_1}^2)$[1]。由于 $\sigma_{b_1}^2$ 未知，只能用其估计量替代，构造检验统计量如式（15.10）所示。

$$t = \frac{b_1 - B_1^0}{\text{se}(b_1)} \sim t(n-k) \tag{15.10}$$

式中 $B_1^0$ 是在原假设中假定的 $B_1$ 的值，$n$ 是样本容量，$k$ 是模型中待估计的参数的个数。$\text{se}(b_1)$ 称作 $b_1$ 的标准误（Standard Error），其计算公式较为复杂，$b_1$ 的标准误测度的是 $b_1$ 的变异程度。剩下的步骤与一般的 $t$ 检验的步骤相同。

### 15.1.4 评估模型效果

在实践中，还需要考查回归模型的拟合效果，评估回归方程对样本数据的代表性如何。为了构造反映拟合优度的统计量，构造以下 3 项平方和，如式（15.11）、式（15.12）和式（15.13）所示。

$$\text{SST} = \sum_{i=1}^{n}(Y_i - \bar{Y})^2 \tag{15.11}$$

$$\text{SSE} = \sum_{i=1}^{n}(\hat{Y}_i - \bar{Y})^2 = \sum_{i=1}^{n}(\hat{Y}_i - \bar{\hat{Y}})^2 \tag{15.12}$$

$$\text{SSR} = \sum_{i=1}^{n}(Y_i - \hat{Y}_i)^2 \tag{15.13}$$

SST 代表被解释变量的观测值围绕其均值的变异。

解释平方和（Explained Sum of Squares，SSE）代表被解释变量的估计量 $\hat{Y}_i$ 围绕其均值 $\bar{Y}$ 的变异。因为 $\sum e_i = 0$，则有 $\sum(Y_i - \hat{Y}_i) = 0$，所以 $\bar{\hat{Y}} = \bar{Y}$。由于被解释变量的估计量 $\hat{Y}_i$ 根据估计的回归方程求得，所以解释平方和代表回归方程的信息。

残差平方和（Residual Sum of Squares，SSR）代表在被解释变量的变异中，不由回归方程解释的部分。

---

[1] 关于古典线型模型的假定，可参阅杰弗里·M.伍德里奇（Jeffrey M.Wooldridge）所著的《计量经济学导论：现代观点（第五版）》，在此不赘述。

3 项平方和存在式（15.14）所示的恒等关系。

$$\text{SST} \equiv \text{SSE} + \text{SSR} \tag{15.14}$$

如果回归方程的拟合效果很好，那么解释平方和应该比较大，而残差平方和应该比较小。所以，构造判定系数（Coefficient of Determination）如式（15.15）所示。

$$R^2 = \frac{\text{SSE}}{\text{SST}} = 1 - \frac{\text{SSR}}{\text{SST}} \tag{15.15}$$

判定系数代表被解释变量的变异中有多大比例可以被回归方程解释。判定系数介于 0 到 1 之间，判定系数越大，代表模型的拟合效果越好。图 15.5 所示列出了计算判定系数的公式。

| | A | B | C | D | E | F | G | H | I | J |
|---|---|---|---|---|---|---|---|---|---|---|
| 1 | | $X_i$ | $Y_i$ | $\hat{Y}_i$ | $e_i$ | | | | | |
| 2 | | 23 | 55 | 44.737 | 10.263 | SST | 总平方和 | | 2360.100 | =DEVSQ(C2:C11) |
| 3 | | 6 | 20 | 11.890 | 8.110 | SSE | 回归平方和 | | 1986.449 | =DEVSQ(D2:D11) |
| 4 | | 5 | 17 | 9.958 | 7.042 | SSR | 残差平方和 | | 373.651 | =SUMSQ(E2:E11) |
| 5 | | 24 | 46 | 46.669 | -0.669 | | | | | |
| 6 | | 8 | 13 | 15.755 | -2.755 | $R^2$ | 判定系数 | | 0.842 | =I3/I2 |
| 7 | | 18 | 29 | 35.076 | -6.076 | | | | | |
| 8 | | 7 | 6 | 13.822 | -7.822 | | | | | |
| 9 | | 15 | 24 | 29.280 | -5.280 | | | | | |
| 10 | | 17 | 29 | 33.144 | -4.144 | | | | | |
| 11 | | 24 | 48 | 46.669 | 1.331 | | | | | |

图 15.5　判定系数的计算过程

为了评估估计的回归方程整体的估计误差，构造回归标准误（Standard Error of Regression，SER）如式（15.16）所示。

$$\text{SER} = \sqrt{\frac{\sum_{i=1}^{n} e_i^2}{n-k}} = \sqrt{\frac{\text{SSE}}{n-k}} \tag{15.16}$$

式（15.16）中 $n$ 代表样本容量，$k$ 代表模型中待估计的参数的个数。$n-k$ 是残差平方和的自由度。以图 15.4 中的数据为例，回归标准误的计算如下：

$$\text{SER} = \sqrt{\frac{373.651}{10-2}} \approx 6.834 \tag{15.17}$$

### 15.1.5　提炼研究结论

根据回归模型的估计和检验的结果，提炼研究结论，总结解释变量对被解释变量的影响，评估模型的拟合效果。

## 15.2　一元回归分析

Excel 中有 3 类工具可以用于实现一元回归分析，一是散点图，二是函数，三是数据分析工具中的回归工具。

## 15.2.1 在散点图中添加趋势线

**例 15.1**

从 A 市的二手房交易平台收集了 100 套房屋到市中心的距离（单位：km），以及单价（单位：元/米$^2$），建立二手房的价格和距离之间的回归模型，报告估计的回归方程。

首先，绘制单价和距离的散点图。在模型中，距离是解释变量，单价是被解释变量，因此在散点图中，需要将距离作为横轴，将单价作为纵轴。选中列 B 和列 C，然后单击"插入"→"散点图"，即得散点图。

如图 15.6 所示，在散点图中单击散点，单击鼠标右键，在弹出的快捷菜单中选择"添加趋势线"，即可显示"设置趋势线格式"窗格。"趋势线选项"中默认的是"线性"，即直线方程。勾选"显示公式"和"显示 R 平方值"，将在散点图中添加回归线，并显示估计的回归方程和判定系数。

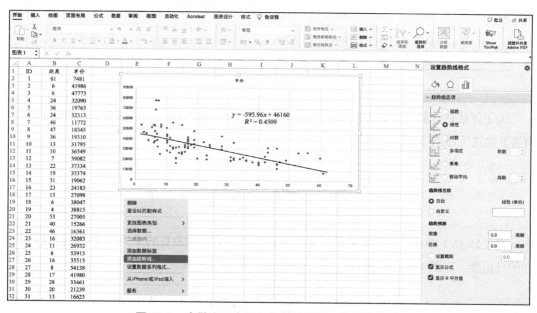

图 15.6　在散点图中添加趋势线及设置趋势线格式

绘制散点图时，Excel 将左侧的列设为横轴，将右侧的列设为纵轴。所以，在框选数据前，需要确认解释变量在被解释变量的左侧。若散点图的横轴和纵轴不对应回归模型的解释变量和被解释变量，会添加错误的趋势线和回归方程。

在本例中，估计的方程是 $\hat{Y}_i = 46160 - 595.96 X_i$，代表房屋距离市中心的距离每增加 1km，房价平均下降 596.96 元/米$^2$；判定系数是 0.4509，代表房屋距离市中心的距离解释了房价的 45.09% 的变异。

在实践中，可根据散点图中散点的分布形态，选择指数、多项式等其他形式的趋势线。如图 15.7 所示，在"趋势线选项"中选择"多项式"，在"阶数"框中输入 2，意思是创建包含 $X$ 和 $X$ 的平方项的回归模型，则散点呈倒 U 形分布。在"设置趋势线格式"窗格中还可以设置趋势线的类型、颜色、粗细等。

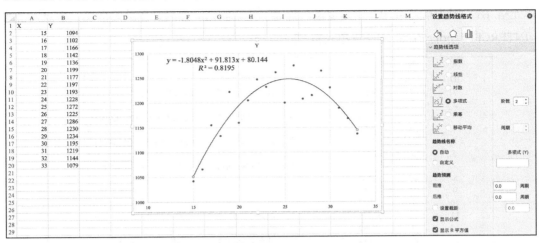

图 15.7　在散点图中添加二阶多项式趋势线（二次曲线）

散点图呈现了两个定量变量之间的关系，在散点图中添加趋势线，显示估计的回归方程和判定系数，可以直观地展示回归分析的结果。

**实操技巧**

- 绘制散点图时，Excel 将左侧的序列设置为横轴，将右侧的序列设置为纵轴。所以，在框选数据时，需要注意将解释变量的列放置在被解释变量的列的左侧，要检查散点图的横轴和纵轴是否和模型的设定一致。
- 在散点图中单击散点，单击鼠标右键，在弹出的快捷菜单中选择"添加趋势线"，在"设置趋势线格式"窗格中设置趋势线的格式，勾选"显示公式"和"显示 R 平方值"。
- 若散点分布在一条直线周围，在"趋势线选项"中选择"线性"；若散点呈现 U 形或者倒 U 形分布，选择"多项式"，将阶数设置为 2。

## 15.2.2　利用函数进行一元回归分析

**1. INTERCEPT 函数、SLOPE 函数、RSQ 函数和 STEYX 函数**

沿用例 15.1 的数据，如图 15.8 所示，使用 INTERCEPT 函数计算截距，使用 SLOPE 函数计算斜率，使用 RSQ 函数计算判定系数，使用 STEYX 函数计算回归标准误差。这 4 个函数的共同之处在于：第 1 项参数是被解释变量的数据区域，第 2 项参数是解释变量的数据区域。

**注意**：这两项参数的位置不能互换，若互换了，模型的设定会发生变化。

由于这 4 个函数都需要引用单元格区域"C2:C101"和"B2:B101"，在录入公式时需要重复框选这两片区域，操作起来略显烦琐。为两片区域定义名称，可以提高公式录入效率。

如图 15.9 所示，框选单元格区域"B2:B101"，然后单击鼠标右键，在弹出的快捷菜单中选择"定义名称"，在"新建名称"对话框的"名称"文本框中输入"distance"，再单击"确定"。用同样的方式，将单元格区域"C2:C101"定义为 price。注意：在框选区域时不能选中单元格 B1，因为单元格 B1 中是变量名称而不是观测值。然后，在单元格 E2 中录入公式 =INTERCEPT(price,distance)（见单元格 F2）。

| | A | B | C | D | E | F |
|---|---|---|---|---|---|---|
| 1 | ID | 距离 | 单价 | | | |
| 2 | 1 | 61 | 7481 | 截距 | 46159.827 | =INTERCEPT(C2:C101,B2:B101) |
| 3 | 2 | 6 | 41986 | | | |
| 4 | 3 | 6 | 47773 | 斜率 | -595.963 | =SLOPE(C2:C101,B2:B101) |
| 5 | 4 | 24 | 32090 | | | |
| 6 | 5 | 36 | 19763 | 判定系数 | 0.451 | =RSQ(C2:C101,B2:B101) |
| 7 | 6 | 24 | 32313 | | | |
| 8 | 7 | 46 | 11772 | 回归标准误 | 9988.517 | =STEYX(C2:C101,B2:B101) |
| 9 | 8 | 47 | 18345 | | | |
| 10 | 9 | 36 | 19310 | | | |
| 11 | 10 | 13 | 31795 | | | |
| 12 | 11 | 10 | 36549 | 截距 | 46159.827 | =INTERCEPT(price,distance) |
| 13 | 12 | 7 | 39082 | | | |
| 14 | 13 | 22 | 37334 | 斜率 | -595.963 | =SLOPE(price,distance) |
| 15 | 14 | 19 | 35374 | | | |
| 16 | 15 | 31 | 19062 | 判定系数 | 0.451 | =RSQ(price,distance) |
| 17 | 16 | 23 | 24183 | | | |
| 18 | 17 | 15 | 27098 | 回归标准误 | 9988.517 | =STEYX(price,distance) |
| 19 | 18 | 6 | 38047 | | | |

图 15.8　使用 INTERCEPT 函数、SLOPE 函数、RSQ 函数和 STEYX 函数

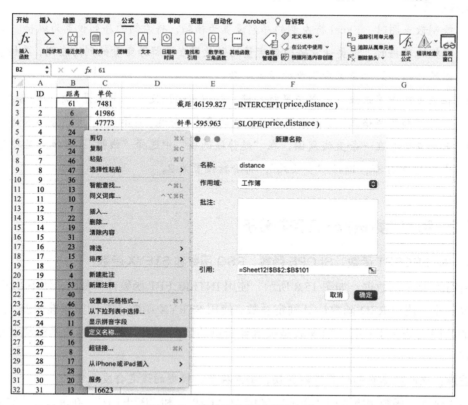

图 15.9　给单元格区域定义名称

### 2. LINEST 函数

LINEST 函数是数组函数（Array Function），数组函数返回的是一系列值。如图 15.10 所

示，在单元格 E10 中录入公式"=LINEST(price,distance, TRUE, TRUE)"（见单元格 E16）。第 1 项参数是被解释变量的数据区域（在前文已将被解释变量和解释变量的数据区域分别定义为 price 和 distance，若没有定义名称，则需要录入数据区域，即"=LINEST(C2:C101,B2:B101, TRUE,TRUE)"）。第 2 项参数是解释变量的数据区域。第 3 项参数是逻辑值，TRUE 代表回归模型中有截距项，FALSE 代表回归模型中没有截距项。第 4 项参数也是逻辑值，TRUE 代表除了返回斜率、截距的估计值之外，还显示标准误、判定系数等详细值（图 15.10 中标注在单元格区域 E10:F14 左侧和右侧的说明）；FALSE 代表只返回斜率和截距。

在 Windows 中，需要先框选单元格区域"E9:F14"，然后在单元格 E9 中录入数组函数的公式，再按 Ctrl+Shift+Enter 键，才能显示如图 15.10 所示的详细输出结果。也就是需要先框选一个 2 列 5 行的区域，然后在框选区域的左上角单元格中录入公式，否则数组函数只会返回一个值。

在 macOS 下，数组函数的录入与普通函数一样，直接在单元格 E9 中录入公式，按 Enter 键即可显示出数个返回值。

| E10 | | | $f_x$ | =LINEST(price,distance,TRUE,TRUE) | | |
|---|---|---|---|---|---|---|
| | A | B | C | D | E | F | G |
| 1 | ID | 距离 | 单价 | | | | |
| 2 | 1 | 61 | 7481 | 截距$b_0$ | 46159.827 | =INTERCEPT(price,distance) | |
| 3 | 2 | 6 | 41986 | | | | |
| 4 | 3 | 6 | 47773 | 斜率$b_1$ | -595.963 | =SLOPE(price,distance) | |
| 5 | 4 | 24 | 32090 | | | | |
| 6 | 5 | 36 | 19763 | 判定系数$R^2$ | 0.451 | =RSQ(price,distance) | |
| 7 | 6 | 24 | 32313 | | | | |
| 8 | 7 | 46 | 11772 | 回归标准误 SER | 9988.517 | =STEYX(price,distance) | |
| 9 | 8 | 47 | 18345 | | | | |
| 10 | 9 | 36 | 19310 | 斜率$b_1$ | -595.963 | 46159.827 | 截距$b_0$ |
| 11 | 10 | 13 | 31795 | 斜率的标准误se($b_1$) | 66.435 | 1764.142 | 截距的标准误se($b_0$) |
| 12 | 11 | 10 | 36549 | 判定系数$R^2$ | 0.451 | 9988.517 | 回归标准误 SER |
| 13 | 12 | 7 | 39082 | F值 | 80.472 | 98 | 残差的自由度n-k |
| 14 | 13 | 22 | 37334 | 回归平方和SSE | 8,028,724,879.51 | 9,777,506,456.28 | 残差平方和RSS |
| 15 | 14 | 19 | 35374 | | | | |
| 16 | 15 | 31 | 19062 | 单元格E10中录入的公式 | =LINEST(price,distance,TRUE,TRUE) | | |
| 17 | 16 | 23 | 24183 | | | | |

图 15.10 使用 LINEST 函数

使用 LINEST 函数可以一次性详细地显示回归方程的估计结果，操作效率高。LINEST 函数报告的一元回归的输出结果如图 15.11 所示。

| LINEST函数报告的一元回归的输出结果 | |
|---|---|
| 斜率$b_1$ | 截距$b_0$ |
| 斜率的标准误se($b_1$) | 截距的标准误se($b_0$) |
| 判定系数$R^2$ | 回归标准误 SER |
| 回归方程整体显著性检验的F值 | 残差的自由度n-k |
| 回归平方和ESS | 残差平方和RSS |

图 15.11 LINEST 函数报告的一元回归的输出结果

### 3. FORECAST.LINEAR 函数和 TREND 函数

可利用估计的回归方程，通过给定的解释变量的值，对被解释变量进行预测。例如，若房屋距离市中心 10 km，预测其价格。将 $X_i = 10$ 代入估计的回归方程 $\hat{Y}_i = 46160 - 595.96 X_i$，如式（15.18）所示。

$$\hat{Y}_i = 46160 - 595.96 \times 10 = 40200.4 \tag{15.18}$$

如图 15.12 所示，在单元格 F2 中录入"=FORECAST.LINEAR(10,price,distance)"以实现式（15.18）的计算。FORECAST.LINEAR 函数的第 1 项参数是给定的解释变量的值，第 2 项和第 3 项参数是样本数据中被解释变量和解释变量的数据区域。若不调用 FORECAST.LINEAR 函数，实现上述计算需自行录入估计的回归方程的表达式（见单元格 F4、G4），较为烦琐。

| | A | B | C | D | E | F | G |
|---|---|---|---|---|---|---|---|
| 1 | ID | 距离 | 单价 | | | | |
| 2 | 1 | 61 | 7481 | | X=10时，Y的估计值 | 40200.4 | =FORECAST.LINEAR(10,price,distance) |
| 3 | 2 | 6 | 41986 | | | | |
| 4 | 3 | 6 | 47773 | | X=10时，Y的估计值 | 40200.4 | =F7−F8*10 |
| 5 | 4 | 24 | 32090 | | | | |
| 6 | 5 | 36 | 19763 | | | | |
| 7 | 6 | 24 | 32313 | | 截距 | 46159.827 | =INTERCEPT(price, distance) |
| 8 | 7 | 46 | 11772 | | 斜率 | −595.963 | =SLOPE(price,distance) |
| 9 | 8 | 47 | 18345 | | | | |

图 15.12　使用 FORECAST.LINEAR 函数

使用数组函数 TREND 可以一次性实现对解释变量的多个取值的预测，当房屋距市中心的距离分别是 10 km、20 km、30 km、40 km、50 km 时，预测房价。如图 15.13 所示，在单元格 F2 中录入"=TREND(price,distance,E2:E6)"（见单元格 G2），第 1 项和第 2 项参数分别是被解释变量和解释变量的数据区域，第 3 项参数是给定的解释变量的值的区域。

| F2 | | | fx | =TREND(price,distance,E2:E6) | | | |
|---|---|---|---|---|---|---|---|
| | A | B | C | D | E | F | G |
| 1 | ID | 距离 | 单价 | | 距离 | 单价的估计值 | |
| 2 | 1 | 61 | 7481 | | 10 | 40200.197 | =TREND(price,distance,E2:E6) |
| 3 | 2 | 6 | 41986 | | 20 | 34240.568 | |
| 4 | 3 | 6 | 47773 | | 30 | 28280.939 | |
| 5 | 4 | 24 | 32090 | | 40 | 22321.309 | |
| 6 | 5 | 36 | 19763 | | 50 | 16361.680 | |
| 7 | 6 | 24 | 32313 | | | | |

图 15.13　使用 TREND 函数

**实操技巧**

- INTERCEPT 函数、SLOPE 函数、RSQ 函数和 STEYX 函数可以分别用于计算一元回归模型的截距、斜率、判定系数和回归标准误。LINEST 函数可以报告回归方程的详细输出结果。上述函数的相同之处是：第 1 项参数是被解释变量的数据区域，第 2 项参数是解释变量的数据区域。
- FORECAST.LINEAR 函数和 TREND 函数可以用于通过给定的解释变量的值，对被解释变量进行预测。
- 给数据区域定义名称，可以提高公式录入效率。

## 15.2.3　利用回归分析工具进行一元回归分析

Excel 的数据分析工具中也有用于实现回归分析的工具。在 Excel 主界面单击"数据"→"数据分析"→"回归"，弹出图 15.14 所示的对话框。单击"Y 值输入区域"右侧的按钮，框选"B1:B101"。此片区域较长，可以先单击单元格 B1，然后按 Ctrl+Shift+↓组合键，"↓"

代表向下方向键，Excel 会自动识别此列数据最下方的观测值，自动框选到单元格 B101。用同样的方法为"X 值输入区域"选择数据。当框选的数据区域比较大，例如上百行或上百列时，用拖曳的方式框选数据会非常困难。按 Ctrl+Shift+方向键，可以自动实现一片连续的数据区域的框选。

因为"C1:C101"和"B1:B101"中包含变量名称，需要勾选"标志"，勾选"残差"和"残差图"，在"输出选项"中选择"新工作表组"，单击"确定"，即可显示输出结果。

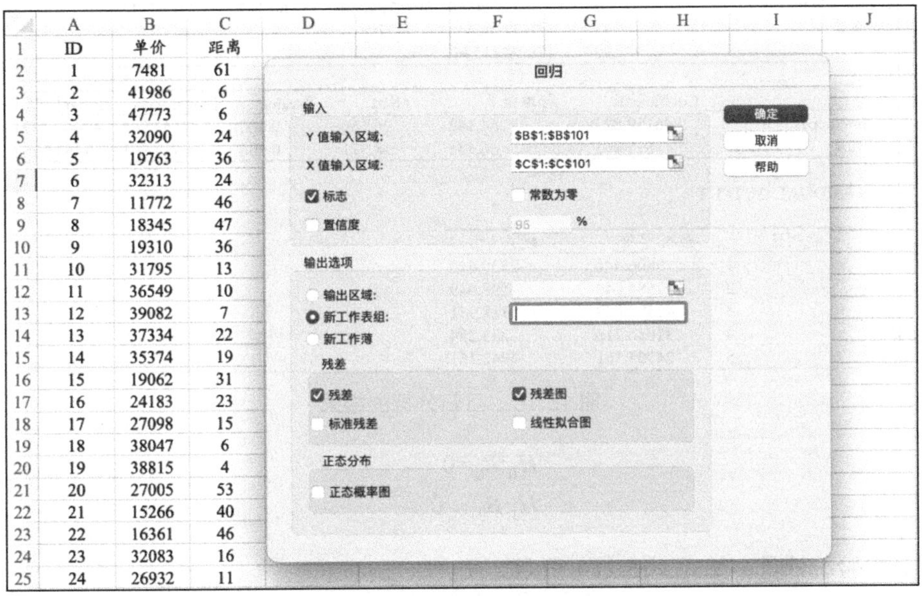

图 15.14 "回归"对话框

图 15.15 所示的输出结果分为 4 栏，第一栏中是回归模型的常用的统计量。Multiple R 是复相关系数，等于判定系数的平方根。R square 是判定系数。Adjusted R square 是校正的判定系数，此统计量常用于多元回归中，将在 15.3.1 小节中介绍。"标准误差"是回归标准误，用于测度回归模型整体的估计误差，其计算如式（15.19）所示。

$$\text{SER} = \sqrt{\frac{\text{SSE}}{n-k}} = \sqrt{\frac{9777506456}{100-2}} \approx \sqrt{99770474} \approx 9988.517 \quad (15.19)$$

"观测值"代表样本中个体的个数，即样本容量，本例中是 100。图 15.15 中标注了"回归统计"显示的统计量的含义。

第二栏"方差分析"显示了解释平方和、残差平方和、总平方和等数据。这一部分是计算判定系数、回归标准误和 $F$ 检验的中间过程。$F$ 检验多用于多元回归，将在 15.3 节中介绍。

第三栏显示了回归模型的参数估计和检验结果。Coefficients 下方是截距和斜率的估计值，"标准误差"是截距的标准误 $se(b_0)$、斜率的标准误 $se(b_1)$，标准误反映的是 OLS 估计量 $b_0$ 和 $b_1$ 的波动程度。t Stat 和 P-value 显示了对回归模型的参数 $B_0$ 和 $B_1$ 进行 $t$ 检验的结果。

在本例中，回归模型的设定为 $price_i = B_0 + B_1 distance_i + u_i$。对 $B_0$ 进行式（15.20）所示的假设检验。

| | A | B | C | D | E | F | G |
|---|---|---|---|---|---|---|---|
| 1 | SUMMARY OUTPUT | | | | | | |
| 2 | | | | | | | |
| 3 | 回归统计 | | | | | | |
| 4 | Multiple R | 0.671 | 复相关系数 | | | | |
| 5 | R Square | 0.451 | 判定系数 | | | | |
| 6 | Adjusted R Square | 0.445 | 校正的判定系数 | | | | |
| 7 | 标准误差 | 9988.517 | 回归标准误SER | | | | |
| 8 | 观测值 | 100 | 样本容量 | | | | |
| 9 | | | | | | | |
| 10 | 方差分析 | | | | | | |
| 11 | | df | SS | MS | F | Significance F | |
| 12 | 回归分析 | 1 | 8028724880 | 8028724880 | 80.472 | 2.071E-14 | |
| 13 | 残差 | 98 | 9777506456 | 99770474 | | | |
| 14 | 总计 | 99 | 17806231336 | | | | |
| 15 | | | | | | | |
| 16 | | Coefficients | 标准误差 | t Stat | P-value | Lower 95% | Upper 95% |
| 17 | Intercept | 46159.827 | 1764.142 | 26.166 | 0.000 | 42658.944 | 49660.709 |
| 18 | 距离 | -595.963 | 66.435 | -8.971 | 0.000 | -727.801 | -464.125 |
| 19 | | | | | | | |
| 20 | RESIDUAL OUTPUT | | | | | | |
| 21 | | | | | | | |
| 22 | 观测值 | 预测 单价 | 残差 | | | | |
| 23 | 1 | 9806.440 | -2325.440 | | | | |
| 24 | 2 | 42584.049 | -598.049 | | | | |
| 25 | 3 | 42584.049 | 5188.951 | | | | |
| 26 | 4 | 31856.716 | 233.284 | | | | |
| 27 | 5 | 24705.161 | -4942.161 | | | | |

图 15.15　回归分析的结果

$$H_0: B_0 = 0 \\ H_1: B_0 \neq 0 \tag{15.20}$$

计算检验统计量，如式（15.21）所示。

$$t = \frac{b_0 - B_0^0}{\text{se}(b_0)} = \frac{46159.827 - 0}{1764.142} \approx 26.166 \sim t(98) \tag{15.21}$$

$t$ 检验统计量服从自由度为 98 的 $t$ 检验，计算 $p$ 值，如式（15.22）所示。

$$p\text{ value} = 2 \times P(t(98) > 26.166) = 5.239 \times 10^{-46} \approx 0.000 \tag{15.22}$$

$p$ 值接近于 0，因此，拒绝原假设"$H_0: B_0 = 0$"。

同理，对斜率 $B_1$ 进行式（15.23）所示的假设检验。

$$H_0: B_1 = 0 \\ H_1: B_1 \neq 0 \tag{15.23}$$

计算检验统计量，如式（15.24）所示。

$$t = \frac{b_1 - B_1^0}{\text{se}(b_1)} = \frac{-595.963 - 0}{66.435} \approx -8.971 \sim t(98) \tag{15.24}$$

计算 $p$ 值，如式（15.25）所示。

$$p\text{ value} = 2 \times P(t(98) < -8.971) = 2.071 \times 10^{-14} \approx 0.000 \tag{15.25}$$

$p$ 值接近于 0，因此，拒绝原假设"$H_1: B_1 = 0$"，即距离对房价有显著的影响。Lower 95% 和 Upper 95% 报告了 $B_i$ 的 95% 置信水平下的区间估计的下限和上限。以斜率 $B_1$ 为例，计算过程如式（15.26）所示。

$$b_1 \pm t_{\frac{\alpha}{2}}(n-k)\text{se}(b_1) = -595.963 \pm t_{\frac{0.05}{2}}(100-2) \times 66.435 = [-727.801, -464.125] \quad (15.26)$$

在实践中，需要关注解释变量的系数的 $t$ 检验，$t$ 检验的 $p$ 值小于显著性水平（通常为 0.05）才能说明解释变量对被解释变量有显著的影响。因为在回归模型中，截距通常没有现实意义，所以不必关心其显著性，只需将其保留在模型中即可。

第四栏 RESIDUAL OUTPUT 下方的 3 列数据中，"观测值"下方是数据的编号，"预测单价"是被解释变量的估计值。第一个观测值是 ID 为 1 的房子对应的距离 61，故将 $X_1 = 61$ 代入估计的回归方程 $\hat{Y}_i = 46160 - 595.96 X_i$，如式（15.27）所示。

$$\hat{Y}_1 = 46160 - 595.96 \times 61 = 9806.44 \quad (15.27)$$

第 1 个数据的残差如式（15.28）所示。

$$e_1 = Y_1 - \hat{Y}_1 = 7481 - 9806.44 = -2325.44 \quad (15.28)$$

输出结果还显示了解释变量和残差的散点图，如图 15.16 所示：

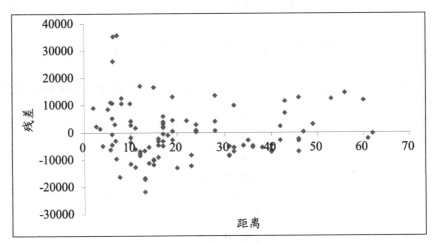

图 15.16　解释变量和残差的散点图

从图 15.16 中可以发现，残差在 0 上下波动，当距离为 20～60 km 时，残差的绝对值较小；当距离小于 20km 时，残差的绝对值比较大。好的回归模型，其残差的波动应该是纯随机的，与解释变量无关。观察解释变量和残差的散点图，可以考查模型的设定是否正确，若残差的波动呈现出某种规律或者趋势，需要修改模型的设定。

---

**实操技巧**

- 在 Excel 主界面单击"数据"→"数据分析"→"回归"，可以显示回归方程的系数及其检验，以及判定系数、回归标准误等统计量。
- 当框选的数据区域比较大，例如上百行或上百列时，用拖曳的方式框选数据会非常困难。按 Ctrl+Shift+方向键，可以实现对一片连续的数据区域的框选。

## 15.3 多元回归分析

### 15.3.1 多元回归方程的估计和检验

在实践中，被解释变量的影响因素通常有多个，也就是被解释变量的变化受到多个解释变量的共同影响。多元回归模型的表达式如式（15.29）所示。

$$Y_i = B_0 + B_1 X_{1i} + B_2 X_{2i} + \cdots + B_{k-1} X_{(k-1)i} + u_i \tag{15.29}$$

式（15.29）中 $Y_i$ 是被解释变量，有 $k-1$ 个解释变量 $X_{1i}, X_{2i}, \cdots, X_{(k-1)i}$，该模型共有 $k$ 个待估计的参数。估计的回归模型如式（15.30）所示。

$$Y_i = b_0 + b_1 X_{1i} + b_2 X_{2i} + \cdots + b_{k-1} X_{(k-1)i} + e_i \tag{15.30}$$

回归模型中有两个解释变量，称作二元回归，若有 3 个解释变量，则称作三元回归。

**1. 参数的估计**

沿用 15.1.2 小节介绍的普通最小二乘法估计模型参数。为了让式（15.30）中残差平方和取到最小值，求解 $b_0, b_1, \cdots, b_{k-1}$，如式（15.31）所示。

$$\mathrm{SSR} = \sum_{i=1}^{n} e_i = \sum_{i=1}^{n} (Y_i - \hat{Y}_i)^2 = f(b_0, b_1, \cdots, b_{k-1}) \tag{15.31}$$

式（15.31）是一个关于 $b_0, b_1, \cdots, b_{k-1}$ 的多元函数，为了让残差平方和取到最小值，需满足式（15.32）：

$$\begin{cases} \dfrac{\partial \mathrm{SSR}}{\partial b_0} = 0 \\ \dfrac{\partial \mathrm{SSR}}{\partial b_1} = 0 \\ \cdots \\ \dfrac{\partial \mathrm{SSR}}{\partial b_{k-1}} = 0 \end{cases} \tag{15.32}$$

式（15.32）是包含 $k$ 个方程、$k$ 个未知数的联立方程组，将样本数据代入计算式，即可求出 $b_0, b_1, \cdots, b_{k-1}$ 的估计值。

**2. 单个参数的 $t$ 检验**

对多元回归模型中的单个参数进行检验，就是一次只检验一个参数，过程与一元回归模型的类似，也是进行 $t$ 检验，构造检验统计量，如式（15.33）所示。

$$t = \frac{b_i - B_i^0}{\mathrm{se}(b_i)} \sim t(n-k) \tag{15.33}$$

**3. 多个参数的 $F$ 检验**

在多元回归中，研究者还需要关注所有变量联合起来对被解释变量是否有显著影响，即检验所有解释变量的系数是否同时为 0。此时，需要开展多个参数的联合假设检验，原假设和备择假设如式（15.34）所示。

$$H_0: B_1 = B_2 = \cdots = B_{k-1} = 0$$
$$H_1: B_1, B_2, \cdots, B_{k-1} \text{不同时为} 0$$
（15.34）

**注意**：检验的是所有的解释变量的系数 $B_1, B_2, \cdots, B_{k-1}$，不包括截距 $B_0$。

构造检验统计量，如式（15.35）所示。

$$F = \frac{\frac{SSE}{k-1}}{\frac{SSR}{n-k}} \sim F(k-1, n-k)$$
（15.35）

式（15.35）中的 SSE 是回归平方和，SSR 是残差平方和，$n$ 是样本容量，$k$ 是模型中待估计的参数的个数。因为 SST = SSE + SSR，若所有的解释变量对被解释变量有很强的解释能力，那么 SSE 会比较大，SSR 会比较小，$F$ 值会比较大。所以，$F$ 值越大，拒绝原假设的理由越充分。$F$ 检验的拒绝域在 $F(k-1, n-k)$ 分布的右尾，在显著性水平 $\alpha$ 下，临界值等于 $F_\alpha(k-1, n-k)$。该检验称作回归模型的整体显著性检验。

**注意**：回归模型的 $t$ 检验是针对单个参数的显著性检验，在该检验中只检验了一个参数，关注的是某个解释变量对被解释变量是否有显著影响；$F$ 检验是针对所有解释变量的系数的检验，关注的是所有解释变量联合起来对被解释变量是否有显著影响。在一元回归模型中，只有一个解释变量，对回归模型进行 $F$ 检验时，实际上也只检验唯一的解释变量的系数，此时，$t$ 检验和 $F$ 检验完全等价。在多元回归中，会遇到某个解释变量的系数 $t$ 检验不显著，即该解释变量对被解释变量没有显著影响，但 $F$ 检验显著的情况。

**4. 校正的判定系数**

判定系数等于回归平方和与总平方和之比，当在模型中增加新的解释变量时，判定系数就会增加。这会给研究者一种错觉，若要提高模型的拟合效果，只要往模型中增加新的解释变量就可以了。然而，有时新增的解释变量对被解释变量并没有显著的影响。为了弥补这一缺陷，统计学家构造了校正的判定系数，如式（15.36）所示。

$$\text{Adjusted-}R^2 = 1 - (1 - R^2)\frac{n-1}{n-k}$$
（15.36）

判定系数的定义如式（15.37）所示。

$$R^2 = \frac{SSE}{SST} = \frac{SST - SSR}{SST} = 1 - \frac{SSR}{SST}$$
（15.37）

校正的判定系数在计算中引入了 SSR 和 SST 的自由度，如式（15.38）所示。

$$\text{Adjusted-}R^2 = 1 - \frac{\frac{SSR}{n-k}}{\frac{SST}{n-1}} = 1 - \frac{SSR}{SST} \times \frac{n-1}{n-k} = 1 - (1 - R^2)\frac{n-1}{n-k}$$
（15.38）

在多元回归中，通常待估参数的个数$k \geqslant 3$，所以$\dfrac{n-1}{n-k}>1$，所以 Adjusted-$R^2 < R^2$。因此，当两个回归模型的被解释变量相同，解释变量的个数不同时，需要根据校正的判定系数的大小来比较两个模型的拟合效果。

## 15.3.2 多元回归分析在 Excel 中的实现

**例 15.2**

从 A 市的二手房交易平台收集了 100 套房屋距离市中心的距离（单位：km）、价格（单位：元/米$^2$）、房龄（单位：年）。建立二手房的价格的二元回归模型，如式（15.39）所示。

$$Y_i = B_0 + B_1 \text{distance}_i + B_2 \text{year}_i + u_i \tag{15.39}$$

### 1. LINEST 和 TREND 函数

如图 15.17 所示，在单元格 F2 中录入公式“=LINEST(B2:B101,C2:D101,TRUE,TRUE)”（见单元格 F8），其用法与一元回归相似，不同之处在于第 2 项参数是两个解释变量的数据范围。

F2 fx =LINEST(B2:B101,C2:D101,TRUE,TRUE)

| | A | B | C | D | E | F | G | H | I |
|---|---|---|---|---|---|---|---|---|---|
| 1 | ID | 单价 | 距离 | 房龄 | | | | | |
| 2 | 1 | 7481 | 61 | 15 | | -714.543 | -789.768 | 61541.566 | |
| 3 | 2 | 41986 | 6 | 23 | | 148.373 | 72.237 | 3569.178 | |
| 4 | 3 | 47773 | 6 | 23 | | 0.557 | 9019.352 | #N/A | |
| 5 | 4 | 32090 | 24 | 11 | | 60.944 | 97.000 | #N/A | |
| 6 | 5 | 19763 | 36 | 8 | | 9915406722 | 7890824614 | #N/A | |
| 7 | 6 | 32313 | 24 | 7 | | | | | |
| 8 | 7 | 11772 | 46 | 20 | | =LINEST(B2:B101,C2:D101,TRUE,TRUE) | | | |
| 9 | 8 | 18345 | 47 | 12 | | | | | |

图 15.17 使用 LINEST 函数

对于多元回归方程，LINEST 函数返回值的含义如图 15.18 所示。

| LINEST函数报告的多元回归的输出结果 | | | |
|---|---|---|---|
| 斜率$b_k$ | …… | 斜率$b_1$ | 截距$b_0$ |
| 斜率的标准误se($b_k$) | …… | 斜率的标准误se($b_1$) | 截距的标准误se($b_0$) |
| 判定系数R-square | 回归标准误SER | | |
| 回归方程整体显著性检验的F值 | 残差的自由度$n$-$k$ | | |
| 回归平方和ESS | 残差平方和RSS | | |

图 15.18 多元回归方程的 LINEST 函数的详细输出结果

在 15.2.2 小节介绍的 INTERCEPT 函数、SLOPE 函数、RSQ 函数、STEYX 函数、FORECAST.LINEAR 函数只适用于一元回归分析，不适用于多元回归分析。

若给定距离和房龄，对单价进行预测，可以调用 TREND 函数。如图 15.19 所示，列 F 和列 G 中列出 5 套房屋的距离和房龄的数据，在 F8 单元格中录入公式“=TREND (B2:B101,C2:D101,F2:G6)”（见单元格 G8），即可计算单价的估计值。

F8 =TREND(B2:B101,C2:D101,F2:G6)

| | A | B | C | D | E | F | G | H | I |
|---|---|---|---|---|---|---|---|---|---|
| 1 | ID | 单价 | 距离 | 房龄 | | 距离 | 房龄 | | |
| 2 | 1 | 7481 | 61 | 15 | | 10 | 20 | | |
| 3 | 2 | 41986 | 6 | 23 | | 20 | 10 | | |
| 4 | 3 | 47773 | 6 | 23 | | 30 | 5 | | |
| 5 | 4 | 32090 | 24 | 11 | | 40 | 4 | | |
| 6 | 5 | 19763 | 36 | 8 | | 50 | 3 | | |
| 7 | 6 | 32313 | 24 | 7 | | | | | |
| 8 | 7 | 11772 | 46 | 20 | | 39353.017 | =TREND(B2:B101,C2:D101,F2:G6) | | |
| 9 | 8 | 18345 | 47 | 12 | | 38600.770 | | | |
| 10 | 9 | 19310 | 36 | 3 | | 34275.805 | | | |
| 11 | 10 | 31795 | 13 | 22 | | 27092.667 | | | |
| 12 | 11 | 36549 | 10 | 30 | | 19909.529 | | | |
| 13 | 12 | 39082 | 7 | 29 | | | | | |

图 15.19 多元回归的 TREND 函数

### 2. 数据分析/回归工具

数据分析工具中的回归工具也可以用于实现多元回归分析。在 Excel 主界面中单击“数据”→“数据分析”→“回归”，根据图 15.20 所示进行设置，单击“X 值输入区域”右侧的按钮，框选两个解释变量的数据区域“C1:D101”，其余设置与一元回归中的相同。

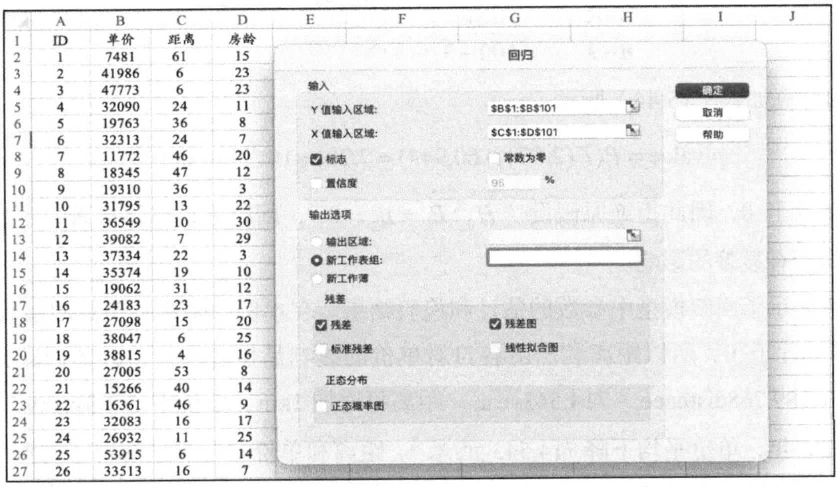


图 15.20 “回归”对话框

输出结果如图 15.21 所示。

| | A | B | C | D | E | F | G |
|---|---|---|---|---|---|---|---|
| 1 | SUMMARY OUTPUT | | | | | | |
| 2 | | | | | | | |
| 3 | 回归统计 | | | | | | |
| 4 | Multiple R | 0.746 | 复相关系数 | | | | |
| 5 | R Square | 0.557 | 判定系数 | | | | |
| 6 | Adjusted R Square | 0.548 | 校正的判定系数 | | | | |
| 7 | 标准误差 | 9019.352 | 回归标准误SER | | | | |
| 8 | 观测值 | 100 | 样本容量 | | | | |
| 9 | | | | | | | |
| 10 | 方差分析 | | | | | | |
| 11 | | df | SS | MS | F | Significance F | |
| 12 | 回归分析 | 2 | 9915406722 | 4957703361 | 60.944 | 7.206E-18 | |
| 13 | 残差 | 97 | 7890824614 | 81348707 | | | |
| 14 | 总计 | 99 | 17806231336 | | | | |
| 15 | | | | | | | |
| 16 | | Coefficients | 标准误差 | t Stat | P-value | Lower 95% | Upper 95% |
| 17 | Intercept | 61541.566 | 3569.178 | 17.243 | 2.679E-31 | 54457.736 | 68625.396 |
| 18 | 距离 | -789.768 | 72.237 | -10.933 | 1.314E-18 | -933.139 | -646.398 |
| 19 | 房龄 | -714.543 | 148.373 | -4.816 | 5.399E-06 | -1009.022 | -420.064 |

图 15.21 多元回归的输出结果

输出结果的形式与一元回归的相似。第一栏中的判定系数的计算如式（15.40）所示。

$$R^2 = \frac{\text{SSE}}{\text{SST}} = \frac{9915406722}{17806231336} \approx 0.557 \quad (15.40)$$

校正的判定系数的计算如式（15.41）所示。

$$\text{Adjusted-}R^2 = 1 - (1 - 0.557)\frac{100-1}{100-3} \approx 0.548 \quad (15.41)$$

第二栏"方差分析"显示了 $F$ 检验的结论。$F$ 检验的原假设和备择假设如式（15.42）所示。

$$\begin{aligned} H_0&: B_1 = B_2 = 0 \\ H_1&: B_1、B_2 \text{不同时为} 0 \end{aligned} \quad (15.42)$$

$F$ 检验统计量的计算如式（15.43）所示。

$$F = \frac{\dfrac{\text{SSE}}{k-1}}{\dfrac{\text{SSR}}{n-k}} = \frac{\dfrac{9915406722}{3-1}}{\dfrac{\text{SSR}}{100-3}} \approx 60.944 \sim F(2,97) \quad (15.43)$$

$p$ 值的计算如式（15.44）所示。

$$p\text{ value} = P(F(2,97) > 60.944) = 7.206 \times 10^{-18} \approx 0.000 \quad (15.44)$$

$p$ 值接近于 0，因此拒绝原假设"$H_0: B_1 = B_2 = 0$"，回归方程整体显著，距离和房龄联合起来对房价有显著的影响。

第三栏显示了回归模型中参数的估计和检验结果。在本例中距离和房龄的系数的 $F$ 检验的 $p$ 值都接近于 0，所以距离和房龄各自对单价的影响是显著的。估计的回归方程是 $\hat{Y}_i = 61541.566 - 789.768 \text{distance}_i - 714.543 \text{year}_i$。距离每增加 1km，单价平均下降 789.768 元/米$^2$；房龄每增加 1 年，单价平均下降 714.543 元/米$^2$。距离和单价联合起来解释了房价的 55.7%的变异。二元回归模型的校正的判定系数为 0.548，大于一元回归模型的校正的判定系数 0.445。整体而言，二元回归模型优于一元回归模型。

**实操技巧**

- 数组函数 LINEST 可以显示多元回归模型的详细输出结果，第 1 项参数是被解释变量的数据区域，第 2 项参数是解释变量的数据区域。
- TREND 函数可以用于计算多元回归模型的预测值。可通过给定的解释变量的值，对被解释变量进行预测，第 1 项参数和第 2 项参数分别是被解释变量的数据区域和解释变量的数据区域，第 3 项参数是给定的解释变量的值的区域。

## 15.4　本章总结

图 15.22 展示了本章介绍的主要知识点。

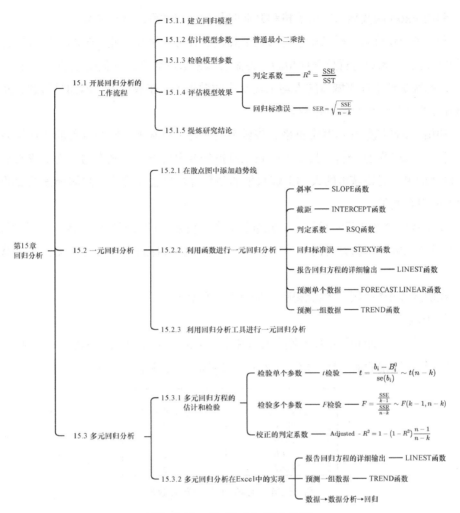

图 15.22　第 15 章知识点总结

## 15.5　本章习题

【习题 15.1】

图 15.23 所示是 52 个城市 SL 连锁酒店的标准间客房价格、酒店开业时长以及该城市的人均工资水平数据的前 4 行（数据文件：15.1.xlsx）。完成下列任务。

|   | A | B | C |
|---|---|---|---|
| 1 | 客房价格/元·晚$^{-1}$ | 开业时长/月 | 该城市的人均工资水平/元·年$^{-1}$ |
| 2 | 570 | 13 | 75586 |
| 3 | 560 | 24 | 60622 |
| 4 | 1360 | 10 | 149843 |
| 5 | 900 | 21 | 149843 |

图 15.23　习题 15.1 的部分数据

1. 绘制客房价格和开业时长的散点图，在散点图上添加趋势线，并显示一元回归方程的估计结果和判定系数。

2. 利用Excel函数显示客房价格和开业时长的回归方程的估计结果。

3. 利用Excel数据分析工具中的回归工具显示客房价格和开业时长的回归方程的估计结果，对开业时长的系数进行显著性检验，并解释该系数的含义，评估模型的拟合效果。

4. 绘制客房价格和该城市的人均工资水平的散点图，在散点图上添加趋势线，并显示一元回归方程的估计结果和判定系数。

5. 利用Excel函数显示客房价格和该城市的人均工资水平的回归方程的估计结果。

6. 利用Excel数据分析工具中的回归工具报告客房价格和该城市的人均工资水平的回归方程的估计结果，对该城市的人均工资水平的系数进行显著性检验，并解释该系数的含义，评估模型的拟合效果。

7. 建立客房价格和开业时长、该城市的人均工资水平的二元回归方程，显示估计结果，对解释变量的系数、回归方程的整体显著性进行检验，解释斜率系数的含义，评估模型的拟合效果。

8. 在前述3个模型中，你觉得哪个最好？为什么？

【习题15.2】

图15.24所示是HD公司100名员工的月薪（单位：元）、工龄（单位：年）和受教育年数（单位：年）数据的前4行（数据文件：15.2.xlsx）。完成下列任务。

| | A | B | C |
|---|---|---|---|
| 1 | 月薪/元 | 工龄年 | 受教育年数年 |
| 2 | 9916 | 3 | 15 |
| 3 | 11819 | 4 | 15 |
| 4 | 12266 | 4 | 15 |
| 5 | 11482 | 5 | 15 |

图15.24 习题15.2的部分数据

1. 绘制月薪和工龄的散点图，在散点图上添加趋势线，并显示一元回归方程的估计结果和判定系数。

2. 利用Excel函数显示月薪和工龄的回归方程的估计结果。

3. 利用Excel数据分析工具中的回归工具显示月薪和工龄的回归方程的估计结果，对工龄的系数进行显著性检验，并解释该系数的含义，评估模型的拟合效果。

4. 绘制月薪和受教育年数的散点图，在散点图上添加趋势线，并显示一元回归方程的估计结果和判定系数。

5. 利用Excel函数显示月薪和受教育年数的回归方程的估计结果。

6. 利用Excel的数据分析工具中的回归工具显示月薪和受教育年数的回归方程的估计结果，对平均工资的系数进行显著性检验，并解释该系数的含义，评估模型的拟合效果。

7. 建立月薪和工龄、受教育年数的二元回归方程，显示估计结果，对解释变量的系数、回归方程的整体显著性进行检验，解释斜率系数的含义，评估模型的拟合效果。

8. 在前述3个模型中，你觉得哪个最好？为什么？

# 第 5 篇

# 时间序列分析

　　时间序列反映的是观测单元的动态变化,观测值按照时间先后顺序排列。截面数据反映的是不同的观测单元在个体之间的差异,观测值是在同一个时间点上采集的。推断统计分析方法假定样本中的个体是相互独立的,截面数据中的观测单元通常满足相互独立的条件,但是,时间序列中的观测值是在同一个观测单元上采集的,观测值之间有较强的相关性。例如,一家公司不同月份的销售额是相关的,一个地区历年人口总量也是相关的。因此推断统计分析方法不适用于时间序列的分析。

　　第 5 篇包括第 16 章。

# 第 16 章

# 时间序列分析方法详解

时间序列有两种典型的分析视角，一是由外向内的视角，代表方法是确定性因素分解法，将时间序列中的长期趋势、季节变动等成分分离出来，逐一分析；二是由内向外的视角，以时域分析法为代表，这类方法认为事物的发展具有惯性，时间序列的观测值之间的相关性具有某种规律，主流分析模型有 AR 模型、MA 模型、ARIMA 模型等。

本章将首先介绍时间序列的描述性分析方法，然后介绍平稳序列、非平稳序列和复合型时间序列的分析方法，最后介绍三段式指数平滑法的用法。

【本章主要内容】
- 描述性分析
- 平稳序列
- 非平稳序列
- 复合型时间序列
- 三段式指数平滑法

## 16.1 描述性分析

时序图（Time Sequence Plot）可以反映时间序列的动态变化，时序图的横轴代表时间，纵轴代表观测值。下面将举例说明，如何根据时序图考查时间序列中是否包含长期趋势、季节变动、循环变动、不规则变动这 4 种典型变动。

### 16.1.1 长期趋势

长期趋势（Long-Term Trend）是时间序列呈现出的持续性的变动趋势。根据趋势的形态，长期趋势可以分为线性趋势和非线性趋势。

**例 16.1**

绘制 1949—2021 年全国总人口、乡村人口的时序图。如图 16.1 所示，选中列 A ~ 列 C，单击"插入"→"XY（散点图）"→"带直线和数据标记的散点图"，即可得两个序列的时序图。在1949—2021年间，全国总人口呈逐年增加的趋势。乡村人口呈非线性趋势，在1995年以前乡村人口逐年增加，在1995年达到峰值后，开始逐年下降。

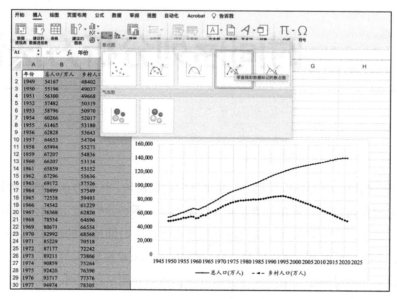

图 16.1　1949—2021年全国总人口、乡村人口的时序图

### 16.1.2　季节变动

季节变动（Seasonal Variation）是指由自然气候、风俗习惯等造成的周期性波动。季节变动的周期通常小于1年，具有较强的规律性，从时序图中可以发现季节变动规律。

**例 16.2**

绘制2015年一季度—2019年四季度全国空调销售量的时序图，如图16.2所示。选中列A和列B，单击"插入"→"折线图"→"带数据标记的折线图"。

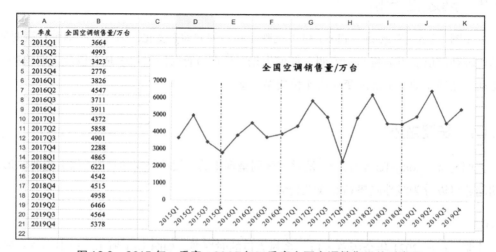

图 16.2　2015年一季度—2019年四季度全国空调销售量的时序图

全国空调的销售量呈季节变动,每年的二季度是销售的旺季,每年的四季度是销售的淡季。

**例 16.3**

绘制 2017 年 1 月—2019 年 12 月全国铁路客运量的时序图,如图 16.3 所示。可以发现,铁路客运量的高峰出现在每年的 7 月和 8 月,这种季节波动是由暑假引起的。

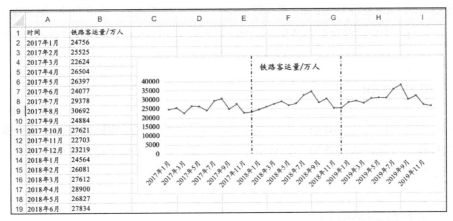

图 16.3　2017 年 1 月—2019 年 12 月全国铁路客运量的时序图

### 16.1.3　循环变动

循环变动(Cyclical Variation)是指时间序列围绕长期趋势有规律的起伏波动。循环变动的成因比较复杂,其周期不固定。例如,经济周期可能为 8～10 年,也可能长达十几年。

**例 16.4**

绘制 1900—2021 年太阳黑子数量的时序图。如图 16.4 所示,太阳黑子数量相邻的两个峰值的间隔就是太阳黑子活动的周期,有 9 年、10 年、11 年等不同情形。太阳黑子数量的变动就是典型的循环变动。

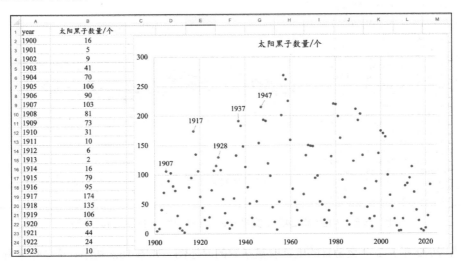

图 16.4　1900—2021 年太阳黑子数量的时序图

循环变动和季节变动的区别在于：季节变动是由自然气候、风俗习惯等导致的，周期是固定的；循环变动的成因比较复杂，周期不固定。

### 16.1.4 不规则变动

不规则变动（Irregular Variation）是指时间序列剥离了长期趋势、季节变动、循环变动3种成分后剩下的部分。不规则变动是由各种各样的随机因素共同作用的，其变化特征不可预见。

## 16.2 平稳序列

平稳序列（Stationary Series）的特点是观测值围绕某条水平线随机波动，波动幅度不随着时间的推移而变化。本节首先介绍平稳序列的识别，然后介绍平稳序列的分析方法：移动平均法和指数平滑法。

### 16.2.1 平稳序列的识别

通过绘制时间序列的时序图，可以考查时间序列是否平稳。平稳序列中不包含明显的长期趋势、季节变动和循环变动，通常只包含不规则变动。

**例 16.5**

绘制2022年242个交易日的上证指数日回报率的时序图，并判断上证指数日回报率序列是否平稳。

如图16.5所示，上证指数日回报率的波动没有明显的特征，是随机波动，波动幅度大致为±3%，只有3个交易日的波动幅度超过了3%。因此上证指数日回报率序列是一个平稳序列。

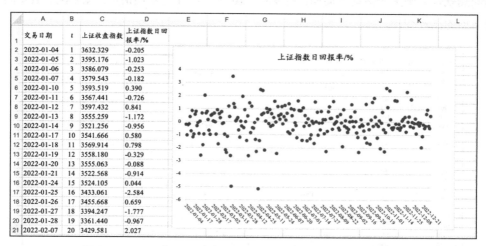

图 16.5　2022年242个交易日的上证指数日回报率的时序图

绘制2022年242个交易日的上证收盘指数的时序图，如图16.6所示，从全年来看，上证收盘指数呈下跌趋势，中间经历了两次的小幅回调。上证收盘指数序列是一个非平稳的序列。

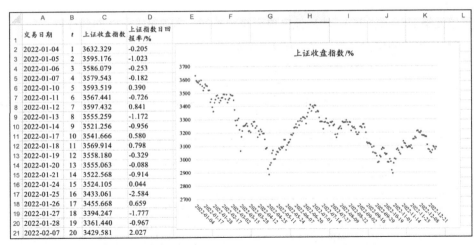

图 16.6 2022 年 242 个交易日的上证收盘指数的时序图

时序图是用于诊断序列是否平稳的图形工具。诊断序列是否平稳的常用方法有 ADF 检验（Augmented Dickey Fuller Test），感兴趣的读者可以查阅相关资料，在此不赘述。

### 16.2.2 移动平均法

移动平均法的思想是将最近几期观测值的均值作为下一期的预测值。若使用最近 3 期观测值的均值作为下一期的预测值，就称作 3 期移动平均，记作 MA(3)。同理，若采用最近 5 期观测值的均值作为下一期的预测值，就称作 5 期移动平均，记作 MA(5)。在实践中，可以尝试不同的期数，选择预测误差最小的那一种方案。

在时间序列的分析中，预测误差通常用均方误差（Mean Square Error，MSE）来衡量，如式（16.1）所示。

$$\mathrm{MSE} = \frac{\sum_{t=1}^{n}(Y_t - F_t)^2}{n} \tag{16.1}$$

式（16.1）中 $Y_t$ 代表时间序列的观测值，$F_t$ 代表预测值，$n$ 代表预测的期数。MSE 越小，代表预测效果越好。

下面通过例 16.6 来介绍如何在 Excel 中实现移动平均法。

**例 16.6**

对 2022 年 12 月的 22 个交易日的上证指数日回报率进行预测，使用 3 期移动平均法。第 4 期的预测值如式（16.2）所示。

$$F_4 = \frac{Y_1 + Y_2 + Y_3}{3} = \frac{0.449 + (-0.295) + 1.764}{3} \approx 0.639 \tag{16.2}$$

第 4 期的预测误差如式（16.3）所示。

$$e_4 = Y_4 - F_4 = 0.022 - 0.639 = -0.617 \tag{16.3}$$

如图 16.7 所示，在单元格 D5～F5 录入三期移动平均值、预测误差、误差的平方的公式

（分别见单元格 H5、I5、J5），然后拖曳单元格填充柄，实现第 5~22 期的计算。

三期移动平均的均方误差如式（16.4）所示。

$$\text{MSE} = \frac{\sum_{t=4}^{22}(Y_t - F_t)^2}{19} \approx 0.548 \qquad (16.4)$$

| | A | B | C | D | E | F | G | H | I | J |
|---|---|---|---|---|---|---|---|---|---|---|
| 1 | 交易日期 | t | 上证指数日回报率/% | MA(3) | 预测误差 | 误差的平方 | | MA(3) | 预测误差 | 误差的平方 |
| 2 | 2022-12-01 | 1 | 0.449 | | | | | | | |
| 3 | 2022-12-02 | 2 | -0.295 | | | | | | | |
| 4 | 2022-12-05 | 3 | 1.764 | | | | | | | |
| 5 | 2022-12-06 | 4 | 0.022 | 0.639 | -0.617 | 0.381 | | =AVERAGE(C2:C4) | =C5-D5 | =(C5-D5)^2 |
| 6 | 2022-12-07 | 5 | -0.402 | 0.497 | -0.899 | 0.809 | | =AVERAGE(C3:C5) | =C6-D6 | =(C6-D6)^2 |
| 7 | 2022-12-08 | 6 | -0.071 | 0.461 | -0.532 | 0.283 | | =AVERAGE(C4:C6) | =C7-D7 | =(C7-D7)^2 |
| 8 | 2022-12-09 | 7 | -0.150 | 0.450 | 0.203 | | | =AVERAGE(C5:C7) | =C8-D8 | =(C8-D8)^2 |
| 9 | 2022-12-12 | 8 | -0.870 | -0.058 | -0.813 | 0.660 | | =AVERAGE(C6:C8) | =C9-D9 | =(C9-D9)^2 |
| 10 | 2022-12-13 | 9 | -0.085 | -0.214 | 0.128 | 0.016 | | =AVERAGE(C7:C9) | =C10-D10 | =(C10-D10)^2 |
| 11 | 2022-12-14 | 10 | 0.006 | -0.218 | 0.225 | 0.051 | | =AVERAGE(C8:C10) | =C11-D11 | =(C11-D11)^2 |
| 12 | 2022-12-15 | 11 | -0.248 | -0.316 | 0.068 | 0.005 | | =AVERAGE(C9:C11) | =C12-D12 | =(C12-D12)^2 |
| 13 | 2022-12-16 | 12 | -0.025 | -0.109 | 0.084 | 0.007 | | =AVERAGE(C10:C12) | =C13-D13 | =(C13-D13)^2 |
| 14 | 2022-12-19 | 13 | -1.918 | -0.089 | -1.829 | 3.344 | | =AVERAGE(C11:C13) | =C14-D14 | =(C14-D14)^2 |
| 15 | 2022-12-20 | 14 | -1.073 | -0.730 | -0.343 | 0.118 | | =AVERAGE(C12:C14) | =C15-D15 | =(C15-D15)^2 |
| 16 | 2022-12-21 | 15 | -0.174 | -1.005 | 0.831 | 0.691 | | =AVERAGE(C13:C15) | =C16-D16 | =(C16-D16)^2 |
| 17 | 2022-12-22 | 16 | -0.456 | -1.055 | 0.599 | 0.359 | | =AVERAGE(C14:C16) | =C17-D17 | =(C17-D17)^2 |
| 18 | 2022-12-23 | 17 | -0.280 | -0.568 | 0.287 | 0.083 | | =AVERAGE(C15:C17) | =C18-D18 | =(C18-D18)^2 |
| 19 | 2022-12-26 | 18 | 0.647 | -0.303 | 0.950 | 0.903 | | =AVERAGE(C16:C18) | =C19-D19 | =(C19-D19)^2 |
| 20 | 2022-12-27 | 19 | 0.979 | -0.030 | 1.009 | 1.017 | | =AVERAGE(C17:C19) | =C20-D20 | =(C20-D20)^2 |
| 21 | 2022-12-28 | 20 | -0.264 | 0.448 | -0.712 | 0.507 | | =AVERAGE(C18:C20) | =C21-D21 | =(C21-D21)^2 |
| 22 | 2022-12-29 | 21 | -0.444 | 0.454 | -0.898 | 0.806 | | =AVERAGE(C19:C21) | =C22-D22 | =(C22-D22)^2 |
| 23 | 2022-12-30 | 22 | 0.506 | 0.090 | 0.416 | 0.173 | | =AVERAGE(C20:C22) | =C23-D23 | =(C23-D23)^2 |
| 24 | | | | | | | | | | |
| 25 | | | | | MSE | 0.548 | | | | |
| 26 | | | | | | =AVERAGE(F5:F23) | | | | |

图 16.7　三期移动平均序列的计算

图 16.8 列出了 4 期移动平均 MA(4)、5 期移动平均 MA(5) 的计算结果。需要注意：4 期移动平均的最早一期的预测值对应于第 5 期，一共有 18 个预测值；5 期移动平均的最早一期的预测值对应于第 6 期，一共有 17 个预测值。

| | A | B | C | D | E | F | G | H | I |
|---|---|---|---|---|---|---|---|---|---|
| 1 | 交易日期 | t | 上证指数日回报率/% | MA(4) | 误差 | 误差的平方 | MA(5) | 误差 | 误差的平方 |
| 2 | 2022-12-01 | 1 | 0.449 | | | | | | |
| 3 | 2022-12-02 | 2 | -0.295 | | | | | | |
| 4 | 2022-12-05 | 3 | 1.764 | | | | | | |
| 5 | 2022-12-06 | 4 | 0.022 | | | | | | |
| 6 | 2022-12-07 | 5 | -0.402 | 0.485 | -0.887 | 0.787 | | | |
| 7 | 2022-12-08 | 6 | -0.071 | 0.272 | -0.343 | 0.118 | 0.308 | -0.379 | 0.143 |
| 8 | 2022-12-09 | 7 | 0.300 | 0.328 | -0.028 | 0.001 | 0.204 | 0.096 | 0.009 |
| 9 | 2022-12-12 | 8 | -0.870 | -0.038 | -0.833 | 0.693 | 0.323 | -1.193 | 1.423 |
| 10 | 2022-12-13 | 9 | -0.085 | -0.261 | 0.175 | 0.031 | -0.204 | 0.119 | 0.014 |
| 11 | 2022-12-14 | 10 | 0.006 | -0.182 | 0.188 | 0.035 | -0.226 | 0.232 | 0.054 |
| 12 | 2022-12-15 | 11 | -0.248 | -0.162 | -0.086 | 0.007 | -0.144 | -0.104 | 0.011 |
| 13 | 2022-12-16 | 12 | -0.025 | -0.299 | 0.274 | 0.075 | -0.179 | 0.155 | 0.024 |
| 14 | 2022-12-19 | 13 | -1.918 | -0.088 | -1.830 | 3.347 | -0.244 | -1.673 | 2.799 |
| 15 | 2022-12-20 | 14 | -1.073 | -0.546 | -0.527 | 0.278 | -0.454 | -0.619 | 0.384 |
| 16 | 2022-12-21 | 15 | -0.174 | -0.816 | 0.642 | 0.412 | -0.651 | 0.477 | 0.228 |
| 17 | 2022-12-22 | 16 | -0.456 | -0.797 | 0.342 | 0.117 | -0.688 | 0.232 | 0.054 |
| 18 | 2022-12-23 | 17 | -0.280 | -0.905 | 0.625 | 0.390 | -0.729 | 0.449 | 0.201 |
| 19 | 2022-12-26 | 18 | 0.647 | -0.496 | 1.143 | 1.305 | -0.780 | 1.427 | 2.036 |
| 20 | 2022-12-27 | 19 | 0.979 | -0.066 | 1.045 | 1.091 | -0.267 | 1.246 | 1.553 |
| 21 | 2022-12-28 | 20 | -0.264 | 0.222 | -0.486 | 0.236 | 0.143 | -0.407 | 0.166 |
| 22 | 2022-12-29 | 21 | -0.444 | 0.270 | -0.714 | 0.510 | 0.125 | -0.569 | 0.324 |
| 23 | 2022-12-30 | 22 | 0.506 | 0.229 | 0.277 | 0.077 | 0.128 | 0.379 | 0.143 |
| 24 | | | | | | | | | |
| 25 | | | | | MSE | 0.528 | | MSE | 0.563 |
| 26 | | | | | | =AVERAGE(F6:F23) | | | =AVERAGE(I6:I23) |

图 16.8　4 期、5 期移动平均序列的计算

4 期移动平均的均方误差如式（16.5）所示。

$$\text{MSE} = \frac{\sum_{t=5}^{22}(Y_t - F_t)^2}{18} \approx 0.528 \quad (16.5)$$

5 期移动平均的均方误差如式（16.6）所示。

$$\text{MSE} = \frac{\sum_{t=6}^{22}(Y_t - F_t)^2}{17} \approx 0.563 \quad (16.6)$$

4 期移动平均的均方误差在上述 3 种方案中是最小的。

Excel 的数据分析工具中也有用于实现移动平均计算的。在 Excel 主界面单击"数据"→"数据分析"→"移动平均"，弹出图 16.9 所示的对话框。单击"输入区域"右侧的按钮，框选单元格区域"C2:C23"，在"间隔"文本框中输入 3，代表采用 3 期移动平均，将输出区域设置为单元格 D3，勾选"图表输出"，单击"确定"。

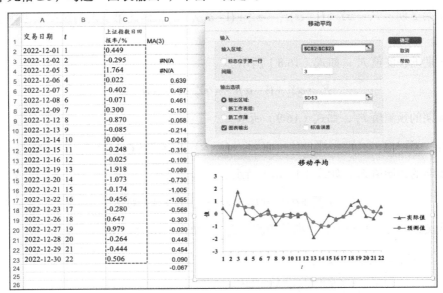

图 16.9 数据分析工具中的"移动平均"

3 期移动平均下第 1～3 期没有对应的预测值，最早的一期预测值是第 4 期的。图 16.9 中的单元格 D2 和 D3 中的"#N/A"，代表预测值缺失。需要注意输出的移动平均序列与期数的对应关系是否正确。单元格 D24 中是第 23 期的预测值。

---

**实操技巧**

- 使用移动平均法可对期数进行尝试，计算不同期数下的均方误差，选择均方误差最小的方案。
- 在 Excel 主界面单击"数据"→"数据分析"→"移动平均"，可以实现移动平均序列的计算，并绘制观测值和预测值的时序图。

### 16.2.3 指数平滑法

指数平滑法（Smoothing Exponential）和移动平均法的核心思想都是采用修匀技术消除序列的不规则变动。移动平均法采用的是逐期求平均的修匀技术，指数平滑法则采用对历史数据进行加权平均的修匀技术。

下面首先介绍指数平滑法的实现步骤，然后举例说明如何在 Excel 中实现指数平滑法。

指数平滑法中，第 $t+1$ 期的预测值等于第 $t$ 期的观测值和预测值的加权求和，如式（16.7）所示。

$$F_{t+1} = \alpha Y_t + (1-\alpha) F_t \qquad (16.7)$$

式（16.7）中 $Y_t$ 代表时间序列的观测值，$F_t$ 代表预测值，$\alpha$ 代表平滑系数（Smoothing Coefficient）。平滑系数介于 0 到 1 之间。

**注意**：若根据式（16.7），有 $F_1 = \alpha Y_0 + (1-\alpha) F_0$，但是 $Y_0$ 和 $F_0$ 的值都缺失，因此无法利用式（16.7）计算第 1 期的预测值。所以，令 $F_1 = Y_1$，使第 1 期的预测值等于第 1 期的观测值。

对于第 2 期，$F_2 = \alpha Y_1 + (1-\alpha) F_1 = \alpha Y_1 + (1-\alpha) Y_1 = Y_1$，因此第 2 期的预测值也等于第 1 期的观测值。

第 3 期的预测值 $F_3$，如式（16.8）所示。

$$F_3 = \alpha Y_2 + (1-\alpha) F_2 = \alpha Y_2 + (1-\alpha) Y_1 \qquad (16.8)$$

第 4 期的预测值 $F_4$，如式（16.9）所示。

$$F_4 = \alpha Y_3 + (1-\alpha) F_3 = \alpha Y_3 + (1-\alpha)(\alpha Y_2 + (1-\alpha) Y_1) = \alpha Y_3 + \alpha(1-\alpha) Y_2 + (1-\alpha)^2 Y_1 \qquad (16.9)$$

第 5 期的预测值 $F_5$，如式（16.10）所示。

$$F_5 = \alpha Y_4 + \alpha(1-\alpha) Y_3 + \alpha(1-\alpha)^2 Y_2 + (1-\alpha)^3 Y_1 \qquad (16.10)$$

依次类推，可以写出第 $t+1$ 期的预测值 $F_{t+1}$，如式（16.11）所示。

$$\begin{aligned} F_{t+1} &= \alpha Y_t + (1-\alpha) F_t \\ &= \alpha Y_t + (1-\alpha)(\alpha Y_{t-1} + (1-\alpha) F_{t-1}) \\ &= \alpha Y_t + \alpha(1-\alpha) Y_{t-1} + (1-\alpha)^2 F_{t-1} \\ &= \alpha Y_t + \alpha(1-\alpha) Y_{t-1} + (1-\alpha)^2 (\alpha Y_{t-2} + (1-\alpha) F_{t-2}) \\ &= \alpha Y_t + \alpha(1-\alpha) Y_{t-1} + \alpha(1-\alpha)^2 Y_{t-2} + (1-\alpha)^3 F_{t-2} \\ &= \alpha Y_t + \alpha(1-\alpha) Y_{t-1} + \alpha(1-\alpha)^2 Y_{t-2} + \alpha(1-\alpha)^3 Y_{t-3} + \cdots + (1-\alpha)^{t-1} Y_1 \end{aligned} \qquad (16.11)$$

第 $t+1$ 期的预测值 $F_{t+1}$ 实质上就是对 $Y_t, Y_{t-1}, Y_{t-2}, \cdots, Y_1$ 加权求和的结果。各期观测值的权重由平滑系数 $\alpha$ 决定。在实践中，可以对平滑系数 $\alpha$ 进行多次尝试，选择预测误差（均方误差）最小的平滑系数。

平滑系数越接近于 1，为越近的观测值赋予的权重越大，为越远的观测值赋予的权重越小，适合随机波动大的序列；如平滑系数接近于 0，各期观测值的权重的差距较小，适合随机波动较小的序列。

**例 16.7**

对 2022 年 12 月的 22 个交易日的上证指数日回报率进行预测，采用指数平滑法。

如图 16.10 所示，在单元格 D1 中填入平滑系数 0.300，在单元格 D5 中录入公式 "=D$1*C4+(1-D$1)*D4"（见单元格 H5）。注意：在引用单元格 D1 时使用了绝对引用符号$，是为了在拖曳单元格填充柄时，使代表平滑系数的单元格 D1 不发生变化。

| | A | B | C | D | E | F | G | H | I | J |
|---|---|---|---|---|---|---|---|---|---|---|
| 1 | | | 平滑系数 | 0.300 | | | | | | |
| 2 | 交易日期 | $t$ | 上证指数日回报率 | 预测值 | 误差 | 误差的平方 | | 预测值 | 误差 | 误差的平方 |
| 3 | 2022-12-01 | 1 | 0.449 | 0.449 | 0.000 | 0.000 | | =C3 | =C3-D3 | =E3^2 |
| 4 | 2022-12-02 | 2 | -0.295 | 0.449 | -0.743 | 0.552 | | =C3 | =C4-D4 | =E4^2 |
| 5 | 2022-12-05 | 3 | 1.764 | 0.226 | 1.538 | 2.366 | | =D$1*C4+(1-D$1)*D4 | =C5-D5 | =E5^2 |
| 6 | 2022-12-06 | 4 | 0.022 | 0.687 | -0.665 | 0.442 | | =D$1*C5+(1-D$1)*D5 | =C6-D6 | =E6^2 |
| 7 | 2022-12-07 | 5 | -0.402 | 0.488 | -0.890 | 0.792 | | =D$1*C6+(1-D$1)*D6 | =C7-D7 | =E7^2 |
| 8 | 2022-12-08 | 6 | -0.071 | 0.221 | -0.292 | 0.085 | | =D$1*C7+(1-D$1)*D7 | =C8-D8 | =E8^2 |
| 9 | 2022-12-09 | 7 | 0.300 | 0.133 | 0.167 | 0.028 | | =D$1*C8+(1-D$1)*D8 | =C9-D9 | =E9^2 |
| 10 | 2022-12-12 | 8 | -0.870 | 0.183 | -1.054 | 1.110 | | =D$1*C9+(1-D$1)*D9 | =C10-D10 | =E10^2 |
| 11 | 2022-12-13 | 9 | -0.085 | -0.133 | 0.047 | 0.002 | | =D$1*C10+(1-D$1)*D10 | =C11-D11 | =E11^2 |
| 12 | 2022-12-14 | 10 | 0.006 | -0.119 | 0.125 | 0.016 | | =D$1*C11+(1-D$1)*D11 | =C12-D12 | =E12^2 |
| 13 | 2022-12-15 | 11 | -0.248 | -0.081 | -0.167 | 0.028 | | =D$1*C12+(1-D$1)*D12 | =C13-D13 | =E13^2 |
| 14 | 2022-12-16 | 12 | -0.025 | -0.131 | 0.106 | 0.011 | | =D$1*C13+(1-D$1)*D13 | =C14-D14 | =E14^2 |
| 15 | 2022-12-19 | 13 | -1.918 | -0.099 | -1.818 | 3.306 | | =D$1*C14+(1-D$1)*D14 | =C15-D15 | =E15^2 |
| 16 | 2022-12-20 | 14 | -1.073 | -0.645 | -0.429 | 0.184 | | =D$1*C15+(1-D$1)*D15 | =C16-D16 | =E16^2 |
| 17 | 2022-12-21 | 15 | -0.174 | -0.773 | 0.599 | 0.359 | | =D$1*C16+(1-D$1)*D16 | =C17-D17 | =E17^2 |
| 18 | 2022-12-22 | 16 | -0.456 | -0.594 | 0.138 | 0.019 | | =D$1*C17+(1-D$1)*D17 | =C18-D18 | =E18^2 |
| 19 | 2022-12-23 | 17 | -0.280 | -0.552 | 0.272 | 0.074 | | =D$1*C18+(1-D$1)*D18 | =C19-D19 | =E19^2 |
| 20 | 2022-12-26 | 18 | 0.647 | -0.471 | 1.117 | 1.248 | | =D$1*C19+(1-D$1)*D19 | =C20-D20 | =E20^2 |
| 21 | 2022-12-27 | 19 | 0.979 | -0.135 | 1.114 | 1.242 | | =D$1*C20+(1-D$1)*D20 | =C21-D21 | =E21^2 |
| 22 | 2022-12-28 | 20 | -0.264 | 0.199 | -0.463 | 0.214 | | =D$1*C21+(1-D$1)*D21 | =C22-D22 | =E22^2 |
| 23 | 2022-12-29 | 21 | -0.444 | 0.060 | -0.504 | 0.254 | | =D$1*C22+(1-D$1)*D22 | =C23-D23 | =E23^2 |
| 24 | 2022-12-30 | 22 | 0.506 | -0.091 | 0.597 | 0.357 | | =D$1*C23+(1-D$1)*D23 | =C24-D24 | =E24^2 |
| 25 | | | | | | | | | | |
| 26 | | | | | MSE | 0.577 | | | | |
| 27 | | | | | | =AVERAGE(F3:F24) | | | | |

图 16.10 指数平滑法的计算过程

在单元格 F26 中录入计算均方误差的公式。为了求得使均方误差取到最小值的平滑系数，可以使用 Excel 的规划求解工具。

规划求解工具是 Excel 的加载项，单击"文件"→"更多"→"选项"→"加载项"→"转到"，在弹出的对话框中勾选"规划求解加载项"，单击"确定"，即可完成它的加载。

单击"数据"→"规划求解"，弹出"规划求解参数"对话框，根据图 16.11 所示进行设置。在本例中的目标是通过调节平滑系数，找到均方误差的最小值，所以设置的目标为在单元格 F26 中取到最小值。在可变单元格中引用平滑系数所在的单元格 D1。由于平滑系数介于 0 到 1 之间，在"遵守约束"框右侧，单击"添加"，为单元格 D1 设置两个约束条件。求解方法选择"非线性 GRG"，单击"求解"，在弹出的"规划求解结果"对话框中，单击"确定"。

此时，单元格 D1 中显示的是计算出的平滑系数 0.226，均方误差为 0.572。对比图 16.10，平滑系数为 0.3 时，均方误差为 0.577。因此，使用规划求解工具可以找到最优的平滑系数。

Excel 的数据分析工具中也有用于实现指数平滑计算的。在 Excel 主界面单击"数据"→"数据分析"→"指数平滑"，弹出图 16.12 所示的对话框。单击"输入区域"右侧的按钮，框选单元格区域"C2:C23",在"阻尼系数"文本框中输入 0.774。阻尼系数(Damping Factor)等于 1 减去平滑系数。将输出区域设置为单元格 D2,加上绝对引用符号,勾选"图表输出",单击"确定"。

图 16.11 "规划求解参数"对话框

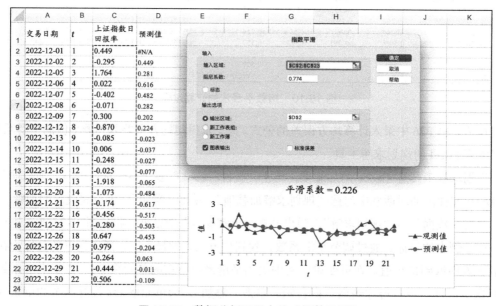

图 16.12 数据分析工具中的"指数平滑"

**实操技巧**

- 在指数平滑法中,第 1 期和第 2 期的预测值都等于第 1 期的观测值。从第 3 期开始,预测值等于前一期的观测值和预测值的加权求和,前一期的观测值的权重为平滑系数,前一期的预测值的权重等于 1 减去平滑系数。在 Excel 中第 3 期的单元格中录入预测值的计算公式后,拖曳单元格填充柄,可以实现后续各期的预测。

- 单击"数据"→"数据分析"→"指数平滑",在"阻尼系数"文本框中输入 1 减去平滑系数的值,可以实现指数平滑法,并绘制观测值和预测值的时序图。
- 在已经设置好指数平滑计算公式的表单中,单击"数据"→"规划求解",可以得到能让均方误差取到最小值的平滑系数。

## 16.3 非平稳序列

本节首先介绍线性趋势分析,然后介绍非线性趋势分析,最后介绍阶段性分析。

### 16.3.1 线性趋势分析

若时间序列呈现出典型的线性趋势,即以稳定的速度增加或减少,可以用回归模型来刻画其变化趋势。建立回归方程如式(16.12)所示。

$$Y_t = b_0 + b_1 t + e_t \tag{16.12}$$

式(16.12)中 $Y_t$ 代表时间序列的观测值,$t$ 代表时间序列观测的期数编号,$t=1,2,\cdots$。$e_t$ 代表残差,即时间序列的观测值与估计值之间的离差。

$$e_t = Y_t - (b_0 + b_1 t) = Y_t - \hat{Y}_t \tag{16.13}$$

利用 15.1.2 小节介绍的普通最小二乘法可以求出 $b_0$ 和 $b_1$ 的值。下面通过例 16.8 介绍如何在 Excel 中实现线性趋势分析。

**例 16.8**

利用 1980—2020 年全国总人口的数据,建立回归模型以反映全国总人口的变化趋势,并根据该模型预测 2021 年的全国总人口。

选中图 16.13 所示的单元格区域"B2:C42",单击"插入"→"XY(散点图)"→"散点图",绘制出时期编号 $t$ 与全国总人口的散点图。在本例中 1980 年对应的时期编号 $t$ 等于 1,2020 年对应的时期编号 $t$ 等于 41。

单击散点图中的散点,单击鼠标右键,选择"添加趋势线",在弹出的"设置趋势线格式"窗格中,选择"线性",勾选"显示公式"和"显示 R 平方值",散点图即可显示估计的回归方程和判定系数,如图 16.13 所示。估计的回归方程如式(16.14)所示。

$$\hat{Y}_t = 101675 + 1058.3t \tag{16.14}$$

判定系数等于 0.9707,代表该回归方程解释了全国总人口 97.07%的变异,模型的拟合效果很好。斜率 1058.3 的含义是,1980—2020 年,全国总人口平均每年的增长规模是 1058.3 万人。

利用式(16.14)预测 2021 年全国总人口,2021 年对应的时期编号 $t$ 等于 42,如式(16.15)所示。

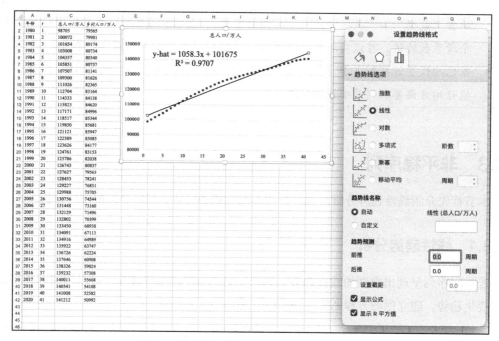

图 16.13　插入散点图并设置趋势线格式

$$\hat{Y}_t = 101675 + 1058.3 \times 42 \approx 146124 \quad (16.15)$$

如图 16.14 所示，利用 FORECAST.LINEAR 函数计算出 2021 年全国总人口的预测值是 146124 万人，2021 年全国总人口的观测值为 141260，预测误差为 3.44%。

| | A | B | C | D | E | F | G | H |
|---|---|---|---|---|---|---|---|---|
| 1 | 年份 | t | 总人口/万人 | 乡村人口/万人 | | t | 预测2021年全国总人口 | |
| 2 | 1980 | 1 | 98705 | 79565 | | 42 | 146124 | =FORECAST.LINEAR(F2,C2:C42,B2:B42) |
| 3 | 1981 | 2 | 100072 | 79901 | | | | |
| 4 | 1982 | 3 | 101654 | 80174 | | | 2021全国总人口 | |
| 5 | 1983 | 4 | 103008 | 80734 | | | 141260 | |
| 6 | 1984 | 5 | 104357 | 80340 | | | | |
| 7 | 1985 | 6 | 105851 | 80757 | | | 预测误差 | |
| 8 | 1986 | 7 | 107507 | 81141 | | | 3.44% | =(G2-G5)/G5 |

图 16.14　FORECAST.LINEAR 函数

**实操技巧**

- 绘制时间序列的时期编号和观测值的散点图，在散点图中单击散点，单击鼠标右键，在弹出的快捷菜单中选择"添加趋势线"，选择"线性"，勾选"显示公式"和"显示 R 平方值"，显示线性趋势方程。
- 通过 FORECAST.LINEAR 函数可以利用估计的回归方程对时间序列进行预测。

## 16.3.2　非线性趋势分析

非线性趋势分析适用于时间序列的变化速度不稳定的情况，常用的模型有对数线性回归方程和二次项回归方程。

### 1. 对数线性回归方程

建立对数线性回归方程如式（16.16）所示。

$$\text{Ln}(Y_t) = b_0 + b_1 t + e_t \qquad (16.16)$$

式（16.16）中的 $Y_t$ 代表时间序列的观测值，$t$ 代表时间序列观测的期数编号，$t=1,2,\cdots$。$e_t$ 代表残差，即时间序列的观测值与估计值之间的离差。

式（16.16）中的 $b_1$ 的计算如式（16.17）所示。

$$\frac{\text{dLn}(Y_t)}{\text{d}t} = \frac{\frac{\text{d}Y_t}{Y_t}}{\text{d}t} = \frac{\frac{\Delta Y_t}{Y_t}}{\Delta t} = b_1 \qquad (16.17)$$

$b_1$ 代表 $Y_t$ 的相对变化与 $t$ 的绝对变化之比，也就是 $Y_t$ 的平均增长率。因此，式（16.16）也称作增长模型（Growth Model）。若 $t$ 代表的是年度的推移，$b_1$ 则可以称为年均增长率；若 $t$ 代表的是季度的推移，$b_1$ 则可以称为季度平均增长率。

沿用例 16.8 中的数据，建立全国总人口与年度编号之间的对数线性模型。首先，计算总人口的对数，如图 16.15 中的列 D 所示。然后，选中列 B 和列 D，绘制散点图，在散点图中添加线性趋势的回归方程。注意：散点图的纵轴是总人口的对数，不是总人口。

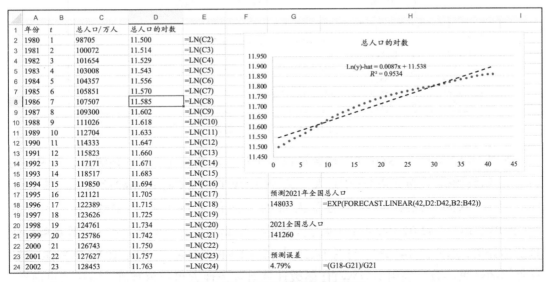

图 16.15 估计对数线性回归方程

估计的对数线性回归方程如式（16.18）所示。

$$\text{Ln}\hat{Y}_t = 11.538 + 0.0087t \qquad (16.18)$$

判定系数等于 0.9534，代表该回归方程解释了全国总人口的对数的 95.34% 的变异，模型的拟合效果很好。由于对数线性方程的被解释变量是 $\text{Ln}(Y_t)$，而线性方程的被解释变量是 $Y_t$，二者的被解释变量的形式不同，因此这两个模型的判定系数不具有可比性。

式（16.18）中 $t$ 的系数 0.0087 的含义是，1980—2020 年，全国总人口平均每年的增长率是 0.87%。

利用 FORECAST.LINEAR 函数和 EXP 函数计算出 2021 年全国总人口的预测值是 148033 万人，2021 年全国总人口的观测值为 141260，预测误差为 4.79%。

利用 LOGEST 函数也可以实现对数线性回归方程的估计。LOGEST 函数与 LINEST 函数一样属于数组函数，将返回一系列值。

如图 16.16 所示，在 Windows 系统中，需先框选单元格区域 E2:F6，然后在单元格 E2 中录入公式"=LOGEST(C2:C42,B2:B42,,TRUE)"（见单元格 D12），再按 Ctrl+Shift+Enter 组合键，执行运算。在 macOS 中，直接在单元格 E2 录入公式，按 Enter 键即可。返回的值的含义标注在图 16.16 中。注意：单元格 E2 和 F2 中的值分别是 $e^{b_1}$ 和 $e^{b_0}$，对其取对数，才可求得式（16.18）中的 $b_0$ 和 $b_1$。

|   | A | B | C | D | E | F | G |
|---|---|---|---|---|---|---|---|
| 1 | 年份 | t | 总人口/万人 | | | | |
| 2 | 1980 | 1 | 98705 | EXP($b_1$) | 1.0088 | 102566.7733 | EXP($b_0$) |
| 3 | 1981 | 2 | 100072 | $b_1$的标准误 | 0.0003 | 0.0075 | $b_0$的标准误 |
| 4 | 1982 | 3 | 101654 | 判定系数 | 0.9534 | 0.0234 | 回归标准误 |
| 5 | 1983 | 4 | 103008 | F值 | 798.5567 | 39.0000 | 残差平方和的自由度 |
| 6 | 1984 | 5 | 104357 | 回归平方和 | 0.4381 | 0.0214 | 残差平方和 |
| 7 | 1985 | 6 | 105851 | | | | |
| 8 | 1986 | 7 | 107507 | $b_1$ | 0.0087 | 11.5383 | $b_0$ |
| 9 | 1987 | 8 | 109300 | | =LN(E2) | =LN(F2) | |
| 10 | 1988 | 9 | 111026 | | | | |
| 11 | 1989 | 10 | 112704 | 单元格E2中的公式 | | | |
| 12 | 1990 | 11 | 114333 | =LOGEST(C2:C42,B2:B42,,TRUE) | | | |
| 13 | 1991 | 12 | 115823 | | | | |
| 14 | 1992 | 13 | 117171 | $Ln(Y_t) = b_0 + b_1 t + e_t$ | | | |
| 15 | 1993 | 14 | 118517 | | | | |
| 16 | 1994 | 15 | 119850 | $Y_t = e^{(b_0+b_1t+e_t)} = e^{b_0} e^{b_1 t} e^{e_t}$ | | | |
| 17 | 1995 | 16 | 121121 | | | | |

图 16.16 LOGEST 函数

如图 16.17 所示，GROWTH 函数可以用于计算对数线性方程的预测值，其用法与 TREND 函数相似。在单元格 D2 中录入公式"=GROWTH(C2:C42,B2:B42)"（见单元格 E2），即可计算 1980—2020 年各年的总人口的预测值。在单元格 D43 中录入公式"=GROWTH(C2:C42,B2:B42,42)"（见单元格 E43），即指定解释变量为 42，计算被解释变量的估计值，返回值 148033，与图 16.15 中利用 EXP 函数和 FORECAST.LINEAR 函数计算出的结果一致。利用 GROWTH 函数计算对数线性方程的预测值，表达式更简练。

|    | A | B | C | D | E |
|----|---|---|---|---|---|
| 1 | 年份 | t | 总人口/万人 | 预测值 | |
| 2 | 1980 | 1 | 98705 | 103467 | =GROWTH(C2:C42,B2:B42) |
| 3 | 1981 | 2 | 100072 | 104375 | |
| 4 | 1982 | 3 | 101654 | 105290 | |
| 40 | 2018 | 39 | 140541 | 144203 | |
| 41 | 2019 | 40 | 141008 | 145469 | |
| 42 | 2020 | 41 | 141212 | 146745 | |
| 43 | 2021 | 42 | | 148033 | =GROWTH(C2:C42,B2:B42,42) |

图 16.17 GROWTH 函数

## 2. 二次项回归方程

如图 16.18 所示，1980—2020 年，全国乡村人口总量的变化呈倒 U 形，因此可在散点图上添加多项式趋势线，设定阶数为 2，即添加二次项曲线。

$$Y_t = b_0 + b_1 t + b_1 t^2 + e_t \qquad (16.19)$$

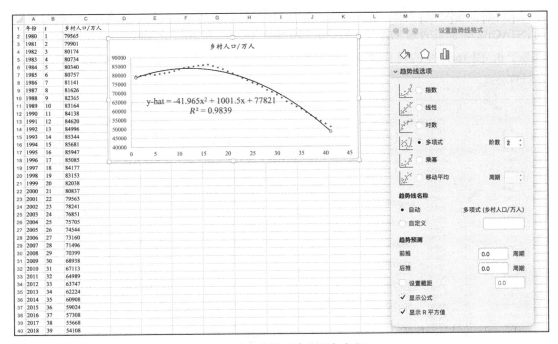

图 16.18　估计二次项回归方程

全国乡村人口总量的估计的回归方程如式（16.20）所示。

$$\hat{Y}_t = 77821 + 1001.5t - 41.965t^2 \qquad (16.20)$$

**实操技巧**

- 在对数线性模型中，可以先对时间序列的观测值取自然对数，然后绘制时期编号与对数序列的散点图，再添加线性趋势线。
- 若时间序列呈现 U 形或者倒 U 形变化趋势，可以在时序图中添加多项式趋势线，将阶数设定为 2。

### 16.3.3　阶段性分析

时间序列的变化趋势可能呈现阶段性变换，在不同阶段其变化趋势有着显著差异，可以在回归模型中引入反映不同阶段的虚拟变量。下面通过例 16.9 来介绍时间序列的阶段性分析。

**例 16.9**

利用 1978—2021 年全国研究生招生人数的数据，建立回归模型反映全国研究生招生人数的变化趋势，并根据该模型预测 2022 年的全国研究生招生人数。

图 16.19 所示的是 1978—2021 年全国研究生招生人数的时序图，可以发现研究生招生人数呈现出了阶段性的变化，在 1998 年以前，研究生招生人数增幅缓慢；1999—2016 年研究生招生人数增幅明显加快；2017—2021 年，研究生招生人数进入新一轮的爆发式增长阶段。

为了刻画这 3 个阶段研究生招生人数变化趋势的不同，定义两个虚拟变量。当年份介于 1978 和 1998 之间时，STAGE1 等于 1，否则 STAGE1 等于 0。当年份介于 1999 和 2016 之间时，STAGE2 等于 1，否则 STAGE2 等于 0。当年份介于 2017 和 2021 之间时，STAGE1 和 STAGE2 都等于 0。图 16.19 中的列 F 和列 G 列出了将年份 YEAR 转换为虚拟变量 STAGE1 和 STAGE2 的计算公式。

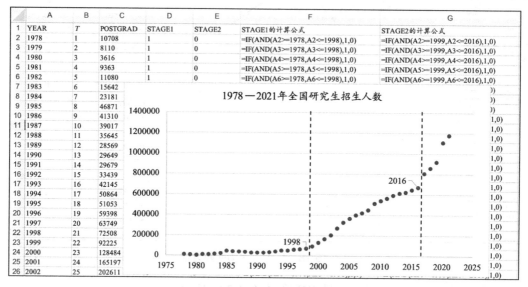

图 16.19　创建虚拟变量 STAGE1 和 STAGE2

回归方程的表达式如式（16.21）所示。

$$\text{POSTGRAD}_t = B_0 + B_1 T + B_2 \text{STAGE1}_t + B_3 \text{STAGE2}_t + B_4 \text{STAGE1}_t \cdot T + B_5 \text{STAGE2}_t \cdot T + u_t \tag{16.21}$$

式（16.21）中 $T = 1, 2, \cdots, 44$，对应于 1978—2021 年，共 44 个年份。

2017—2021 年，STAGE1 和 STAGE2 都等于 0，将其带入式（16.21），研究生招生人数的长期趋势方程如式（16.22）所示。

$$\text{POSTGRAD}_t = B_0 + B_1 T + u_t \tag{16.22}$$

1999—2016 年，STAGE1 等于 0，STAGE2 等于 1，将其带入式（16.21），研究生招生人数的长期趋势方程如式（16.23）所示。

$$\text{POSTGRAD}_t = B_0 + B_3 + (B_1 + B_5)T + u_t \tag{16.23}$$

1978—1998 年，STAGE1 等于 1，STAGE2 等于 0，将其带入式（16.21），研究生招生人数的长期趋势方程如式（16.24）所示。

$$\text{POSTGRAD}_t = B_0 + B_2 + (B_1 + B_4)T + u_t \tag{16.24}$$

为了在 Excel 中实现式（16.21）的估计，需要先创建交互项 $STAGE1_t \cdot T$ 和 $STAGE2_t \cdot T$。如图 16.20 所示，在单元格 F2 和 G2 中录入公式（见单元格 H2 和 I2），并向下填充。

|   | A | B | C | D | E | F | G | H | I |
|---|---|---|---|---|---|---|---|---|---|
| 1 | YEAR | POSTGRAD | T | STAGE1 | STAGE2 | T*STAGE1 | T*STAGE2 | T*STAGE1 的计算公式 | T*STAGE2 的计算公式 |
| 2 | 1978 | 10708 | 1 | 0 | 0 | 0 | 0 | =C2*D2 | =C2*E2 |
| 3 | 1979 | 8110 | 2 | 0 | 0 | 0 | 0 | =C3*D3 | =C3*E3 |
| 4 | 1980 | 3616 | 3 | 0 | 0 | 0 | 0 | =C4*D4 | =C4*E4 |
| 5 | 1981 | 9363 | 4 | 0 | 0 | 0 | 0 | =C5*D5 | =C5*E5 |

图 16.20　创建交互项 $STAGE1_t \cdot T$ 和 $STAGE2_t \cdot T$

单击"数据"→"数据分析"→"回归"，在"回归"对话框中根据图 16.21 所示进行设置。

图 16.21　"回归"对话框

**注意**："回归"对话框中的"X 值输入区域"框中是式（16.21）中所有的解释变量的数据区域，只需要将所有的解释变量整理到一片连续的区域，即可实现多元回归方程的计算。单击"确定"，即可得到输出结果，如图 16.22 所示。

|   | A | B | C | D | E | F |
|---|---|---|---|---|---|---|
| 1 | SUMMARY OUTPUT | | | | | |
| 2 | | | | | | |
| 3 | 回归统计 | | | | | |
| 4 | Multiple R | 0.998 | | | | |
| 5 | R Square | 0.996 | | | | |
| 6 | Adjusted R Square | 0.995 | | | | |
| 7 | 标准误差 | 23470.352 | | | | |
| 8 | 观测值 | 44 | | | | |
| 9 | | | | | | |
| 10 | 方差分析 | | | | | |
| 11 | | df | SS | MS | F | Significance F |
| 12 | 回归分析 | 5 | 4.70221E+12 | 9.40442E+11 | 1707.23242 | 1.31346E-43 |
| 13 | 残差 | 38 | 20932582064 | 550857422.7 | | |
| 14 | 总计 | 43 | 4.72314E+12 | | | |
| 15 | | | | | | |
| 16 | | Coefficients | 标准误差 | t Stat | P-value | Lower 95% |
| 17 | Intercept | -3186767.200 | 311899.697 | -10.217 | 0.000 | -3818175.126 |
| 18 | T | 99037.900 | 7421.977 | 13.344 | 0.000 | 84012.893 |
| 19 | STAGE1 | 3189170.695 | 312080.463 | 10.219 | 0.000 | 2557396.827 |
| 20 | STAGE2 | 2545633.471 | 313639.413 | 8.116 | 0.000 | 1910703.673 |
| 21 | T*STAGE1 | -96201.871 | 7470.016 | -12.878 | 0.000 | -111324.129 |
| 22 | T*STAGE2 | -64255.169 | 7498.180 | -8.569 | 0.000 | -79434.441 |

图 16.22　式（16.21）的估计结果

估计的回归方程的表达式如式（16.25）所示（系数四舍五入保留整数）。

$$\begin{aligned}POSTGRAD_t = &-3186767+99038T+3189171\times STAGE1_t+2545633\times\\ &STAGE2_t+(-96202)\times STAGE1_t\cdot T+(-64255)\times STAGE2_t\cdot T+e_t\end{aligned} \quad (16.25)$$

2017—2021 年，STAGE1 和 STAGE2 都等于 0，研究生招生人数的年均增长量如式（16.26）所示。

$$\frac{dPOSTGRAD_t}{dT}=99038 \quad (16.26)$$

1999—2016 年，STAGE1 等于 0，STAGE2 等于 1，研究生招生人数的年均增长量如式（16.27）所示。

$$\frac{dPOSTGRAD_t}{dT}=99038+(-64255)=34783 \quad (16.27)$$

1978—1998 年，STAGE1 等于 1，STAGE2 等于 0，研究生招生人数的年均增长量如式（16.28）所示。

$$\frac{dPOSTGRAD_t}{dT}=99038+(-96202)=2836 \quad (16.28)$$

回归方程的判定系数等于 0.996，表明该回归方程解释了研究生招生人数 99.6%的变异，拟合效果非常好。估计结果表明，我国研究生招生人数的阶段性变化特征：1978—1998 年，年均增长 2836 人；1999—2016 年，年均增长 34783 人；2017—2021 年，年均增长 99038 人。

**实操技巧**

- 绘制时序图来观察时间序列的阶段性变化特征，将样本按时期划分成几个阶段，引入反映阶段的虚拟变量，虚拟变量的个数等于阶段数减去 1。利用 IF 函数创建虚拟变量，利用乘法运算创建虚拟变量与时期编号的交互项。
- 调用数据分析工具中的回归工具，可实现多元回归模型的计算。

## 16.4 复合型时间序列

复合型时间序列中包含长期趋势、季节变动、循环变动、不规则变动中的两种或者两种以上的成分。1919 年英国经济学家 Persons 在研究商业周期时提出了因素分解法，该方法已经成为分析复合型时间序列的典型方法。

本节首先介绍因素分解法的基本思想，然后通过一个实例介绍因素分解法中乘法模型的应用。

### 16.4.1 因素分解法

因素分解法的核心思想是：将时间序列中的长期趋势、季节变动、循环变动和不规则变动 4 种成分分离出来，通过研究每种成分的特征，进而发现时间序列的波动规律。因素分解法下有两种模型：加法模型（Additive Model）和乘法模型（Multiplicative Model）。

加法模型假定 4 种成分通过加法运算形成累积效应，如式（16.29）所示。

$$Y_t = T_t + S_t + C_t + I_t \tag{16.29}$$

乘法模型假定 4 种成分通过乘法运算形成累积效应，如式（16.30）所示。

$$Y_t = T_t \times S_t \times C_t \times I_t \tag{16.30}$$

式（16.29）和式（16.30）中的 $Y_t$ 代表时间序列的观测值，$T_t$ 代表长期趋势，$S_t$ 代表季节变动，$C_t$ 代表循环变动，$I_t$ 代表不规则变动。

若时间序列围绕长期趋势的波动是稳定的，通常采用加法模型；若时间序列围绕长期趋势的波动是不稳定的，比如波动幅度随着时间变化而变化，则更适宜采用乘法模型。此外，加法模型中的各个成分围绕长期趋势的波动幅度表现为正数或者负数，乘法模型中的这种波动幅度的表现是大于 1 或者小于 1 的数。所以，乘法模型中的各个成分的数值不会出现负数，在解释结果的时候会更加方便。因此，乘法模型更加常用。

若复合型时间序列中的长期趋势、季节变动和不规则变动成分明显，而未呈现出典型的循环变动，此时将长期趋势和循环变动成分合并称作"长期趋势–循环"变动成分。在实践中，可以根据时间序列包含的主要成分，使用简化的加法模型和乘法模型，将复合型时间序列分解成包含 3 项或者两项成分的时间序列。

### 16.4.2 乘法模型

下面通过例 16.10 介绍乘法模型的应用。

**例 16.10**

2016 年一季度—2019 年四季度全国工业企业手机销售量[1]（单位：万台）的时序图如图 16.23 所示，运用因素分解法分析手机销售量时间序列中的典型成分。

从手机销售量的时序图可以看出，手机销售量序列呈现出典型的长期趋势、季节变动和不规则变动。手机销售量围绕长期趋势的波动幅度不稳定，因此适合采用乘法模型来分析其 3 种典型成分，模型如式（16.31）所示。

$$Y_t = T_t \times S_t \times I_t \tag{16.31}$$

**1. 季节变动量化**

为了量化季节变动，可以构造季节指数。首先，使用移动平均法将时间序列修匀，消除

---

[1] 数据来源：国家统计局国家数据网站。

长期趋势和不规则变动对季节变动的影响，让季节指数衡量的季节效应更加纯粹。

| | A | B | C |
|---|---|---|---|
| 1 | 季度 | 时期编号 | 手机销售量/万台 |
| 2 | 2016年一季度 | 1 | 44804 |
| 3 | 2016年二季度 | 2 | 47546 |
| 4 | 2016年三季度 | 3 | 50944 |
| 5 | 2016年四季度 | 4 | 61897 |
| 6 | 2017年一季度 | 5 | 48768 |
| 7 | 2017年二季度 | 6 | 43267 |
| 8 | 2017年三季度 | 7 | 48772 |
| 9 | 2017年四季度 | 8 | 51250 |
| 10 | 2018年一季度 | 9 | 41825 |
| 11 | 2018年二季度 | 10 | 43193 |
| 12 | 2018年三季度 | 11 | 41126 |
| 13 | 2018年四季度 | 12 | 55105 |
| 14 | 2019年一季度 | 13 | 37053 |
| 15 | 2019年二季度 | 14 | 43810 |
| 16 | 2019年三季度 | 15 | 44233 |
| 17 | 2019年四季度 | 16 | 41419 |

图 16.23　2016 年一季度—2019 年四季度全国工业企业手机销售量的时序图

本例中的时间序列是季度数据，季度效应的周期是一年，跨越 4 个季度。因此，将移动平均的期数设置为 4。移动平均值对应于求平均的期数的中点，即对于第 1～4 期，MA(4) 对应于第 2.5 期，如式（16.32）所示。

$$\mathrm{MA}_{2.5} = \frac{Y_1 + Y_2 + Y_3 + Y_4}{4} \quad (16.32)$$

对于第 2～5 期，MA(4) 对应于第 3.5 期，如式（16.33）所示。

$$\mathrm{MA}_{3.5} = \frac{Y_2 + Y_3 + Y_4 + Y_5}{4} \quad (16.33)$$

由于 $\mathrm{MA}_{2.5}$ 和 $\mathrm{MA}_{3.5}$ 的下标是小数，无法与时间标号的整数相对应，因此需要对二者再取一次平均，也就是进行中心化移动平均（Centered Moving Average，CMA），如式（16.34）所示。

$$\mathrm{CMA}_3 = \frac{\mathrm{MA}_{2.5} + \mathrm{MA}_{3.5}}{2} \quad (16.34)$$

图 16.24 展示了在 Excel 中计算 CMA 值的过程。

| | A | B | C | D | E | F | G | H |
|---|---|---|---|---|---|---|---|---|
| 1 | 季度 | 时期编号 | 手机销售量/万台 | MA(4) | CMA | | MA(4)的计算公式 | CMA的计算公式 |
| 2 | 2016年一季度 | 1 | 44804 | | | | | |
| 3 | 2016年二季度 | 2 | 47546 | | | | | |
| 4 | 2016年三季度 | 3 | 50944 | 51297 | 51793 | | =AVERAGE(C2:C5) | =AVERAGE(D4:D5) |
| 5 | 2016年四季度 | 4 | 61897 | 52289 | 51754 | | =AVERAGE(C3:C6) | =AVERAGE(D5:D6) |
| 6 | 2017年一季度 | 5 | 48768 | 51219 | 50947 | | =AVERAGE(C4:C7) | =AVERAGE(D6:D7) |
| 7 | 2017年二季度 | 6 | 43267 | 50676 | 49345 | | =AVERAGE(C5:C8) | =AVERAGE(D7:D8) |
| 8 | 2017年三季度 | 7 | 48772 | 48014 | 47146 | | =AVERAGE(C6:C9) | =AVERAGE(D8:D9) |
| 9 | 2017年四季度 | 8 | 51250 | 46278 | 46269 | | =AVERAGE(C7:C10) | =AVERAGE(D9:D10) |
| 10 | 2018年一季度 | 9 | 41825 | 46260 | 45304 | | =AVERAGE(C8:C11) | =AVERAGE(D10:D11) |
| 11 | 2018年二季度 | 10 | 43193 | 44348 | 44830 | | =AVERAGE(C9:C12) | =AVERAGE(D11:D12) |
| 12 | 2018年三季度 | 11 | 41126 | 45312 | 44715 | | =AVERAGE(C10:C13) | =AVERAGE(D12:D13) |
| 13 | 2018年四季度 | 12 | 55105 | 44119 | 44196 | | =AVERAGE(C11:C14) | =AVERAGE(D13:D14) |
| 14 | 2019年一季度 | 13 | 37053 | 44273 | 44662 | | =AVERAGE(C12:C15) | =AVERAGE(D14:D15) |
| 15 | 2019年二季度 | 14 | 43810 | 45050 | 43339 | | =AVERAGE(C13:C16) | =AVERAGE(D15:D16) |
| 16 | 2019年三季度 | 15 | 44233 | 41629 | | | =AVERAGE(C14:C17) | |
| 17 | 2019年四季度 | 16 | 41419 | | | | | |

图 16.24　CMA 的计算

**注意**：在计算 CMA 值时，第 1 期和第 2 期的 CMA 值缺失，最后两期也没有对应的 CMA 值。因为时间序列最后 4 期观测值的移动平均值为 $\mathrm{MA}_{14.5} = \dfrac{Y_{13}+Y_{14}+Y_{15}+Y_{16}}{4}$。对 $\mathrm{MA}_{14.5}$ 与 $\mathrm{MA}_{13.5}$ 再求一次平均，得到 $\mathrm{CMA}_{14}$。在拖曳单元格填充柄时要注意 CMA 序列缺失了最前面两期和最后面两期的值。

CMA 序列代表时间序列的长期趋势成分，将时间序列中的长期趋势剥离后，再计算季节指数。根据乘法模型，即式（16.30），$Y_t/T_t$ 即 $Y_t/\mathrm{CMA}_t$。如图 16.25 所示，计算出 $Y_t/\mathrm{CMA}_t$，并将 $Y_t/\mathrm{CMA}_t$ 的值移入计算季节指数的表格中。

| | A | B | C | D | E | F | G |
|---|---|---|---|---|---|---|---|
| 1 | 季度 | 时期编号 | 手机销售量/万台 | MA(4) | CMA | Y/CMA | Y/CMA的计算公式 |
| 2 | 2016年一季度 | 1 | 44804 | | | | |
| 3 | 2016年二季度 | 2 | 47546 | | | | |
| 4 | 2016年三季度 | 3 | 50944 | 51297 | 51793 | 0.984 | =C4/E4 |
| 5 | 2016年四季度 | 4 | 61897 | 52289 | 51754 | 1.196 | =C5/E5 |
| 6 | 2017年一季度 | 5 | 48768 | 51219 | 50947 | 0.957 | =C6/E6 |
| 7 | 2017年二季度 | 6 | 43267 | 50676 | 49345 | 0.877 | =C7/E7 |
| 8 | 2017年三季度 | 7 | 48772 | 48014 | 47146 | 1.034 | =C8/E8 |
| 9 | 2017年四季度 | 8 | 51250 | 46278 | 46269 | 1.108 | =C9/E9 |
| 10 | 2018年一季度 | 9 | 41825 | 46260 | 45304 | 0.923 | =C10/E10 |
| 11 | 2018年二季度 | 10 | 43193 | 44348 | 44830 | 0.963 | =C11/E11 |
| 12 | 2018年三季度 | 11 | 41126 | 45312 | 44715 | 0.920 | =C12/E12 |
| 13 | 2018年四季度 | 12 | 55105 | 44119 | 44196 | 1.247 | =C13/E13 |
| 14 | 2019年一季度 | 13 | 37053 | 44273 | 44662 | 0.830 | =C14/E14 |
| 15 | 2019年二季度 | 14 | 43810 | 45050 | 43339 | 1.011 | =C15/E15 |
| 16 | 2019年三季度 | 15 | 44233 | 41629 | | | |
| 17 | 2019年四季度 | 16 | 41419 | | | | |
| 18 | | | | | | | |
| 19 | 年度 | 一季度 | 二季度 | 三季度 | 四季度 | | |
| 20 | 2016 | | | 0.984 | 1.196 | | |
| 21 | 2017 | 0.957 | 0.877 | 1.034 | 1.108 | | |
| 22 | 2018 | 0.923 | 0.963 | 0.920 | 1.247 | | |
| 23 | 2019 | 0.830 | 1.011 | | | | |
| 24 | 季度平均值 | 0.903 | 0.950 | 0.979 | 1.183 | | |
| 25 | 总平均值 | 1.004 | | | | | |
| 26 | 季节指数 | 0.900 | 0.946 | 0.975 | 1.179 | | |
| 27 | | | | | | | |
| 28 | 季度平均值 | =AVERAGE(B20:B23) | =AVERAGE(C20:C23) | =AVERAGE(D20:D23) | =AVERAGE(E20:E23) | | |
| 29 | 总平均值 | =AVERAGE(B20:E23) | | | | | |
| 30 | 季节指数 | =B24/$B25 | =C24/$B25 | =D24/$B25 | =E24/$B25 | | |

图 16.25　季节指数计算

如图 16.25 所示，列 F 中的 $Y_t/\mathrm{CMA}_t$ 序列呈列的形式，在下方的季节指数计算的部分中，$Y_t/\mathrm{CMA}_t$ 序列呈行的形式。复制单元格区域"F4:F15"中的内容，然后单击"开始"→"粘贴"→"选择性粘贴"，在弹出的对话框中选择"值"，勾选"转置"，如图 16.26 所示，单击"确定"，可将 $Y_t/\mathrm{CMA}_t$ 序列以行的形式排列，再通过粘贴，将其排版成图 16.25 所示的形式。

计算各个季度的 $Y_t/\mathrm{CMA}_t$ 的均值、所有季度的 $Y_t/\mathrm{CMA}_t$ 的均值，再求二者的比值，即可得到季节指数。

在本例中，一季度的季节指数最小，就平均而言，一季度的手机销售量最低，二季度和三季度的季节指数也小于 1，表明这两个季度的销售量比全年平均水平低。四季度的季节指数为 1.179，大于 1，代表四季度是手机销售的旺季，其销售量高于全年平均水平。

**2．长期趋势分析**

为了分析纯粹的长期趋势，需要先将季节变动分离出来。将时间序列的观测值 $Y_t$ 除以季节指数 $S_t$，即用 $Y_t/S_t$ 代表分离季节变动以后的序列，然后利用回归方程刻画时间序列的长期趋势。

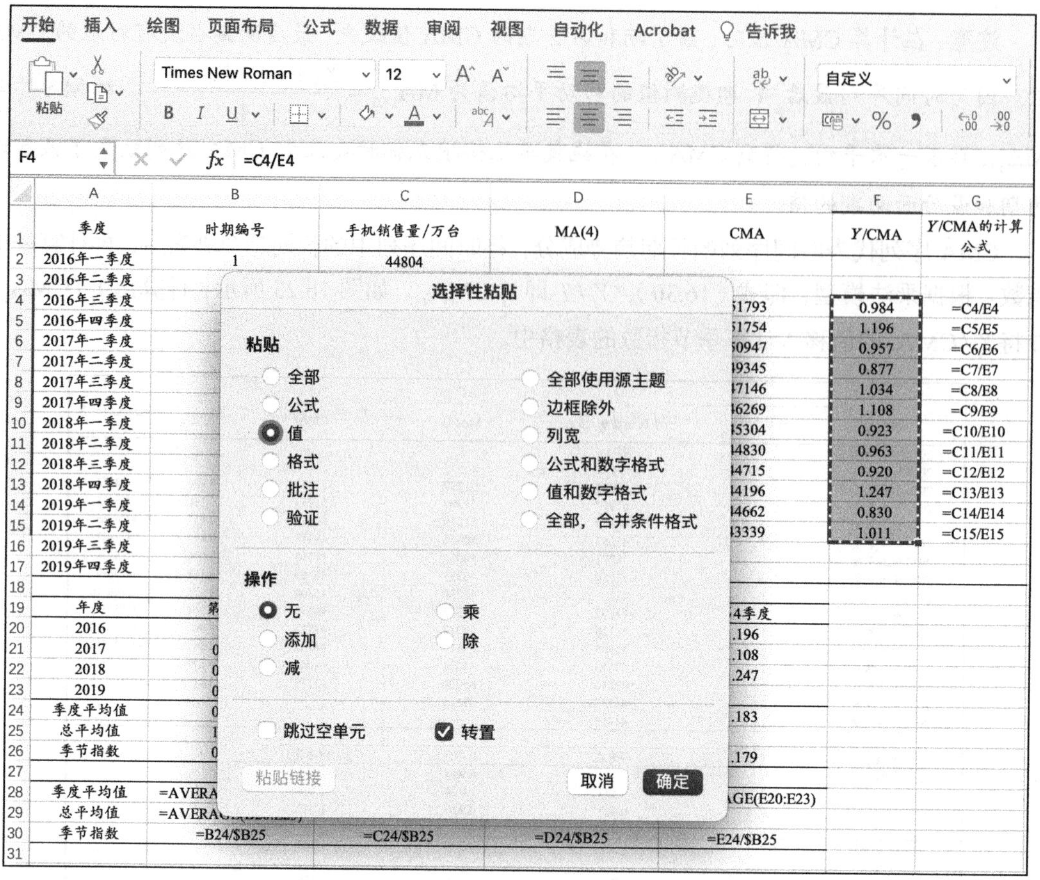

# 第 16 章 时间序列分析方法详解

图 16.26 "选择性粘贴"对话框

如图 16.27 所示，将图 16.26 中计算的季节指数移入图 16.27 所示的列 D 中，然后计算 $Y_t / S_t$。

单击"数据"→"数据分析"→"回归"，根据图 16.27 所示进行设置，建立 $Y_t / S_t$ 与时期编号 $t$ 之间的回归方程，输出结果如图 16.28 所示。

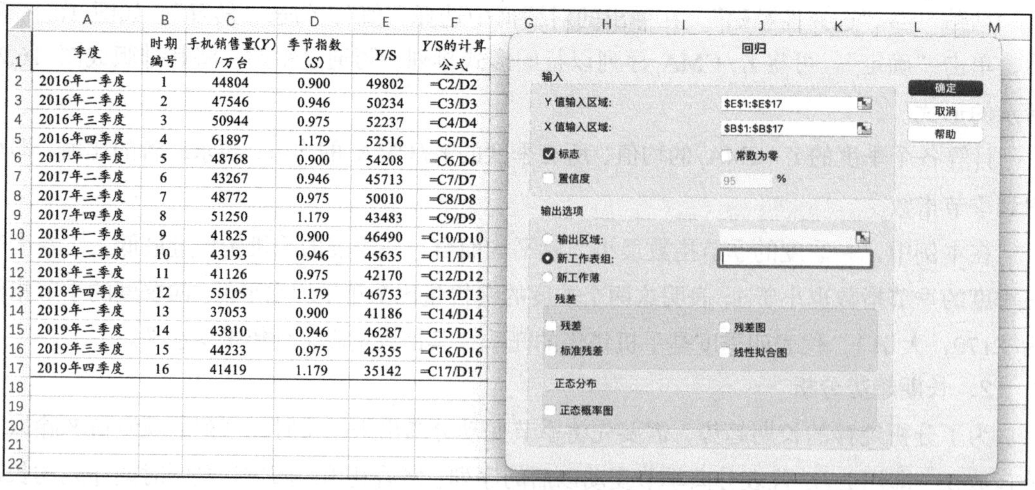

图 16.27 创建长期趋势回归方程

| | A | B | C | D | E | F | G |
|---|---|---|---|---|---|---|---|
| 1 | SUMMARY OUTPUT | | | | | | |
| 2 | | | | | | | |
| 3 | 回归统计 | | | | | | |
| 4 | Multiple R | 0.766 | | | | | |
| 5 | R Square | 0.587 | | | | | |
| 6 | Adjusted R Square | 0.557 | | | | | |
| 7 | 标准误差 | 3226.977 | | | | | |
| 8 | 观测值 | 16 | | | | | |
| 9 | | | | | | | |
| 10 | 方差分析 | | | | | | |
| 11 | | df | SS | MS | F | Significance F | |
| 12 | 回归分析 | 1 | 207,130,823.63 | 207,130,823.63 | 19.891 | 0.001 | |
| 13 | 残差 | 14 | 145,787,347.09 | 10,413,381.93 | | | |
| 14 | 总计 | 15 | 352,918,170.71 | | | | |
| 15 | | | | | | | |
| 16 | | Coefficients | 标准误差 | t Stat | P-value | Lower 95% | Upper 95% |
| 17 | Intercept | 53335.695 | 1692.241 | 31.518 | 0.000 | 49706.199 | 56965.191 |
| 18 | 时期编号 | -780.518 | 175.007 | -4.460 | 0.001 | -1155.872 | -405.164 |

图 16.28 长期趋势回归方程的估计结果

如图 16.28 所示，长期趋势的估计的回归方程，可以表达为式（16.35）：

$$T_t = 53335.695 - 780.518t + e_t \tag{16.35}$$

当分离了季节变动后，就平均而言，手机销售量的长期趋势是每个季度下降 780.518 万台。根据估计的回归方程，计算长期趋势的估计值 $\hat{T}_t$。以第 1 期为例，$\hat{T}_1$ 的计算如式（16.36）所示。

$$\hat{T}_1 = 53335.695 - 780.518 \times 1 = 52555.177 \tag{16.36}$$

如图 16.29 所示，利用 FORECAST.LINEAR 函数可以计算出第 1～16 期的长期趋势的估计值。

| | A | B | C | D | E | F | G |
|---|---|---|---|---|---|---|---|
| 1 | 季度 | 时期编号 | 手机销售量(Y)/万台 | 季节指数(S) | Y/S | 长期趋势T | 长期趋势T的计算公式 |
| 2 | 2016年一季度 | 1 | 44804 | 0.900 | 49802 | 52555.177 | =FORECAST.LINEAR(B2,E$2:E$17,B$2:B$17) |
| 3 | 2016年二季度 | 2 | 47546 | 0.946 | 50234 | 51774.659 | =FORECAST.LINEAR(B3,E$2:E$17,B$2:B$17) |
| 4 | 2016年三季度 | 3 | 50944 | 0.975 | 52237 | 50994.141 | =FORECAST.LINEAR(B4,E$2:E$17,B$2:B$17) |
| 5 | 2016年四季度 | 4 | 61897 | 1.179 | 52516 | 50213.623 | =FORECAST.LINEAR(B5,E$2:E$17,B$2:B$17) |
| 6 | 2017年一季度 | 5 | 48768 | 0.900 | 54208 | 49433.105 | =FORECAST.LINEAR(B6,E$2:E$17,B$2:B$17) |
| 7 | 2017年二季度 | 6 | 43267 | 0.946 | 45713 | 48652.587 | =FORECAST.LINEAR(B7,E$2:E$17,B$2:B$17) |
| 8 | 2017年三季度 | 7 | 48772 | 0.975 | 50010 | 47872.069 | =FORECAST.LINEAR(B8,E$2:E$17,B$2:B$17) |
| 9 | 2017年四季度 | 8 | 51250 | 1.179 | 43483 | 47091.551 | =FORECAST.LINEAR(B9,E$2:E$17,B$2:B$17) |
| 10 | 2018年一季度 | 9 | 41825 | 0.900 | 46490 | 46311.033 | =FORECAST.LINEAR(B10,E$2:E$17,B$2:B$17) |
| 11 | 2018年二季度 | 10 | 43193 | 0.946 | 45635 | 45530.515 | =FORECAST.LINEAR(B11,E$2:E$17,B$2:B$17) |
| 12 | 2018年三季度 | 11 | 41126 | 0.975 | 42170 | 44749.997 | =FORECAST.LINEAR(B12,E$2:E$17,B$2:B$17) |
| 13 | 2018年四季度 | 12 | 55105 | 1.179 | 46753 | 43969.479 | =FORECAST.LINEAR(B13,E$2:E$17,B$2:B$17) |
| 14 | 2019年一季度 | 13 | 37053 | 0.900 | 41186 | 43188.961 | =FORECAST.LINEAR(B14,E$2:E$17,B$2:B$17) |
| 15 | 2019年二季度 | 14 | 43810 | 0.946 | 46287 | 42408.443 | =FORECAST.LINEAR(B15,E$2:E$17,B$2:B$17) |
| 16 | 2019年三季度 | 15 | 44233 | 0.975 | 45355 | 41627.925 | =FORECAST.LINEAR(B16,E$2:E$17,B$2:B$17) |
| 17 | 2019年四季度 | 16 | 41419 | 1.179 | 35142 | 40847.407 | =FORECAST.LINEAR(B17,E$2:E$17,B$2:B$17) |

图 16.29 利用 FORECAST.LINEAR 函数计算长期趋势的预测值

### 3. 不规则变动计算

本例使用的 3 种典型成分的乘法模型 $Y_t = T_t \times S_t \times I_t$，从回归方程中估计出了 $T_t$，季节指数代表 $S_t$，因此不规则变动 $I_t$ 的计算如式（16.37）所示。

$$I_t = \frac{Y_t}{T_t \times S_t} \tag{16.37}$$

如图 16.30 所示，在列 G 中计算不规则变动。

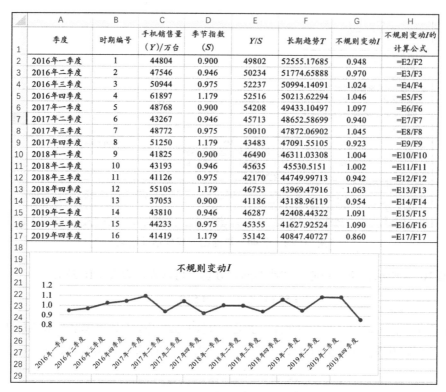

图 16.30 不规则变动的计算

从图 16.30 中的不规则变动的时序图来看，不规则变动接近于一种随机波动，没有明显特征。

**4．预测**

利用长期趋势和季节变动的特征，对 2020 年 4 个季度的手机销售量进行预测。2020 年一季度的时期编号等于 17，1 季度的季节指数是 0.900，因此其预测值如式（16.38）所示。

$$\widehat{Y_{17}} = (53335.695 - 780.518 \times 17) \times 0.900 = 40066.889 \times 0.900 \approx 36060.200 \quad (16.38)$$

图 16.31 展示了 2020 年 4 个季度手机销售量预测值的计算公式。

| | A | B | C | D | E | F | G | H | I |
|---|---|---|---|---|---|---|---|---|---|
| 1 | 季度 | 时期编号 | 手机销售量(Y)/万台 | 季节指数(S) | Y/S | 长期趋势T | 长期趋势T的计算公式 | 预测值 | 预测值的计算公式 |
| 2 | 2016年一季度 | 1 | 44804 | 0.900 | 49802 | 52555.177 | =FORECAST.LINEAR(B2,E$2:E$17,B$2:B$17) | 47280.815 | =F2*D2 |
| 3 | 2016年二季度 | 2 | 47546 | 0.946 | 50234 | 51774.659 | =FORECAST.LINEAR(B3,E$2:E$17,B$2:B$17) | 49003.881 | =F3*D3 |
| 4 | 2016年三季度 | 3 | 50944 | 0.975 | 52237 | 50994.141 | =FORECAST.LINEAR(B4,E$2:E$17,B$2:B$17) | 49732.212 | =F4*D4 |
| 5 | 2016年四季度 | 4 | 61897 | 1.179 | 52516 | 50213.623 | =FORECAST.LINEAR(B5,E$2:E$17,B$2:B$17) | 59182.841 | =F5*D5 |
| 6 | 2017年一季度 | 5 | 48768 | 0.900 | 54208 | 49433.105 | =FORECAST.LINEAR(B6,E$2:E$17,B$2:B$17) | 44472.069 | =F6*D6 |
| 7 | 2017年二季度 | 6 | 43267 | 0.946 | 45713 | 48652.587 | =FORECAST.LINEAR(B7,E$2:E$17,B$2:B$17) | 46048.89 | =F7*D7 |
| 8 | 2017年三季度 | 7 | 48772 | 0.975 | 50010 | 47872.069 | =FORECAST.LINEAR(B8,E$2:E$17,B$2:B$17) | 46687.401 | =F8*D8 |
| 9 | 2017年四季度 | 8 | 51250 | 1.179 | 43483 | 47091.551 | =FORECAST.LINEAR(B9,E$2:E$17,B$2:B$17) | 55503.101 | =F9*D9 |
| 10 | 2018年一季度 | 9 | 41825 | 0.900 | 46490 | 46311.033 | =FORECAST.LINEAR(B10,E$2:E$17,B$2:B$17) | 41663.324 | =F10*D10 |
| 11 | 2018年二季度 | 10 | 43193 | 0.946 | 45635 | 45530.515 | =FORECAST.LINEAR(B11,E$2:E$17,B$2:B$17) | 43093.899 | =F11*D11 |
| 12 | 2018年三季度 | 11 | 41126 | 0.975 | 42170 | 44749.997 | =FORECAST.LINEAR(B12,E$2:E$17,B$2:B$17) | 43642.589 | =F12*D12 |
| 13 | 2018年四季度 | 12 | 55105 | 1.179 | 46753 | 43969.479 | =FORECAST.LINEAR(B13,E$2:E$17,B$2:B$17) | 51823.361 | =F13*D13 |
| 14 | 2019年一季度 | 13 | 37053 | 0.900 | 41186 | 43188.961 | =FORECAST.LINEAR(B14,E$2:E$17,B$2:B$17) | 38854.579 | =F14*D14 |
| 15 | 2019年二季度 | 14 | 43810 | 0.946 | 46287 | 42408.443 | =FORECAST.LINEAR(B15,E$2:E$17,B$2:B$17) | 40138.909 | =F15*D15 |
| 16 | 2019年三季度 | 15 | 44233 | 0.975 | 45355 | 41627.925 | =FORECAST.LINEAR(B16,E$2:E$17,B$2:B$17) | 40597.778 | =F16*D16 |
| 17 | 2019年四季度 | 16 | 41419 | 1.179 | 35142 | 40847.407 | =FORECAST.LINEAR(B17,E$2:E$17,B$2:B$17) | 48143.621 | =F17*D17 |
| 18 | 2020年一季度 | 17 | | 0.900 | | 40066.889 | =FORECAST.LINEAR(B18,E$2:E$17,B$2:B$17) | 36045.834 | =F18*D18 |
| 19 | 2020年二季度 | 18 | | 0.946 | | 39286.371 | =FORECAST.LINEAR(B19,E$2:E$17,B$2:B$17) | 37183.918 | =F19*D19 |
| 20 | 2020年三季度 | 19 | | 0.975 | | 38505.853 | =FORECAST.LINEAR(B20,E$2:E$17,B$2:B$17) | 37552.966 | =F20*D20 |
| 21 | 2020年四季度 | 20 | | 1.179 | | 37725.335 | =FORECAST.LINEAR(B21,E$2:E$17,B$2:B$17) | 44463.881 | =F21*D21 |

图 16.31 预测手机销售量的计算过程

将季度、手机销售量和预测值按图 16.32 所示的形式排列，单击"插入"→"折线图"→"带数据标记的折线图"，绘制出手机销售量的观测值和预测值的图像。

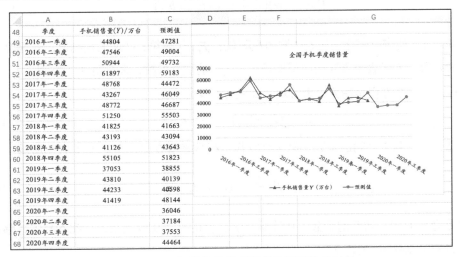

图 16.32　手机销售量的观测值和预测值的对比

从图 16.32 中可以发现，利用乘法模型对手机销售量的预测效果是比较好的，手机销售量的观测值和预测值两个序列的趋势一致，特别是对 2016—2018 年的数据，预测的误差很小，2019 年预测误差略大。

---

**实操技巧**

- 绘制时序图来观察时间序列的阶段性变化特征，将样本按时期划分成几个阶段，引入反映阶段的虚拟变量，虚拟变量的个数等于阶段数减去 1。利用 IF 函数创建虚拟变量，利用乘法运算创建虚拟变量与时期编号的交互项。
- 调用数据分析工具中的回归工具，可实现多元回归模型的计算。

---

## 16.5　三段式指数平滑法

美国学者霍尔特（Holt）在 1957 年开创性地提出了指数平滑法，1960 年他的学生温特斯（Winters）从信号理论中得到启发，提出了三段式指数平滑（Triple Exponential Smoothing）法，又叫三次指数平滑法，该方法也被称为 Holt-Winters 方法[2]。本节将首先介绍三段式指数平滑法的模型设定，然后介绍如何在 Excel 中实现该方法。

### 16.5.1　模型设定

三段式指数平滑法适用于包含长期趋势、季节变动成分的时间序列的预测。三段式指数

---

[2] GOODWIN P. The Holt-Winters Approach to Exponential Smoothing: 50 Years Old and Going Strong[J]. Foresight: The International Journal of Applied Forecasting, 2010, 19: 30-33.

平滑法中有 3 个方程。第 1 个方程是整体平滑方程，如式（16.39）所示。

$$F_t = (1-\alpha)\left(\frac{Y_{t-1}}{I_{t-L}}\right) + \alpha(F_{t-1} + b_{t-1}) \quad (16.39)$$

其中，$Y_{t-1}$ 代表时间序列第 $t-1$ 期的观测值；$F_{t-1}$ 代表第 $t-1$ 期的预测值；$\alpha$ 是介于 0 到 1 之间的系数；$L$ 代表季节变动的周期长度，$I_{t-L}$ 是季节指数，来自第 3 个方程；$b_{t-1}$ 来自第 2 个方程。第 2 个方程是趋势平滑方程，如式（16.40）所示。

$$b_t = \gamma(F_t - F_{t-1}) + (1-\gamma)b_{t-1} \quad (16.40)$$

$\gamma$ 是介于 0 到 1 之间的系数。第 3 个方程是指数平滑方程，如式（16.41）所示。

$$I_t = \beta\left(\frac{Y_t}{F_t}\right) + (1-\beta)I_{t-L} \quad (16.41)$$

$\beta$ 是介于 0 到 1 之间的系数。估计 $\alpha$、$\gamma$、$\beta$ 的方法比较复杂，在此不赘述，感兴趣的读者可以参考 Winters 的论文[3]。

### 16.5.2 FORECAST.ETS 函数

利用 Excel 的 FORECAST.ETS 函数可以对时间序列进行预测，ETS 指的是 Triple Exponential Smoothing，代表三段式指数平滑法。下面通过例 16.11 来介绍 FORECAST.ETS 函数的用法。

**例 16.11**

根据 2016 年 1 月—2018 年 12 月全国民航客运量（单位：万人）的月度数据，对 2019 年 1 月—12 月的民航客运量进行预测。2016 年 1 月—2018 年 12 月全国民航客运量的时序图如图 16.33 所示。

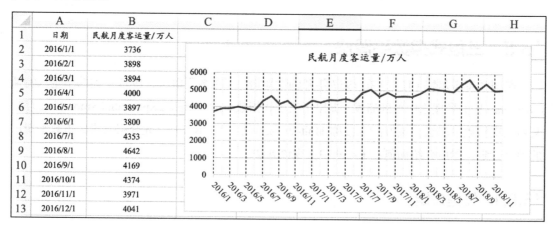

图 16.33　2016 年 1 月—2018 年 12 月全国民航客运量的时序图

---

3 WINTERS P R. Forecasting Sales by Exponentially Weighted Moving Averages[J]. Management Science, 1960, 6 (3): 324-342.

通过 2016—2018 年全国民航客运量的月度数据可以发现，每年 6 月是淡季，7 月和 8 月是旺季，全国民航客运量序列中包含长期趋势和季节变动。

如图 16.34 所示，在单元格 E2 中录入公式"=FORECAST.ETS(D2,B\$2:B\$37,A\$2:A\$37)"（见单元格 F2）并向下填充。FORECAST.ETS 函数的第 1 项参数用于指定预测日期；第 2 项参数表示时间序列的观测值，本例中是 36 个月的民航客运量，即单元格区域"B2:B37"；第 3 项参数是时间序列的时间线，本例中是单元格区域"A2:A37"。注意：预测日期和时间线的单元格中的内容都必须是日期型数据，不能是文本型数据，如 2016 年 1 月的表达形式。接下来，对 2019 年其余月份进行预测。为了拖曳单元格 E2 的单元格填充柄实现快速计算，引用的时间序列的观测值和时间线的单元格区域需要加上符号 \$，即设置为绝对引用。

| | A | B | C | D | E | F |
|---|---|---|---|---|---|---|
| 1 | 日期 | 民航客运量/万人 | | 预测日期 | 预测值 | 预测值的计算公式 |
| 2 | 2016/1/1 | 3736 | | 2019/1/1 | 5306 | =FORECAST.ETS(D2,B\$2:B\$37,A\$2:A\$37) |
| 3 | 2016/2/1 | 3898 | | 2019/2/1 | 5326 | =FORECAST.ETS(D3,B\$2:B\$37,A\$2:A\$37) |
| 4 | 2016/3/1 | 3894 | | 2019/3/1 | 5486 | =FORECAST.ETS(D4,B\$2:B\$37,A\$2:A\$37) |
| 5 | 2016/4/1 | 4000 | | 2019/4/1 | 5452 | =FORECAST.ETS(D5,B\$2:B\$37,A\$2:A\$37) |
| 6 | 2016/5/1 | 3897 | | 2019/5/1 | 5470 | =FORECAST.ETS(D6,B\$2:B\$37,A\$2:A\$37) |
| 7 | 2016/6/1 | 3800 | | 2019/6/1 | 5354 | =FORECAST.ETS(D7,B\$2:B\$37,A\$2:A\$37) |
| 8 | 2016/7/1 | 4353 | | 2019/7/1 | 5851 | =FORECAST.ETS(D8,B\$2:B\$37,A\$2:A\$37) |
| 9 | 2016/8/1 | 4642 | | 2019/8/1 | 6099 | =FORECAST.ETS(D9,B\$2:B\$37,A\$2:A\$37) |
| 10 | 2016/9/1 | 4169 | | 2019/9/1 | 5619 | =FORECAST.ETS(D10,B\$2:B\$37,A\$2:A\$37) |
| 11 | 2016/10/1 | 4374 | | 2019/10/1 | 5887 | =FORECAST.ETS(D11,B\$2:B\$37,A\$2:A\$37) |
| 12 | 2016/11/1 | 3971 | | 2019/11/1 | 5548 | =FORECAST.ETS(D12,B\$2:B\$37,A\$2:A\$37) |
| 13 | 2016/12/1 | 4041 | | 2019/12/1 | 5560 | =FORECAST.ETS(D13,B\$2:B\$37,A\$2:A\$37) |
| 14 | 2017/1/1 | 4393 | | | | |

图 16.34　FORECAST.ETS 函数

FORECAST.ETS 函数的第 4 项参数用于设定季节变动的周期长度，默认值为 1，代表 Excel 会自动检测时间序列的季节周期。

FORECAST.ETS 函数的第 5 项参数用于指定缺失值的处理方式，默认值为 1，代表如果时间序列的历史数据中有缺失值，使用插值法计算缺失值；若值为 0，代表将缺失值都替换为 0。通常都采用插值法来计算缺失值。

FORECAST.ETS 函数的第 6 项参数，用于指定若在某个时期有多个观测值，对这些观测值的合并方法，值为 1，代表取其均值；值为 4，代表取其最大值；值为 5，代表取其中位数；值为 6，代表取其最小值。

在本例中，在单元格 E2 中录入的公式是"=FORECAST.ETS(D2,B\$2:B\$37,A\$2:A\$37)"，只指定了第 1~3 项参数。第 4 项参数的默认值 1 可以省略不写。如果历史数据中没有缺失值，也没有在某期出现多个观测值，可以不设定第 5 项参数和第 6 项参数。

为了考查 FORECAST.ETS 函数的预测效果，绘制 2019 年 12 个月的实际民航客运量和预测值进行对比，计算预测误差，如图 16.35 所示。预测误差整体较小，特别是对 2019 年前 9 个月的预测误差都小于 3%，2019 年 10 月—12 月，预测误差范围大约为 3%~5%。所以，可以认为整体预测效果理想。

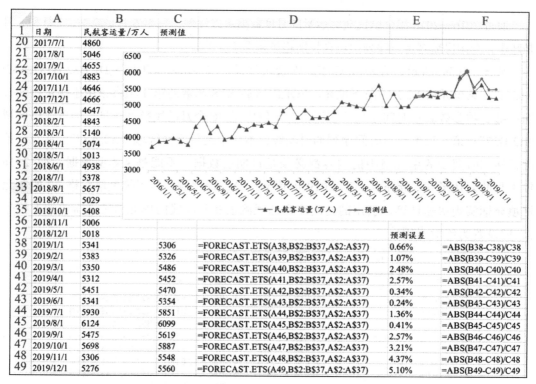

图 16.35　FORECAST.ETS 函数的预测值与观测值对比

图 16.36 列出了与 FORECAST.ETS 函数相关的 FORECAST.EST.SEASONALITY 函数、FORECAST.EST.CONFINT 函数、FORECAST.EST.STAT 函数的用法。

| | A | B | C | D | E | F |
|---|---|---|---|---|---|---|
| 1 | 日期 | 民航客运量/万人 | | 预测日期 | 预测值 | 预测值的计算公式 |
| 2 | 2016/1/1 | 3736 | | 2019/1/1 | 5306 | =FORECAST.ETS(D2,B$2:B$37,A$2:A$37) |
| 3 | 2016/2/1 | 3898 | | | | |
| 4 | 2016/3/1 | 3894 | | 计算季节变动的周期涵盖的期数 | 12 | =FORECAST.ETS.SEASONALITY(B2:B37,A2:A37) |
| 5 | 2016/4/1 | 4000 | | | | |
| 6 | 2016/5/1 | 3897 | | 95%置信区间的半径 | 195 | =FORECAST.ETS.CONFINT(D2,B2:B37,A2:A37) |
| 7 | 2016/6/1 | 3800 | | | | |
| 8 | 2016/7/1 | 4353 | | 2019/1/1预测值的95%置信区间的下限 | 5111 | =E2-E6 |
| 9 | 2016/8/1 | 4642 | | 2019/1/1预测值的95%置信区间的上限 | 5501 | =E2+E6 |
| 10 | 2016/9/1 | 4169 | | | | |
| 11 | 2016/10/1 | 4374 | | ETS算法的α参数 | 0.251 | =FORECAST.ETS.STAT(B2:B37,A2:A37,1) |
| 12 | 2016/11/1 | 3971 | | ETS算法的β参数 | 0.001 | =FORECAST.ETS.STAT(B2:B37,A2:A37,2) |
| 13 | 2016/12/1 | 4041 | | ETS算法的γ参数 | 0.250 | =FORECAST.ETS.STAT(B2:B37,A2:A37,3) |
| 14 | 2017/1/1 | 4393 | | MASE | 0.427 | =FORECAST.ETS.STAT(B2:B37,A2:A37,4) |
| 15 | 2017/2/1 | 4279 | | SMAPE | 0.019 | =FORECAST.ETS.STAT(B2:B37,A2:A37,5) |
| 16 | 2017/3/1 | 4431 | | MAPE | 94.050 | =FORECAST.ETS.STAT(B2:B37,A2:A37,6) |
| 17 | 2017/4/1 | 4402 | | RMSE | 124.698 | =FORECAST.ETS.STAT(B2:B37,A2:A37,7) |
| 18 | 2017/5/1 | 4498 | | 季节变动的周期的天数 | 31 | =FORECAST.ETS.STAT(B2:B37,A2:A37,8) |

图 16.36　与 FORECAST.ETS 函数相关的 3 个函数

图 16.36 中，单元格区域 "E11:E18" 报告了三段式指数平滑法中的 $\alpha$、$\beta$、$\gamma$ 这 3 个平滑系数的估计值，以及测度估计误差的统计量：MASE（Mean Absolute Scaled Error，平均绝对误差）、SMAPE（Symmetric Mean Absolute Percentage Error，对称平均绝对百分比误差）、MAPE（Mean Absolute Percentage Error，平均绝对百分比误差）和 RMSE（Root Mean Squared Error，均方误差的平方根）。

利用 FORECAST.ETS 函数可以根据时间序列的历史数据识别长期趋势、季节变动。在实践中，需要注意的是，对于包含季节变动的序列，需要提供涵盖数个季节变动周期的历史数据。也就是说，若只提供 12 个月的数据，只涵盖一个完整季节变动周期，FORECAST.ETS 函数是无法准确地识别其季节变动成分的，这会导致预测误差增大。

### 16.5.3 预测工作表工具

Excel 为 FORECAST.EST 函数提供了可视化的工具。如图 16.37 所示，选中列 A 和列 B，单击"数据"→"预测工作表"，弹出"创建预测工作表"对话框。注意：只有 Windows 系统中的 Excel 有"预测工作表"这一工具，macOS 中的 Excel 没有。

图 16.37　选择预测工作表工具

如图 16.38 所示，在"预测结束"右侧单击日历按钮设定预测日期的终点，单击"选项"，可展开更多的设置选项。

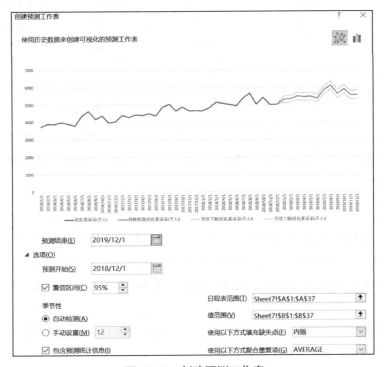

图 16.38　创建预测工作表

在"预测开始"框中设置预测日期的起点，默认值是历史数据观测值的最后一期。勾选"置信区间"，设置预测值的区间估计的置信水平。在"季节性"中设置季节变动的周期长度，默认项是"自动检测"，也可以手动设置。勾选"包含预测统计信息"将显示三段式指数平滑法中使用的参数及估计误差。"日程表范围"和"值范围"框中分别是时间序列的日期和观测值，Excel会自动识别这两个区域。在"使用以下方式填充缺失点"下拉列表中选择缺失值的处理方式，在"使用以下方式聚合重复项"下拉列表中选择重复观测值的处理方式。这几项设置与FORECAST.EST 函数的参数项是一致的。单击"创建"，即可得到图 16.39 所示的结果。

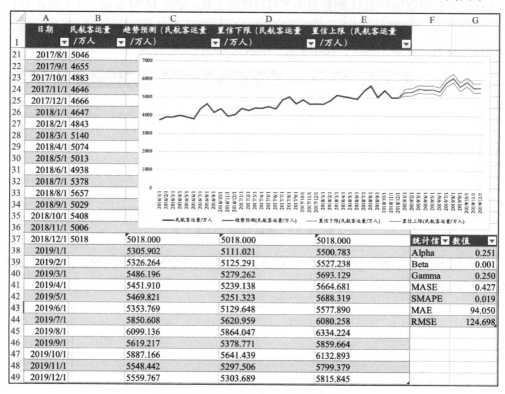

图 16.39　预测工作表工具的输出结果

如图 16.39 所示，列 C～列 E 显示了 2019 年 12 个月民航客运量的预测值及其 95%置信区间估计的上限和下限，以及三段式指数平滑的参数及误差，并绘制了民航客运量的历史观测值和预测值。

**实操技巧**

- FORECAST.ETS 函数中的第 1 项参数是预测日期，第 2 项参数是时间序列的观测值，第 3 项参数是时间线。第 1 项参数和第 3 项参数必须是日期型数据。
- 对于 FORECAST.ETS 函数，通常指定前 3 项参数即可，其余参数使用默认值，无须设定。
- 单击"数据"→"预测工作表"，可以将 FORECAST.ETS 函数的计算结果以工作表和时序图的形式呈现。

## 16.6 本章总结

图 16.40 展示了本章介绍的主要知识点。

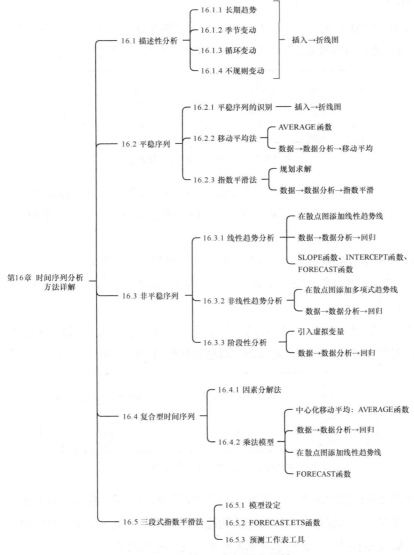

图 16.40　第 16 章知识点总结

## 16.7 本章习题

【习题 16.1】

基于 30 个交易日的人民币兑美元汇率的日浮动数据（数据文件：习题 16.1.xlsx），完成以下任务。

1. 绘制人民币兑美元汇率的日浮动数据的时序图，判断人民币兑美元汇率序列是否为平稳序列？

2. 利用移动平均法进行预测，你选择的移动平均的期数是多少？你是如何做出该选择的？

3. 利用指数平滑法进行预测，你选择的平滑系数是多少？你是如何做出该选择的？

【习题 16.2】

根据 2000—2020 年的北京、上海、广州、深圳的常住人口（单位：万人）（数据文件：习题 16.2.xlsx）建立回归模型，部分数据如图 16.41 所示，完成以下任务。

| | A | B | C | D | E |
|---|---|---|---|---|---|
| 1 | 年份 | 北京 | 上海 | 广州 | 深圳 |
| 2 | 2000 | 1364 | 1609 | 995 | 701 |
| 3 | 2001 | 1385 | 1668 | 706 | 725 |
| 4 | 2002 | 1423 | 1713 | 985 | 747 |
| 5 | 2003 | 1456 | 1766 | 973 | 778 |

图 16.41  习题 16.2 的部分数据

1. 建立北京、上海、广州、深圳的常住人口的线性趋势模型，显示模型估计结果。
2. 建立北京、上海、广州、深圳的常住人口的增长模型（对数线性模型），显示模型估计结果。
3. 你认为线性趋势模型和增长模型（对数线性模型）哪个更好？
4. 概括 2000—2020 年北京、上海、广州、深圳的常住人口的变化趋势的特点。

【习题 16.3】

建立回归模型分析 1980—2012 年的城镇居民家庭恩格尔系数、农村居民家庭恩格尔系数（数据文件：习题 16.3.xlsx）的变化趋势，部分数据如图 16.42 所示，完成以下任务。

| | A | B | C |
|---|---|---|---|
| 1 | 年份 | 城镇居民家庭恩格尔系数/% | 农村居民家庭恩格尔系数/% |
| 2 | 1980 | 56.9 | 61.8 |
| 3 | 1981 | 56.7 | 59.9 |
| 4 | 1982 | 58.6 | 60.7 |
| 5 | 1983 | 59.2 | 59.4 |

图 16.42  习题 16.3 的部分数据

1. 建立城镇居民家庭恩格尔系数的长期趋势回归模型，显示模型估计结果。
2. 建立农村居民家庭恩格尔系数的长期趋势回归模型，显示模型估计结果。
3. 概括城镇和农村居民家庭恩格尔系数的变化趋势的特点。

【习题 16.4】

利用 2000 年一季度—2012 年四季度全国工业企业空调的销售量（数据文件：习题 16.4.xlsx）完成以下任务，部分数据如图 16.43 所示。

| | A | B |
|---|---|---|
| 1 | 季度 | 空调销售量/万台 |
| 2 | 2000年第一季度 | 284 |
| 3 | 2000年第二季度 | 624 |
| 4 | 2000年第三季度 | 476 |
| 5 | 2000年第四季度 | 392 |

图 16.43  习题 16.4 的部分数据

1. 绘制空调销售量的时序图，概括空调销售量序列的变化特征。
2. 利用因素分解法和乘法模型分析空调销售量序列的主要成分。
3. 评估乘法模型的预测效果。并对 2013 年 4 个季度空调销售量进行预测。
4. 利用三段式指数平滑法分析空调销售量序列，评估该方法的预测效果。

【习题 16.5】

利用 2016 年一季度—2019 年四季度全国工业企业手机的销售量（数据文件：习题 16.5.xlsx）完成以下任务，部分数据如图 16.44 所示。

|   | A | B |
|---|---|---|
| 1 | 季度 | 手机销售量/万台 |
| 2 | 2016年一季度 | 44804 |
| 3 | 2016年二季度 | 47546 |
| 4 | 2016年三季度 | 50944 |
| 5 | 2016年四季度 | 61897 |

图 16.44　习题 16.5 的部分数据

1. 绘制手机销售量的时序图，概括手机销售量序列的变化特征。
2. 利用因素分解法和乘法模型分析手机销售量序列的主要成分。
3. 评估乘法模型的预测效果，并对 2020 年 4 个季度手机销售量进行预测。
4. 利用三段式指数平滑法分析手机销售量，评估该方法的预测效果。

【习题 16.6】

利用 2005 年 1 月—2019 年 12 月全国铁路、公路、水运和民航的客运量（数据文件：习题 16.6.xlsx）完成以下任务，部分数据如图 16.45 所示。

|   | A | B | C | D | E |
|---|---|---|---|---|---|
| 1 | 月份 | 铁路客运量/万人 | 公路客运量/万人 | 水运客运量/万人 | 民航客运量/万人 |
| 2 | 2005年1月 | 9300 | 142400 | 1500 | 900 |
| 3 | 2005年2月 | 10600 | 150700 | 1800 | 1000 |
| 4 | 2005年3月 | 9300 | 137600 | 1500 | 1000 |
| 5 | 2005年4月 | 9100 | 132700 | 1500 | 1100 |
| 6 | 2005年5月 | 9700 | 143200 | 1800 | 1100 |

图 16.45　习题 16.6 的部分数据

1. 绘制铁路、公路、水运和民航客运量的时序图，概括铁路、公路、水运和民航客运量序列的变化特征。
2. 利用因素分解法和乘法模型分析铁路、公路、水运和民航客运量序列的主要成分。
3. 评估乘法模型的预测效果并对 2020 年 12 个月的铁路、公路、水运和民航客运量进行预测。
4. 利用三段式指数平滑法分析铁路、公路、水运和民航客运量，评估该方法的预测效果。

# 参考文献

[1] ANDERSON D R, SWEENEY D J, WILLIAMS T A, et al. Essentials of Modern Business Statistics with Microsoft Excel, 8$^{th}$ ed[M]. Boston: Cengage Learning, 2021.

[2] ANDERSON D R, SWEENEY D J, WILLIAMS T A, et al. Statistics for Business & Economics[M]. 13$^{th}$ ed. Boston: Cengage Learning, 2018.

[3] LIND D A, MARCHAL W G, WATHEN S A. Statistical Techniques in Business & Economics[M] 17$^{th}$ ed. New York: McGraw-Hill Education, 2018.

[4] NEWBOLD P, CARLSON W, THORNE B. Statistics for Business and Economics[M]. 8$^{th}$ ed. New Jersey: Pearson Education, 2013.

[5] WOOLDRIDGE J M. Introductory econometrics: A Modern Approach[M]. 6$^{th}$ ed. Boston: Cengage Learning, 2016.

# 后　记

我自1997年开始使用Excel至今已有20余年。使用Excel处理数据是令人愉悦的，因为Excel是一款功能全面、界面友好、易学易用的软件，能够帮我们轻松完成复杂的数据分析工作。我有幸亲历了Excel的更新迭代，并在这一过程中积累了一些使用经验，愿与读者朋友分享。

本书的第一位读者是我的母亲向好极女士。她在本书的校对工作中发挥了重要作用，她不仅仔细地检查了标点、词语和句式，还负责核实公式、图表编号以及字体、排版等细节。她的严谨、细致让我十分感动。

本书的出版要特别感谢人民邮电出版社的责任编辑贾鸿飞老师。贾老师热情诚恳、业务精湛，总是在第一时间提供专业的帮助。贾老师的敬业精神和职业素养令我十分敬佩。

感谢我的工作单位华南农业大学经济管理学院为本书的创作提供良好的环境。同时，也要感谢统计学教学团队、计量经济学教学团队对本书创作的支持。此外，还要感谢我教授的统计学、多元统计、计量经济学等课程的学生，他们让我在良好的教学互动中积累了许多写作素材。

Excel的运用是一个广阔的领域，由于我所学尚浅，书中不妥之处在所难免，敬请各位专家学者、读者朋友予以批评指正！

李宗璋

2023年9月